U0415180

景观设计师手册 2

丛书主编：李克俊
本书主编：尚书静

HANDBOOK OF THE LANDSCAPE ARCHITECT

中国林业出版社

图书在版编目（CIP）数据

景观设计师手册 . 2 / 李克俊，尚书静主编 . -- 北京：中国林业出版社，2014.6（2020.5重印）

ISBN 978-7-5038-7480-2

Ⅰ . ①景… Ⅱ . ①李… ②尚… Ⅲ . ①景观设计－手册 Ⅳ . ① TU986.2-62

中国版本图书馆 CIP 数据核字 (2014) 第 090740 号

中国林业出版社·建筑家居分社
策划、责任编辑：李 顺 段植林
出版咨询：（010）83143569

出 版：中国林业出版社（100009 北京西城区德内大街刘海胡同 7 号）
网 站：http://www.forestry.gov.cn/lycb.html
印 刷：固安县京平诚乾印刷有限公司
发 行：中国林业出版社
电 话：（010）83143500
版 次：2014 年 9 月第 1 版
印 次：2020 年 5 月第 2 次
开 本：889mm × 1194mm 1 / 16
印 张：16.25
字 数：400 千字
定 价：128 .00 元

本书编委会

丛书主编： 李克俊

主　　编： 尚书静
副 主 编： 孙一琳 王丽娜

编写人员（按姓氏拼音排序）

崔建明 陈英夫 杜海娟 胡可分 李克俊 刘玢颖 刘鑫磊 罗露萍 尚书静 苏泽宇
孙一琳 王冬冬 王福亮 王广鹏 王丽娜 王　雪 武学军 肖　阳 员　婧 于艳华
闫　静 袁铭澳 赵　娜 朱亚男 邹　力 张　博 张鸿伟 张　琪 张　静 张宝成

专家顾问： 孟建国 李存东 李金路 史丽秀 李 力 张 磊 董 强 史莹芳

支持单位：

北京筑邦园林景观工程有限公司
中城建北方建筑勘察设计研究院有限公司北京分院
北京久道景观设计有限责任公司
北京爱尔斯环保工程有限责任公司
景立方（北京）景观规划设计有限公司
北京中元林信息技术有限公司（园林中国网）
洛阳元之林园林工程有限公司

序 FOREWORD

2011 年夏天，克俊来找我，构想编写一本设计师手册。

克俊同时带了几本已经出版的同类手册，并分析了这些同类手册的特点，也指出其不足和局限。她向我介绍了她要编写的手册的大概的形式、包含内容怎样使用查找等，以及将来手册编成后对工作和行业的意义等等 ...... 她分析得深入透彻，构想得成熟完善，看得出她编书的决心大，但我还是心有忧虑，因为设计院平时设计任务繁多，要想在空余时间编写这样详尽丰富的设计资料手册，需要花费很多精力，困难可想而知。

2014 年初夏，克俊又来找我，带来了厚厚的三册书稿，我甚感欣慰与感动。粗阅书稿，内容涵盖了园林景观设计从业者需要的各项设计资料：有概念也有理论，有技术也有实践。整套书编制新颖别致，查阅系统便捷清晰，应易为读者所接受。

本套手册编写人员都是我院在园林景观设计行业从业多年的资深设计师及管理人员。他们专业扎实，实践经验丰富，我认为他们所编写的，也一定是园林景观设计人员所需的。当今社会发展迅速，各行各业都在为利润趋之若鹜之时，他们能守住专业、钻研专业，并无私奉献所得所学，是一份热爱行业的情感，也是一种难能可贵的精神。

万丈高楼平地起，园林景观设计是一个综合的系统工程，一本书或一套书可能远远不能满足我们的所有需求，但是有了这套书的基础，我相信广大设计师同仁们一定能从中受益，我也希望能看到更多的好书为设计行业添砖加瓦，为园林景观行业者的新使命贡献力量。

北京筑邦园林景观工程有限公司
北京筑邦建筑装饰工程有限公司 执行董事 总经理
中国建筑设计集团筑邦环境艺术设计院 院 长

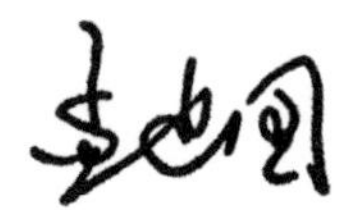

RERFACE 前言

苦于千头万绪

2011年的夏天，我从建设部设计院调到景观设计公司工作。刚到新环境，就有青年设计师来找我指导，其中大部分都不算是技术难题，只是一些常见的规范、规定。我建议他们去查规范、翻图集，自己解决问题。意图用这样的办法来督促大家多学习，牢固掌握专业基础知识，但收效甚微。一是针对特定的问题去查规范，解决的大多数是个别问题，不具有普遍性；二是资料规范等工具书专业性强，但综合性差，解决一个问题需要查阅多本资料或规范。

诚然，园林景观设计涉及到园林景观、规划、植物、建筑、总图、结构、给排水、电气等很多相关专业的知识，虽然不是一门很高深的学科，但要求掌握多专业的知识。遇到设计疑问去资料查阅真是一件千头万绪的事。

手册出自民间

有同事提议，建议将分布在各个专业领域的基础知识点整合集中，把这些资料统一编排成一本手册，便于查阅。在工作之余，由我组织安排，几位同事经过多轮的查阅、整理、编排，手册已经初见雏形。并在实际工作中得到了初步的运用，这本“民间”手册也日渐完善。

偶然的机会，中国林业出版社的策划编辑李顺阅读了我们这本民间手册，并给予了较高的评价，希望我们能将手册整理编辑正式出版，惠及更多的园林景观设计师和院校师生。不同于“民间”自用，正式出版的书籍要求非常高。为了能让“民间”手册早日与读者见面，出版社的领导、李编辑和所有的编者经历过数次的讨论、修改、扩充、删减、更新、替换，手册从一本书几章节扩编到了一套三本几十章节，内容越来越丰富、体系越来越完善，前后经历了共计三年，终于完成了今天这套《景观设计师手册》。

使用事捷功倍

编手册的初衷就是要便于查找，让工作繁忙的设计师在最短的时间找到需要的资料。这要求手册的索引体系非常强大。我翻遍了各种设计手册、工具书，尝试了很多种索引办法，都不理想。偶然发现中国建筑工业出版社的《建筑设计资料集 II》有很清晰明确的索引功能，既有工具书的特点，又简单明了，非常适合设计师查阅。（难怪这套资料集如此经典，看来确实是面面俱到）原来，简单的、实用的，就是最强大的，顺着这个思路，我们仿效《建筑设计资料集 II》的索引体系，理出了现在的查找形式。从现在的使用情况来看，基本达到了我们的预想要求。

限于编者们的学力和工作条件，文献资料收集不甚全面，书中论述不妥、征引疏漏讹误之处在所难免，希望读者谅解匡正。

编者

2014年3月

使用说明：

园林景观基础知识 / 010
1
章名称
章页码
章编号
章编号
节目录
竖向设计【2】地形
章名称
节编号
节名称
地形【2】竖向设计
节名称
节编号
章名称

目录
CONTENTS

目录
CONTENTS

亭

1. 亭的定义

亭是一种中国传统建筑，多建于路旁，供行人休息、乘凉或观景用。亭一般为开敞性结构，没有围墙，顶部可分为六角、八角、圆形等多种形状。

2. 亭的历史

亭的历史十分悠久，但古代最早的亭并不是供观赏用的建筑。如周代的亭，是设在边防要塞的小堡垒，设有亭史。到了秦汉，亭的建筑扩大到各地，成为地方维护治安的基层组织所使用。《汉书》记载："亭有两卒，一为亭父，掌开闭扫除；一为求盗，掌逐捕盗贼"。魏晋南北朝时，代替亭制而起的是驿。之后，亭和驿逐渐废弃。但民间却有在交通要道筑亭为旅途歇息之用的习俗，因而沿用下来。也有的作为迎宾送客的礼仪场所，一般是十里或五里设置一个，十里为长亭，五里为短亭。同时，亭作为点景建筑，开始出现在园林之中。

到了隋唐时期，园苑之中筑亭已很普遍，如杨广在洛阳兴建的西苑中就有风亭月观等景观建筑。唐代宫苑中亭的建筑大量出现，如长安城的东内大明宫中有太液池，中有蓬莱山，池内有太液亭。又兴庆宫城有多组院落，内还有龙池，龙池东的组建筑中，中心建筑便是沉香亭。

宋代有记载的亭子就更多了，建筑也极精巧。在宋《营造法式》中就详细地描述了多种亭的形状和建造技术，此后，亭的建筑便愈来愈多，形式也多种多样。

3. 亭的作用

亭，在古时候是供行人休息的地方。"亭者，停也。人所停集也。"（《释名》）。园中之亭，应当是自然山水或村镇路边之亭的"再现"。水乡山村，道旁多设亭，供行人歇脚，有半山亭、路亭、半江亭等，由于园林作为艺术是仿自然的，所以许多园林都设亭。但正是由于园林是艺术，所以园中之亭是很讲究艺术形式的。亭在园景中往往是个"亮点"，起到画龙点睛的作用。从形式来说也就十分美而多样了。《园冶》中说，亭"造式无定，自三角、四角、五角、梅花、六角、横圭、八角到十字，随意合宜则制，惟地图可略式也。"这许多形式的亭，以因地制宜为原则，只要平面确定，其形式便基本确定了。

亭子不仅是供人憩息的场所，又是园林中重要的点景建筑，布置合理，全园俱活，不得体则感到凌乱，明代著名的造园家计成在《园冶》中有极为精辟的论述："……亭胡拘水际，通泉竹里，按景山颠，或翠筠茂密之阿，苍松蟠郁之麓"，可见在山顶、水涯、湖心、松荫、竹丛、花间都是布置园林建筑的合适地点，在这些地方筑亭，一般都能构成园林空间中美好的景观艺术效果。

在中国园林中，几乎都离不开亭。在园林中或高处筑亭，既是仰观的重要景点，又可供游人统览全景，在叠山脚前边筑亭，以衬托山势的高耸，临水处筑亭，则取得倒影成趣，林木深处筑亭，半隐半露，即含蓄而又平添情趣。

如苏州网师园，从射鸭廊入园，隔池就是"月到风来亭"，形成构图中心。又如拙政园水池中的"荷风四面亭"，四周水面空阔，在此形成视觉焦点，加上两面有曲桥与之相接，形象自然显要。当然此亭之形象，也受得起如此待遇；又如沧浪亭，位于假山之上，形成全园之中心，使"沧浪亭"（园名）名副其实；拙政园中的绣绮亭，留园中的舒啸亭，上海豫园中的望江亭等，都建于高显处，其背景为天空，形象显露，轮廓线完整，甚有可观性。

图 1-1 月到风来亭

图 1-2 荷风四面亭

亭【2】分类

1

（1）按平面分类

①正多边形

正多边形尤以正方形平面式几何形中最规整，严谨，轴线布局明确的图形，常见多为三、四、五、六、八角形亭。

平面长阔比为 1:1，面阔一般为 3~4m。

两个正方形可组成菱形。

②长方形

平面长阔比多接近黄金分割 1:1.6，由于亭与殿、阁、厅堂不同，其体量轻巧，常可见其全貌，比例若过于狭长就不具有美感的基本条件了。

较成功的工程实例有：

苏州拙政园绣绮亭　　平面长阔比 1:1.61

苏州狮子林真趣亭　　平面长阔比 1:1.732

苏州拙政园雪香云蔚亭　平面长阔比 1:1.64

同时平面为长方形的亭多用面阔为三间、三间四步架。

江南路亭常用二间面阔，水榭常用进深三间、四步架或六部架。

柱：细长比 $\left\{\begin{matrix}\frac{1}{10}\sim\frac{1}{12}\sim\frac{1}{18}\sim\frac{1}{20}\\ \text{北方}\sim\sim\sim\sim\text{南方}\end{matrix}\right\}$

③半亭：顾名思义，从顶平面上看，只有一半的亭子，通常与廊结合，或者依墙而建，十分灵秀。

④仿生形亭：模仿动植物或者其他自然物体的外形或平面而建造的亭，如仿外形的蘑菇亭、贝壳亭，仿平面的睡莲形（舒展、大方），梅花形（秀丽、雅致）等。

⑤复合多功能亭：多个相同或不同平面的亭组合而成，如双亭。

（2）按立面分类（表 1–1）

表 1–1 按立面分类

立面高阔比		造型感觉
正方形		端正、浑厚、稳重、敦实
长方形		
	黄金长方形 1:1.618	素雅、大方、轻巧、玲珑
	$\sqrt{2}$ 长方形 1:1.414	丰满、稳健、气魄
	$\sqrt{3}$ 长方形 1:1.732	高洁、亭亭玉立
	$\sqrt{4}$ 长方形 1:2.000	俊俏、婀娜、挺拔

（3）按亭顶分类

①攒尖顶：

角攒，宜于表达向上、高峻、收聚交汇的意境；

圆攒，宜于表达向上之中兼有灵活、轻巧之感。

②歇山顶：宜于表现强化水平趋势的环境。

③卷棚顶：宜于表现平远的气势。

④盝 [lù] 顶：古代的井亭上面是露天的，即顶中央开有露天的洞口，称之为盝顶。经常用在帝王庙中的井亭的顶口。

⑤单檐：一层屋檐。

⑥重檐：两层屋檐，其作用是扩大亭顶和亭身的体重，增添亭顶的高度和层次，增强亭顶的雄伟感和庄严感，调节亭顶和亭身的比例。

（4）按柱分类（一般亭的体量随柱的增多而增大）

单柱——伞亭

双柱——半亭

三柱——角亭

四柱——方亭、长方亭

五柱——园亭、梅花五瓣亭

六柱——重檐亭、六角亭

八柱——八角亭

十二柱——方亭、12 月份亭、12 时辰亭

十六柱——文亭、重檐亭

（5）按材料分类

地方材料：木、竹、石、茅草亭；自然趣味强，造价低，但易损坏，使用两年为限，可以先建竹木临时性的过渡小品，成熟后再建成永久性的建筑。

混合材料（结构）：复合亭；

轻钢亭：施工方便，组合灵活装配性强，单双臂悬挑均可成亭，也适宜于做露天的遮阳伞亭。

钢筋混凝土亭：仿传统、仿竹、书皮、茅草塑亭。

特种材料（结构）亭：塑料树脂、玻璃钢、薄壳充气软结构、波折板、网架、膜结构。

（6）按功能分类

休憩遮阳遮雨：传统亭、现代亭；

观赏游览：传统亭、现代亭；

纪念、文物古迹：纪念亭、碑亭；

交通、集散组织人流：站亭、路亭；

骑水：廊亭、桥亭；

倚水：楼台水亭；

综合：多功能组合亭。

按平面分类

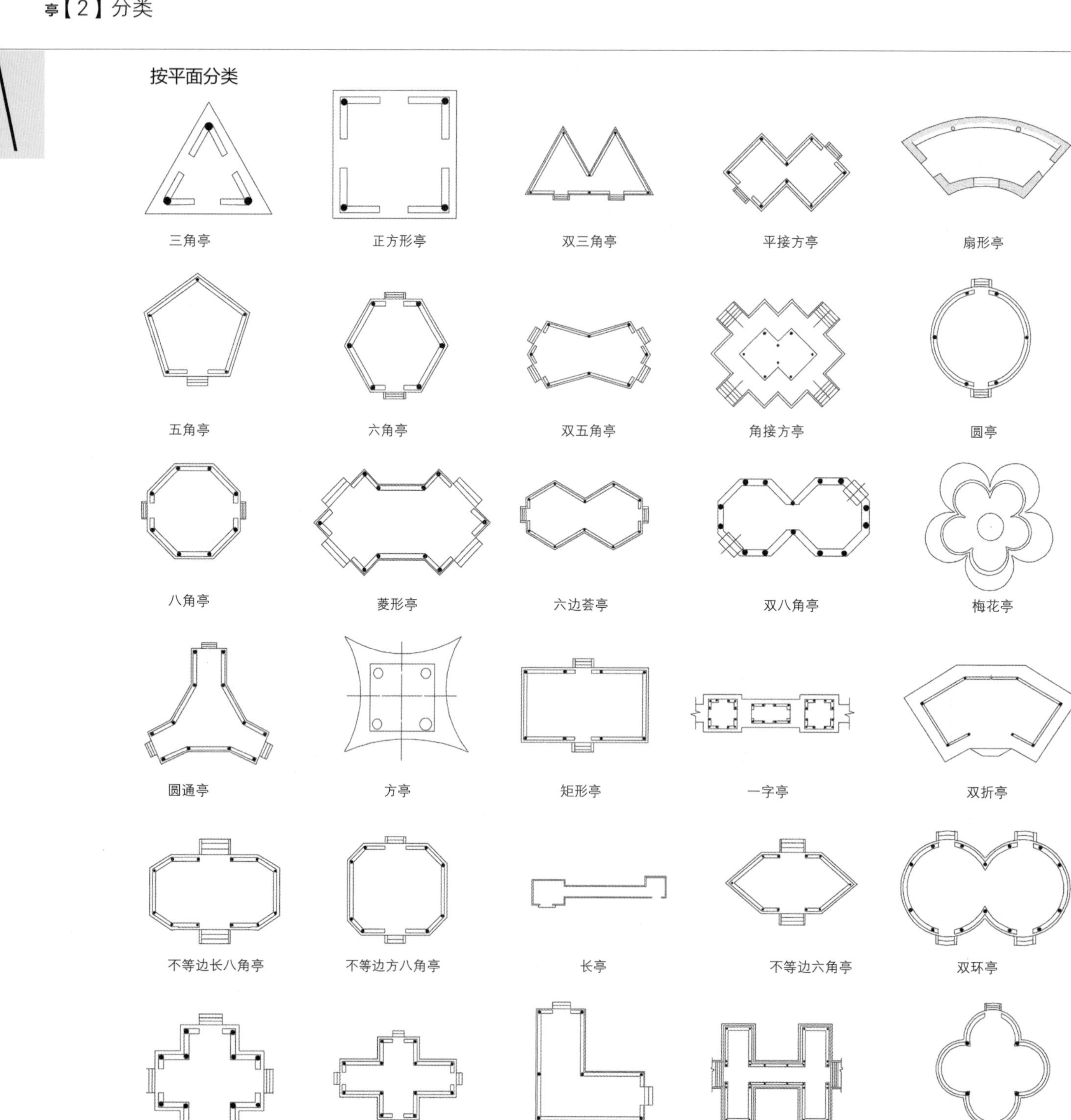
三角亭
正方形亭
双三角亭
平接方亭
扇形亭
五角亭
六角亭
双五角亭
角接方亭
圆亭
八角亭
菱形亭
六边荟亭
双八角亭
梅花亭
圆通亭
方亭
矩形亭
一字亭
双折亭
不等边长八角亭
不等边方八角亭
长亭
不等边六角亭
双环亭
十字亭
矩形十字亭
L 形亭
工字亭
十字花瓣亭

按亭顶分类

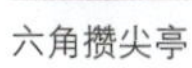

六角攒尖亭

四角攒尖亭

四角卷棚亭

六角碑亭

歇山卷棚亭

四角重檐亭

六角重檐亭 1

六角重檐亭 2

八角重檐亭

重檐圆攒亭

双单檐亭

双重檐圆亭

组合亭

盝顶亭

半亭 1 （按平面分）

半亭 2（按平面分）

半亭 3（按平面分）

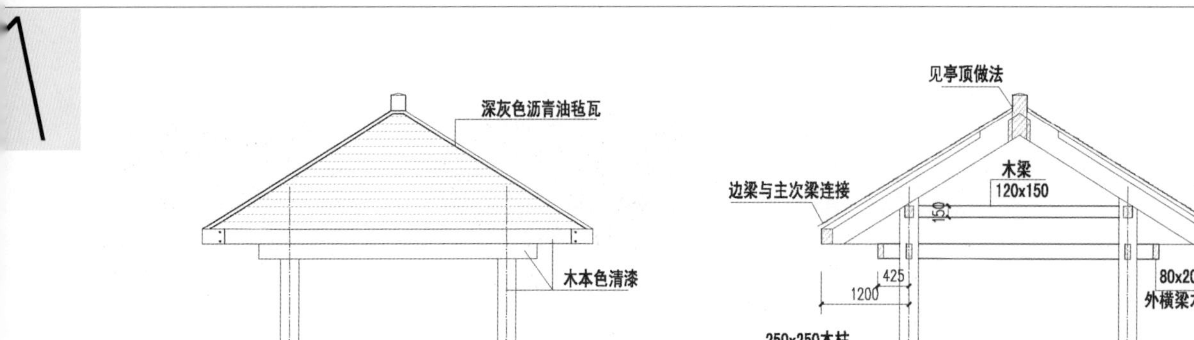

立面图

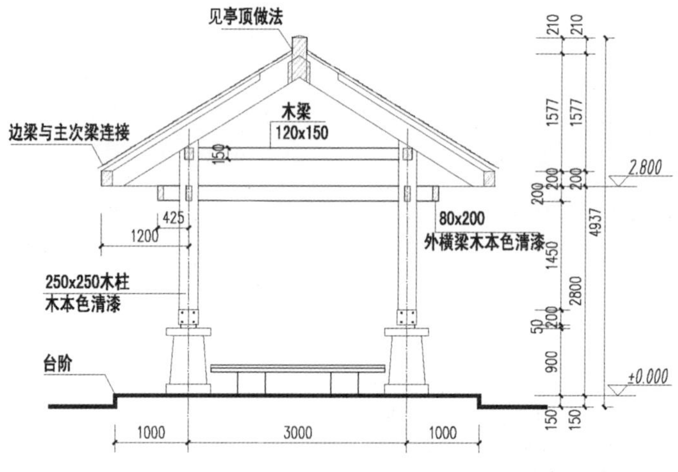

1–1 剖面图

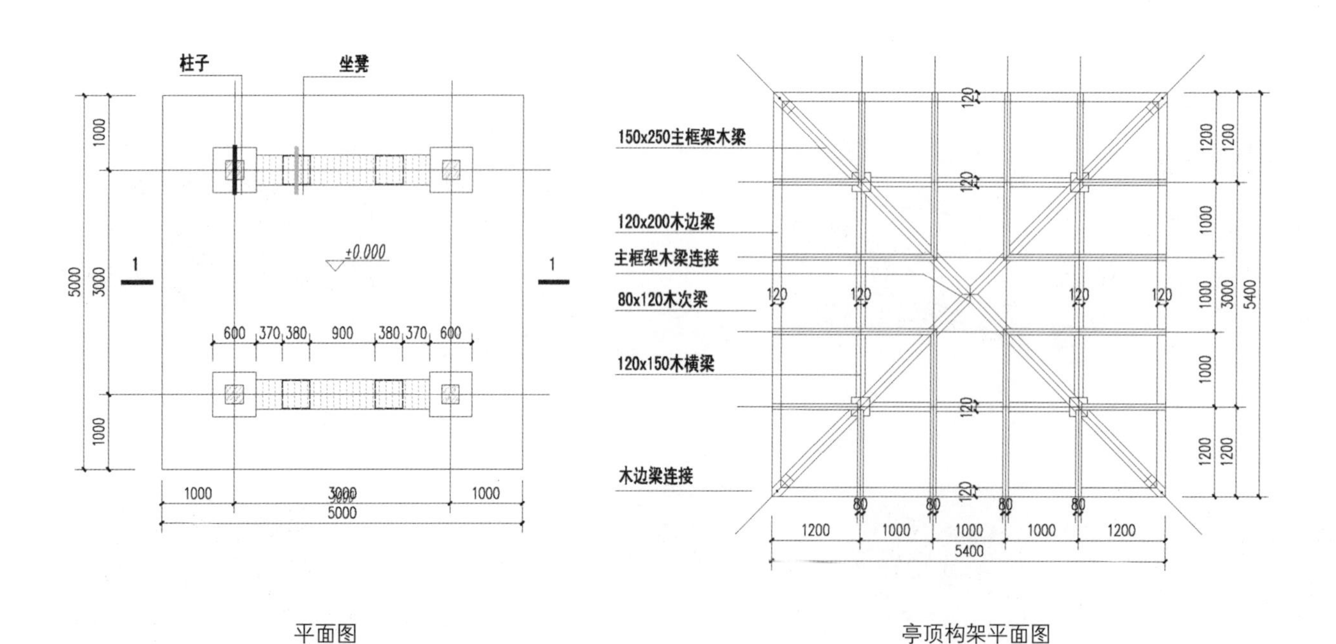

平面图

亭顶构架平面图

注：1. 钢构件防锈漆两道，除图中已注明者外均为白色氟碳漆两道。
2. 木材防腐处理，榫接处采用高性能胶粘结，木本色清漆饰面。

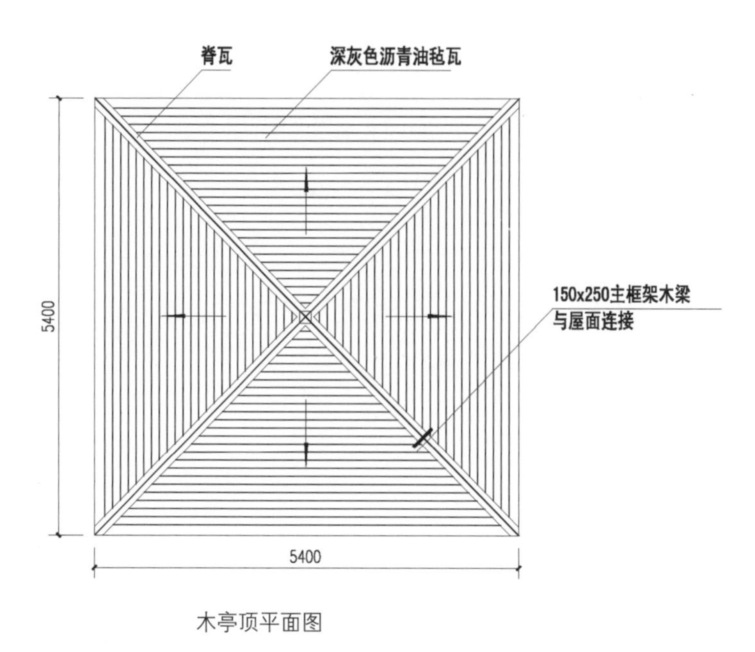

木亭顶平面图

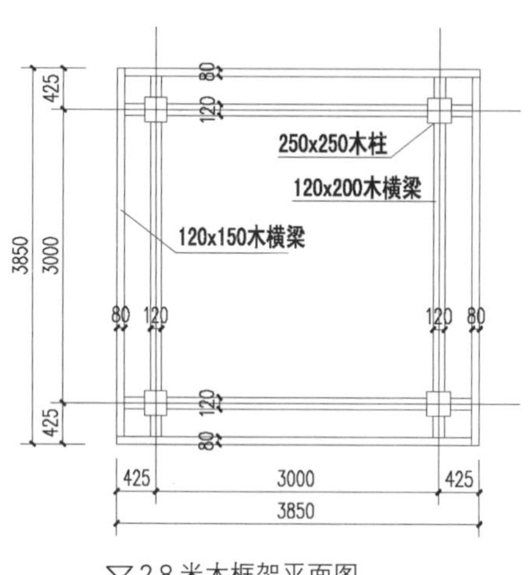

▽2.8 米木框架平面图

木亭效果图

木亭节点详图

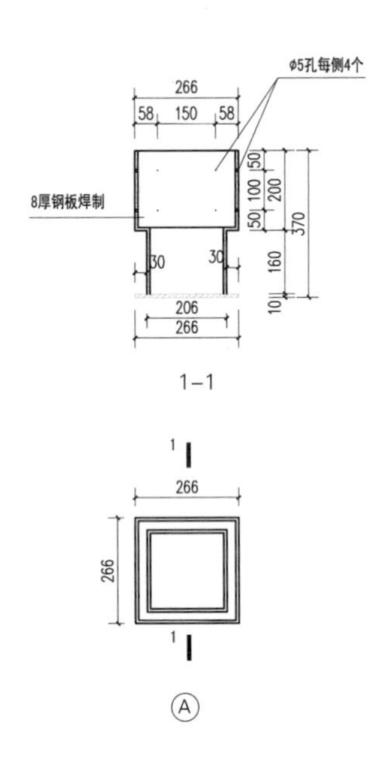

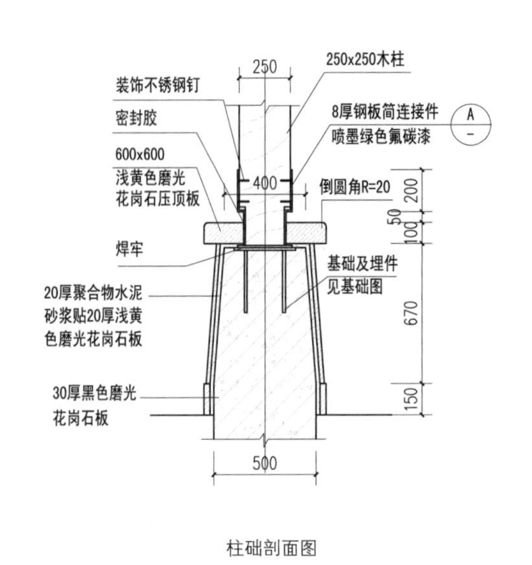

柱础剖面图

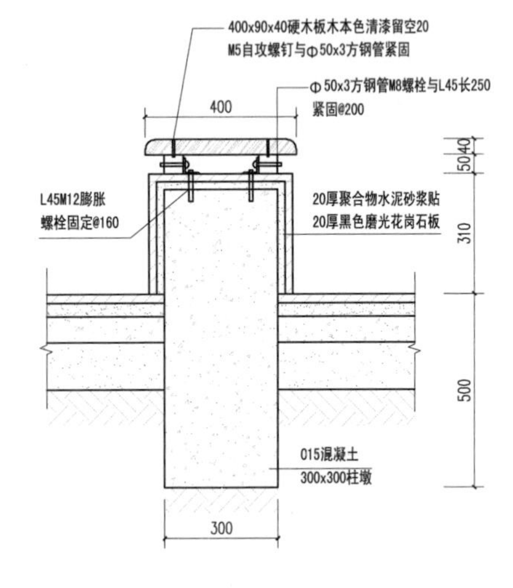

坐凳剖面图

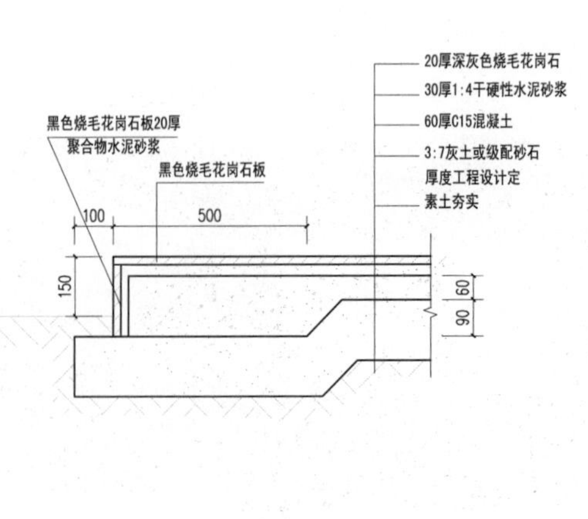

台阶做法

木亭节点图

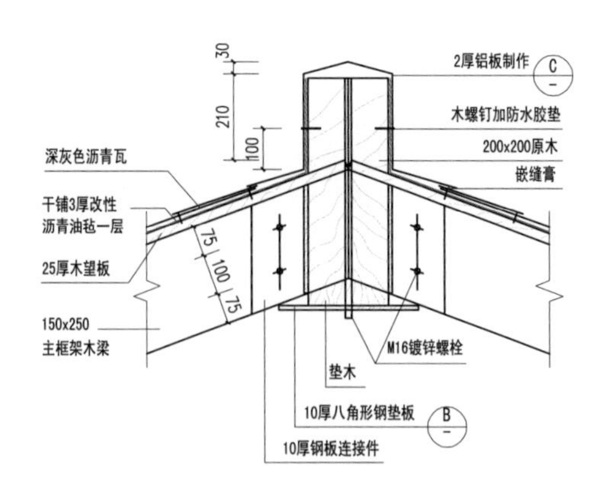

亭顶做法

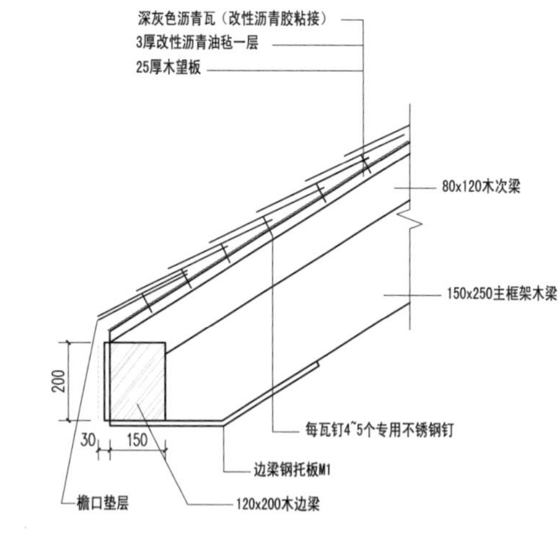

边梁与主次梁连接

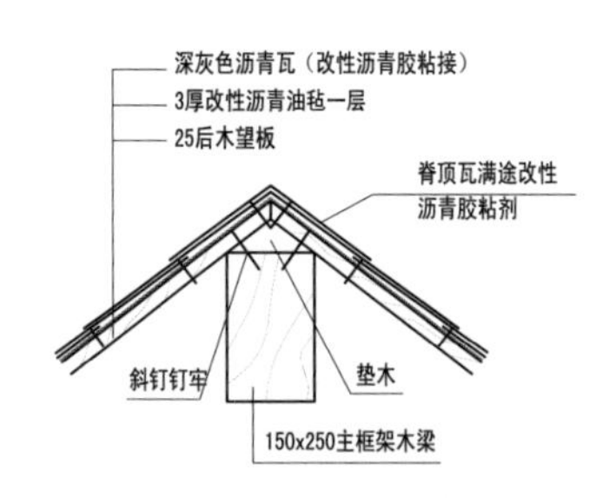

主框架木梁与屋面连接方式

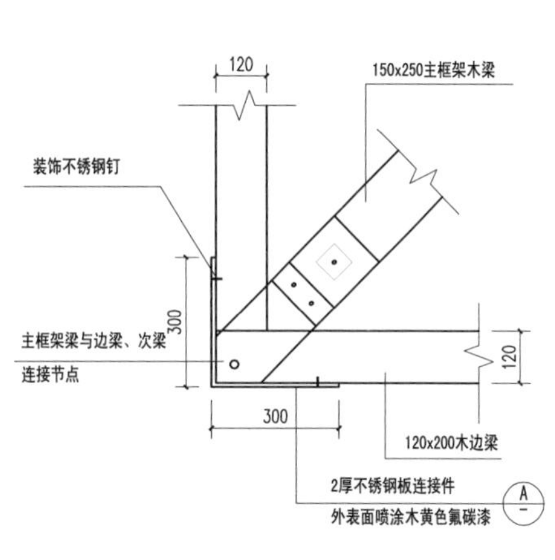

木边梁连接

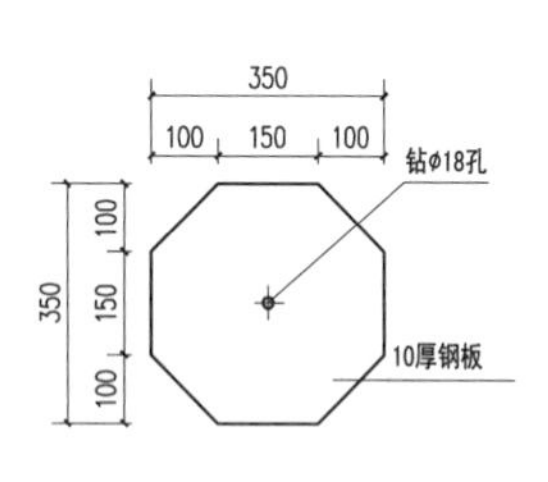

Ⓑ

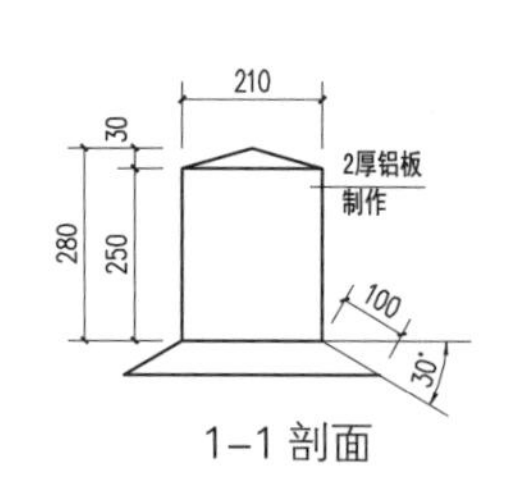

1–1 剖面

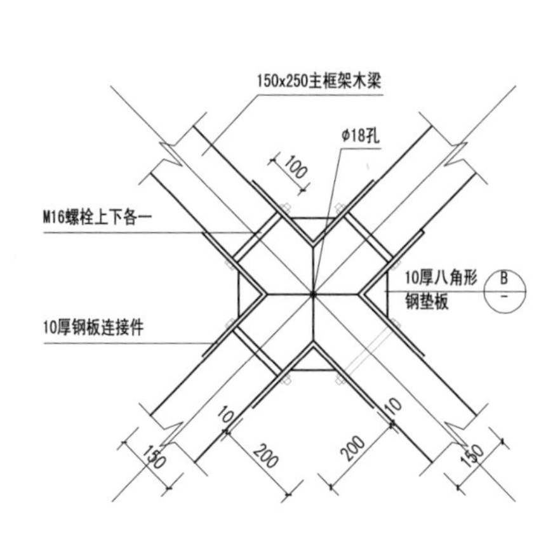

主框架木梁连接方式

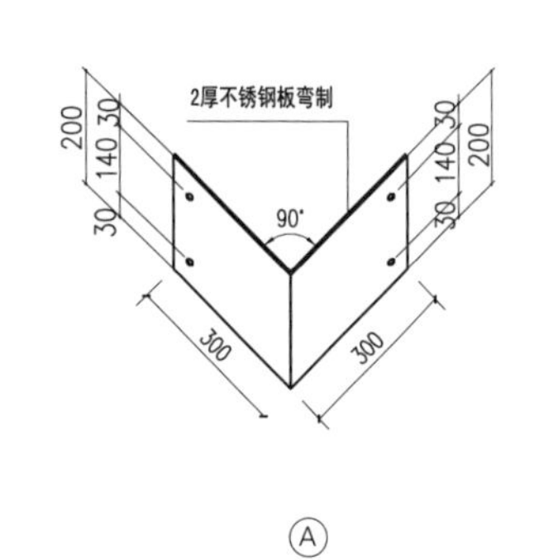

Ⓐ

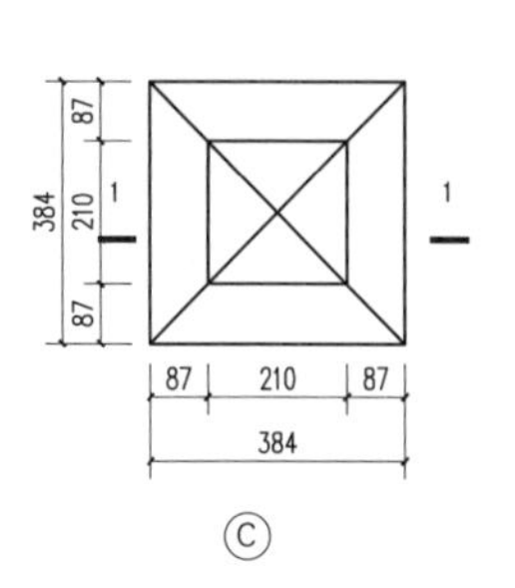

Ⓒ

木亭梁、柱节点详图

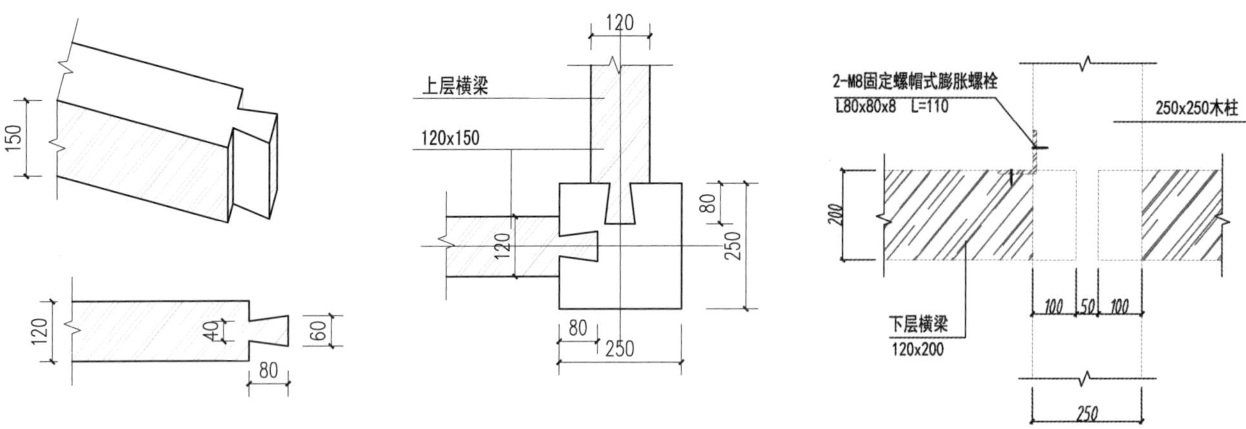

上层横梁、柱节点

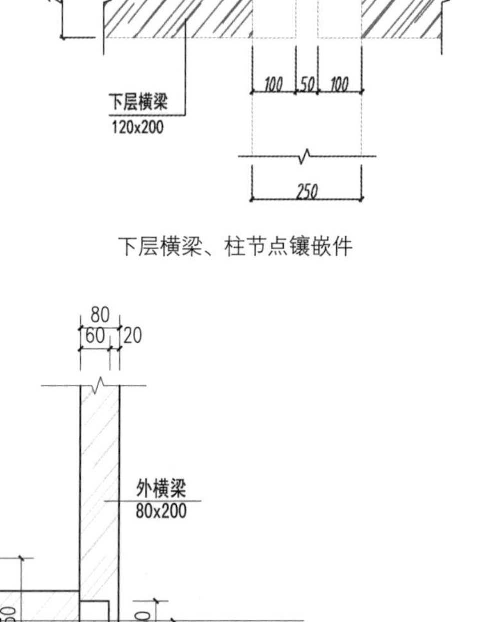

下层横梁、柱节点镶嵌件

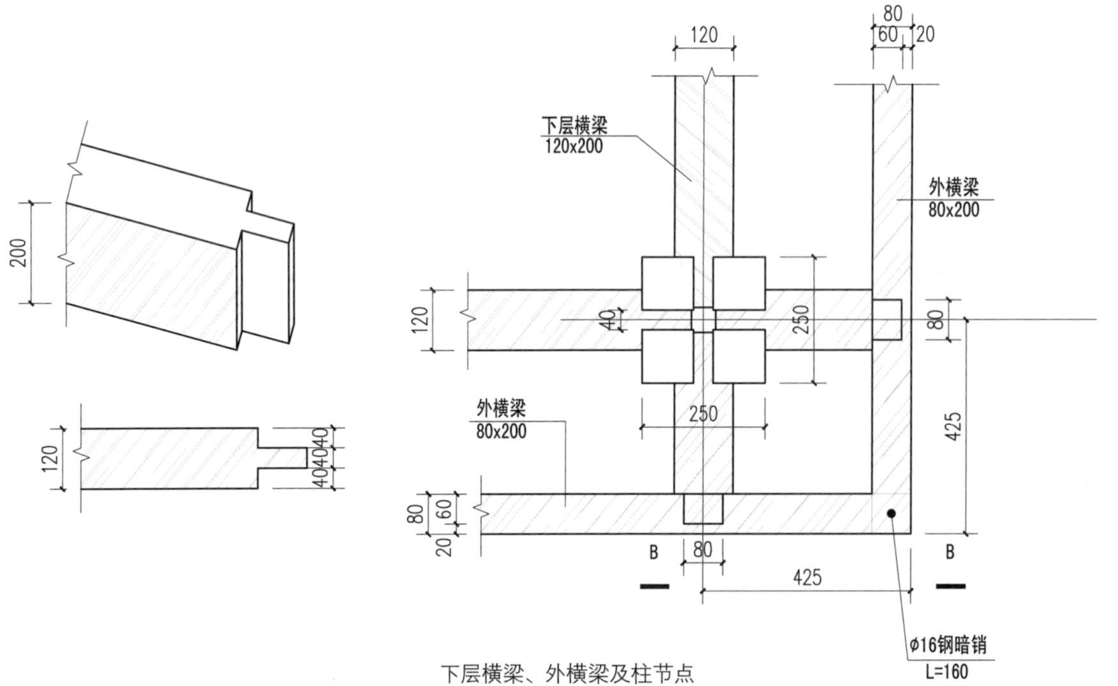

下层横梁、外横梁及柱节点

注：1. 上层横梁、柱节点采用燕尾榫。
　　2. 下层横梁、柱节点分内、外侧，均采用直榫，内侧上表面镶入抗拉铁件。
　　3. 顶盖的所有构件彼此都要有可靠的连接，以免被风破坏。

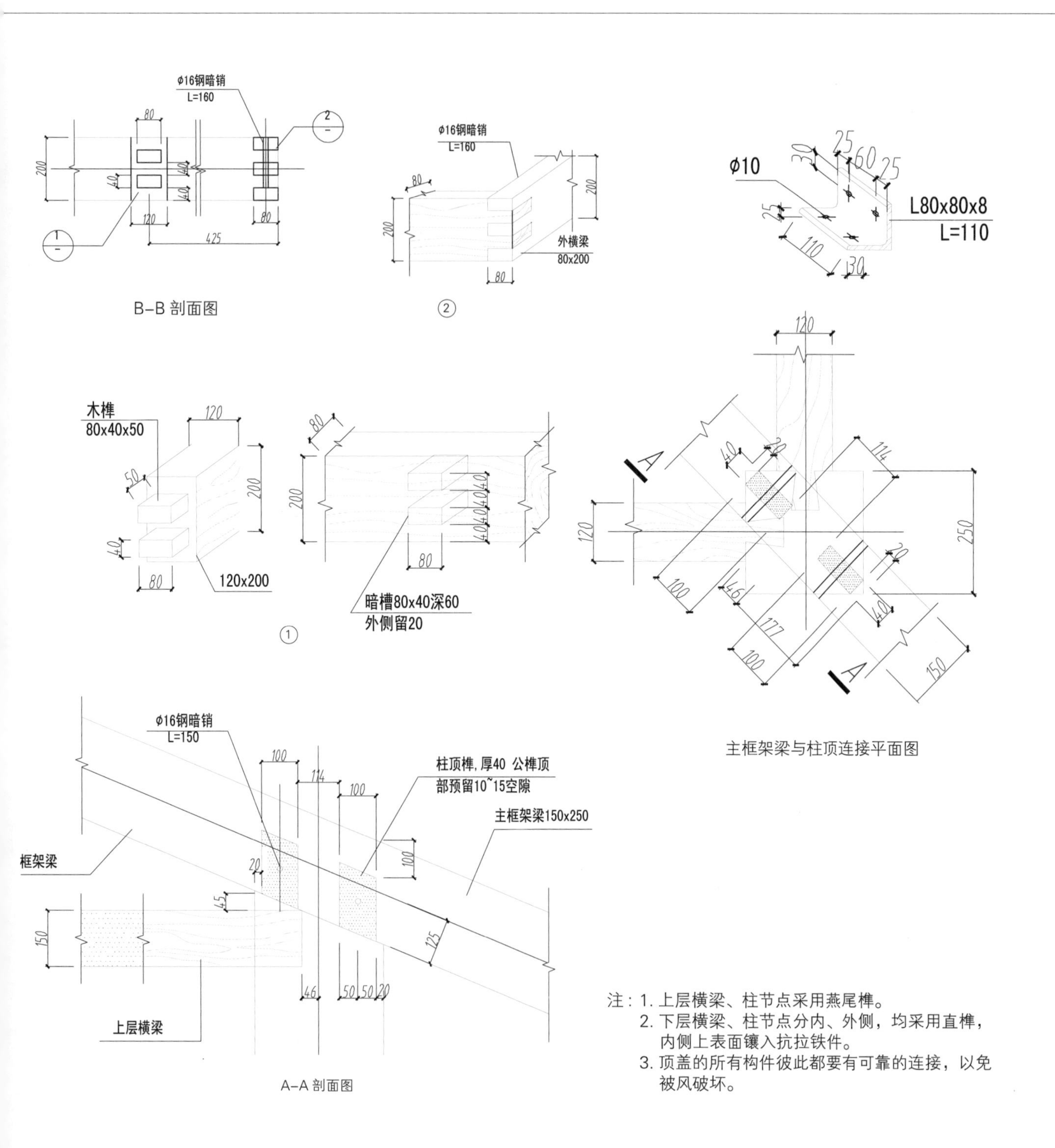

注：1. 上层横梁、柱节点采用燕尾榫。
2. 下层横梁、柱节点分内、外侧，均采用直榫，内侧上表面镶入抗拉铁件。
3. 顶盖的所有构件彼此都要有可靠的连接，以免被风破坏。

木亭各构件安装节点详图

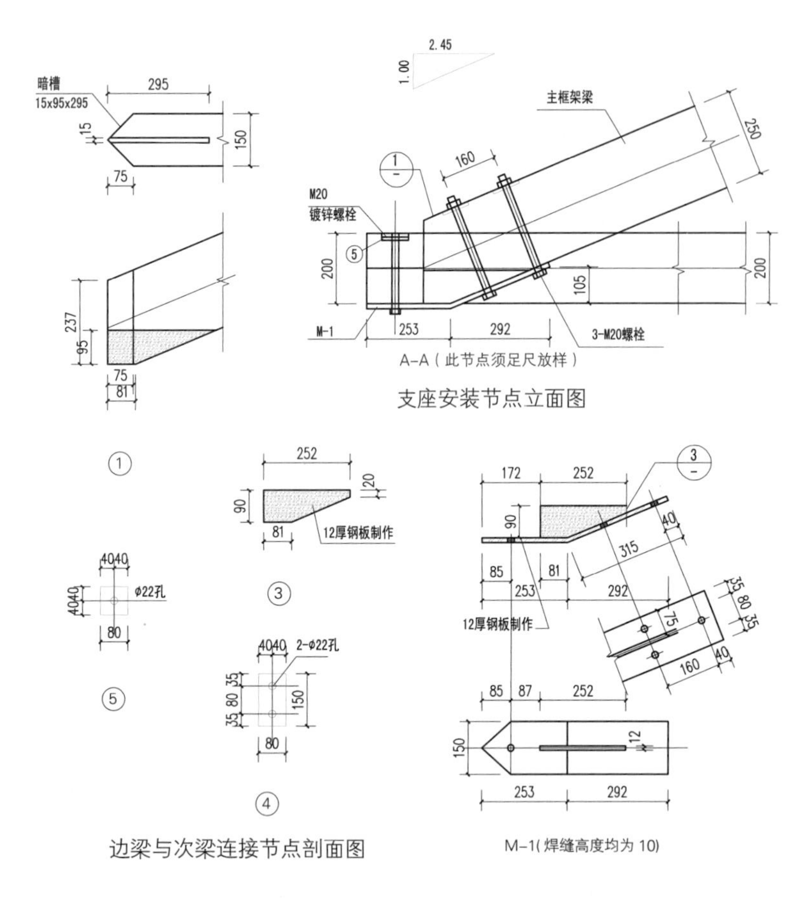

支座安装节点立面图

边梁与次梁连接节点剖面图

M–1（焊缝高度均为 10）

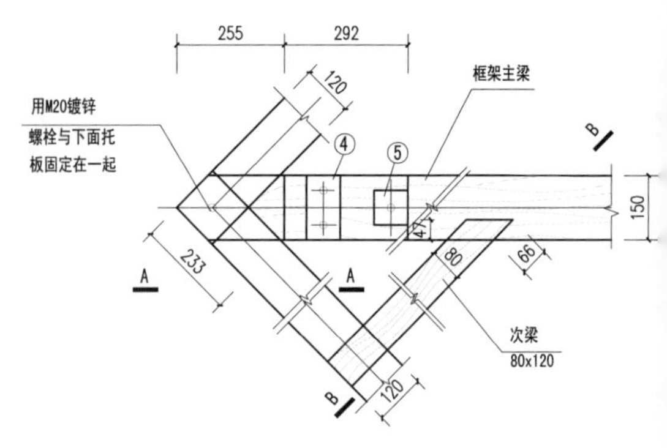

主框架梁与边梁、次梁连接节点平面图

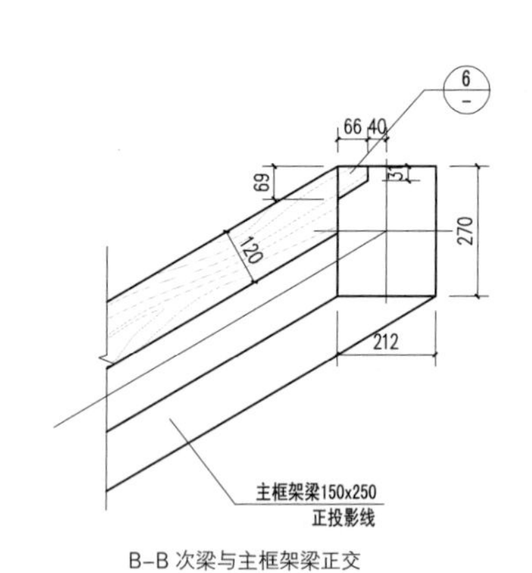

B–B 次梁与主框架梁正交

主框架梁与次梁连接节点剖面图

注：未注明钢板的厚度均为 10，螺栓孔径除注明者外，为螺栓直径 +2mm。

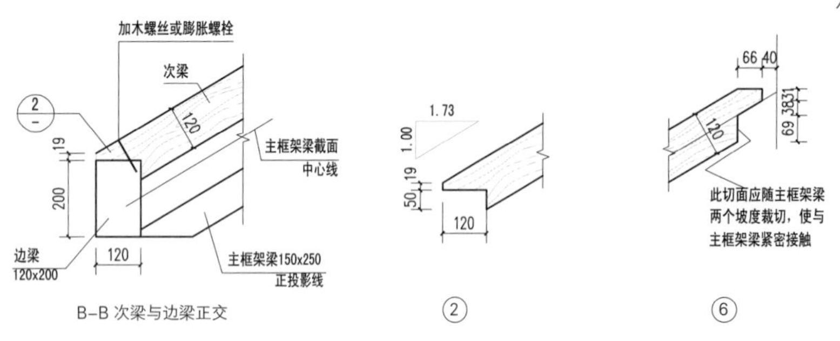

B–B 次梁与边梁正交　②　⑥

注：1. 边梁为重要受力构件，必须和相关构件牢固连接。
2. 主框梁架上表面边线和次梁上表面所在的各斜面齐平。
3. 次梁上、下端与边梁和主框架梁连接方法：当基本风压 >0.40KN/M^2 地区，建议每端用 2–M6 固定螺帽式膨胀螺栓，其它地区可用粗木螺钉，木螺钉深入支撑构件内长度不小于 3cm。
4. 木亭所有受力构件实际材料长度，在施工前要现场放大样，使各构件相互间（包括榫接）接触紧密。

木亭边两端部节点详图及基础图

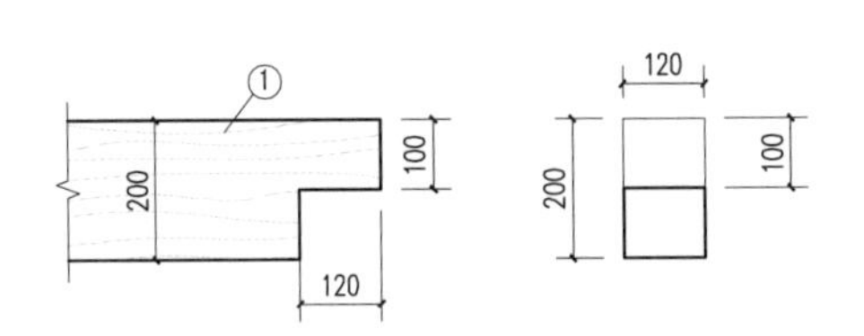

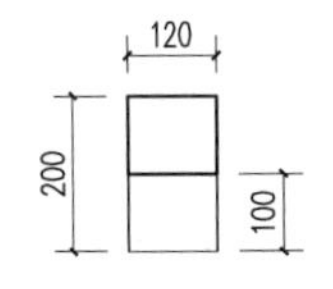

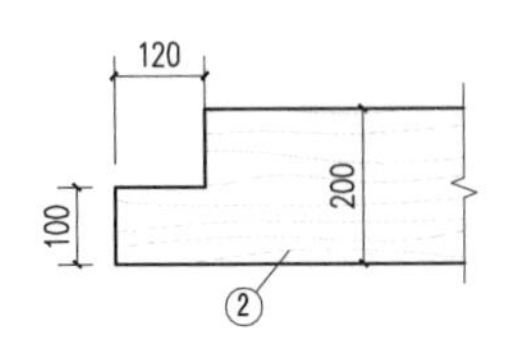

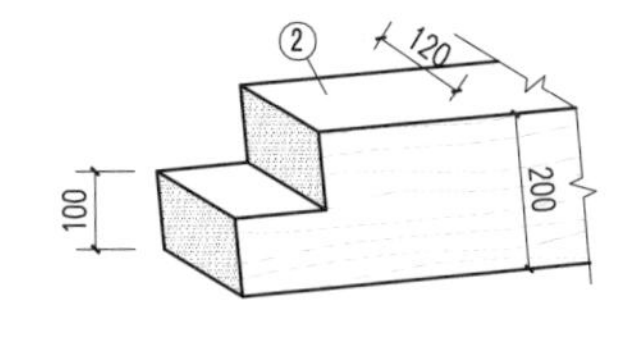

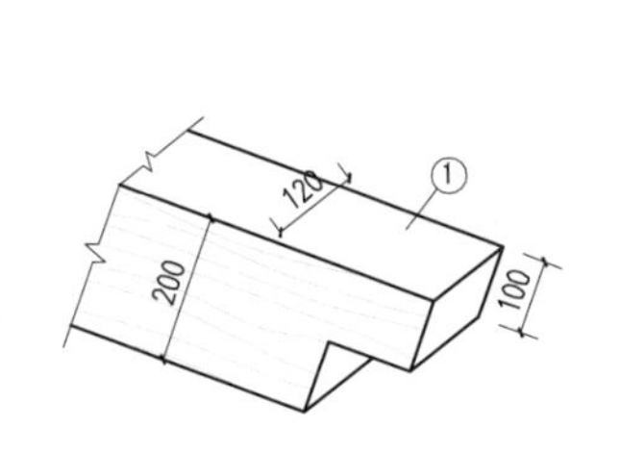

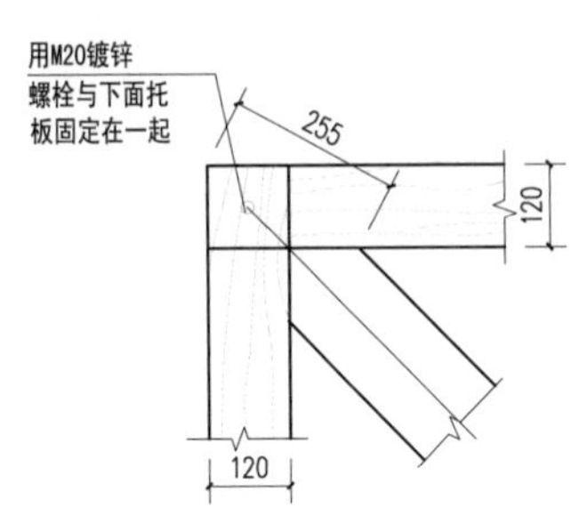

过梁端部燕尾榫详图

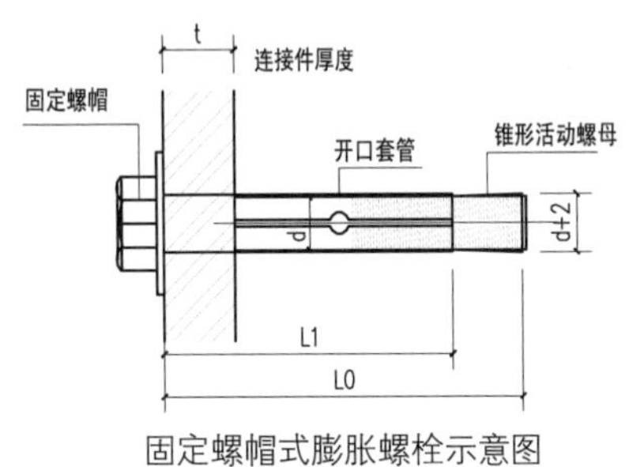

固定螺帽式膨胀螺栓示意图

注：1. 连接次梁的膨胀螺栓，开口套管长度为 L1，钻孔直径为 d+2，钻孔深度为 Lo+5，d 为螺栓直径。
2. 螺栓应符合国家有关标准。

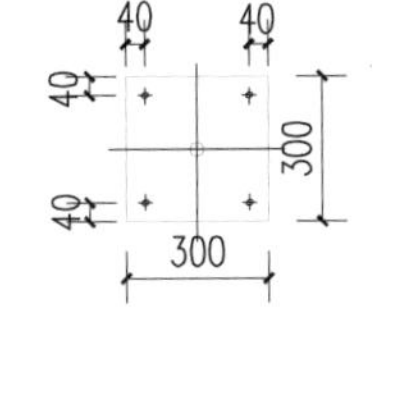

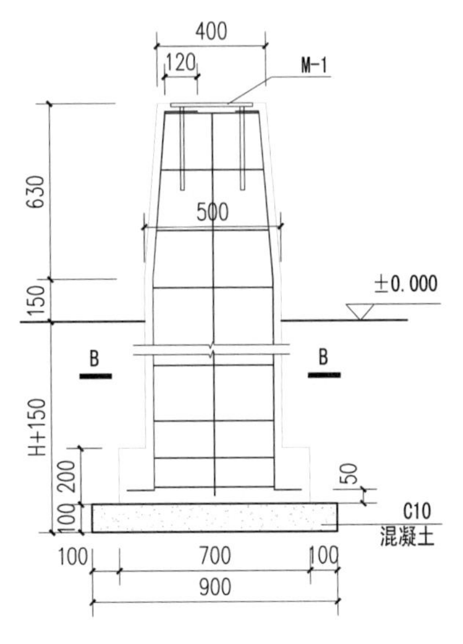

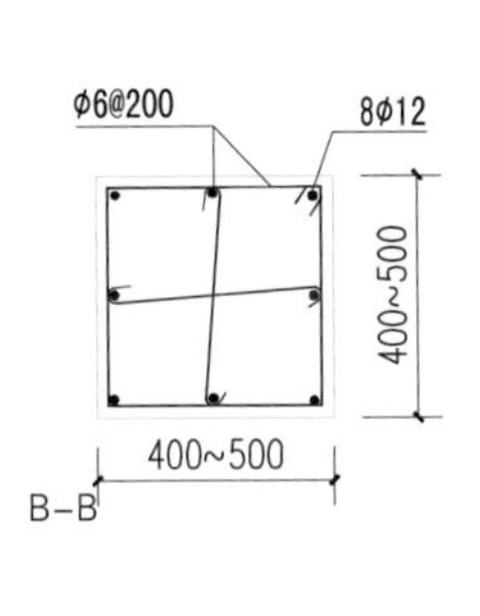

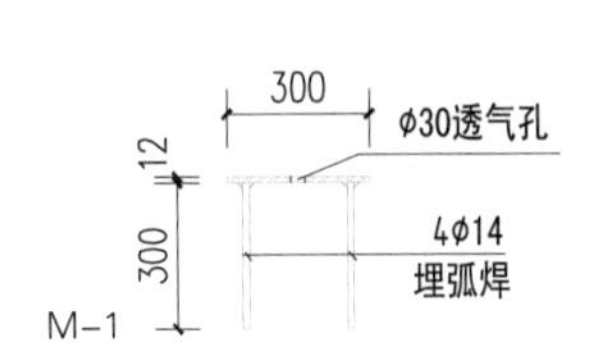

木亭基础图

H 为冻土深度，且基础最小埋深≥ 1150

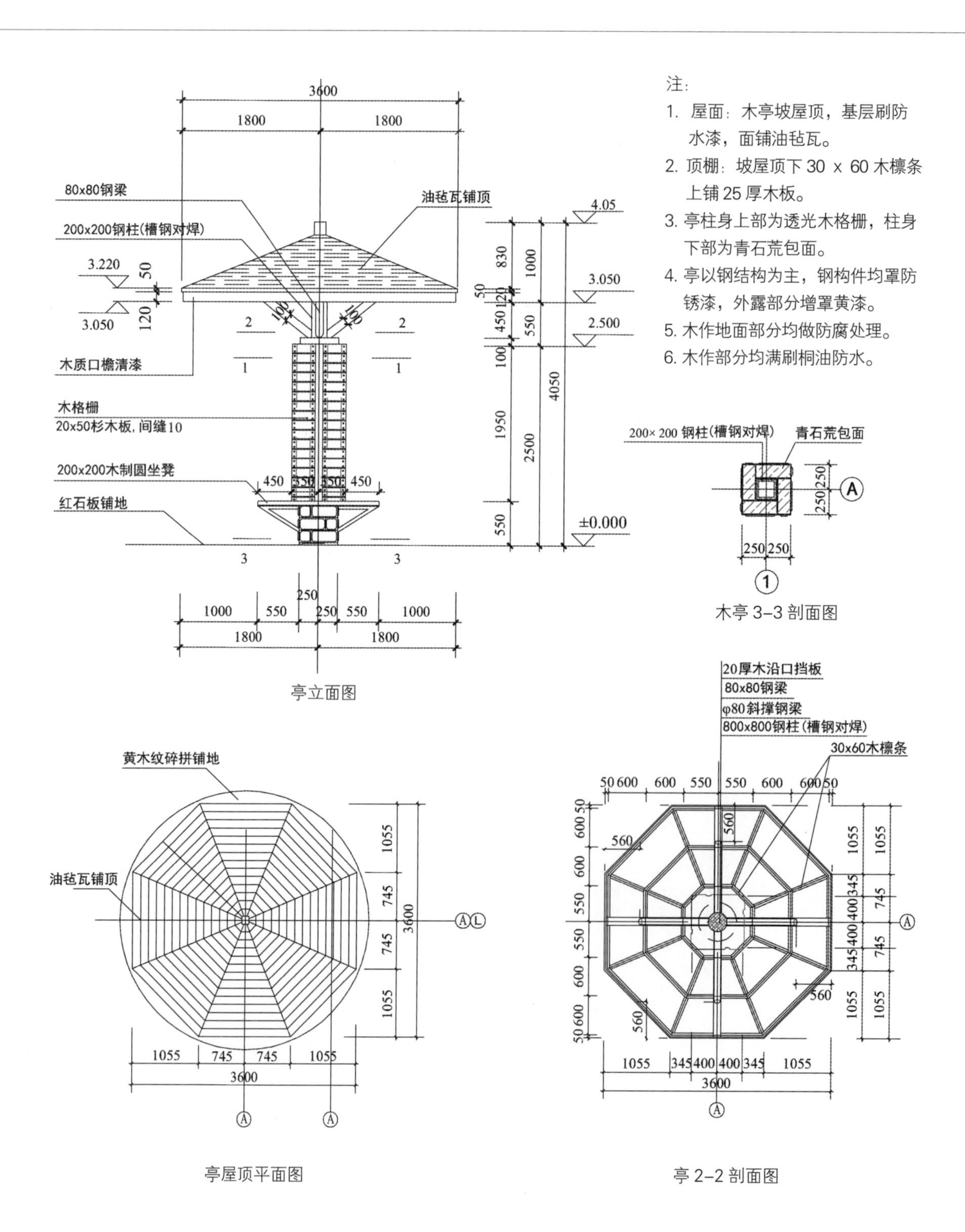

亭立面图

木亭 3–3 剖面图

亭屋顶平面图

亭 2–2 剖面图

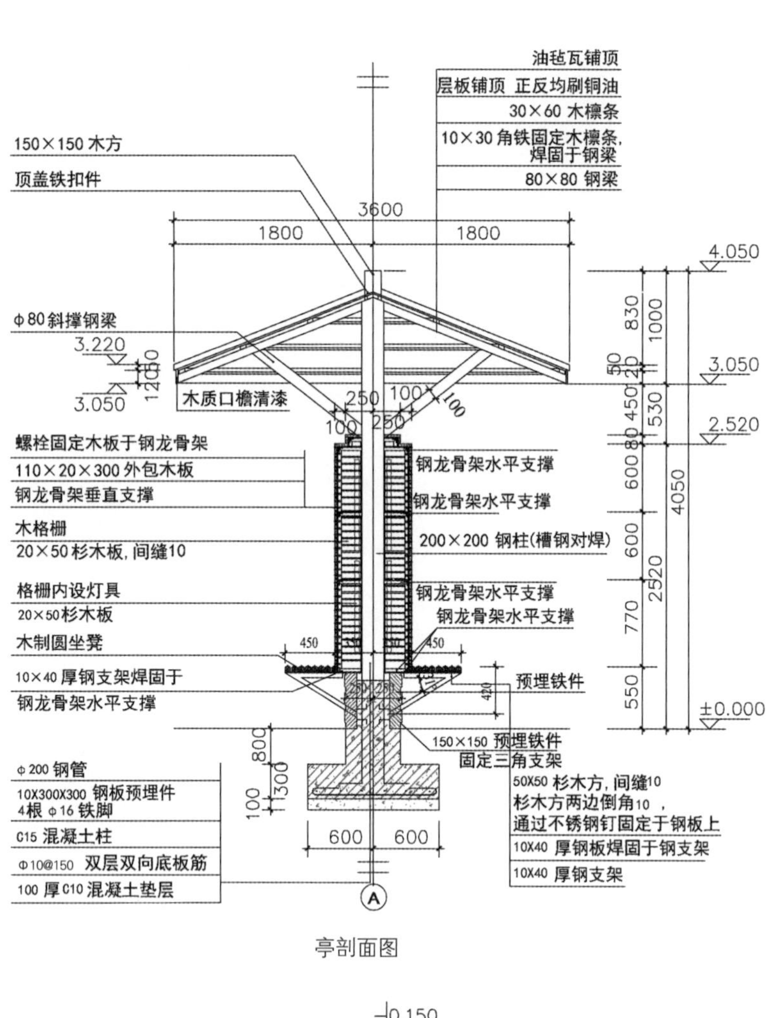
油毡瓦铺顶
层板铺顶 正反均刷铜油
30×60 木檩条
10×30 角铁固定木檩条，焊固于钢梁
80×80 钢梁
150×150 木方
顶盖铁扣件
3600
1800
1800
4.050
φ80 斜撑钢梁
3.220
3.050
木质口檐清漆
3.050
2.520
螺栓固定木板于钢龙骨架
110×20×300 外包木板
钢龙骨架垂直支撑
钢龙骨架水平支撑
钢龙骨架水平支撑
木格栅
20×50 杉木板，间缝10
200×200 钢柱(槽钢对焊)
格栅内设灯具
20×50杉木板
钢龙骨架水平支撑
钢龙骨架水平支撑
木制圆坐凳
10×40 厚钢支架焊固于
钢龙骨架水平支撑
预埋铁件
±0.000
150×150 预埋铁件
固定三角支架
φ200 钢管
10X300X300 钢板预埋件
4根 φ16 铁脚
C15 混凝土柱
Φ10@150 双层双向底板筋
100 厚 C10 混凝土垫层
50X50 杉木方，间缝10
杉木方两边倒角10，
通过不锈钢钉固定于钢板上
10X40 厚钢板焊固于钢支架
10X40 厚钢支架
600
600
A

亭剖面图

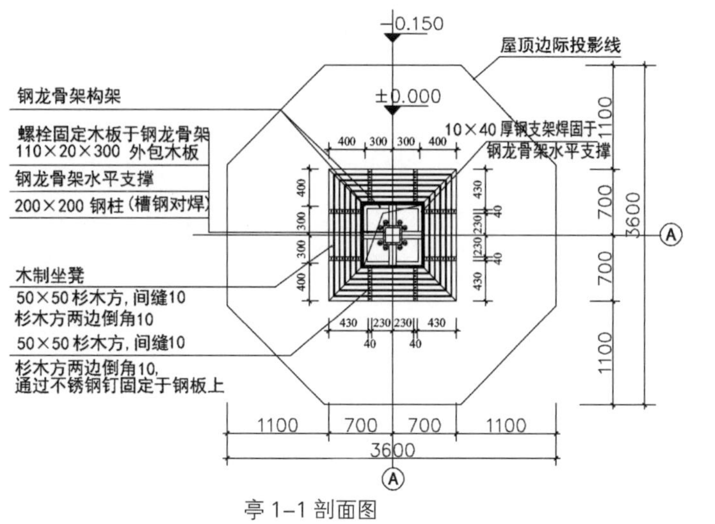
0.150
±0.000
屋顶边际投影线
钢龙骨架构架
螺栓固定木板于钢龙骨架
110×20×300 外包木板
钢龙骨架水平支撑
200×200 钢柱（槽钢对焊）
10×40 厚钢支架焊固于
钢龙骨架水平支撑
木制坐凳
50×50 杉木方，间缝10
杉木方两边倒角10
50×50 杉木方，间缝10
杉木方两边倒角10，
通过不锈钢钉固定于钢板上
1100
700
700
1100
3600
A

亭 1-1 剖面图

400X400X120厚高湖石板平铺

柱顶石

410厚高湖石板沿周边平铺

φ240圆柱

亭子平面图

屋顶平面图　　梁架平面图

小青瓦屋面

25#沙浆船网

603卷材一道

15MM厚杉木望板

φ80木椽

小青瓦

φ180

滴水瓦挡

150高木封檐板

连机

挂落

栏杆

柱礅

600宽石板错缝排列

400X300压口双连

A–A 剖面

木柱黑色油漆

小青瓦

霸王拳

挂落

坐凳

亭子立面图

宝顶

木柱棕红色大漆

雷公柱

霸王拳

挂落

坐凳

台明

120厚高湖石板

60厚C10素混凝土

大片石密排夯实

柱顶石

B–B 剖面

φ240木柱

柱顶石

方亭基础平面图

3φ18

φ6@200

3φ18

1–1 剖面图

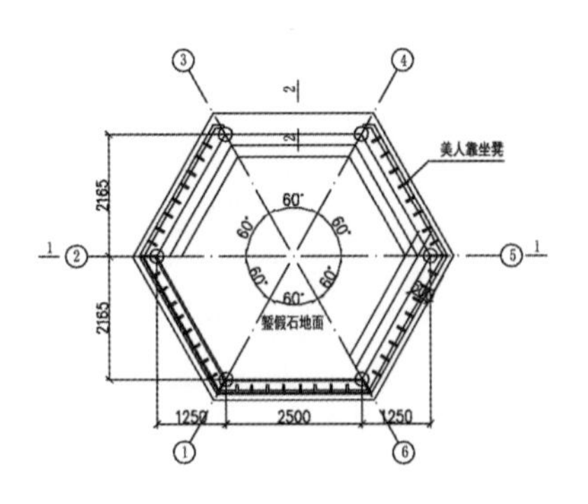

六角亭平面图

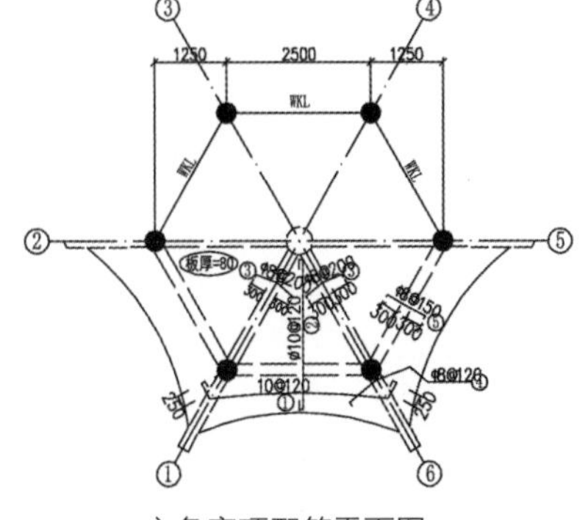

六角亭顶配筋平面图

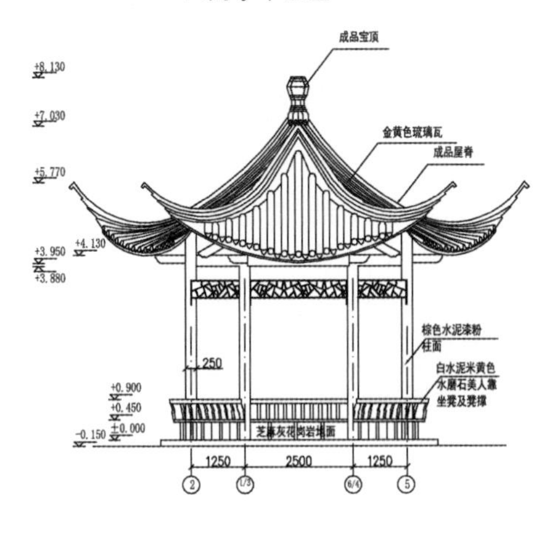

正立面图

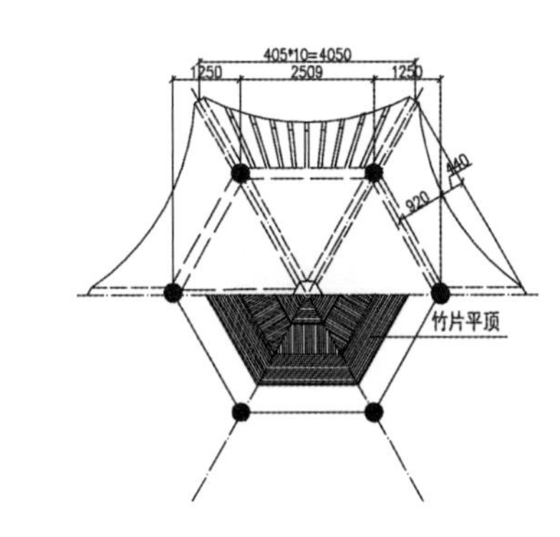

六角亭仰视图

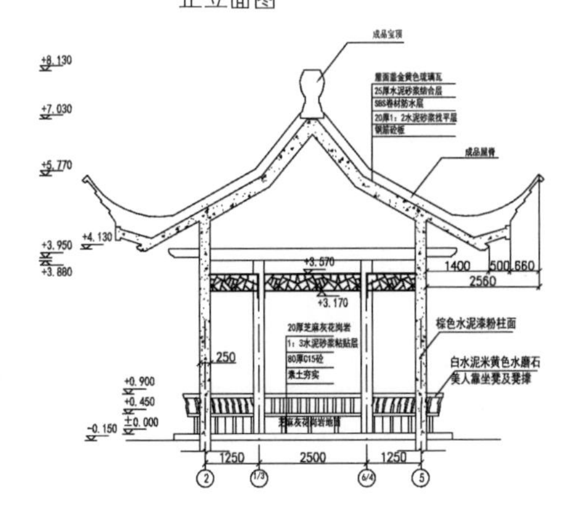

1-1 剖面图

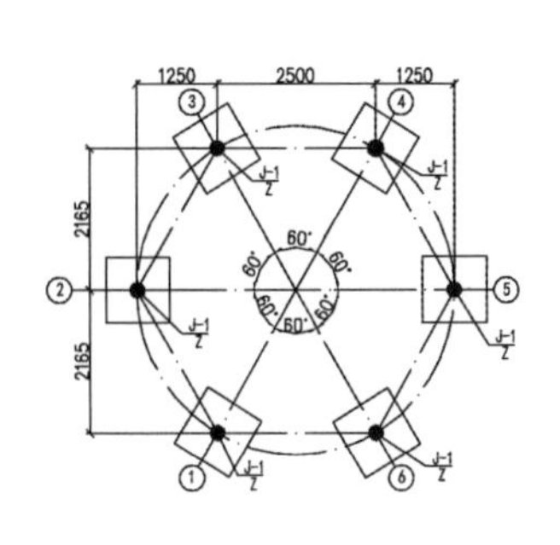

六角亭基础平面图

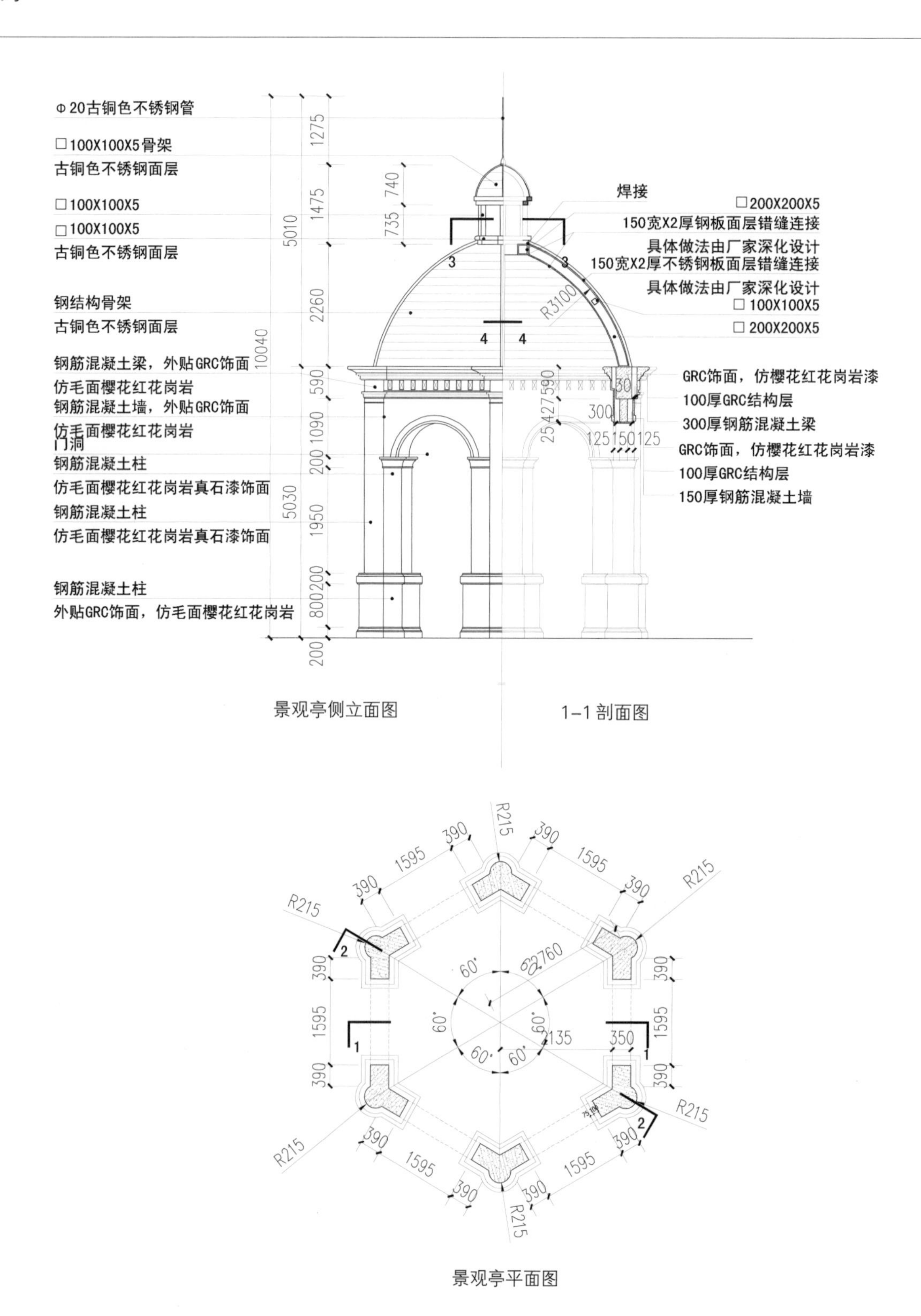

景观亭侧立面图

1-1 剖面图

景观亭平面图

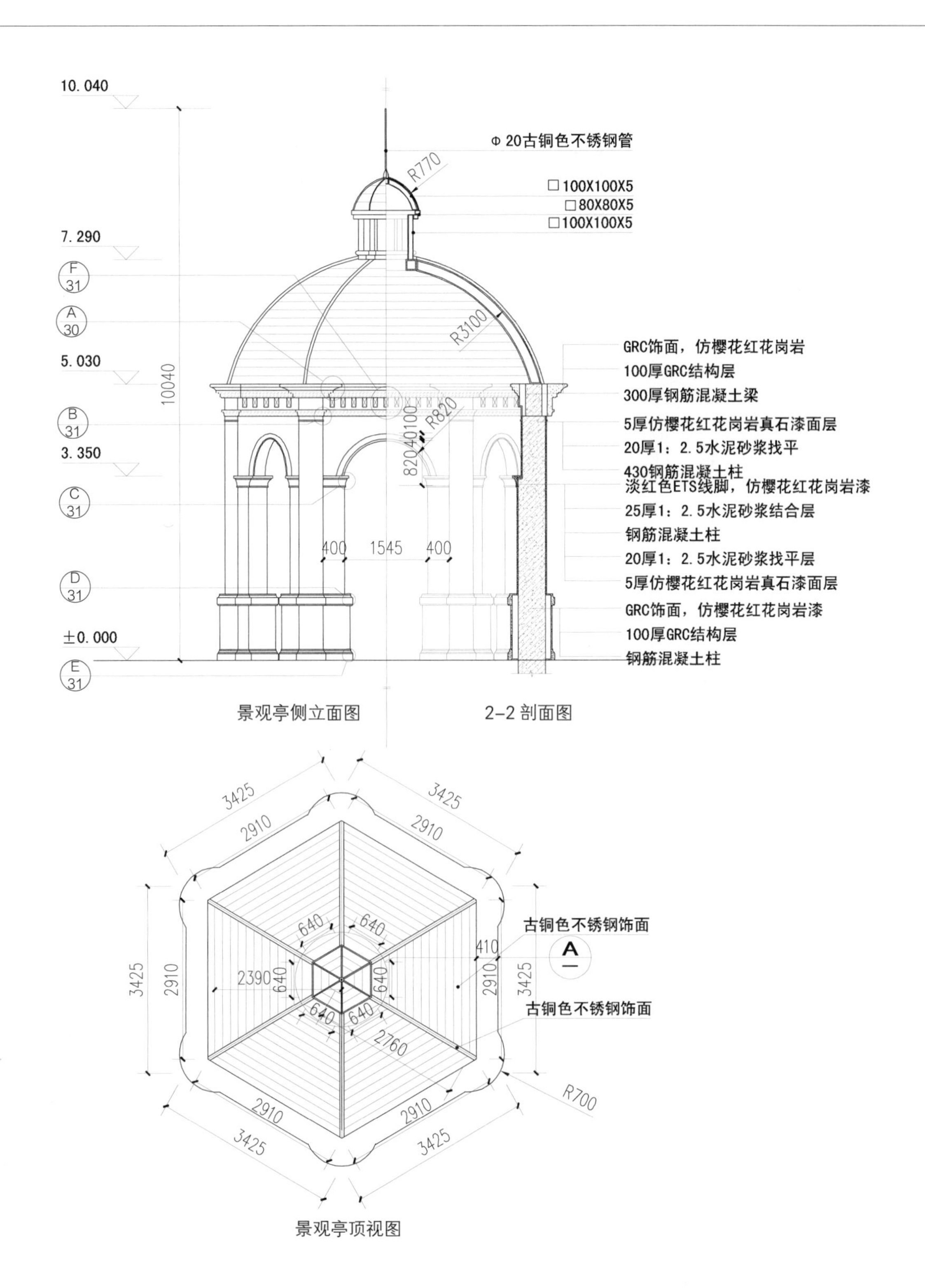

景观亭侧立面图

2-2 剖面图

景观亭顶视图

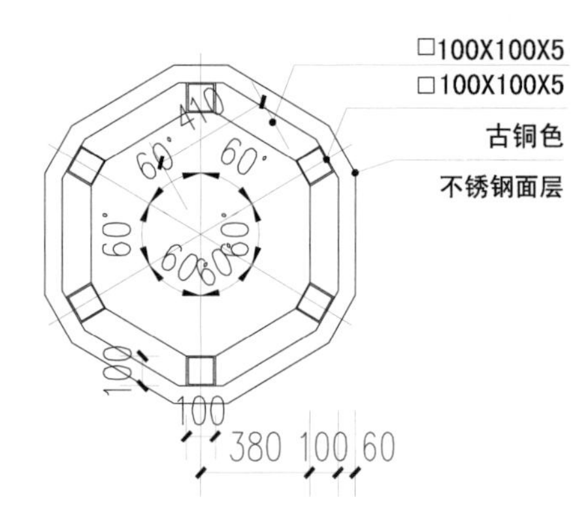

3-3 剖面图

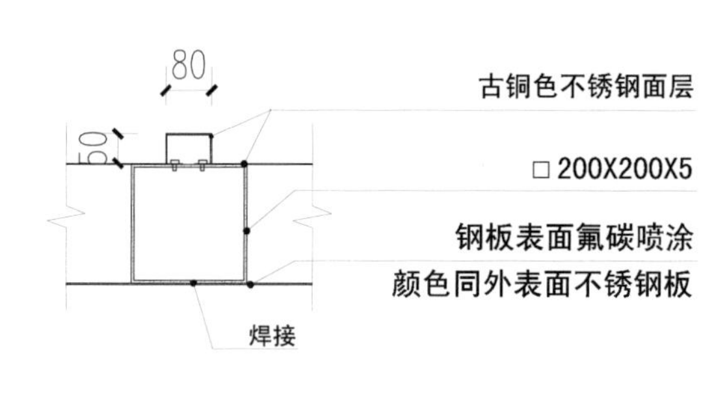

4-4 截面详图

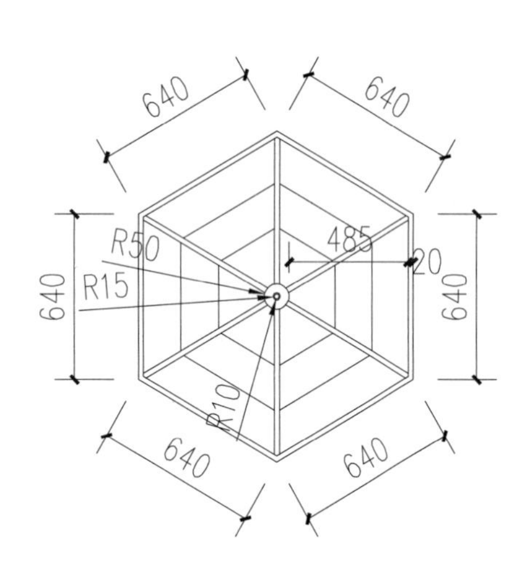

Ⓐ

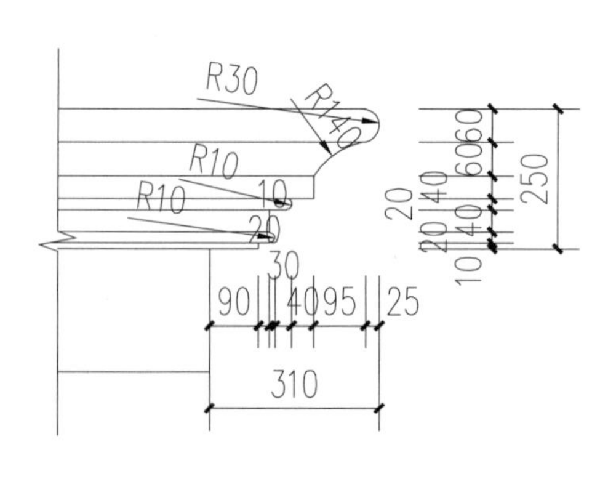

Ⓐ 线脚详图

Ⓑ线脚详图

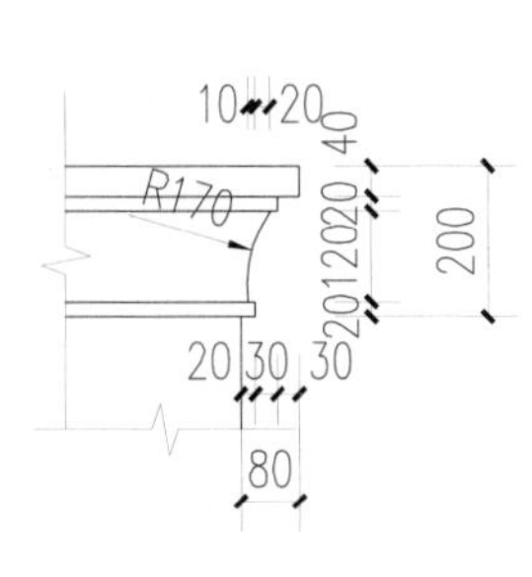

Ⓒ线脚详图

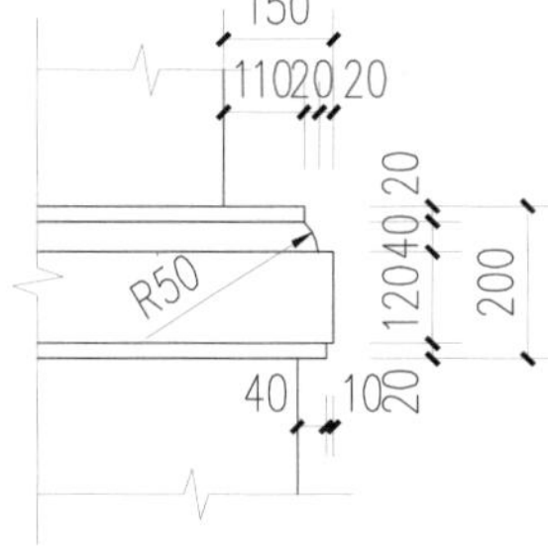

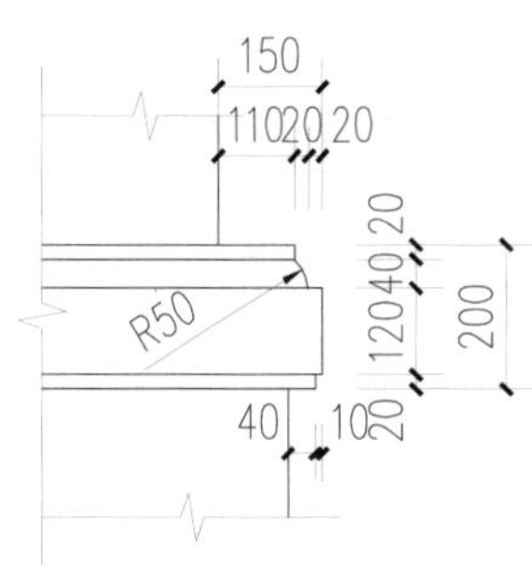

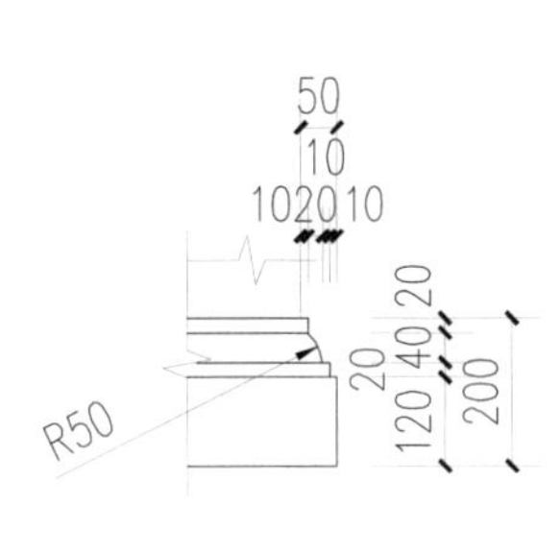

Ⓔ线脚详图

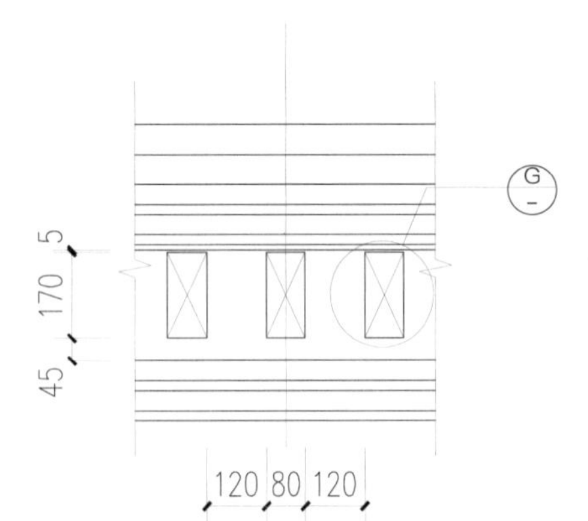

Ⓕ线脚详图

Ⓖ线脚详图

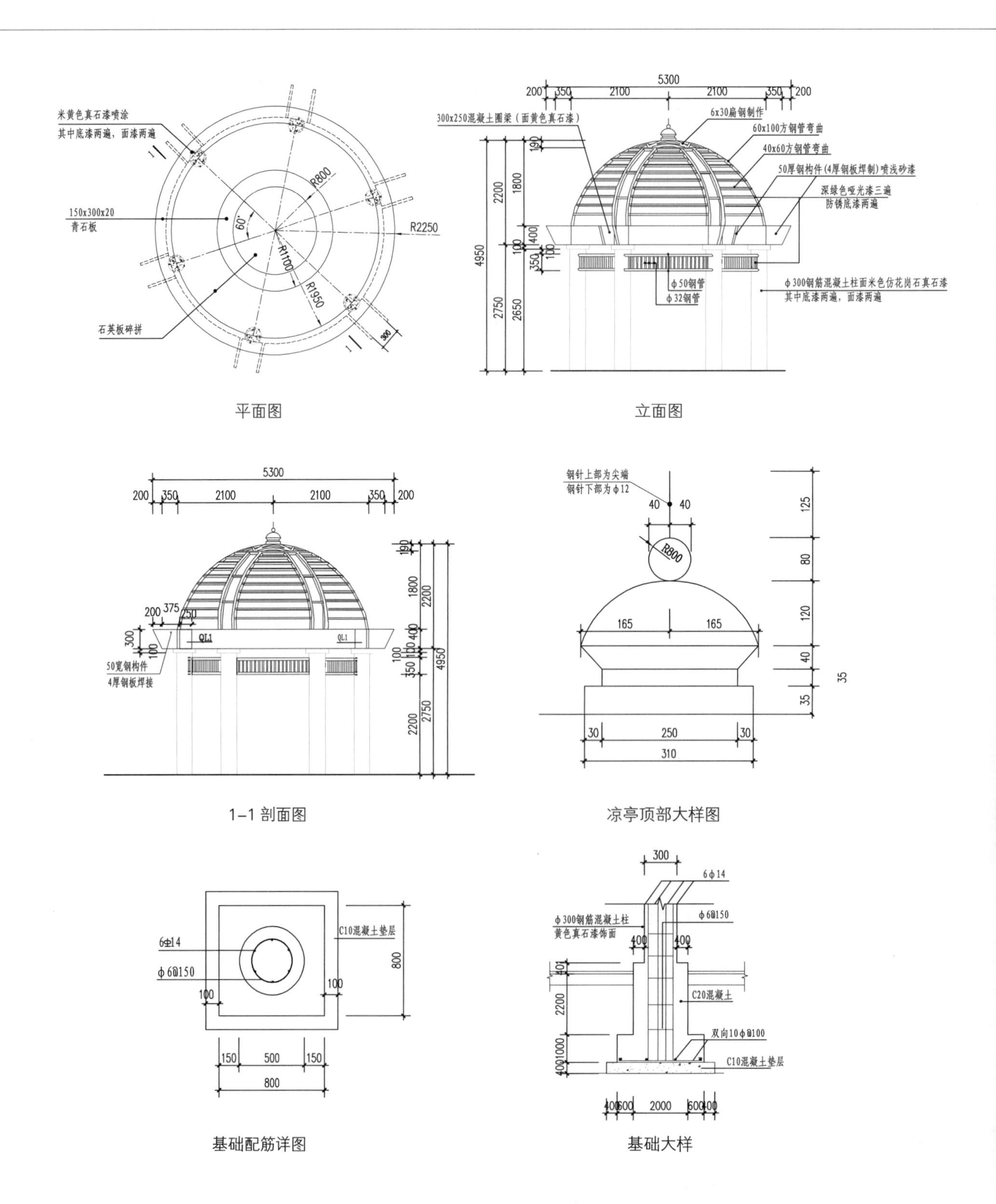

平面图

立面图

1–1 剖面图

凉亭顶部大样图

基础配筋详图

基础大样

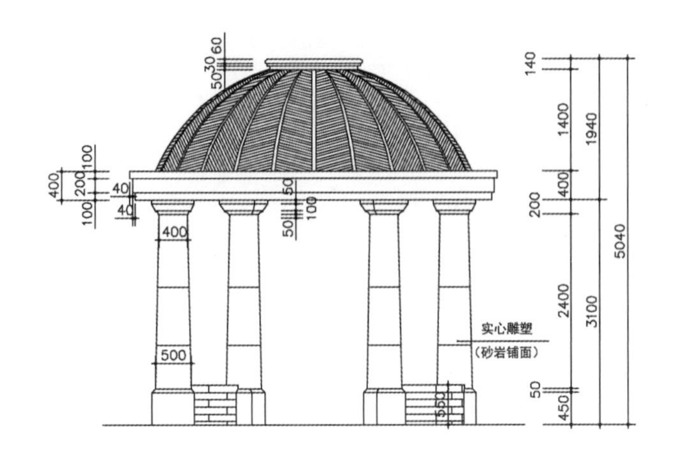

亭子立面图

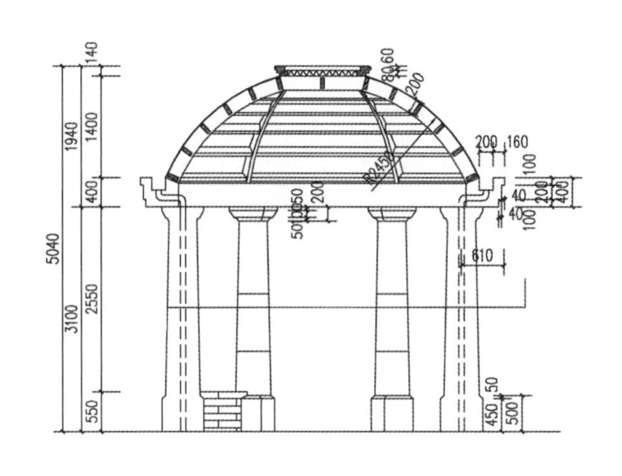

亭子剖面图

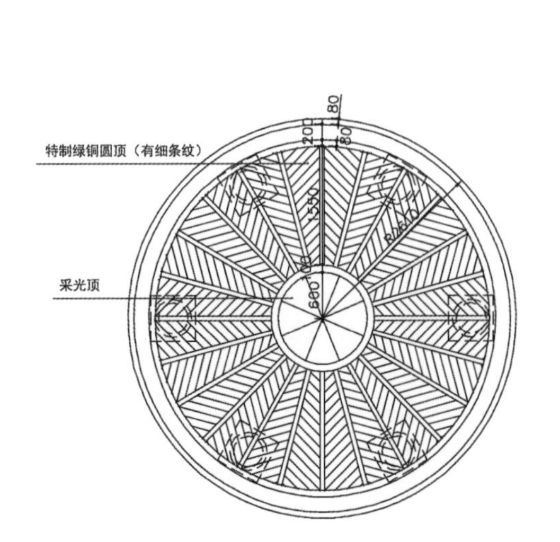

亭子顶平面图

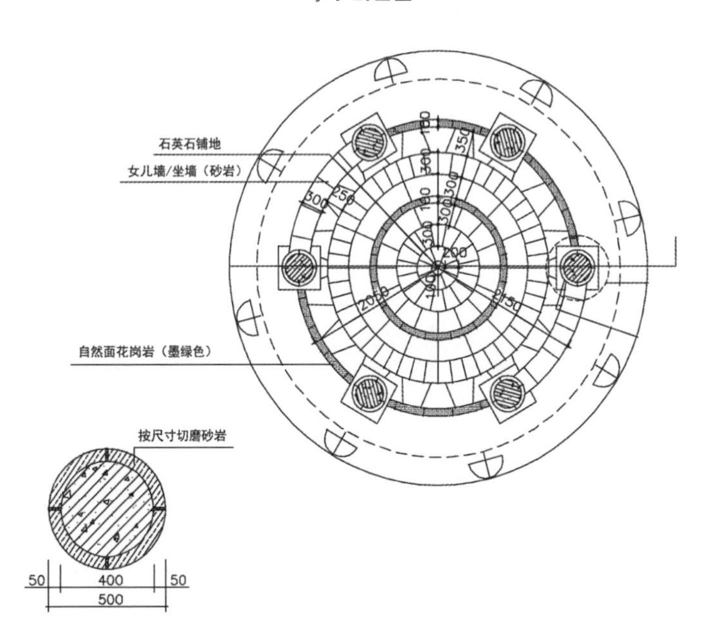

圆柱大样图

亭子平面图

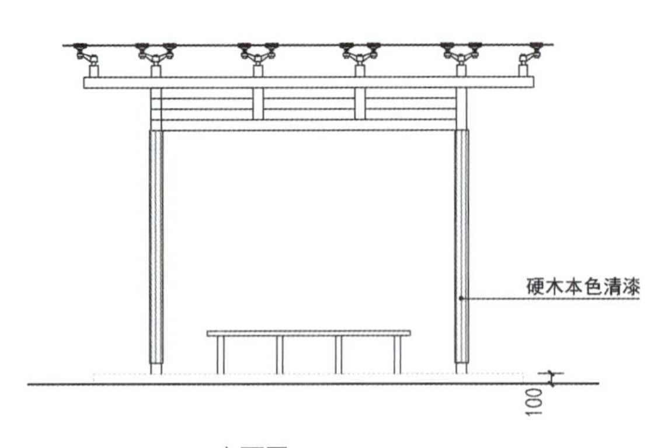

立面图

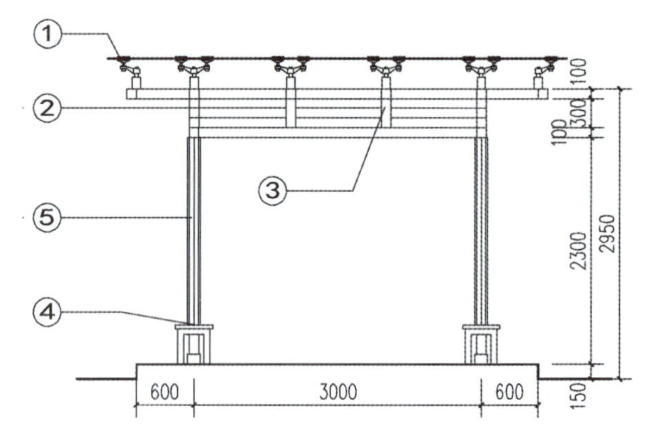

1–1 剖面图

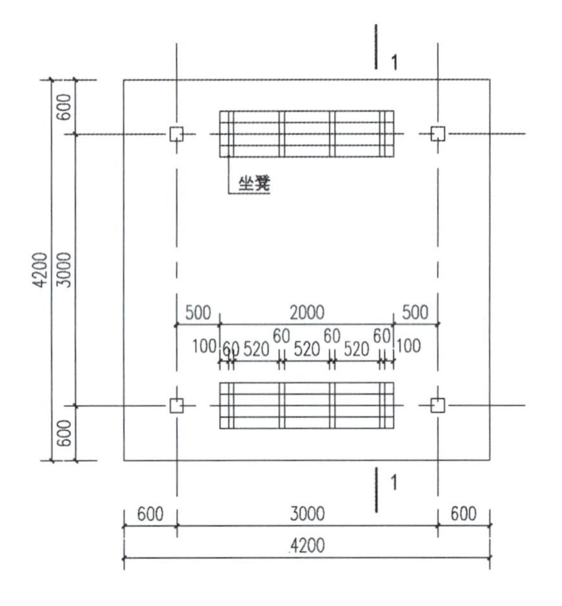

平面图

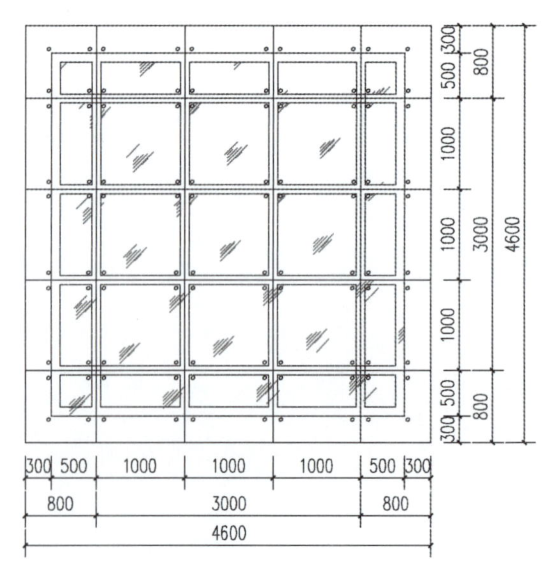

亭顶平面图

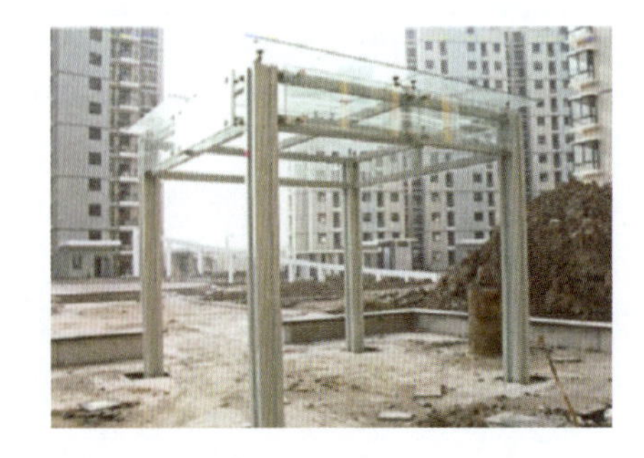

说明：1. 所有钢构件连接均为满焊。
2. 焊口除毛刺后锉平，涂防锈漆两道，氟碳漆两道（颜色由设计人定）。
3. 玻璃钻孔与选用驳接爪配钻。
4. 夹层钢化玻璃暴露的边部用硅酮防水胶密封。

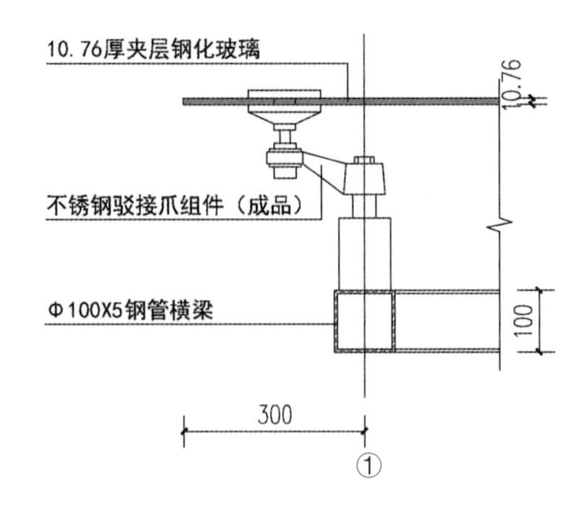
10.76厚夹层钢化玻璃
10.76
不锈钢驳接爪组件（成品）
Φ100X5钢管横梁
100
300
①

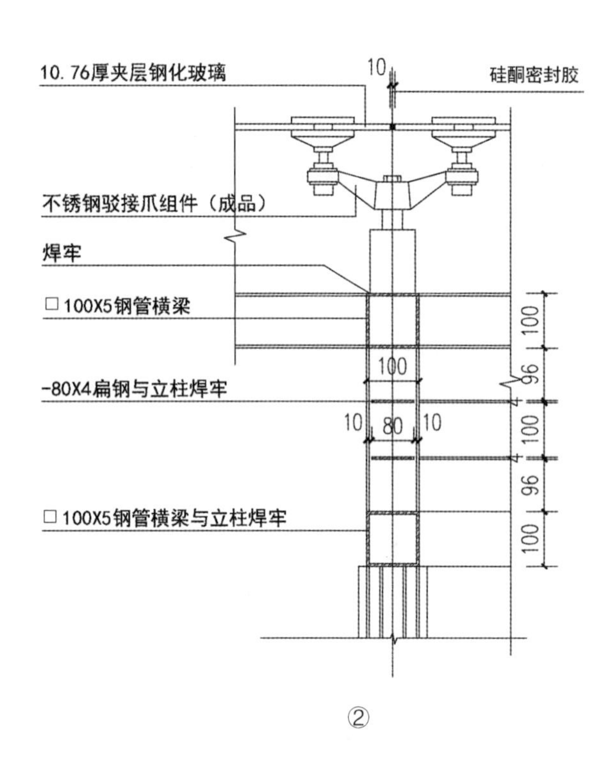
10.76厚夹层钢化玻璃
10
硅酮密封胶
不锈钢驳接爪组件（成品）
焊牢
□100X5钢管横梁
100
-80X4扁钢与立柱焊牢
10
80
10
96
4
100
4
96
□100X5钢管横梁与立柱焊牢
100
②

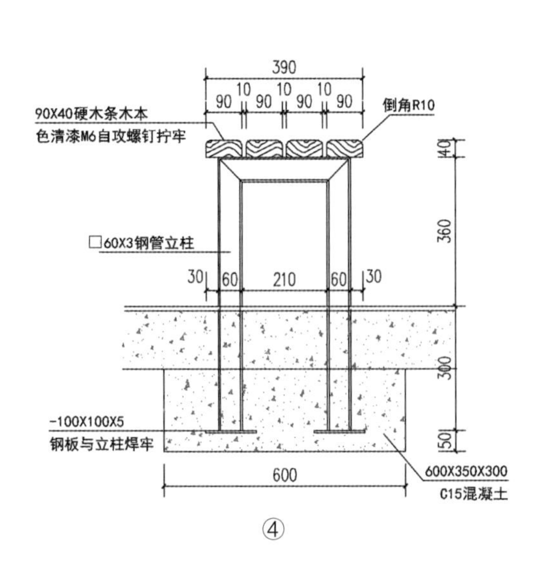
390
10 10 10
90 90 90 90
90X40硬木条木本
色清漆M6自攻螺钉拧牢
倒角R10
40
360
□60X3钢管立柱
30 60 210 60 30
300
-100X100X5
钢板与立柱焊牢
50
600
600X350X300
C15混凝土
④

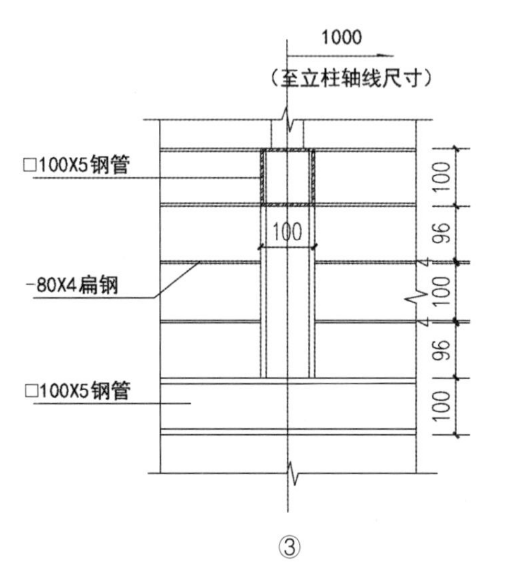
1000
（至立柱轴线尺寸）
□100X5钢管
100
96
-80X4扁钢
4
100
4
96
□100X5钢管
100
③

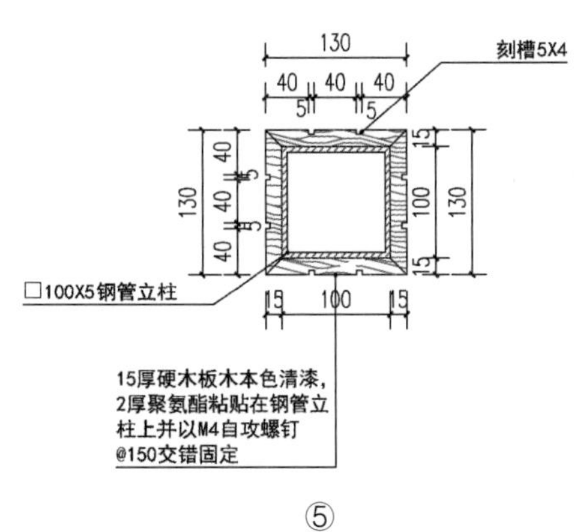
130
40 40 40
5 5
刻槽5X4
130
15
100
15
□100X5钢管立柱
15 100 15
15厚硬木板木本色清漆，
2厚聚氨酯粘贴在钢管立
柱上并以M4自攻螺钉
@150交错固定
⑤

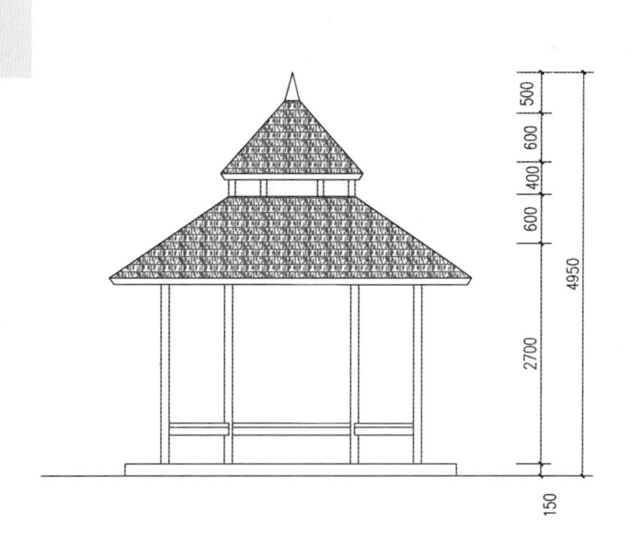

立面图

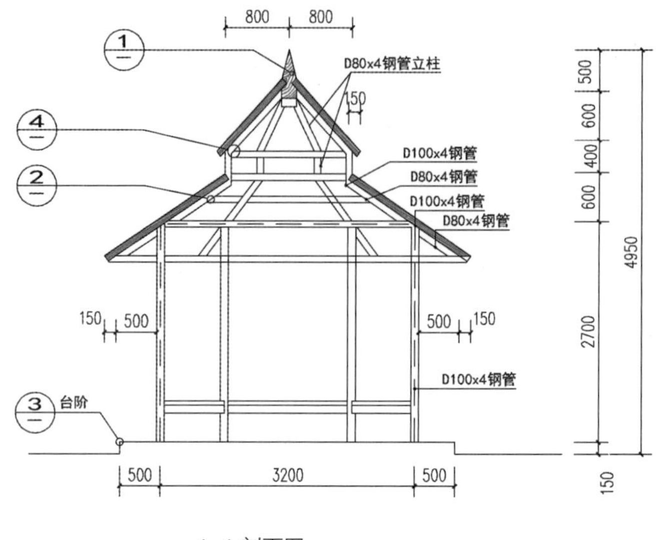

1-1 剖面图

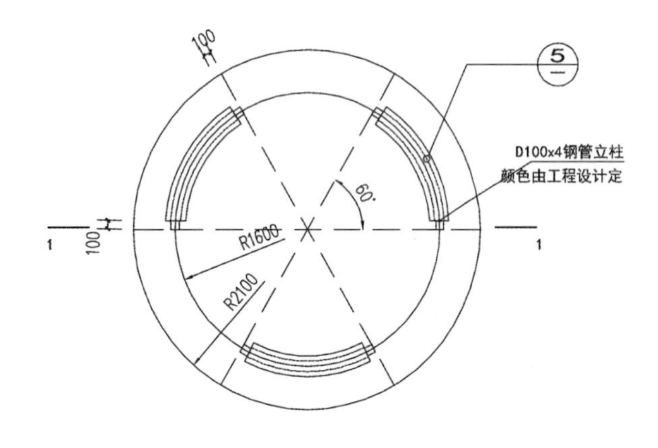

平面图

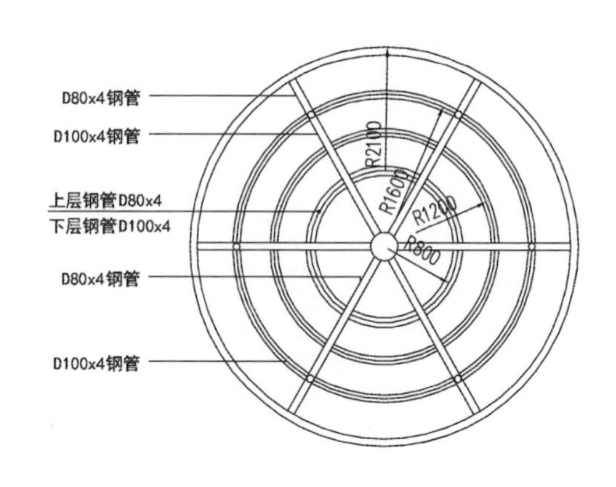

屋顶架构平面图

注：1. 钢管各节点交接处均为满焊要求牢固平整。
2. 钢构件外表涂防锈漆两遍，表面涂漆颜色品种见工程设计。

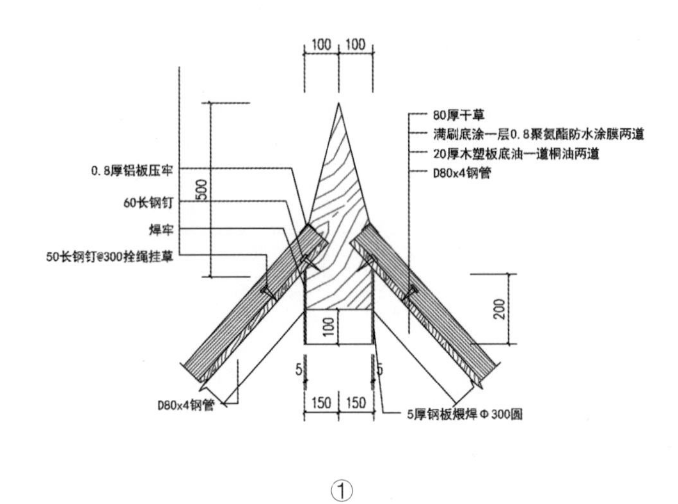
100
100
80厚干草
满刷底涂一层0.8聚氨酯防水涂膜两道
20厚木塑板底油一道桐油两道
D80x4钢管
0.8厚铝板压牢
60长钢钉
焊牢
50长钢钉@300拴绳挂草
500
200
100
5
5
150
150
D80x4钢管
5厚钢板煨焊Φ300圆

①

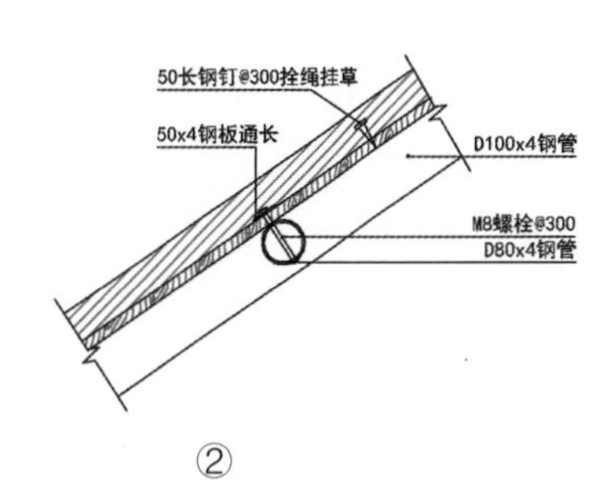
50长钢钉@300拴绳挂草
50x4钢板通长
D100x4钢管
M8螺栓@300
D80x4钢管

②

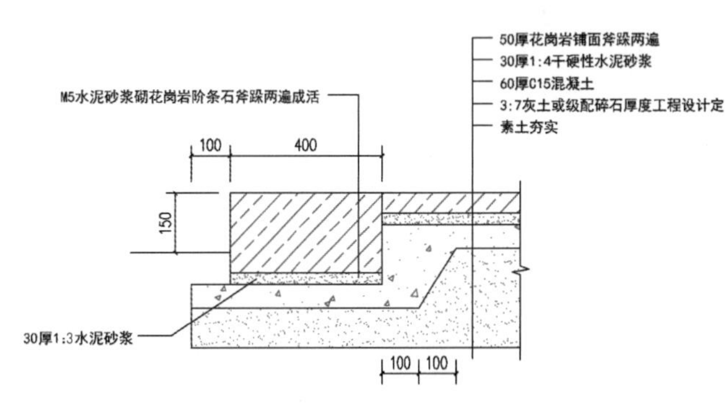
50厚花岗岩铺面斧跺两遍
30厚1:4干硬性水泥砂浆
60厚C15混凝土
3:7灰土或级配碎石厚度工程设计定
素土夯实
M5水泥砂浆砌花岗岩阶条石斧跺两遍成活
100
400
150
30厚1:3水泥砂浆
100
100

③

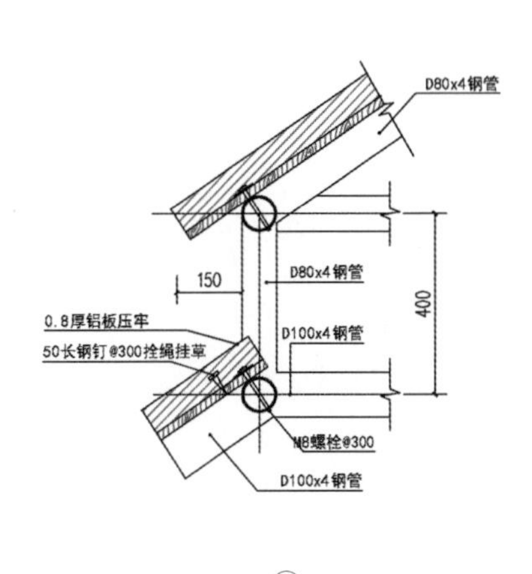
D80x4钢管
150
D80x4钢管
400
0.8厚铝板压牢
50长钢钉@300拴绳挂草
D100x4钢管
M8螺栓@300
D100x4钢管

④

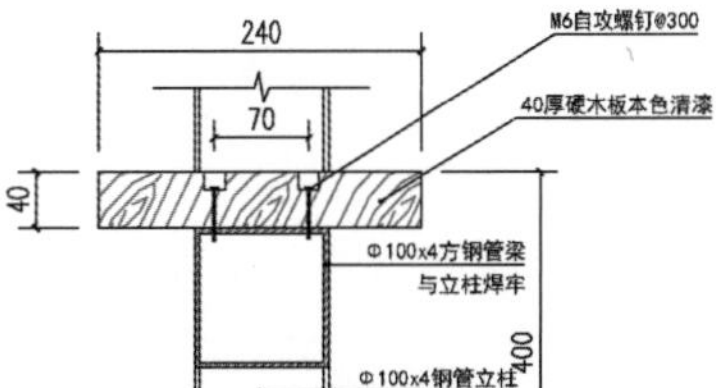

240
M6自攻螺钉@300
70
40厚硬木板本色清漆
40
Φ100x4方钢管梁
与立柱焊牢
400
Φ100x4钢管立柱
地面

⑤

廊与花架

我国明末的园林家计成在《园冶》中说："宜曲立长则胜，……随形而弯，依势而曲。或蟠山腰、或穷水际，通花渡壑，蜿蜒无尽……"这是对园林中廊的精炼概括。

廊是一种"虚"的建筑形式，由两排列柱支撑一个不太厚实的屋顶，其作用是把园内各单体建筑连在一起。廊一侧或两侧通透，利用列柱、横楣构成一个取景框架，形成一个过渡的空间，造型别致曲折、高低错落。

在园林中，廊不仅是作为个体建筑联系室内外的手段，而且还常成为各个建筑之间的联系通道，成为园林内游览路线的组成部分。它既有遮阴避雨、休息、交通联系的功能，又起组织景观、分隔空间、增加风景层次的作用。

我国建筑中的走廊，不但是厅厦内室、楼、亭台的延伸，也是由主体建筑通向各处的纽带，而园林中的廊，既起到园林建筑的穿插、联系的作用，又是园林景色的导游线。如北京颐和园的长廊，它既是园林建筑之间的联系路线，或者说是园林中的脉络，又与各样建筑组成空间层次多变的园林艺术空间。

西方古典园林中廊的尺度一般较大，平面形状通常为直线形、半圆形、"门"形等。建筑形式采用古典柱式的，称为柱廊。在西方现代园林中，廊的运用十分自由、灵活，柱子较细，跨度较大，造型依环境而变化，多采用平屋顶形式，以钢、混凝土、塑料板等现代建筑材料构筑。

图 2-1 颐和园长廊

图 2-2 西方古典长廊

从横剖面上来分析，廊大致可分为四种基本形式：双面空廊、单面空廊、复廊和双层廊。其中最基本、运用最广泛的是双面空廊形式。从廊的总体造型及其与地形环境的结合角度来分析，可分为直廊、曲廊、回廊、爬山廊、叠落廊、水廊、桥廊等形式。

图 2-3 单面空廊

图 2-4 复廊

图 2-5 双面空廊

图 2-6 双层廊

1. 双面空廊（两边通透）

两侧均为列柱，没有实墙，在廊中可以观赏两面景色。双面空廊不论直廊、曲廊、回廊、抄手廊等都可采用，不论在风景层次深远的大空间中，或在曲折灵巧的小空间中都可运用。

2. 单面空廊

单面空廊有两种：一种是在双面空廊的一侧列柱间砌上实墙或半实墙而成的；一种是一侧完全贴在墙或建筑物边沿上。单面空廊的廊顶有时作成单坡形，以利排水。

3. 复廊（在双面空廊的中间加一道墙）

复廊是在双面空廊的中间隔一道墙，形成两侧单面空廊的形式，又称“里外廊”。因为廊内分成两条走道，所以廊的跨度大些。中间墙上多开有各种式样的漏窗，从廊的一边透过漏窗可以看到廊的另一边景色。

4. 双层廊（上下两层）

上下两层的廊，又称“楼廊”。它为游人提供了在上下两层不同高程的廊中观赏景色的条件，也便于联系不同标高的建筑物或风景点以组织人流，可以丰富园林建筑的空间构图。

从整体造型及所处位置来看可以分为：

（1）直廊：笔直没有弯曲的廊，修长平直，给人以稳重端庄的感觉。

（2）曲廊：与直廊相对，表示具有回转、转弯的廊。

（3）回廊：

①建筑物门厅，大厅内设置在二层或二层以上的回形走廊。

②曲折环绕的走廊。

（4）爬山廊：廊顺地势起伏蜿蜒曲折，犹如伏地游龙而成爬山廊。常见的有跌落爬山廊和竖曲线爬山廊。

（5）桥廊：桥廊是在桥上布置亭子，既有桥梁的交通作用，又具有廊的休息功能。

图 2-7 直廊

图 2-8 曲廊

图 2-9 回廊

图 2-10 爬山廊

图 2-11 桥廊

图 2-12 木结构廊

图 2-13 钢结构廊

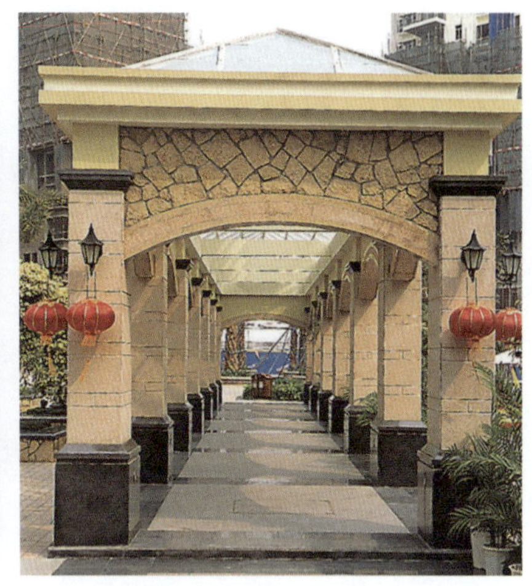

图 2-15 钢筋混凝土结构廊

1. 现代廊的结构分类

①木结构：有利于发扬江南传统的园林建筑风格，形体玲珑小巧，视线通透。

②钢结构：钢的或钢与木结合构成的廊也是很多见的、轻巧、灵活、机动性强。

③钢筋混凝土结构：多为平顶与小坡顶。

④竹结构：用竹子为主要支撑体，通常依山伴水而建，可架空，可曲折，造型灵活多样。

2. 一般设计要求

①廊的形式以玲珑轻巧为上，尺度不宜过大，一般净宽 1.2m 至 1.5m 左右，柱距 3m 以上，柱径 15cm 左右，柱高 2.5m 左右。沿墙走廊的屋顶多采用单面坡式，其他廊子的屋面形式多采用两坡顶或半顶。

②廊的宽度和高度设定应按人的尺度比例关系加以控制，避免过宽过高，一般高度宜在 2.2~2.5m，宽度宜在 1.8~2.5m 之间。居住区内建筑与建筑之间的连廊尺度控制必须与主体建筑相适应。

③柱廊一般无顶盖或在柱头上加设装饰构架，靠柱子的排列产生效果，柱间距较大，纵列间距 4~6m 为宜，横列间距 6~8m 为宜，柱廊多用于广场、居住区主入口处。

图 2-15 竹廊

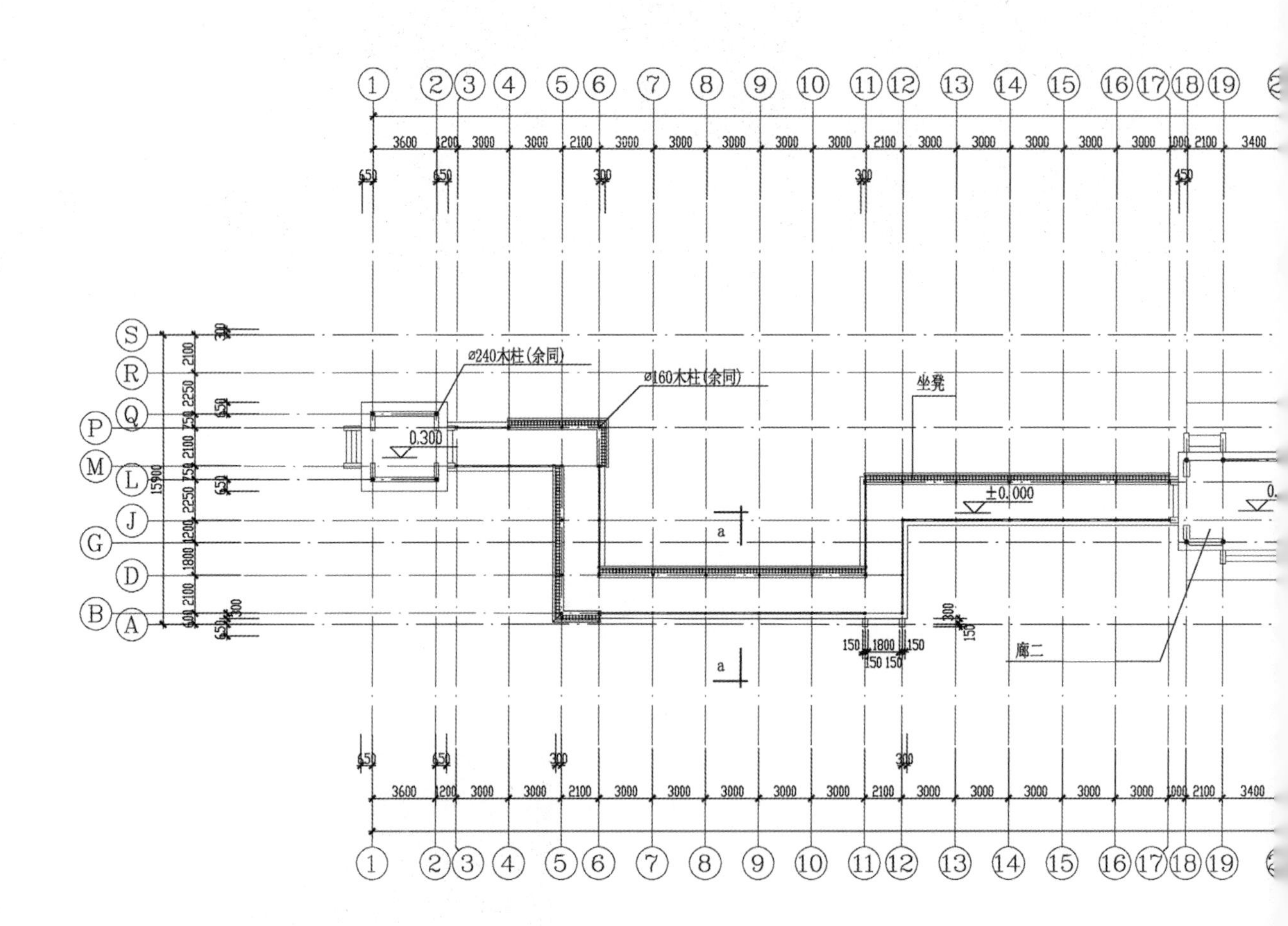
ø240木柱(余同)
ø160木柱(余同)
坐凳
0.300
±0.000
廊二
a
a
15900
3600
1200
3000
3000
2100
3000
3000
3000
3000
3000
2100
3000
3000
3000
3000
3000
1000
2100
3400

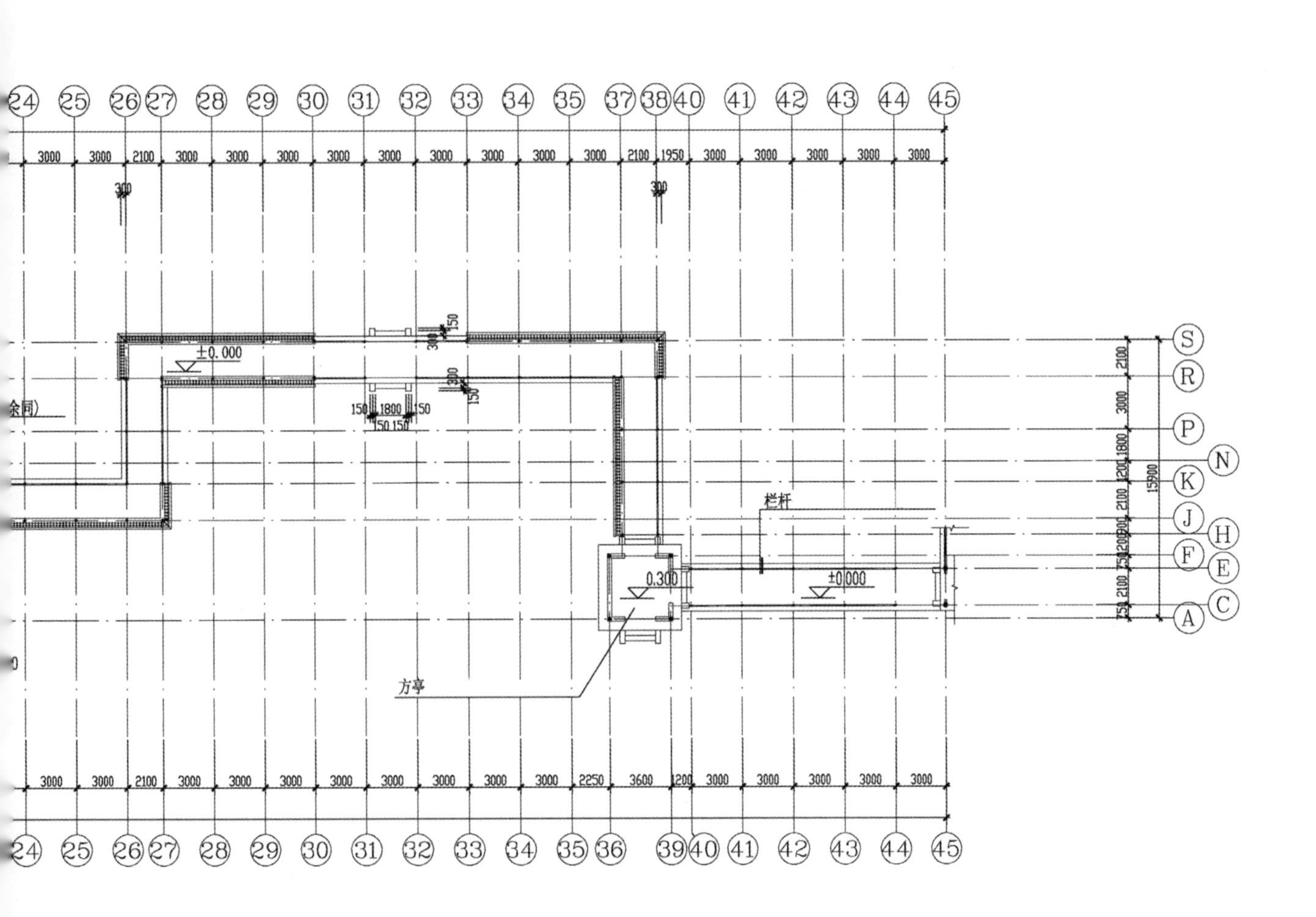

长廊平面

注：栏椅、栏杆布置可根据实际情况作适当调整。

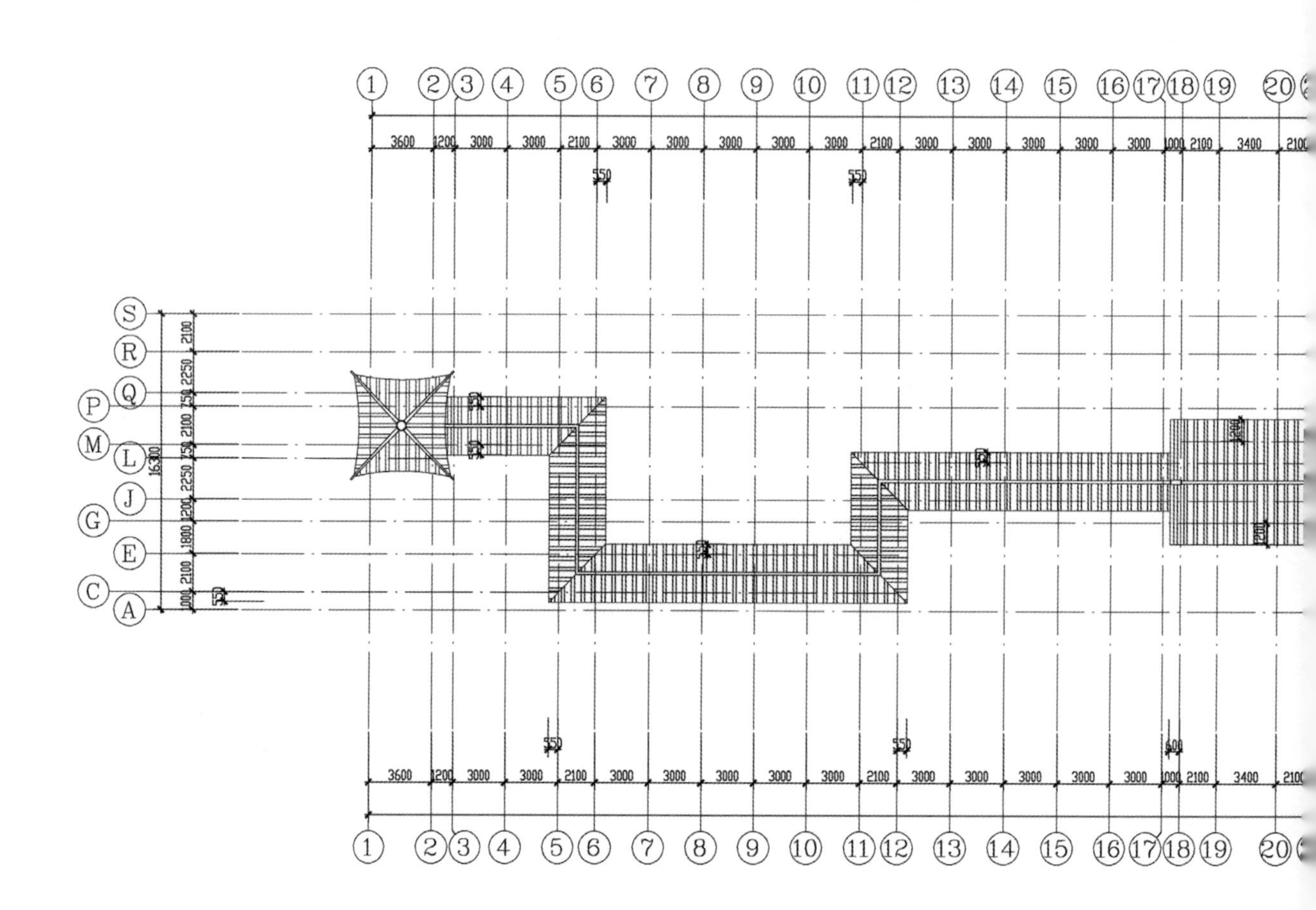

2

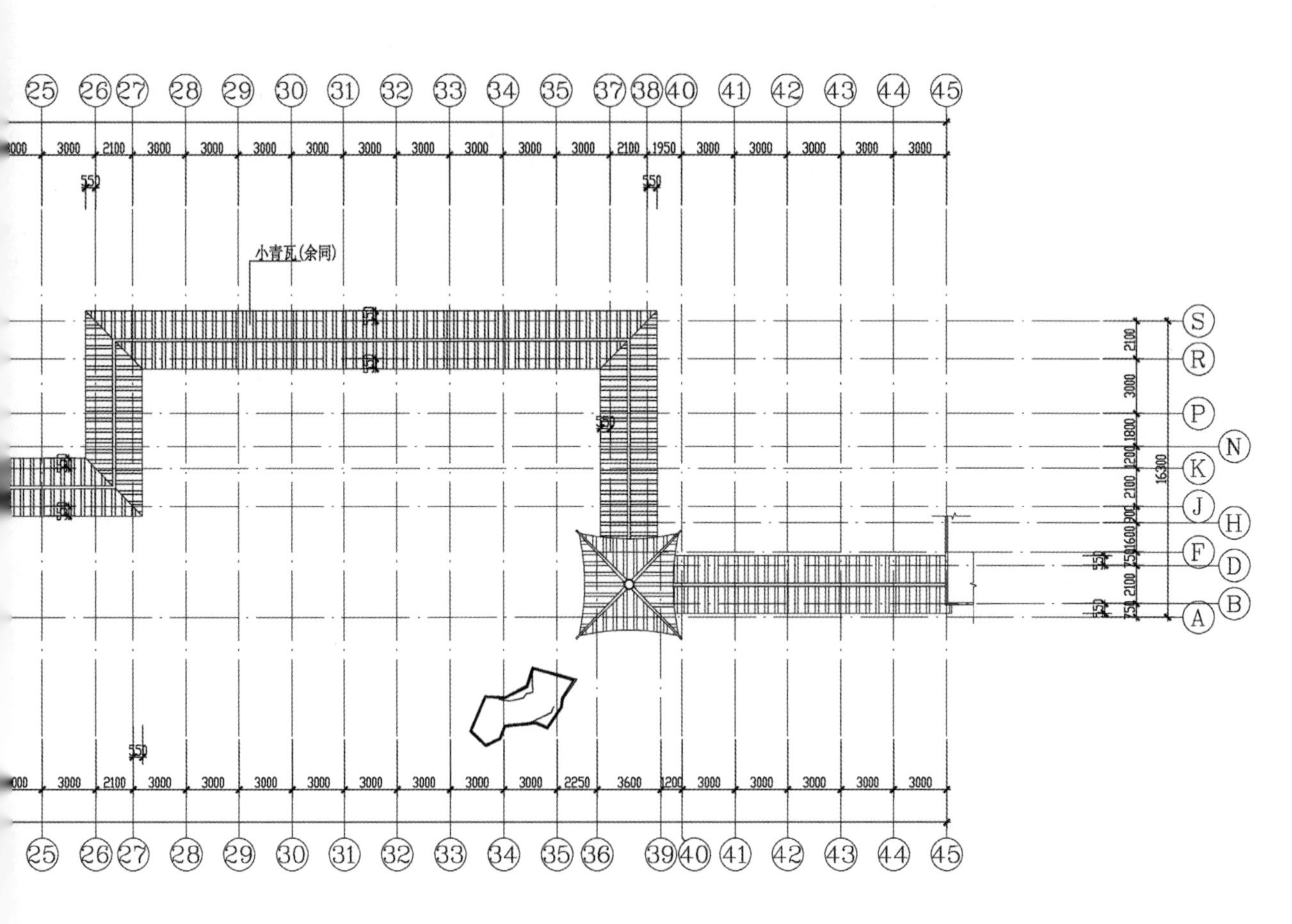
小青瓦(余同)
550
3000
2100
1950
2250
3600
1200
16300
1800
1600
750
S
R
P
N
K
J
H
F
D
B
A

屋顶平面图

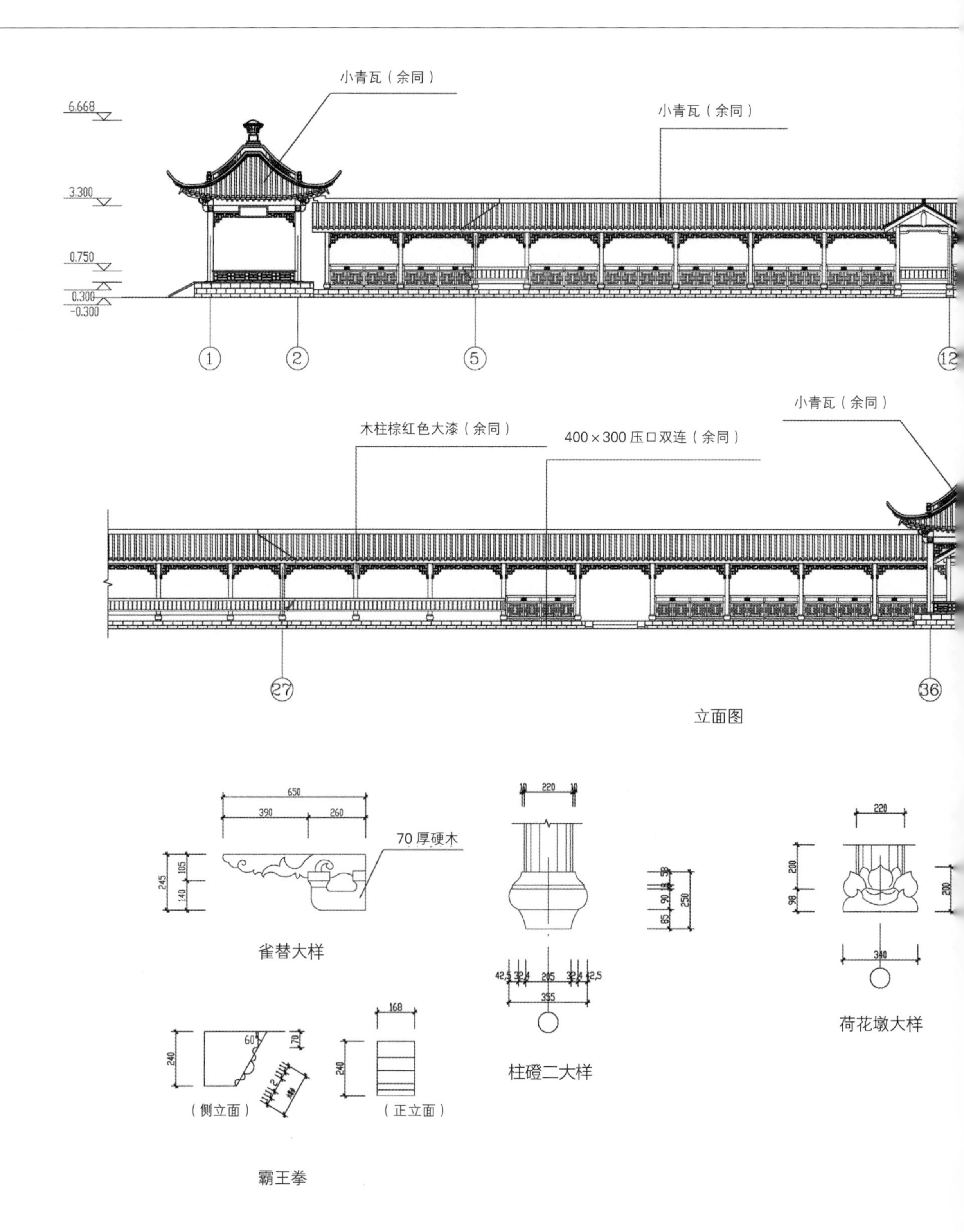

立面图

雀替大样

柱磴二大样

荷花墩大样

（侧立面）

（正立面）

霸王拳

2

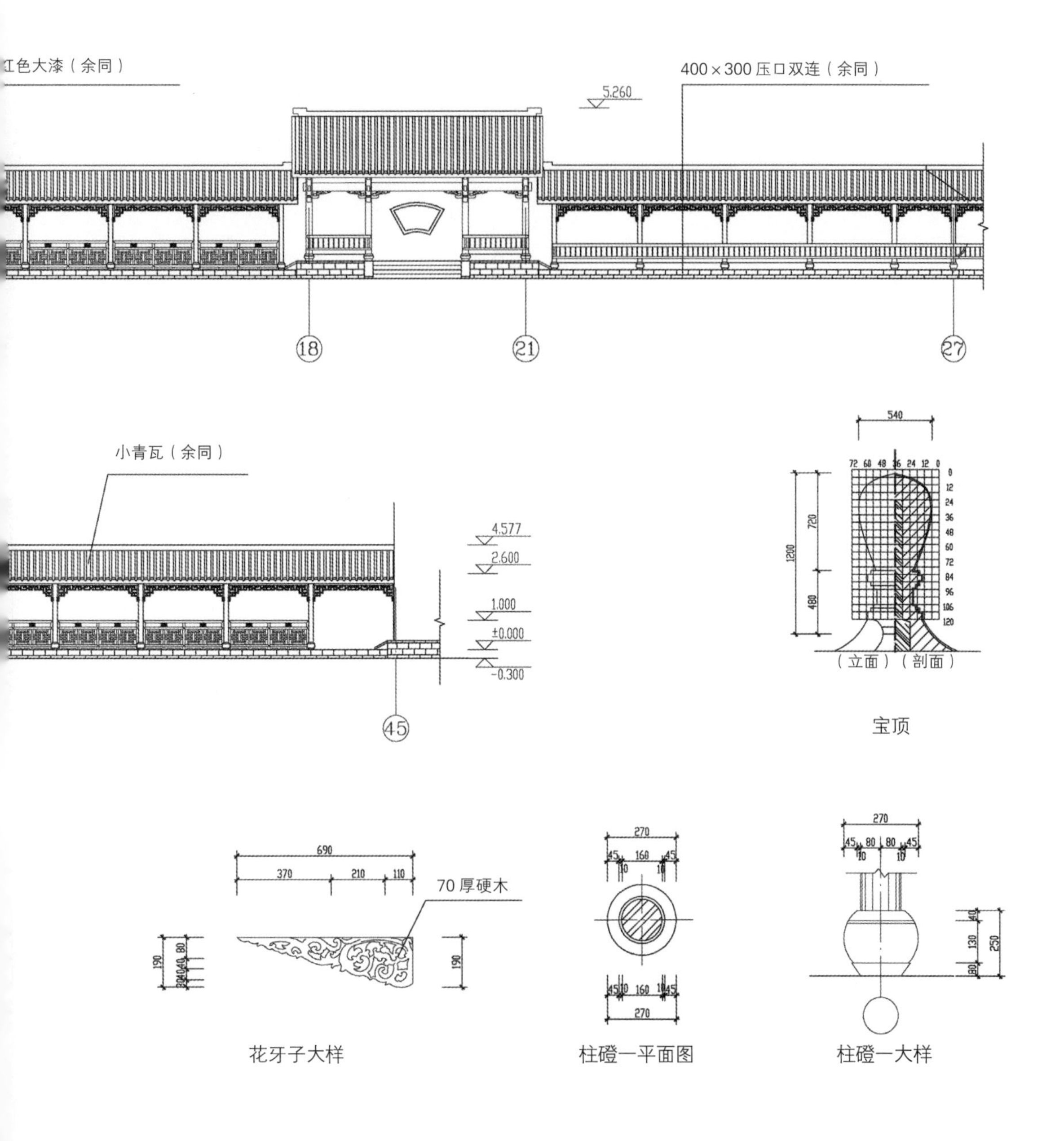
红色大漆（余同）
400×300压口双连（余同）
5.260
18
21
27
小青瓦（余同）
4.577
2.600
1.000
±0.000
-0.300
45
540
1200
720
480
（立面）（剖面）
宝顶
690
370
210
110
70厚硬木
190
花牙子大样
270
45
160
10
柱磴一平面图
80
130
40
250
柱磴一大样

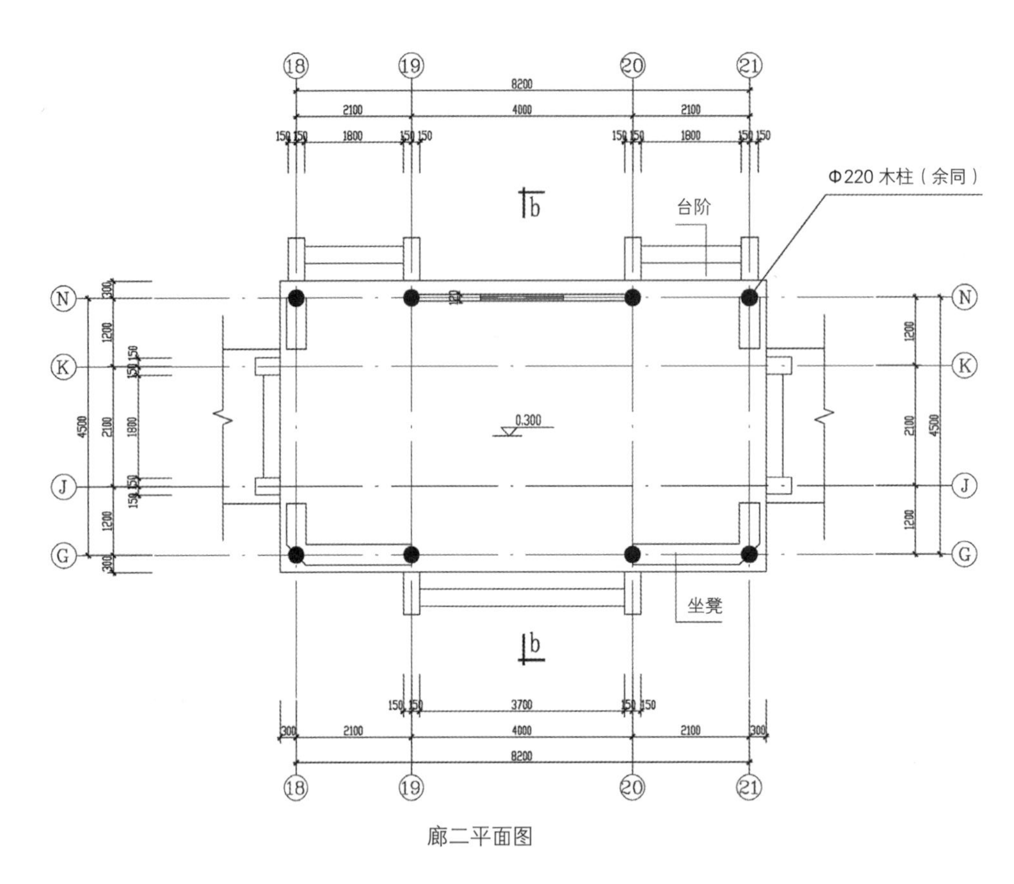
Φ220 木柱（余同）
台阶
坐凳
0.300
8200
2100
4000
3700
4500
1200
1800

廊二平面图

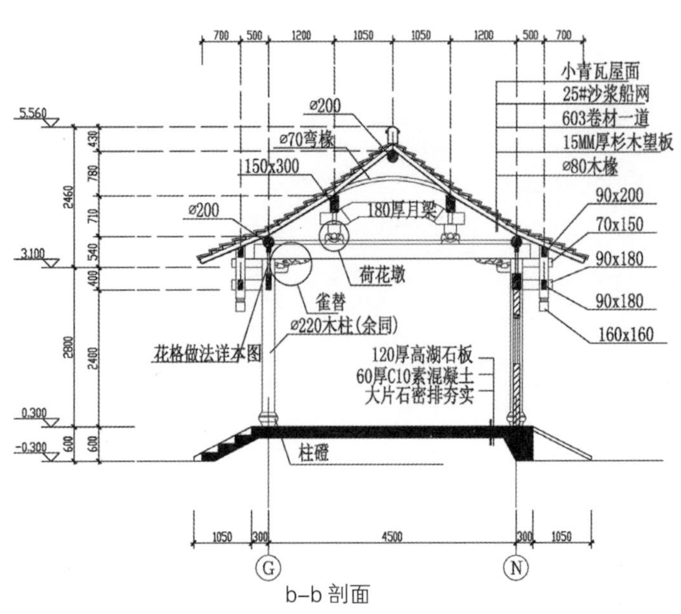
小青瓦屋面
25#沙浆船网
603卷材一道
15MM厚杉木望板
ø80木椽
90x200
70x150
90x180
90x180
160x160
ø200
ø70弯椽
150x300
180厚月梁
荷花墩
雀替
ø220木柱(余同)
花格做法详本图
120厚高湖石板
60厚C10素混凝土
大片石密排夯实
柱础
5.560
3.100
0.300
-0.300
4500
1050

b–b 剖面

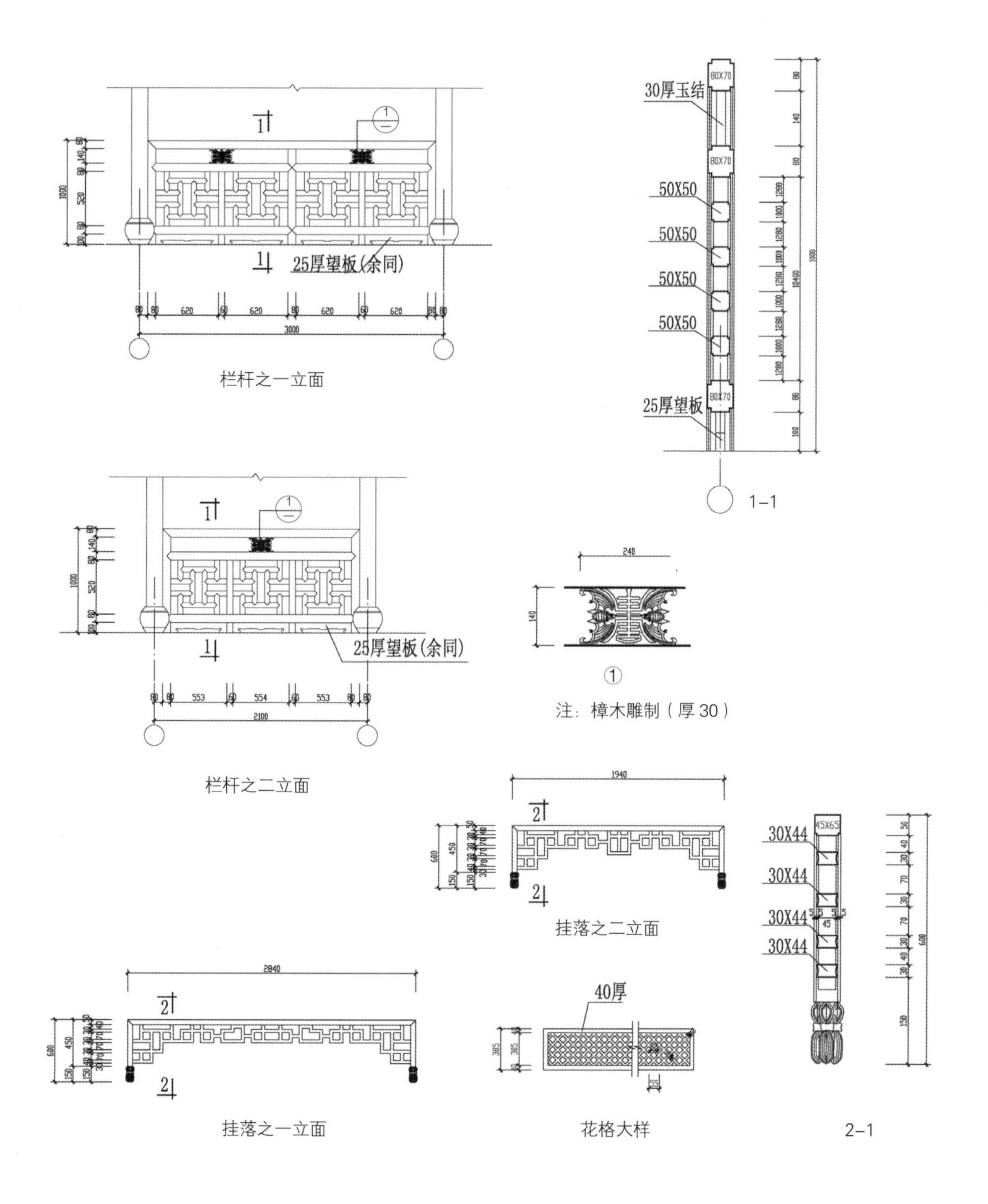

栏杆之一立面

栏杆之二立面

挂落之二立面

挂落之一立面

花格大样

2-1

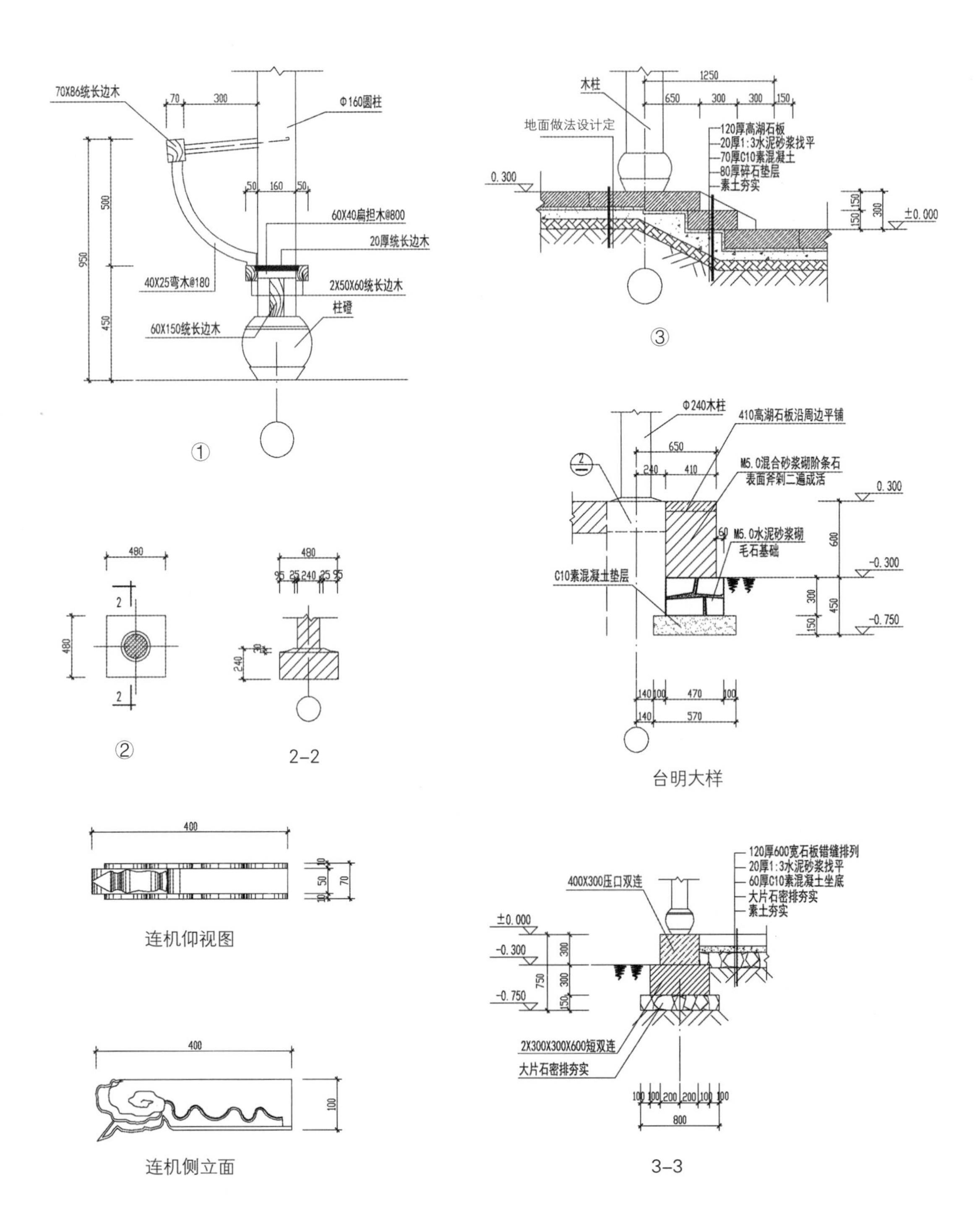

①

②

2–2

③

台明大样

连机仰视图

连机侧立面

3–3

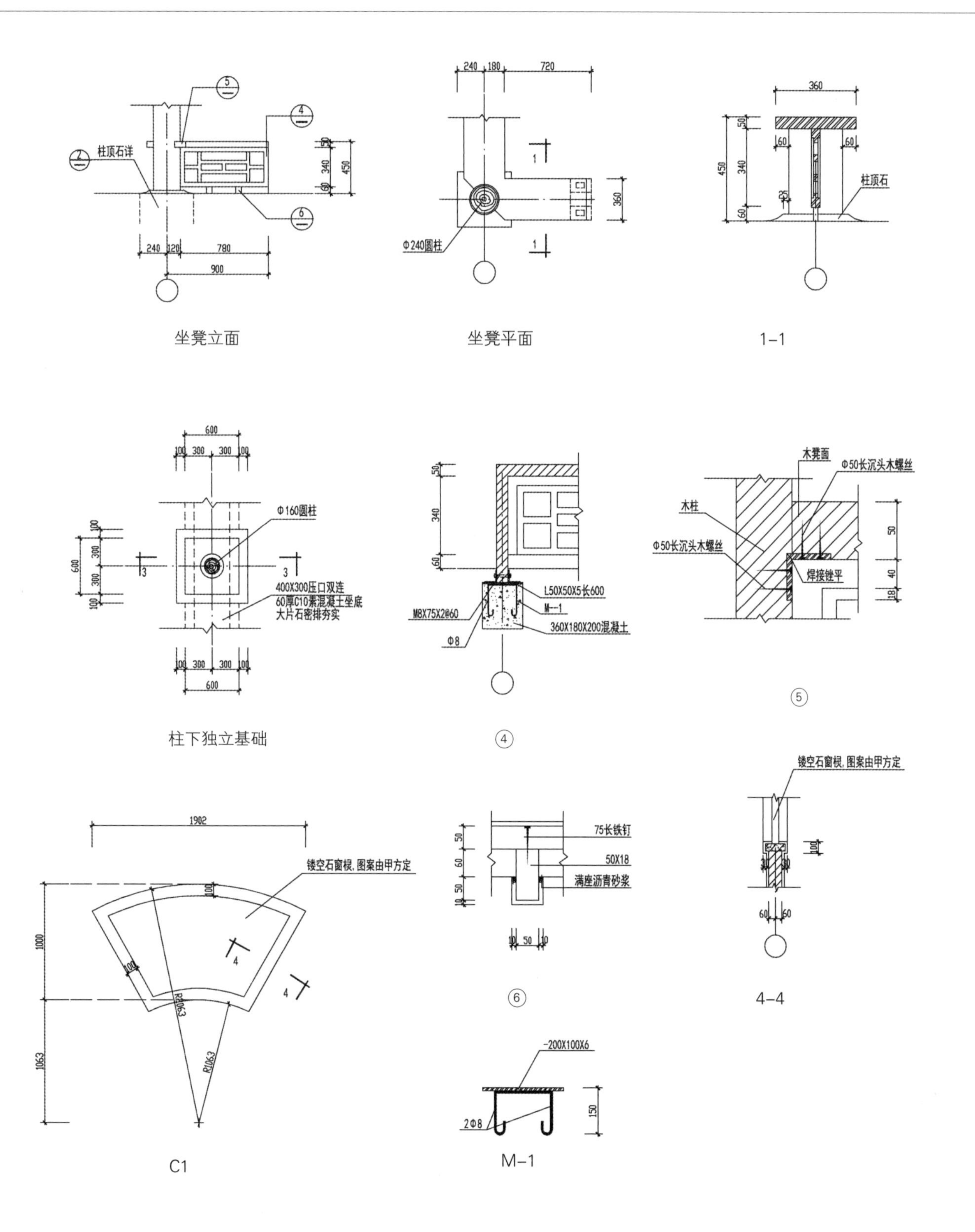

柱顶石详
240 120 780
900
坐凳立面
240 180 720
Φ240圆柱
360
坐凳平面
360
柱顶石
450
340
1-1
600
Φ160圆柱
400X300压口双连
60厚C10素混凝土坐底
大片石密排夯实
柱下独立基础
L50X50X5长600
M-1
M8X75X2@60
360X180X200混凝土
Φ8
④
木凳面
Φ50长沉头木螺丝
木柱
焊接锉平
⑤
1902
镂空石窗棂，图案由甲方定
R1063
1000
1063
C1
75长铁钉
50X18
满座沥青砂浆
⑥
4-4
-200X100X6
2Φ8
150
M-1

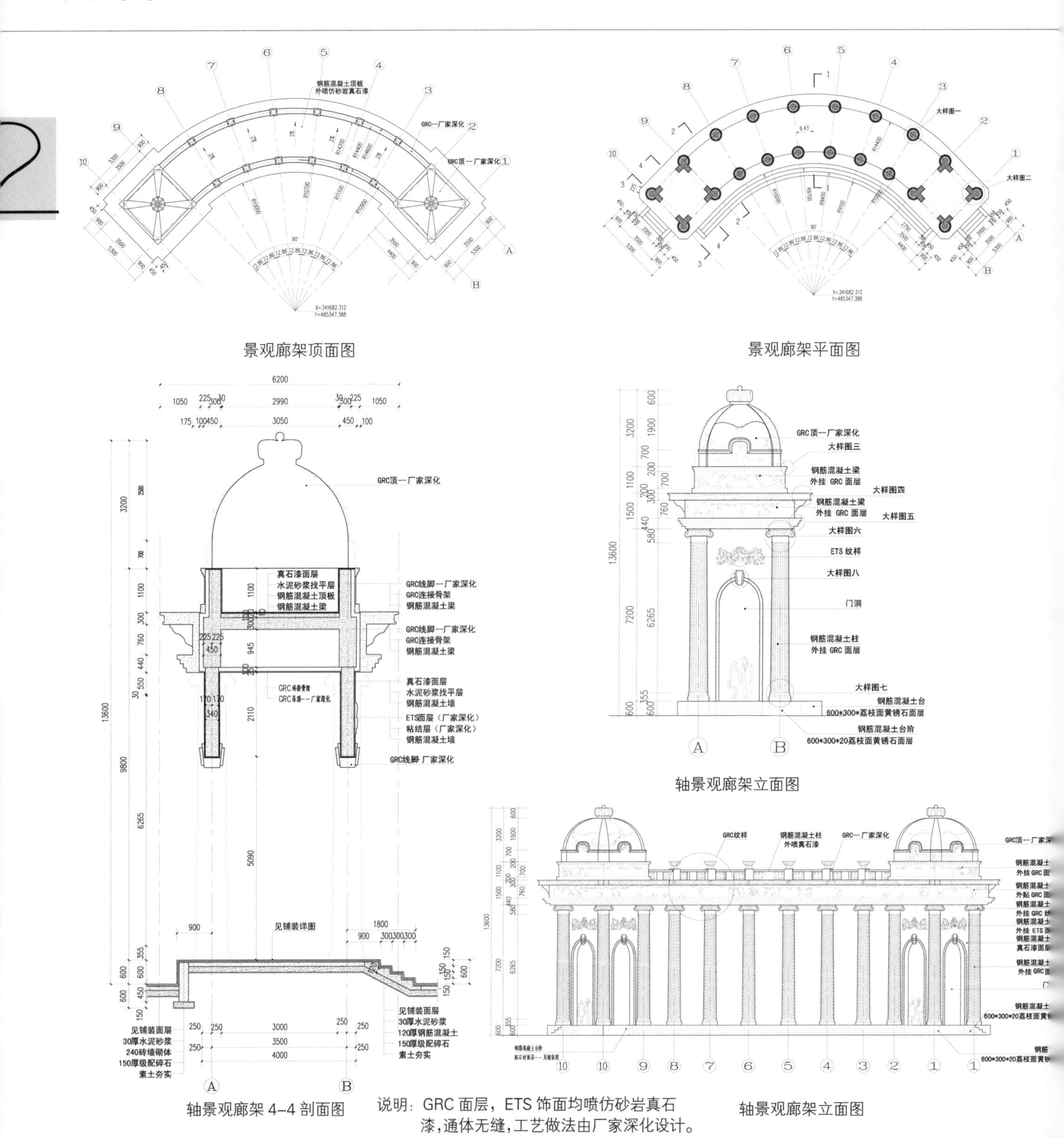

景观廊架顶面图

景观廊架平面图

轴景观廊架立面图

轴景观廊架 4-4 剖面图

说明：GRC 面层，ETS 饰面均喷仿砂岩真石漆，通体无缝，工艺做法由厂家深化设计。

轴景观廊架立面图

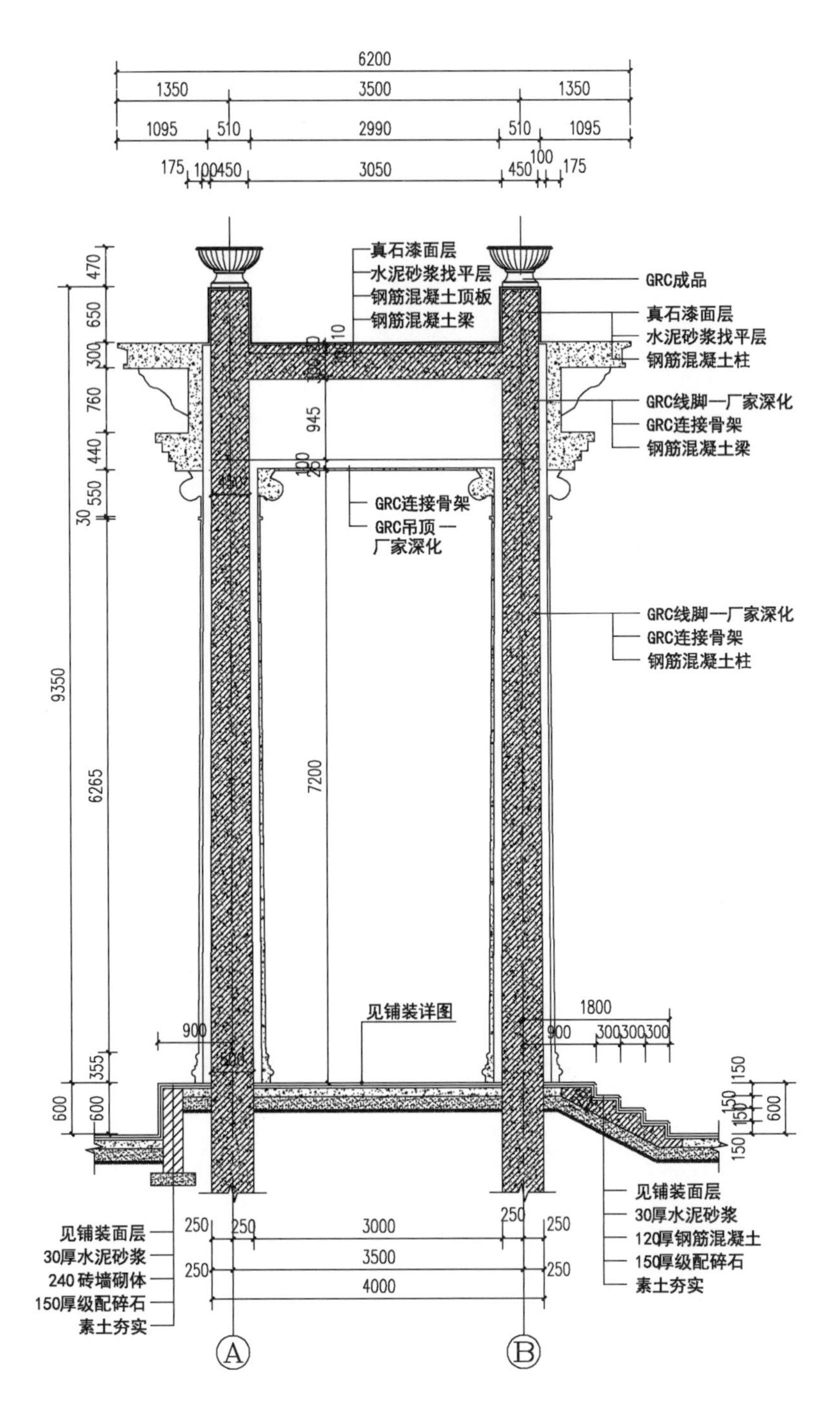

6200
1350
3500
1350
1095
510
2990
510
1095
175
100
450
3050
450
100
175
真石漆面层
水泥砂浆找平层
钢筋混凝土顶板
钢筋混凝土梁
GRC成品
真石漆面层
水泥砂浆找平层
钢筋混凝土柱
GRC线脚一厂家深化
GRC连接骨架
钢筋混凝土梁
GRC连接骨架
GRC吊顶一
厂家深化
GRC线脚一厂家深化
GRC连接骨架
钢筋混凝土柱
470
650
300
760
440
550
30
9350
6265
355
600
600
945
7200
见铺装详图
900
1800
900
300
300
300
150
600
见铺装面层
30厚水泥砂浆
120厚钢筋混凝土
150厚级配碎石
素土夯实
见铺装面层
30厚水泥砂浆
240 砖墙砌体
150厚级配碎石
素土夯实
250
250
3000
250
250
250
3500
250
4000
A
B

景观廊架 1-1 剖面图

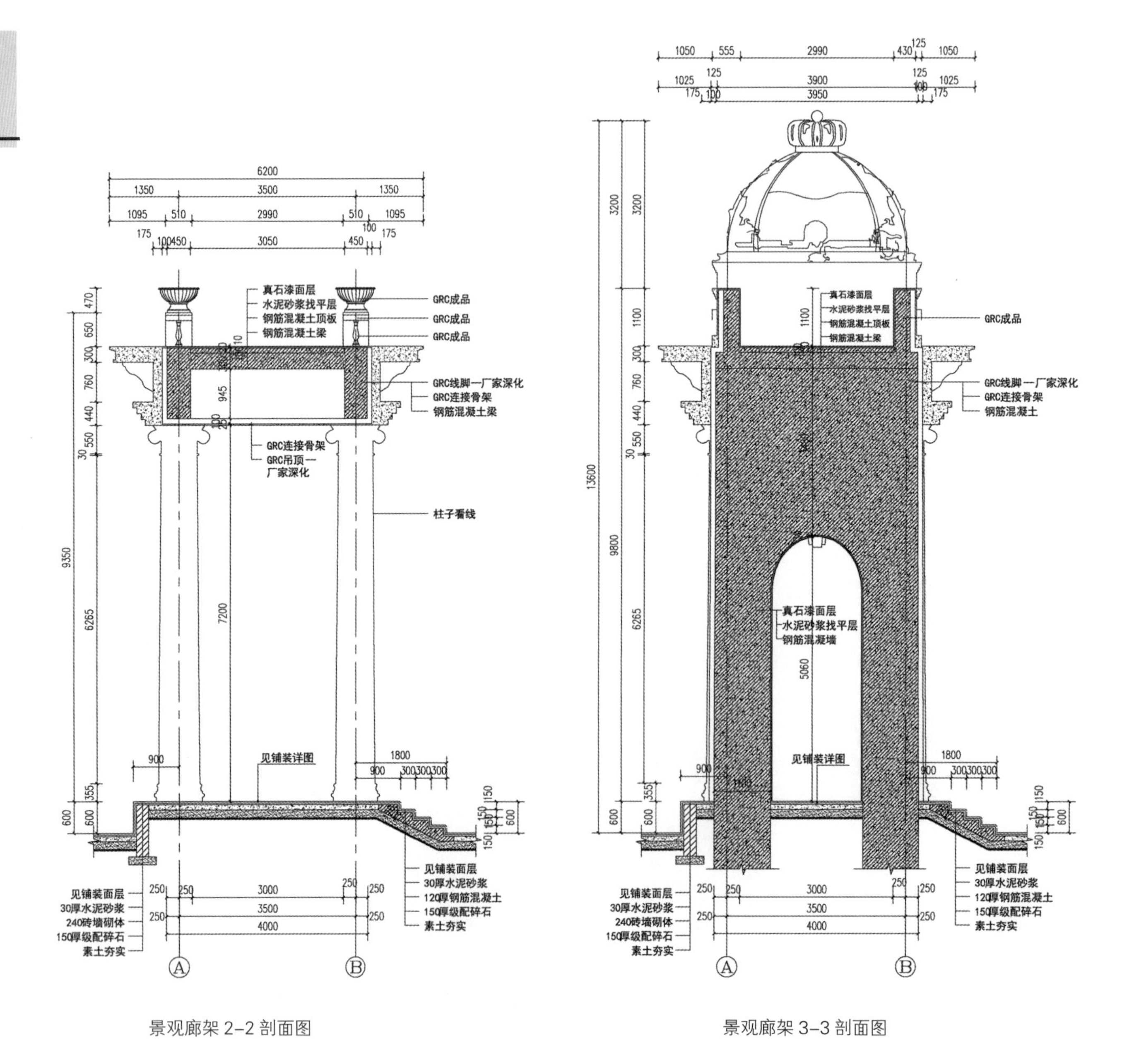

景观廊架 2–2 剖面图

景观廊架 3–3 剖面图

说明：GRC 面层，ETS 饰面均喷仿砂岩真石漆，通体无缝，工艺做法由厂家深化设计。

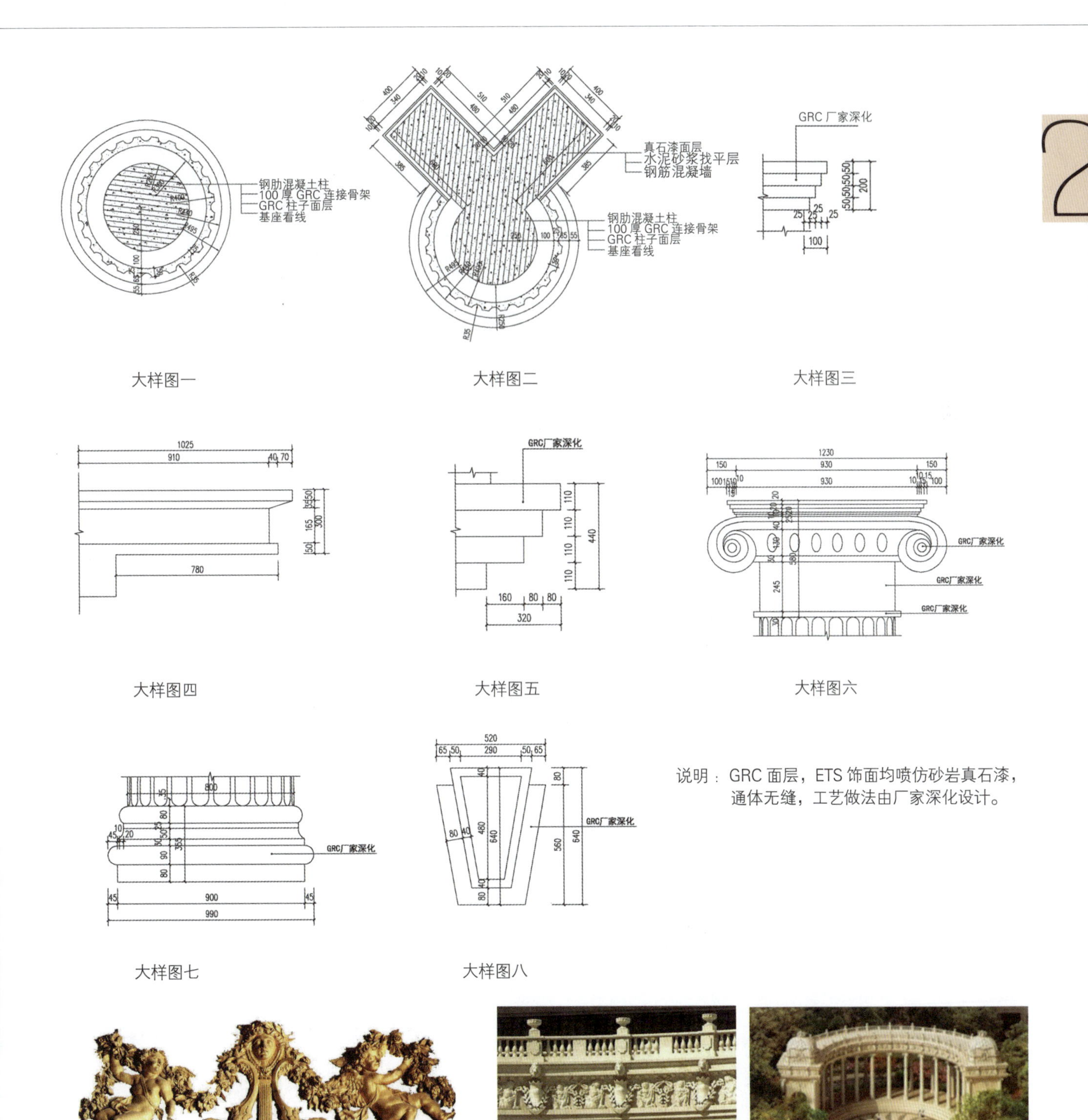

大样图一

大样图二

大样图三

大样图四

大样图五

大样图六

大样图七

大样图八

说明：GRC 面层，ETS 饰面均喷仿砂岩真石漆，
通体无缝，工艺做法由厂家深化设计。

ETS 纹样

GRC 纹样

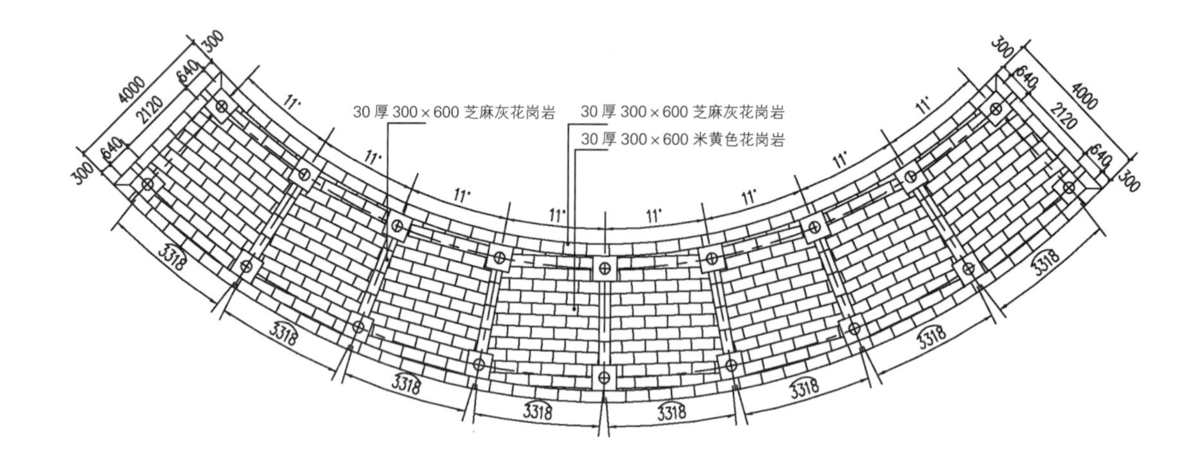

弧形廊架平面图

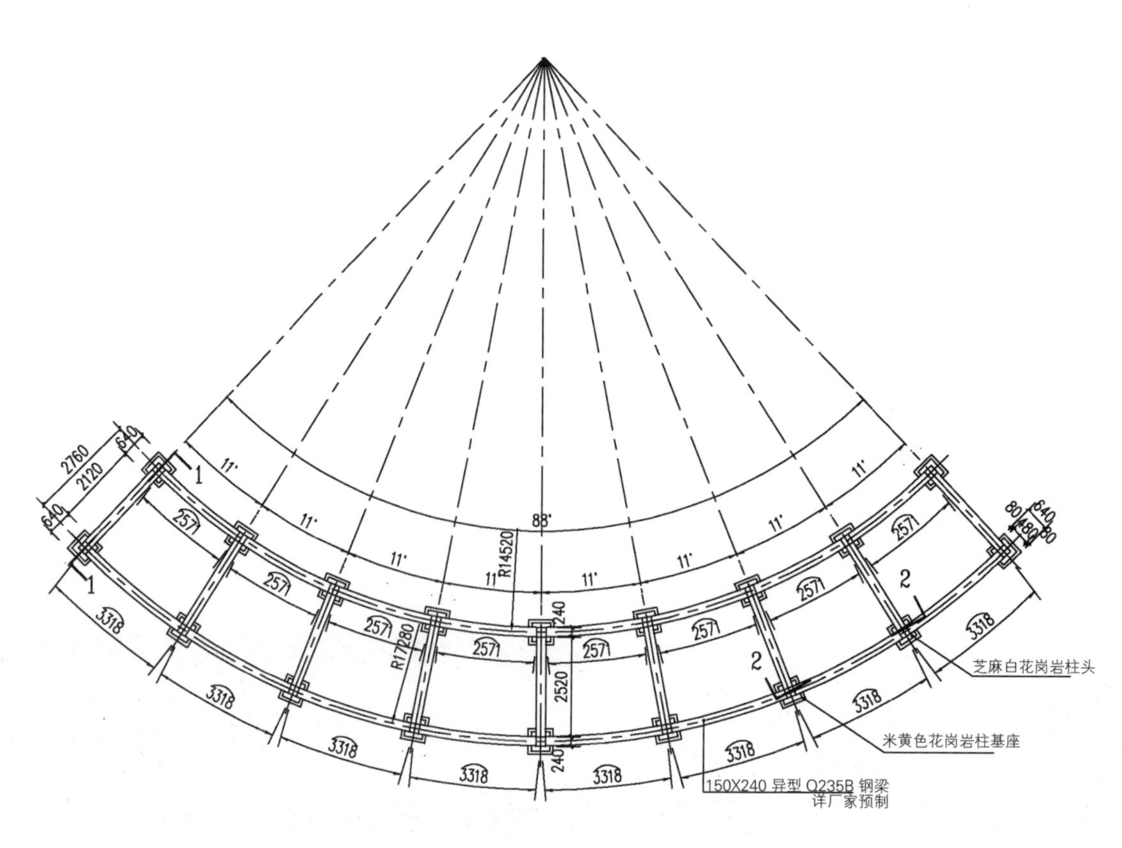

弧形廊架顶平面图

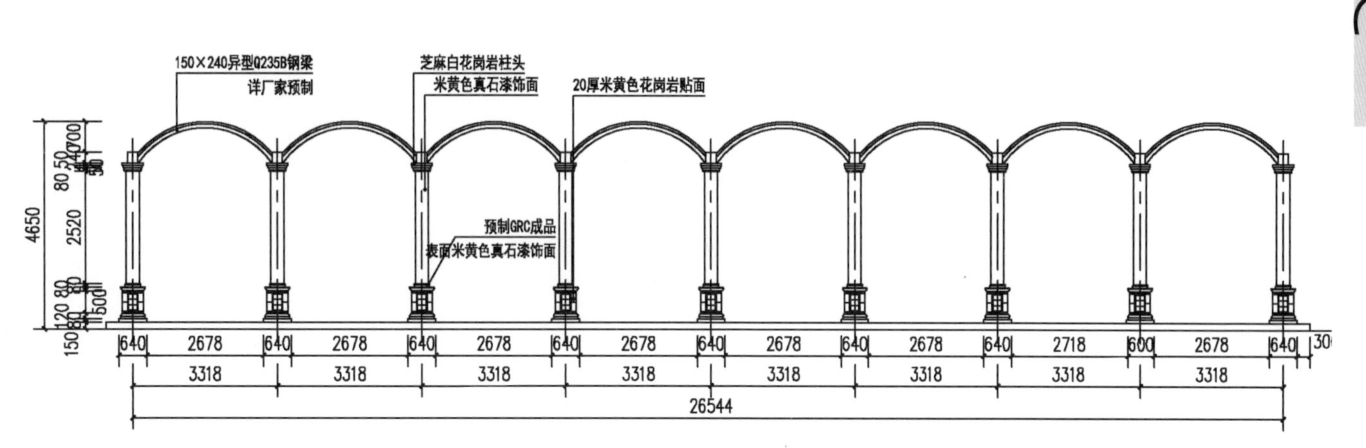

弧形廊架正立面展开图

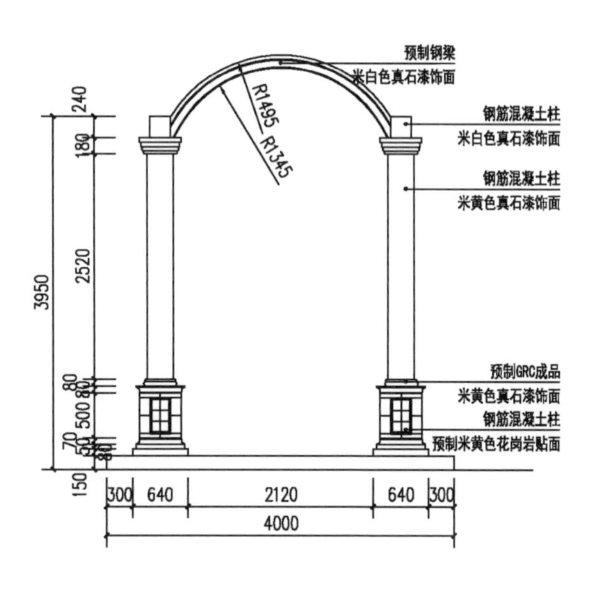

弧形廊架侧立面图

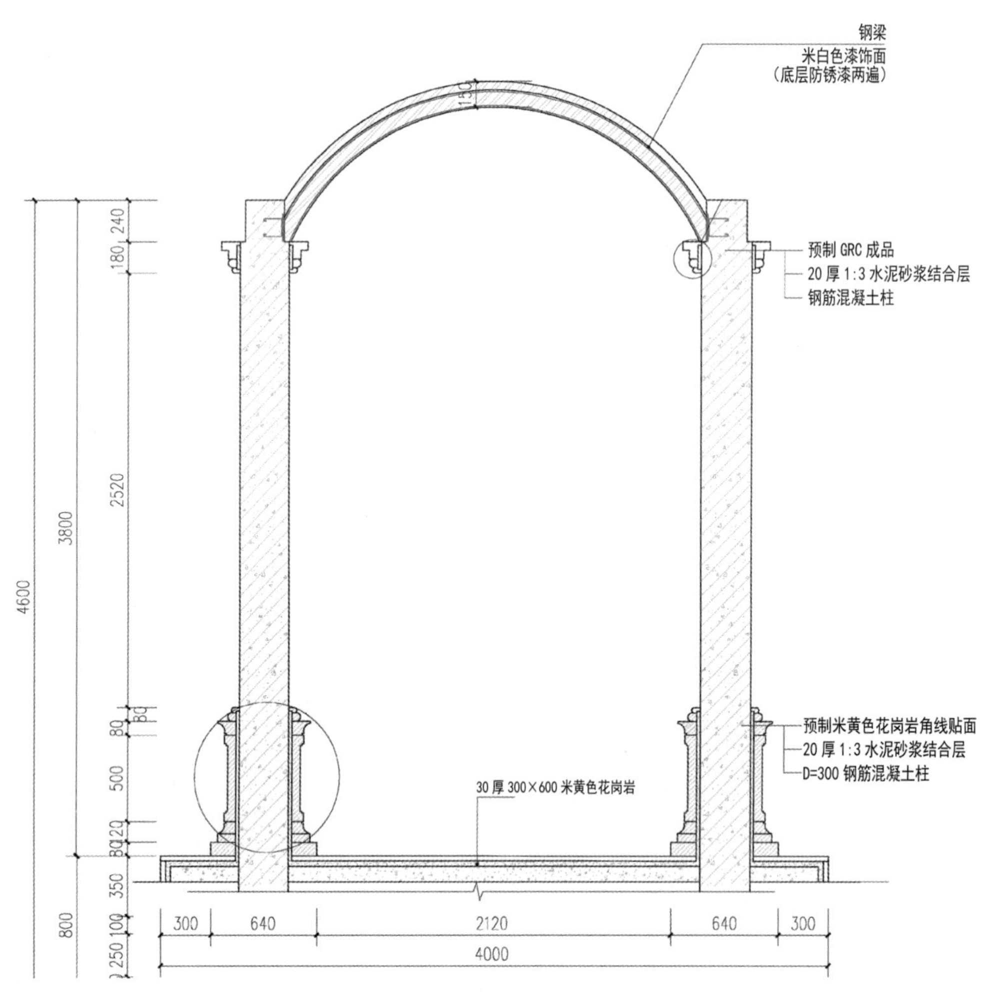
钢梁
米白色漆饰面
(底层防锈漆两遍)
预制 GRC 成品
20 厚 1:3 水泥砂浆结合层
钢筋混凝土柱
预制米黄色花岗岩角线贴面
20 厚 1:3 水泥砂浆结合层
D=300 钢筋混凝土柱
30 厚 300×600 米黄色花岗岩
4600
3800
2520
800
300
640
2120
640
300
4000

1-1 剖面图

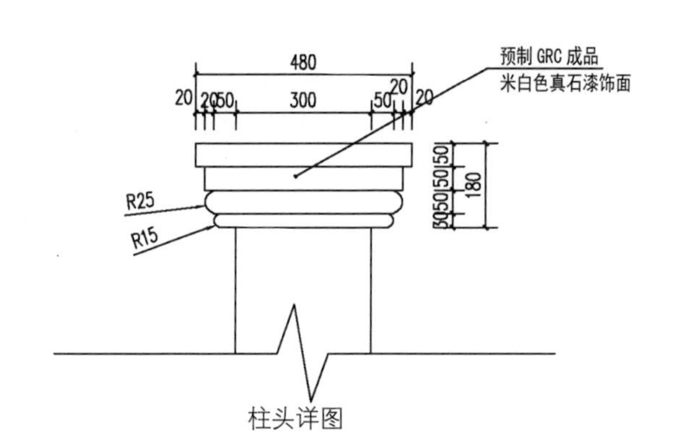
480
300
预制 GRC 成品
米白色真石漆饰面
R25
R15
180

柱头详图

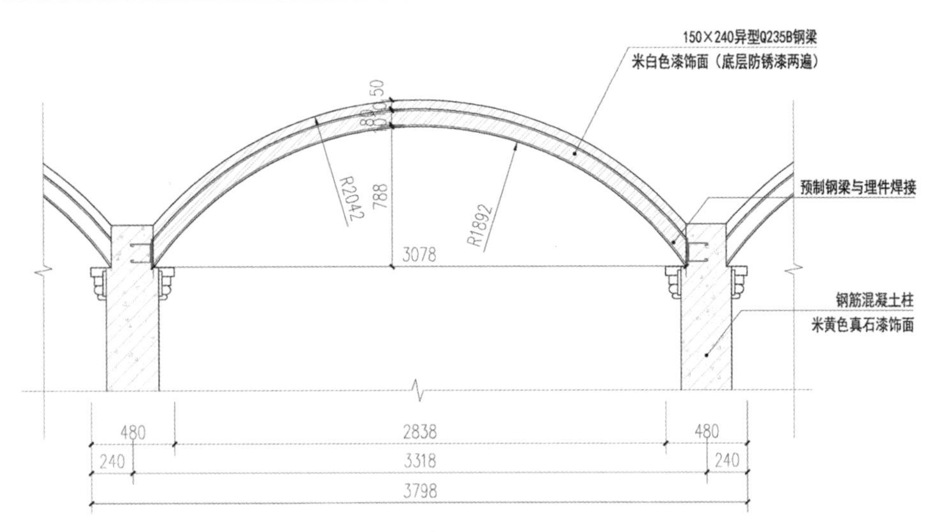

2-2 剖面图

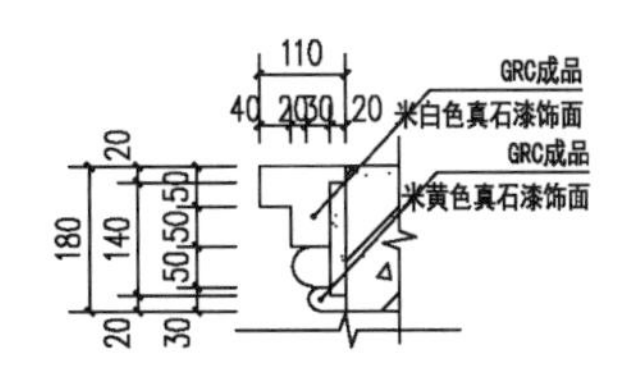

大样图

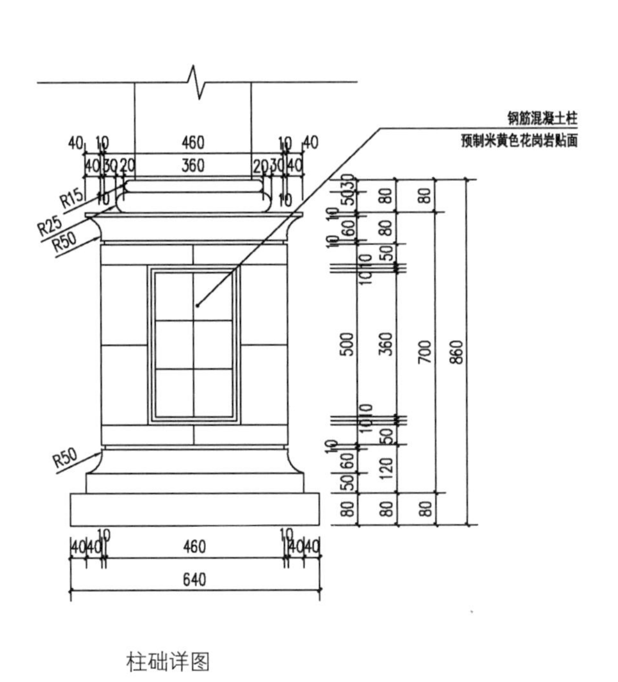

柱础详图

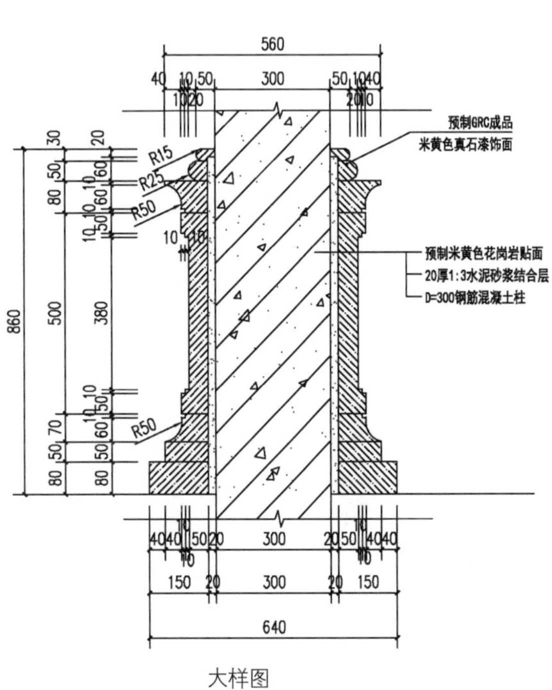

大样图

结构设计

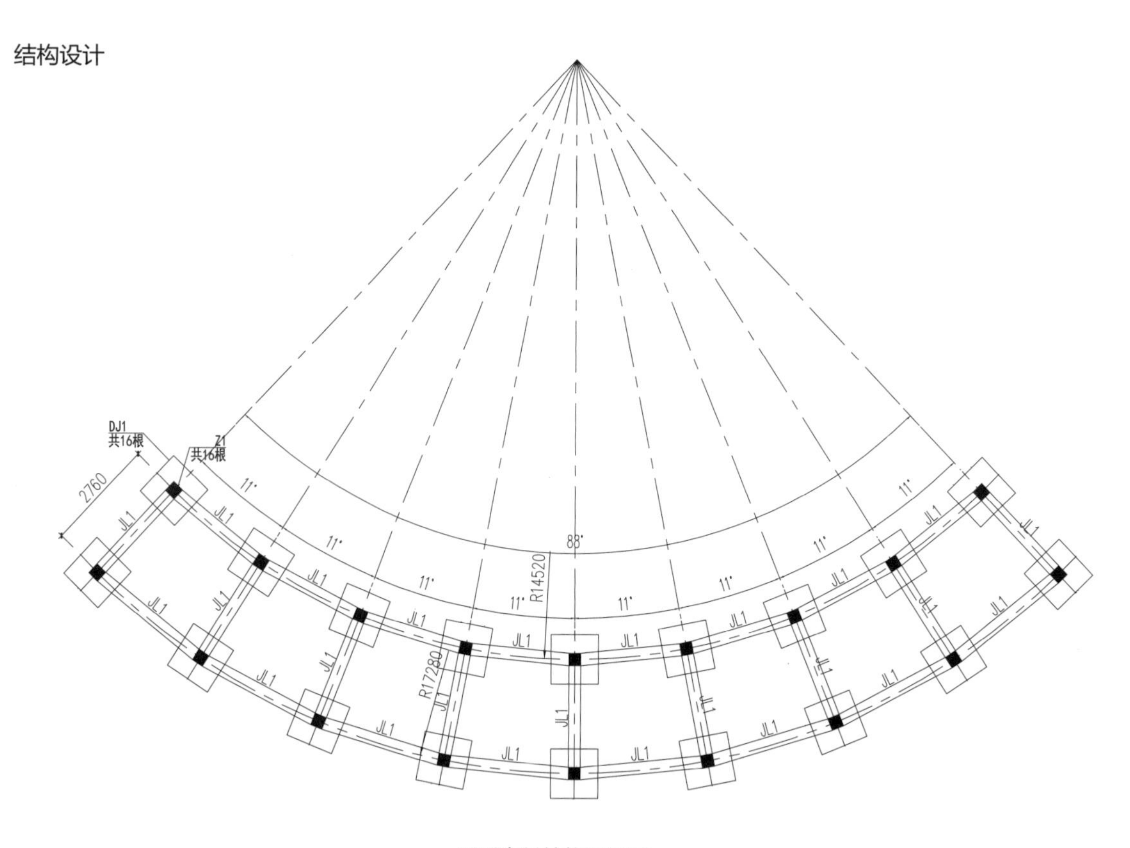

弧形廊架结构平面图

说明：

1. 应对原图纸做一定的修改调整，适应普通情况；基础持力层应选取老土层，要求基础底标高进入持力层≥ 30mm。且地基承载力特征值≥ 120kPa。当无法满足前述要求时，应进行地基处理，处理方法可由施工单位根据当地经验进行选取。
2. 本单位 ±0.000 取室外地坪标高。
3. 本单位采用 C25 混凝土，基础下设 100mm 厚 C15 素混凝土垫层。
4. 预埋件采用 Q235B 钢材。
5. 柱均沿轴线居中布置。

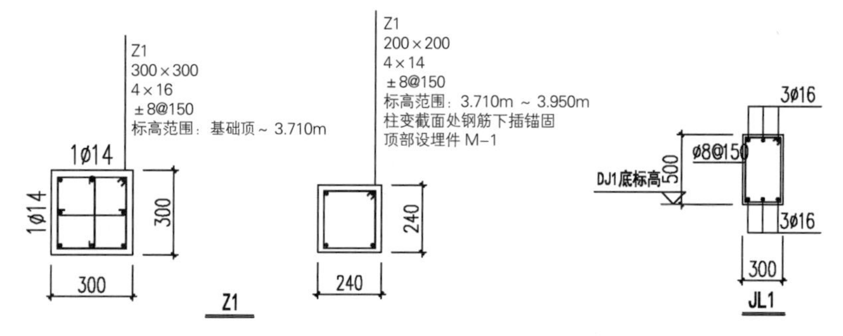

基础做法

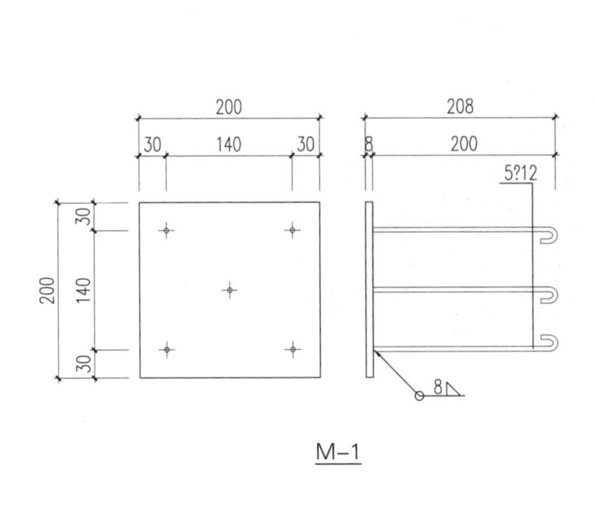
200
30
140
30
208
8
200
5?12
200
30
140
30
8
M-1

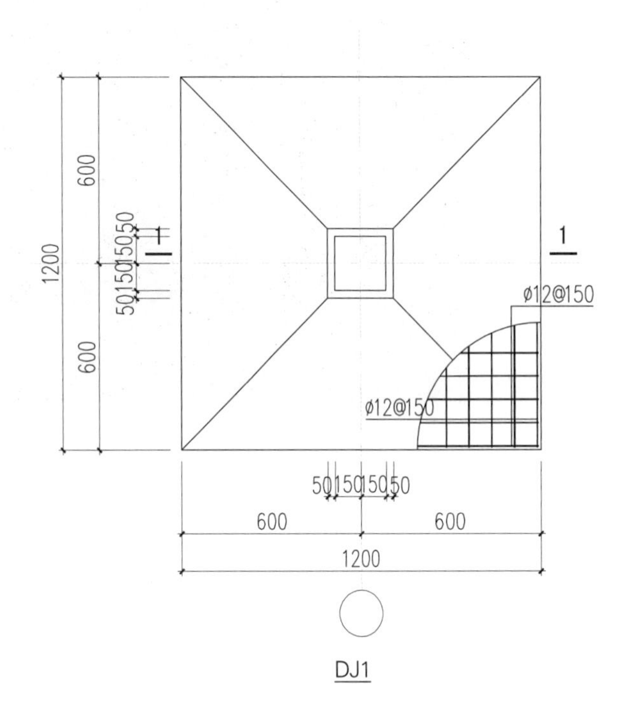
600
1200
50150150 50
600
1
1
ø12@150
ø12@150
50150150 50
600
600
1200
DJ1

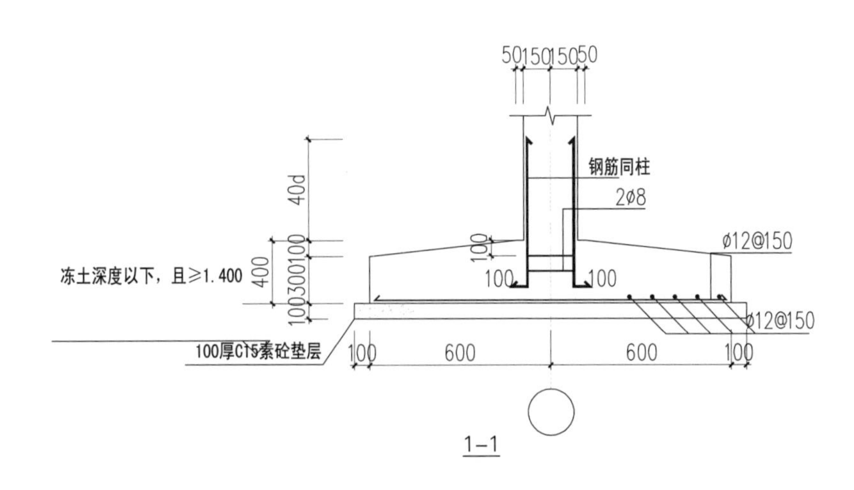
50150150 50
钢筋同柱
2ø8
40d
100
100
400
300
100
100
100
冻土深度以下，且≥1.400
ø12@150
ø12@150
100厚C15素砼垫层
100
600
600
100
1-1

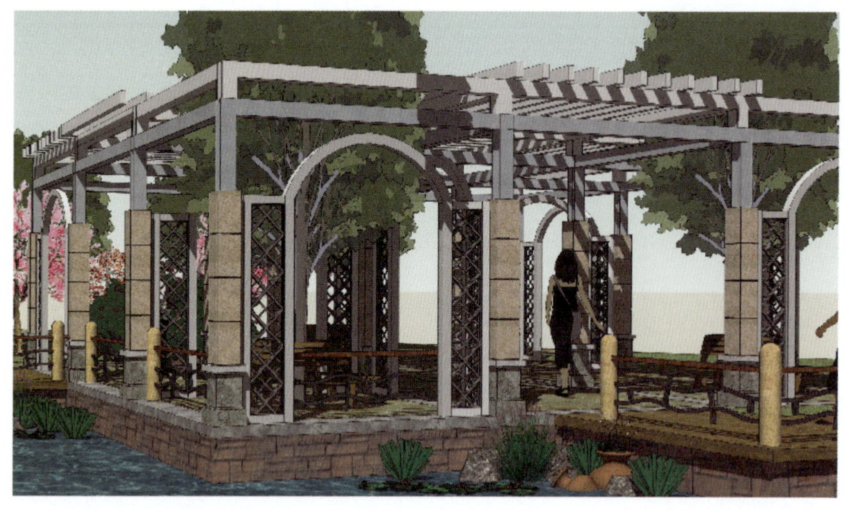

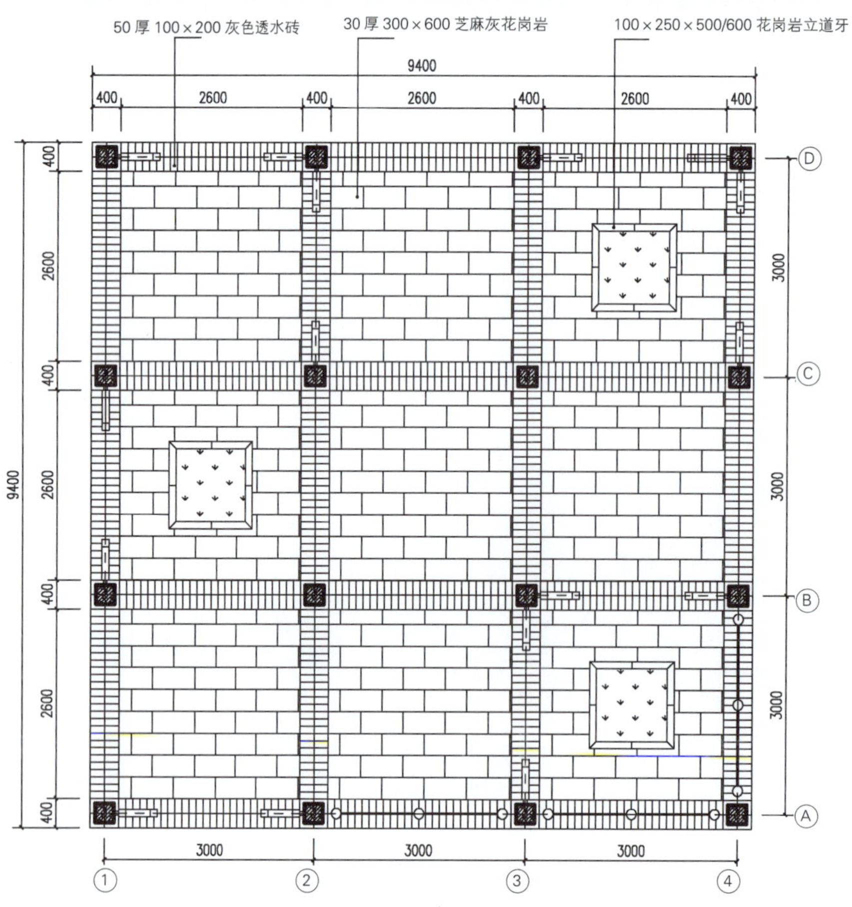
50 厚 100×200 灰色透水砖
30 厚 300×600 芝麻灰花岗岩
100×250×500/600 花岗岩立道牙
9400
400
2600
400
2600
400
2600
400
3000
3000
3000
D
C
B
A
1
2
3
4

树阵廊架平面图

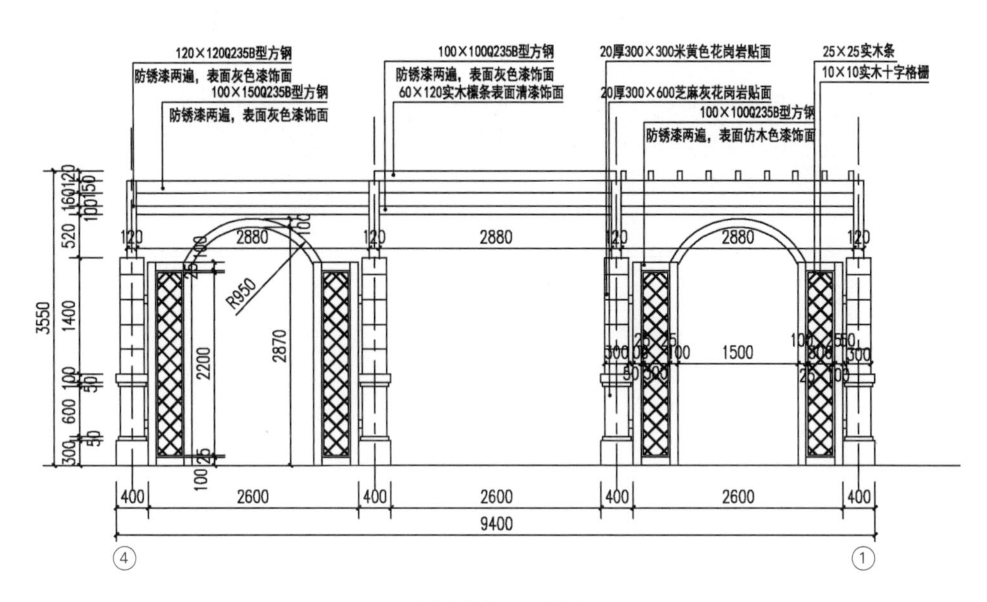

树阵廊架 4–1 轴立面图

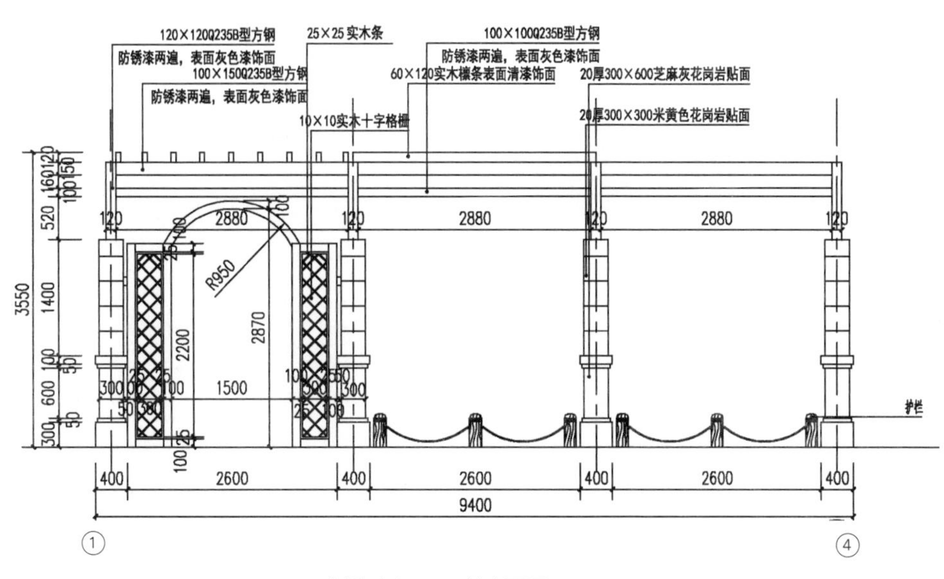

树阵廊架 1–4 轴立面图

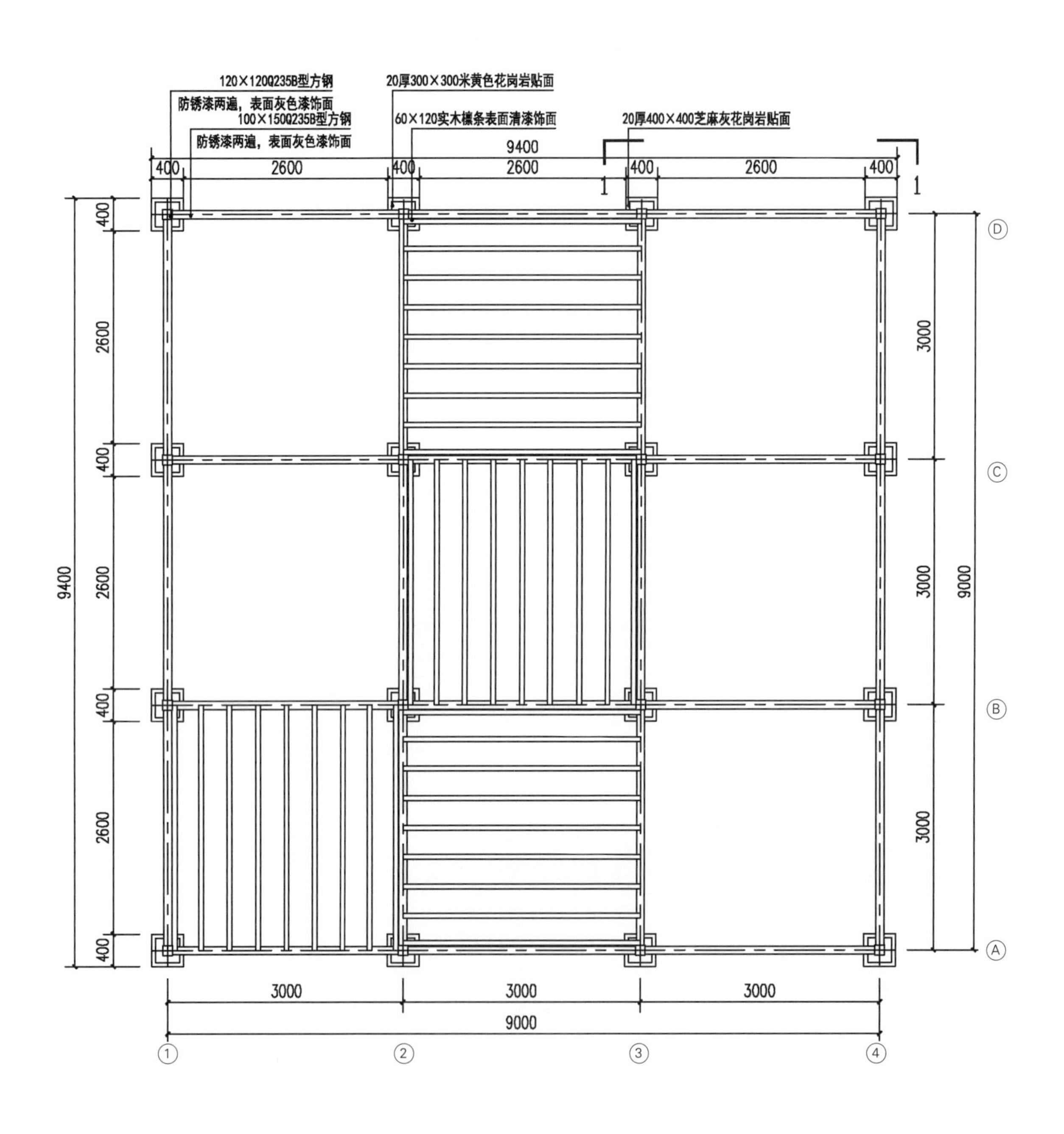
120×120Q235B型方钢
防锈漆两遍，表面灰色漆饰面
100×150Q235B型方钢
防锈漆两遍，表面灰色漆饰面
20厚300×300米黄色花岗岩贴面
60×120实木檩条表面清漆饰面
20厚400×400芝麻灰花岗岩贴面
9400
400
2600
400
2600
400
2600
400
1
1
400
2600
400
2600
400
2600
400
9400
3000
3000
3000
9000
D
C
B
A
3000
3000
3000
9000
1
2
3
4

树阵廊架顶面图

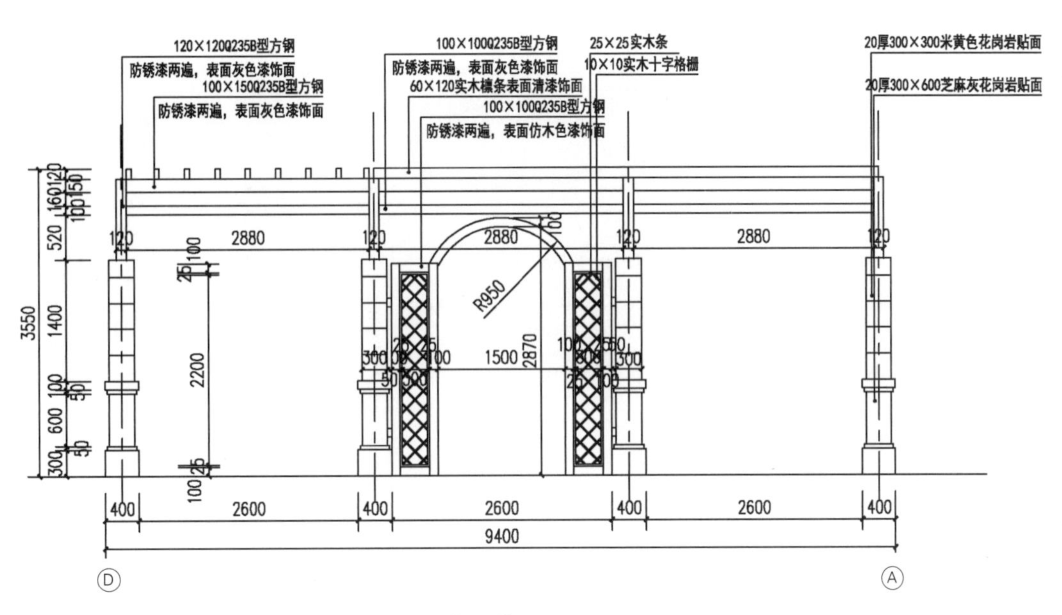

树阵廊架Ⓓ－Ⓐ轴立面图

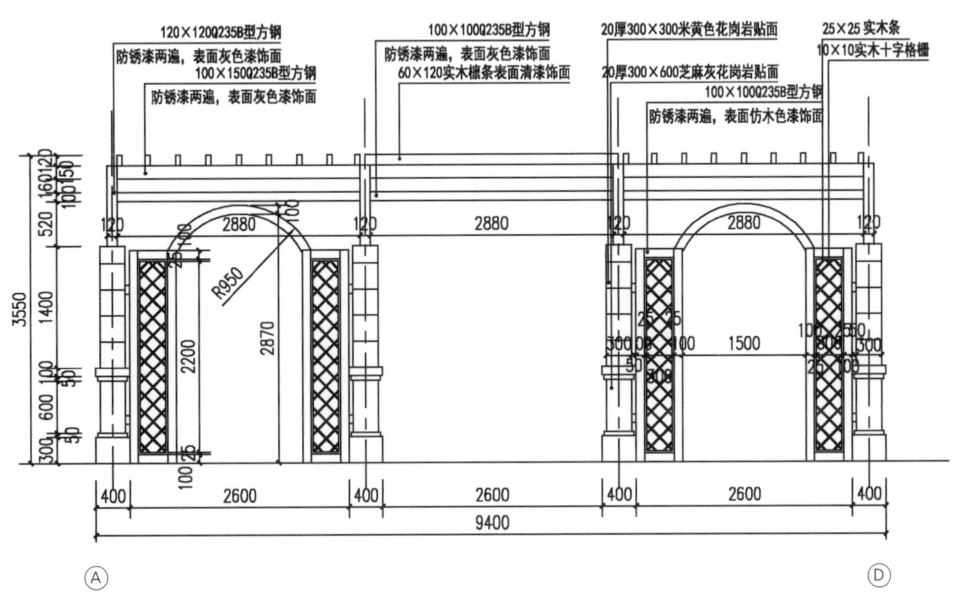

树阵廊架Ⓐ－Ⓓ轴立面图

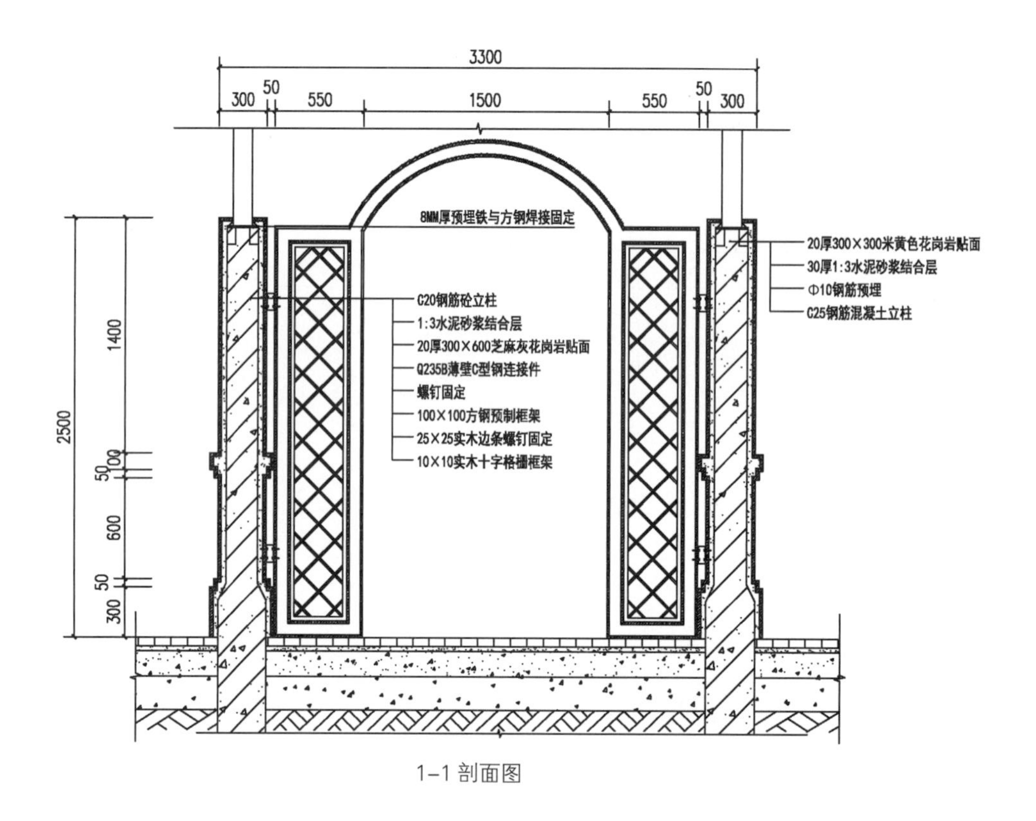

1-1 剖面图

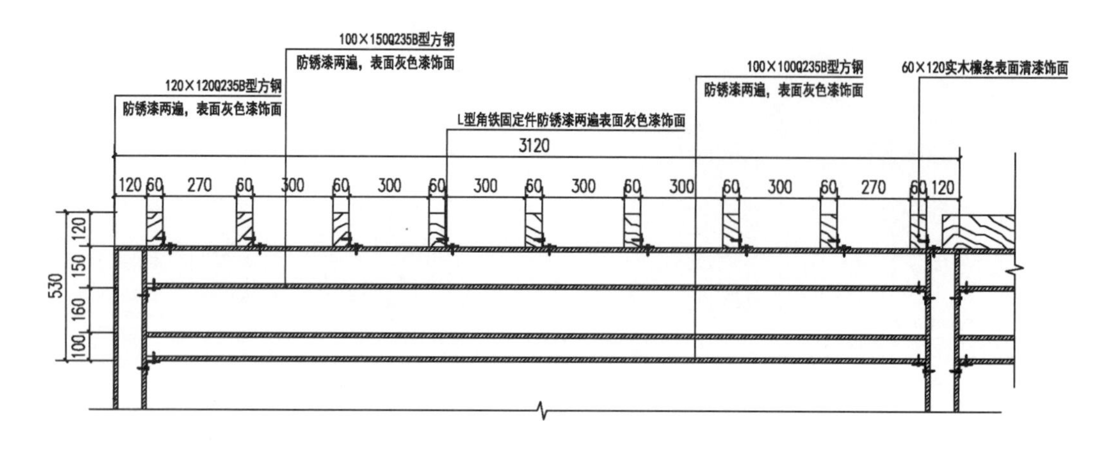

钢柱与钢梁交接详图

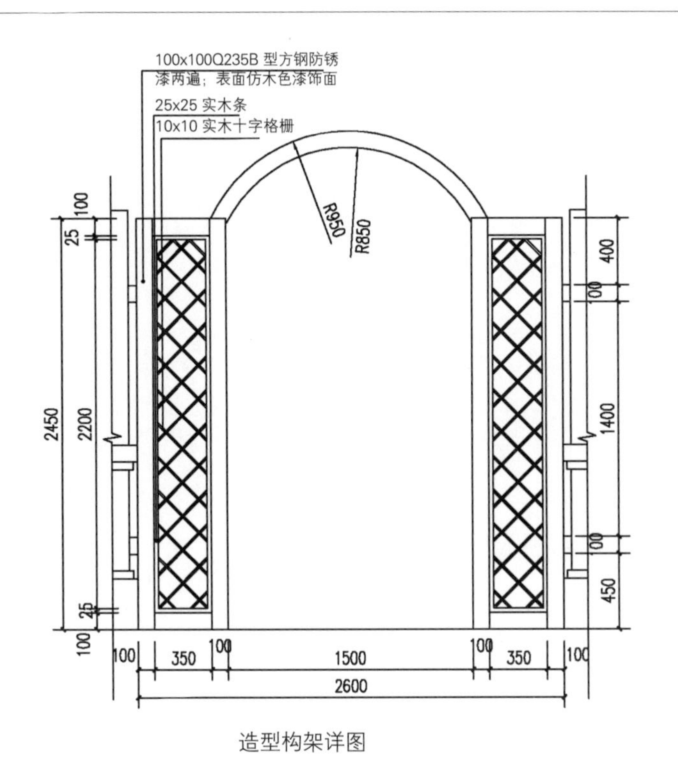

造型构架详图

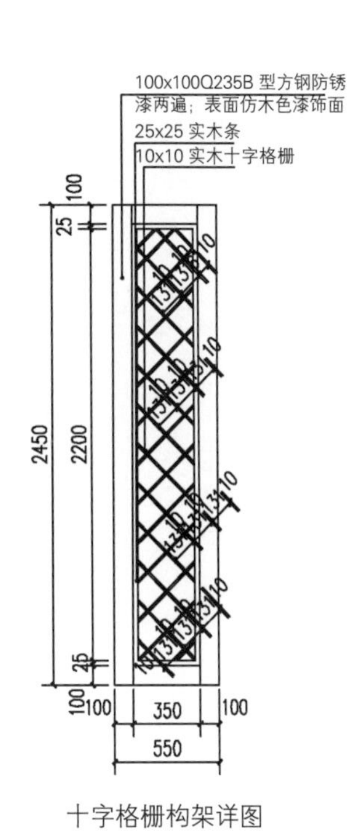

十字格栅构架详图

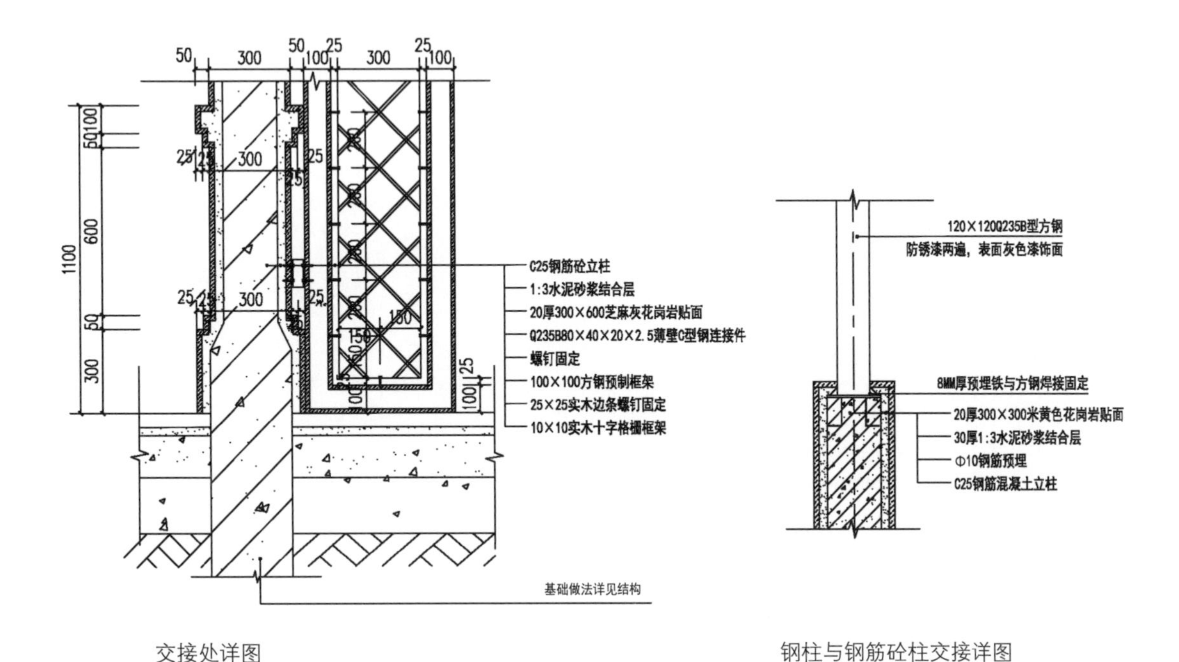

交接处详图

钢柱与钢筋砼柱交接详图

结构设计

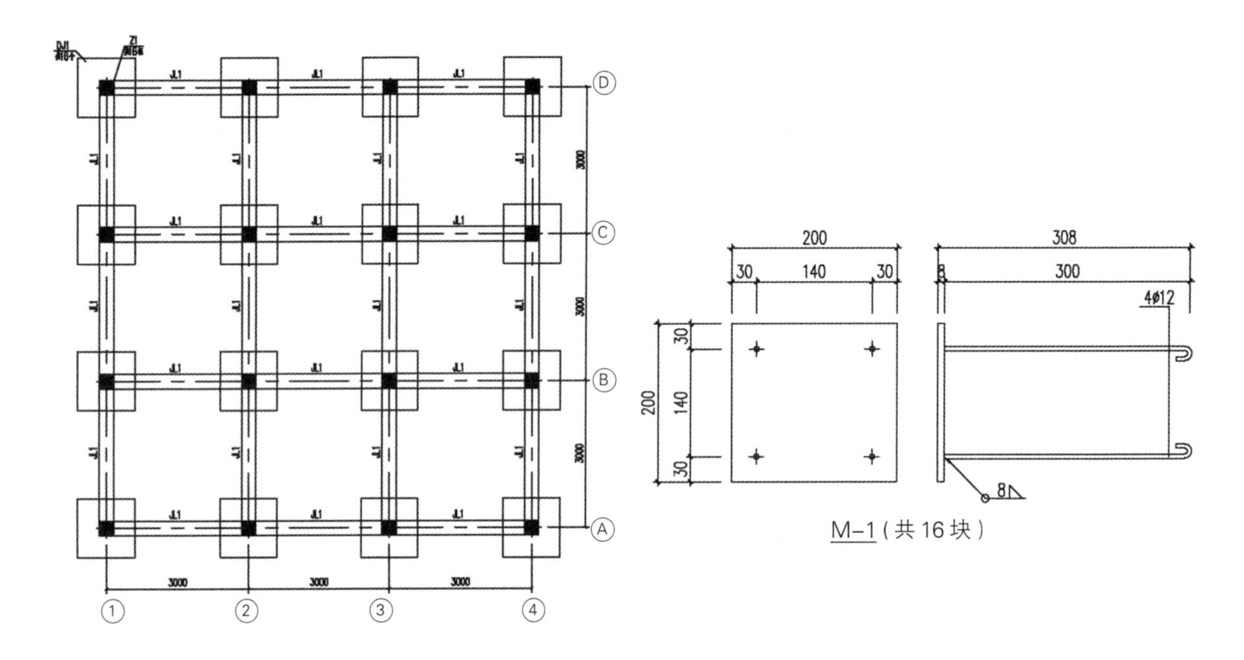

M-1（共 16 块）

树阵廊架基础平面图

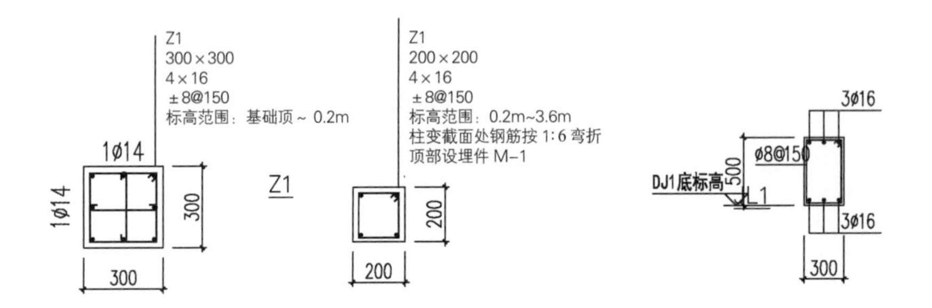

说明：

1. 应对原图纸做一定的修改调整，适应普通情况；基础持力层应选取老土层，要求基础底标高进入持力层≥ 30mm。且地基承载力特征值≥ 120kPa。当无法满足前述要求时，应进行地基处理，处理方法可由施工单位根据当地经验进行选取。
2. 本单位 ±0.000 取室外地坪标高。
3. 本单位采用 C25 混凝土，基础下设 100mm 厚 C15 素混凝土垫层。
4. 预埋件采用 Q235B 钢材。
5. 柱均沿轴线居中布置。

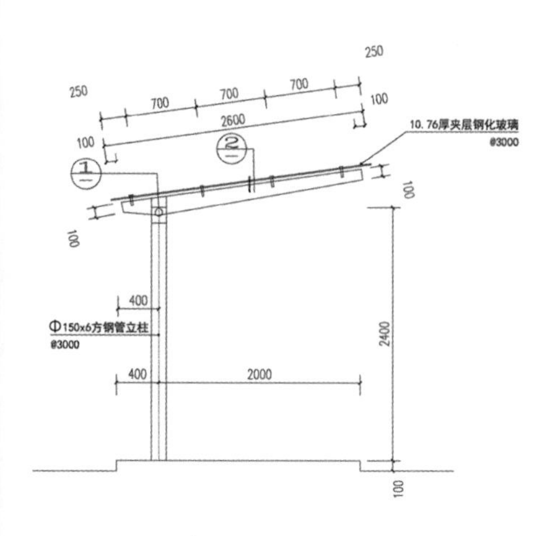

1-1 剖面图

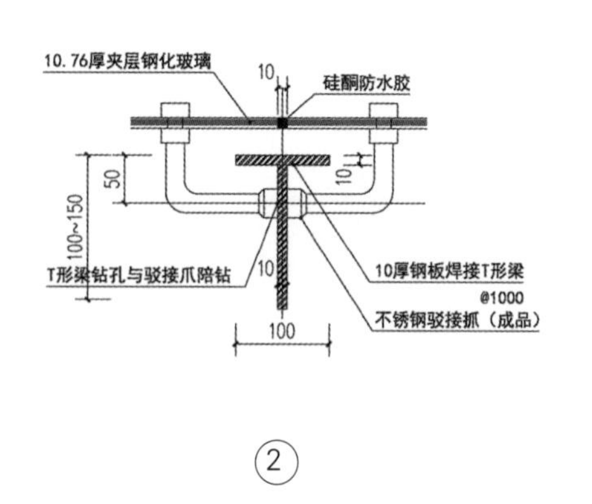

②

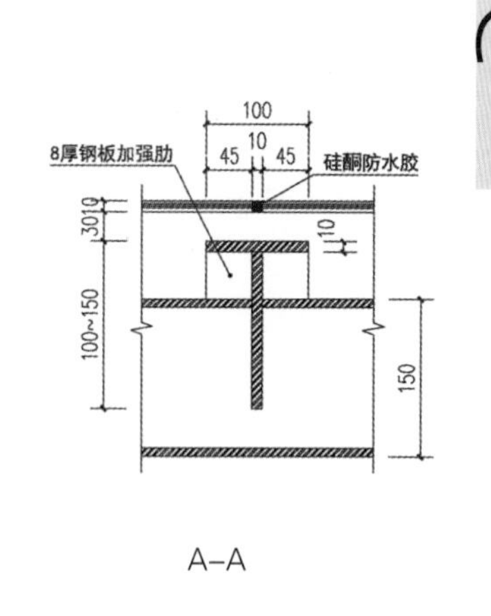

A–A

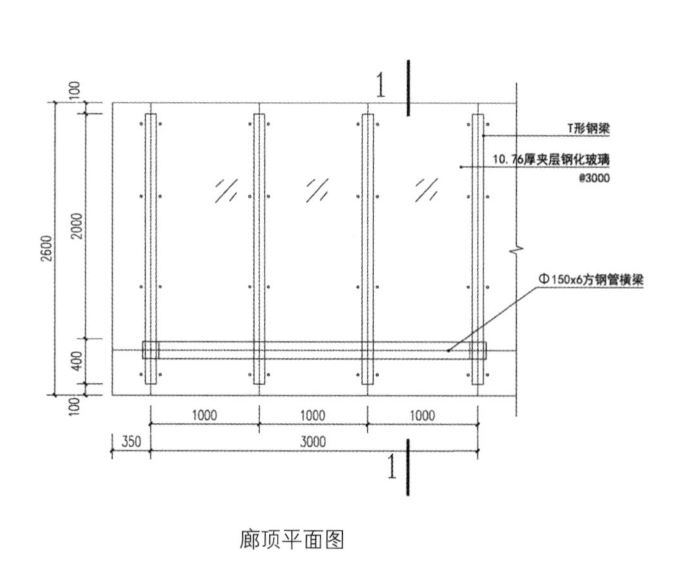

廊顶平面图

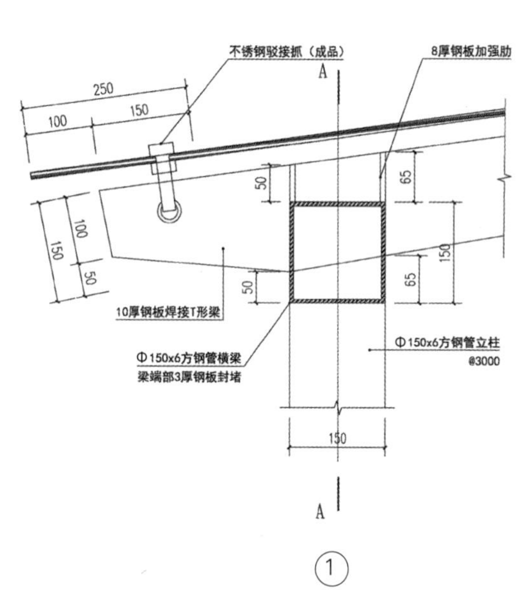

①

注：1. 钢材连接为焊接，焊缝高≥ 6。
2. 所有钢构件焊口除毛刺后锉平，防锈漆两道，喷乳白色氟碳漆两道。
3. 夹层玻璃，T 形钢梁钻孔与选用驳接爪配钻。
4. 夹层钢化玻璃暴露的边部用硅酮防水密封胶。

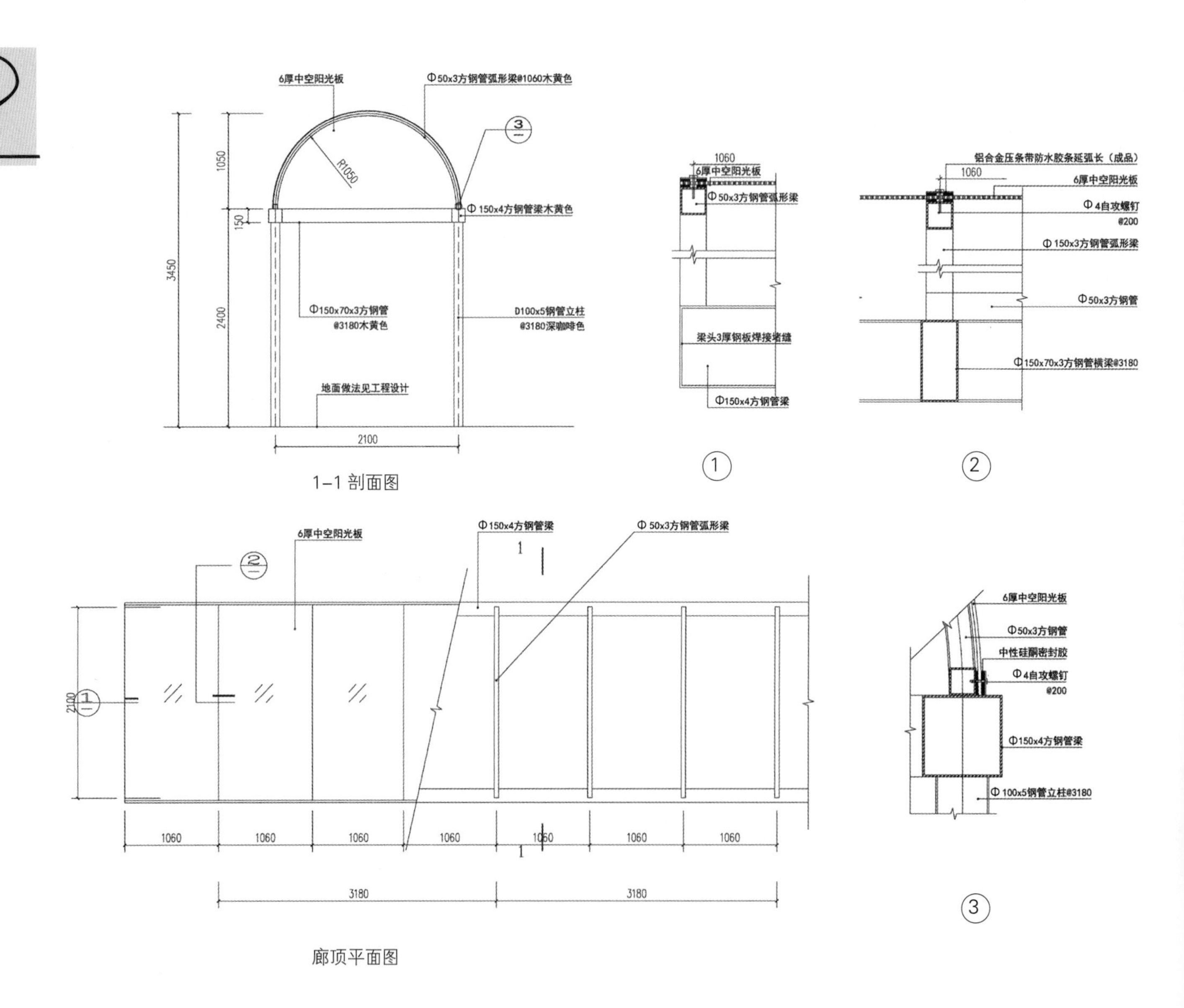

注：1. 焊口除毛刺后锉平，防锈漆两道氟碳漆两道。

2. 阳光板现场冷弯成弧形（沿阳光板肋筋方向）

3. 防水胶条为三元乙丙橡胶条。

图 2-16 木质花架

图 2-17 钢筋混凝土花架

1. 定义及用途

花架是用刚性材料构成一定形状的格架供攀援植物攀附的园林设施，又称棚架、绿廊。花架可作遮阴休息之用，并可点缀园景。

花架设计要了解所配置植物的原产地和生长习性，以创造适宜于植物生长的条件和造型的要求。

现在的花架，有两方面作用：一是供人歇足休息、欣赏风景；一是创造攀援植物生长的条件。可以说花架是最接近于自然的园林小品。花架可应用于各种类型的园林绿地中，常设置在风景优美的地方供休息和点景，也可以和亭、廊、水榭等结合，组成外形美观的园林建筑群；在居住区绿地、儿童游戏场中花架可供休息、遮阴、纳凉；用花架代替廊子，可以联系空间；用格子垣攀援藤本植物，可分隔景物；园林中的茶室、冷饮部、餐厅等，也可以用花架作凉棚，设置座席；也可用花架作园林的大门。

2. 花架的分类

（1）按上下结构受力分类

①简支式：多用于曲折错落的地形，由两根支柱，一根横梁组成，更显得稳定。地形平坦处，可用 2~3 级踏步来错落。设在片状角隅之地，可用其组景，以增加空间层次。

②悬臂式：又分单挑和双挑。为突出构图中心，可环绕花坛、水池、湖面为中心而布置成圆环弧形的花架。忌分散、孤立布置。悬臂式不但可做成悬梁条式，还可以做成板式和镂空板式，以利于空间光影变化和植物攀援生长。

③拱门钢架式：在花廊、甬道多采用半圆拱顶或钢架式拱门。材料多用钢筋、轻钢或混凝土制成。

④组合单体花架：多与亭、廊、建筑入口、小卖部结合，是具有使用功能的花架。为取得对比又统一的构图效果，常以亭、榭等建筑为实，而以花架的平立面为虚，突出变化中的协调。

（2）按垂直支撑分类：

①立柱式：独立的方柱，长方、小八角、海棠截面柱，变截面柱。

②复柱式：平行柱、V 形柱。

③花墙式：清水花墙、天然红石板墙、水刷石或白墙。

（3）按平面形状分类：

有点状、条状、圆形、转角形、弧形、复柱形等。

（4）按组成的材料分类：

有竹、木、钢筋混凝土、砖石柱、型钢梁架等多种类别。

3. 设计注意事项

（1）综合考虑所在地区的气候、地域条件、植物特性以及花架在园林中的功能作用等因素。

（2）花架在绿荫掩映下要好看，好用，在落叶之后也要好看且耐用，因此要把花架作为一件艺术品，而不单作构筑物来设计，应注意比例尺寸、选材和必要的装修。

①花架体型不宜太大。太大了不易做得轻巧，太高了不易荫蔽而显空旷，尽量接近自然。花架高度控制在 2.5~2.8m，有亲切感，一般用 2.3m、2.5m、2.7m 等尺寸。开间一般设计在 2.5~4m 之间，常用跨度为 2.7m、3.0m、3.3m。

②花架的四周，一般都较为通透开畅，除了作支承的墙、柱，没有围墙门窗。花架的上下（铺地和檐口）两个平面，也并不一定要对称和相似，可以自由伸缩交叉，相互引伸，使花架置身于园林之内，融汇于自然之中，不受阻隔。

③最后也是最主要的一点，是要根据攀援植物的特点、环境来构思花架的形体；根据攀援植物的生物学特性，来设计花架的构造、材料等。

一般情况下，一个花架配置一种攀援植物，配置 2~3 种相互补充的也可以见到。各种攀援植物的观赏价值和生长要求不尽相同，设计花架前要有所了解。

图 2-18 悬臂式花架

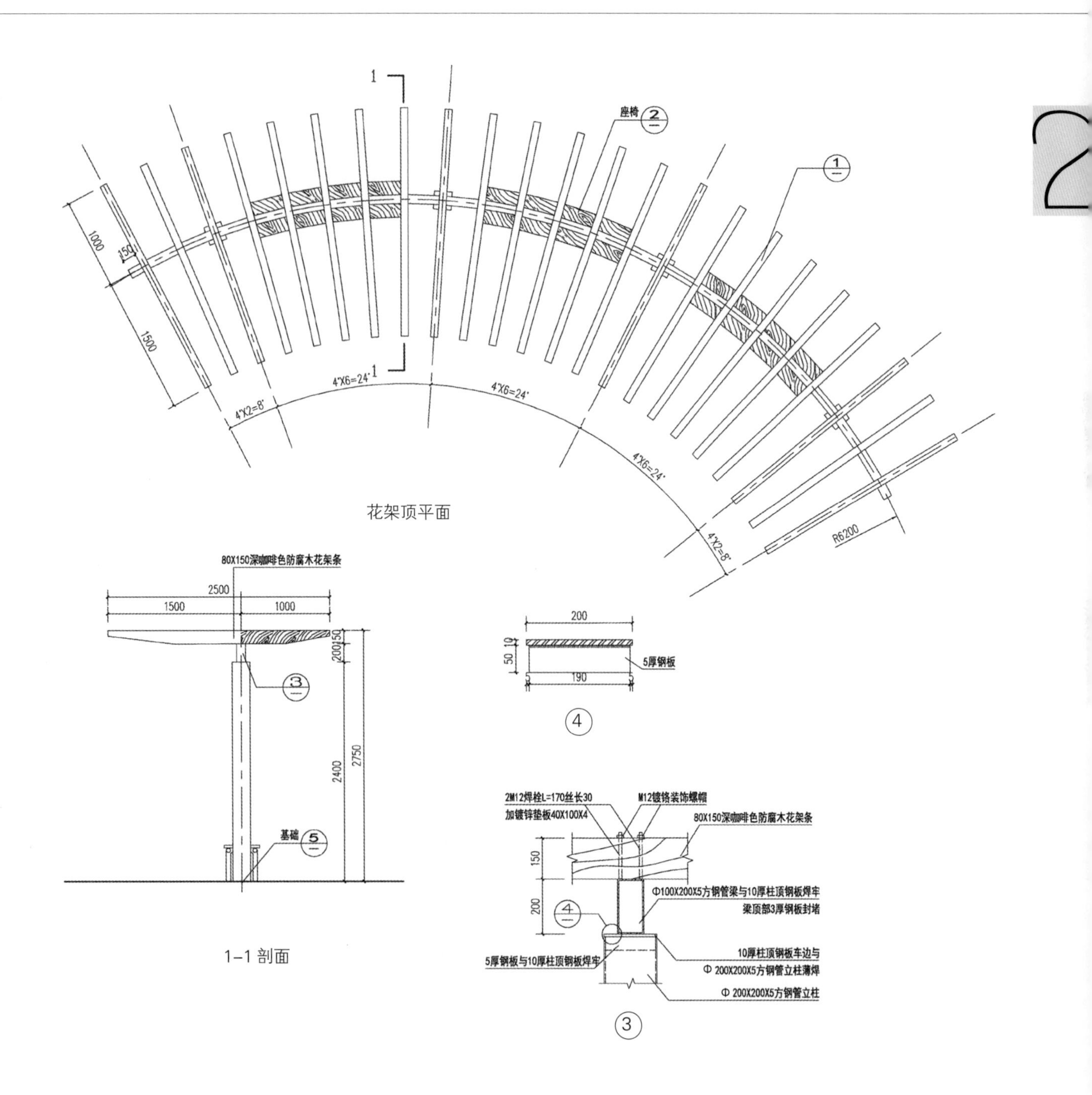

花架顶平面

1-1 剖面

注：1. 各钢管、方钢、铁件均上防锈漆两道，花架钢梁及方钢柱外饰面黑色氟碳漆两道。
2. 座椅钢件外饰面灰色氟碳漆两道。
3. 所有木材均使用防腐木。

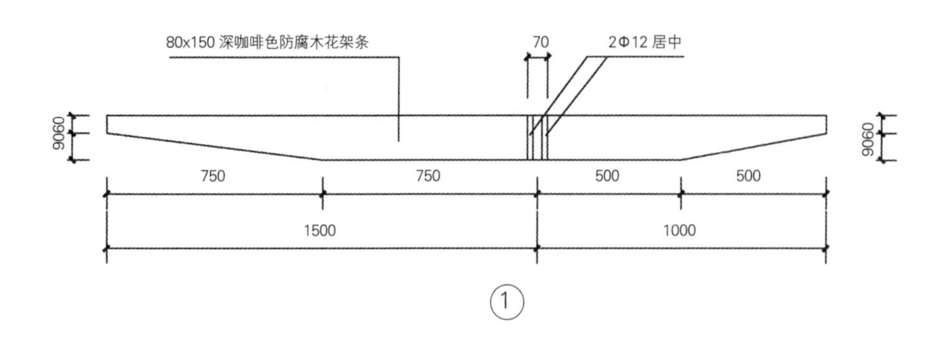

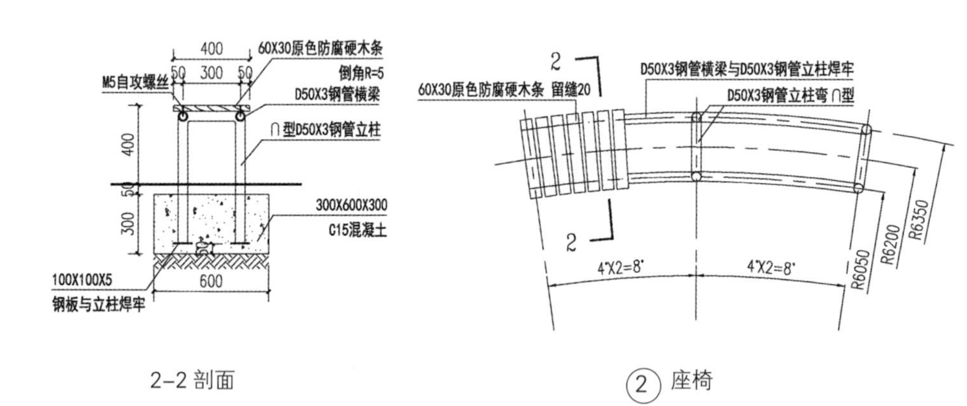

2-2 剖面

② 座椅

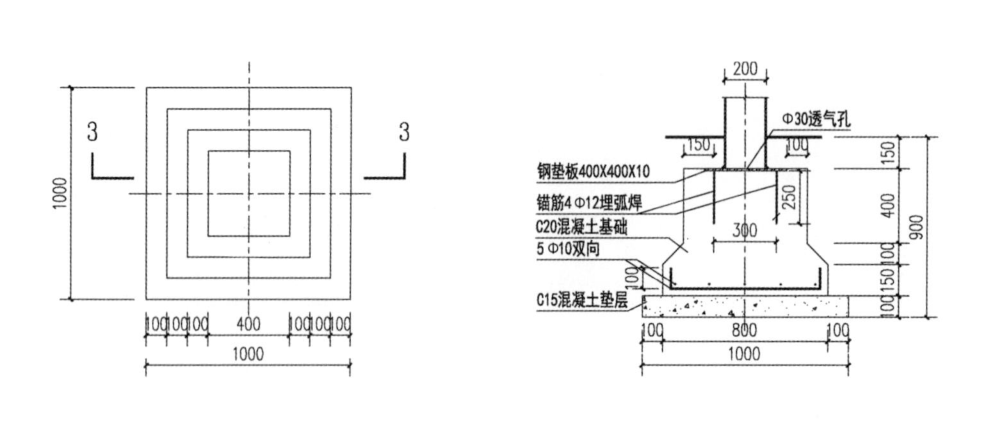

⑤ 钢柱基础平面图

3-3 剖面

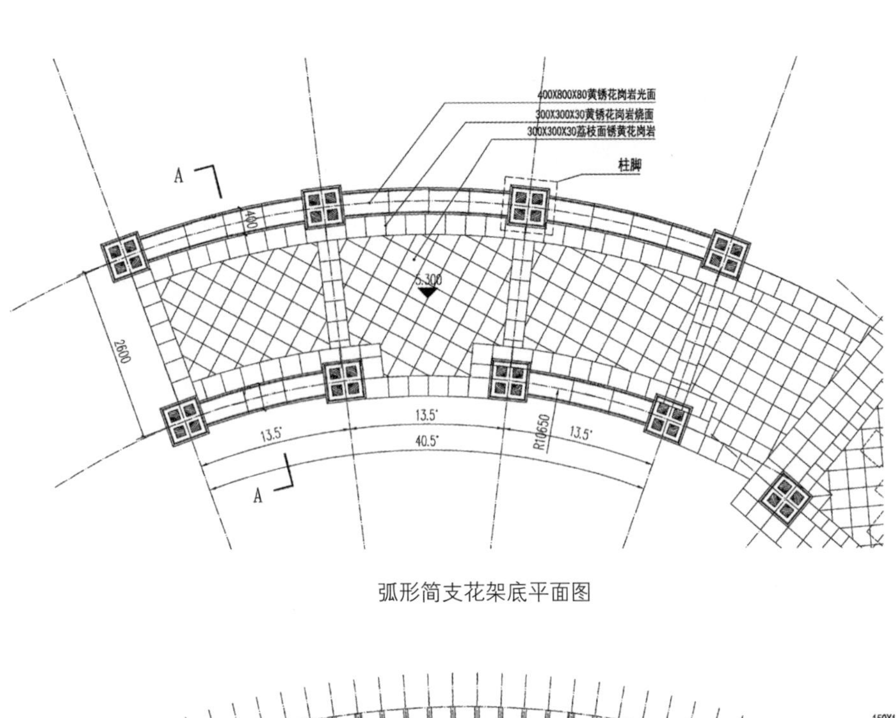

弧形简支花架底平面图

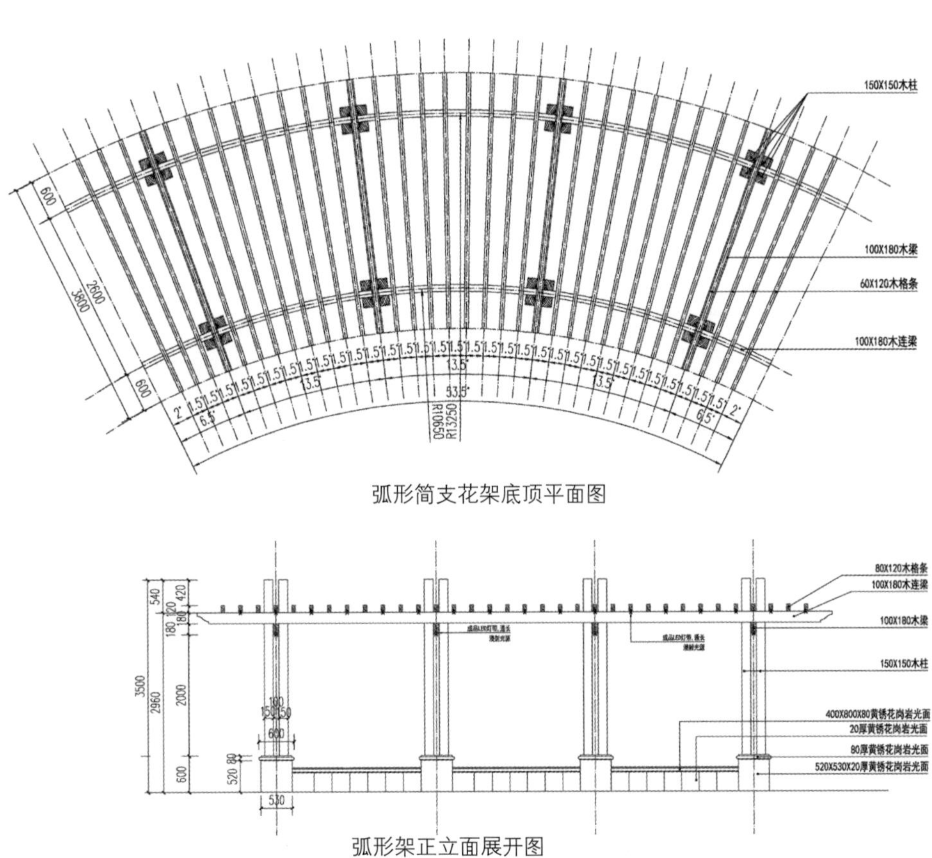

弧形简支花架底顶平面图

弧形架正立面展开图

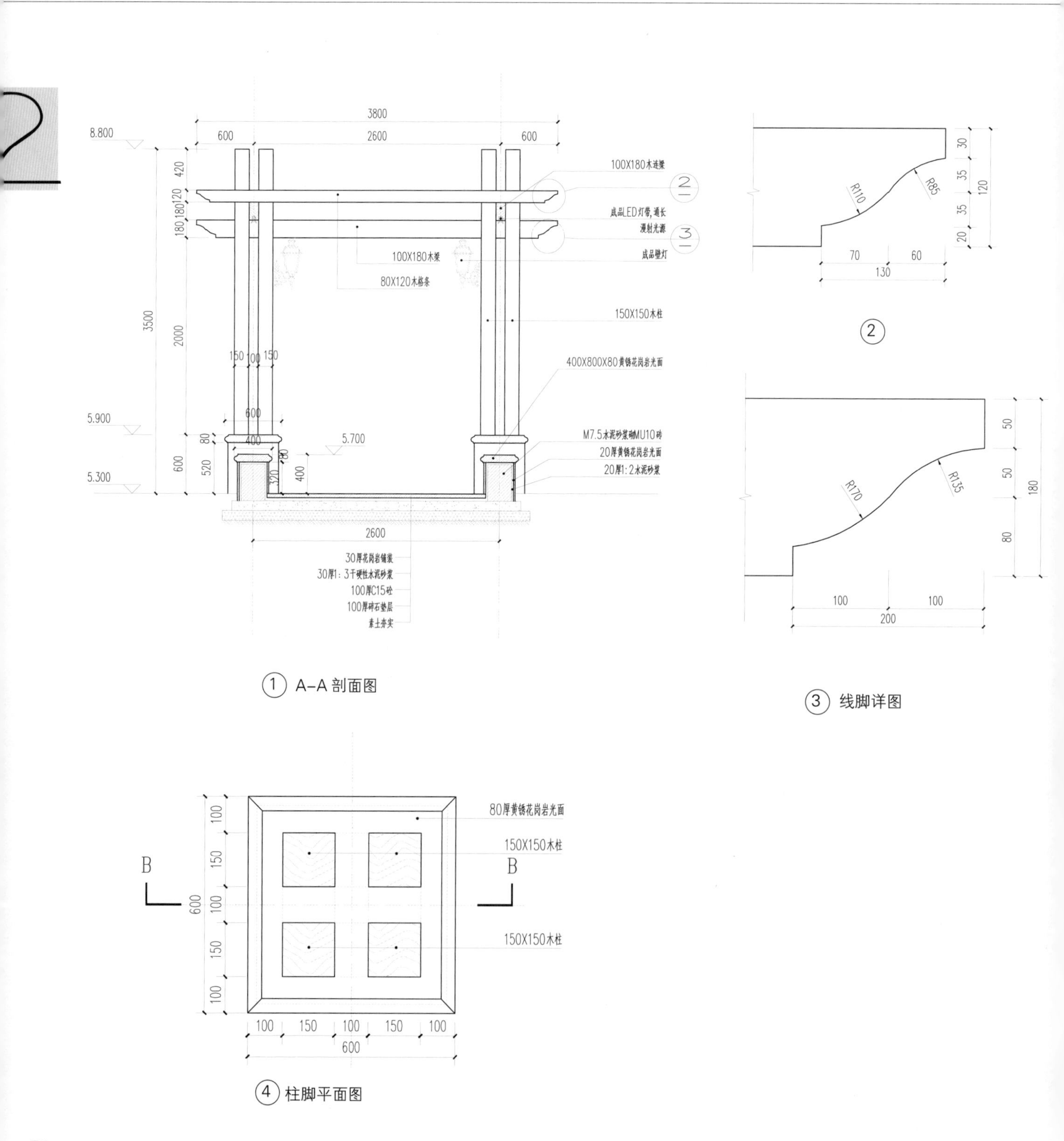

① A-A 剖面图

②

③ 线脚详图

④ 柱脚平面图

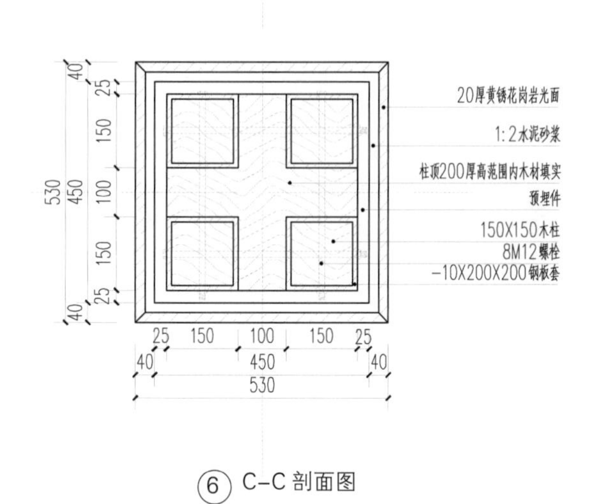

⑥ C-C 剖面图

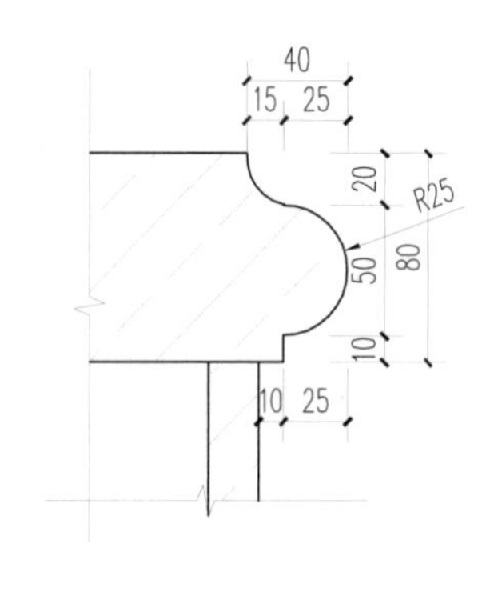

⑧ 细部详图

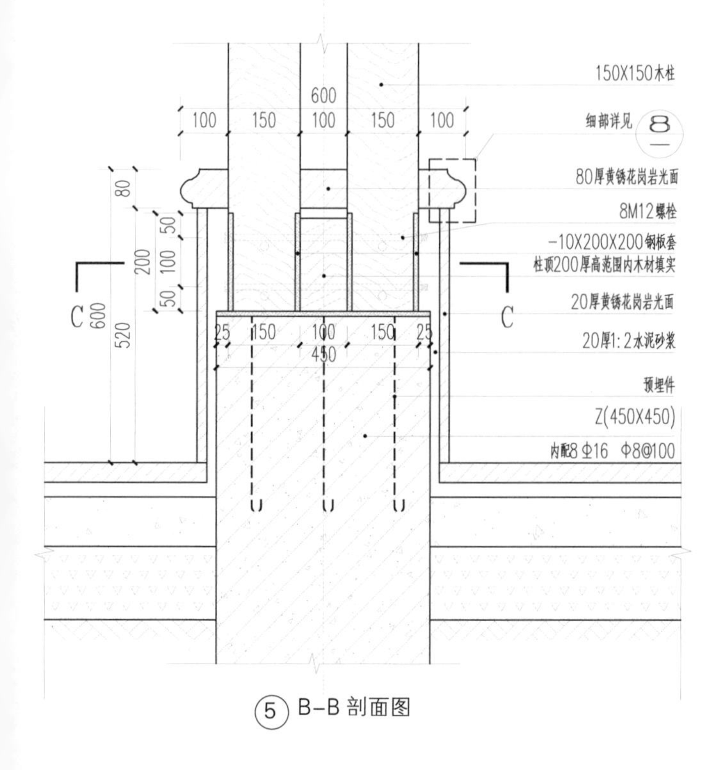

⑤ B-B 剖面图

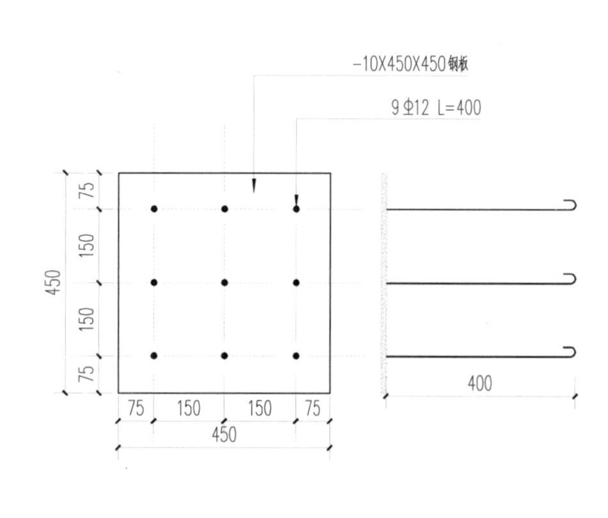

⑦ 预埋件详图

基础做法

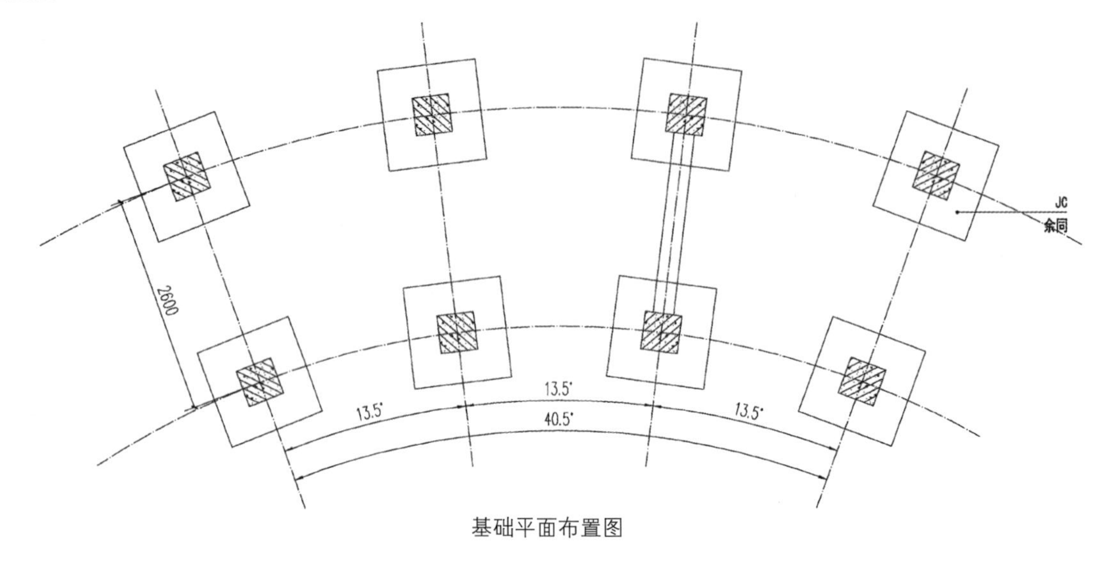

基础平面布置图

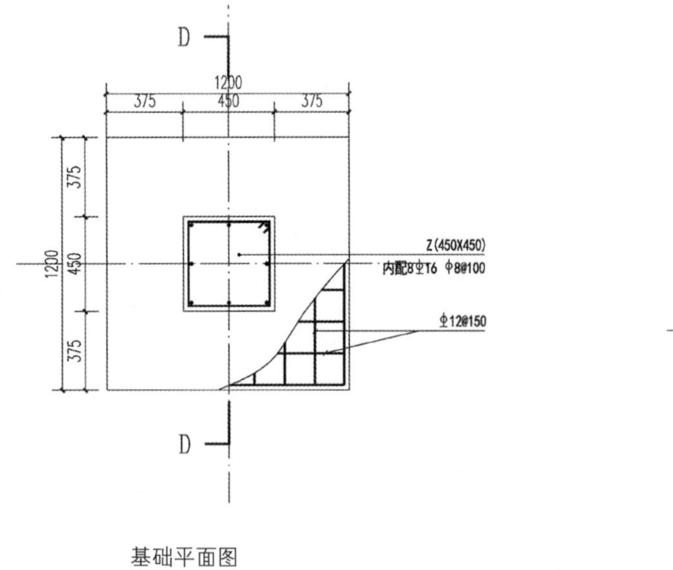

基础平面图

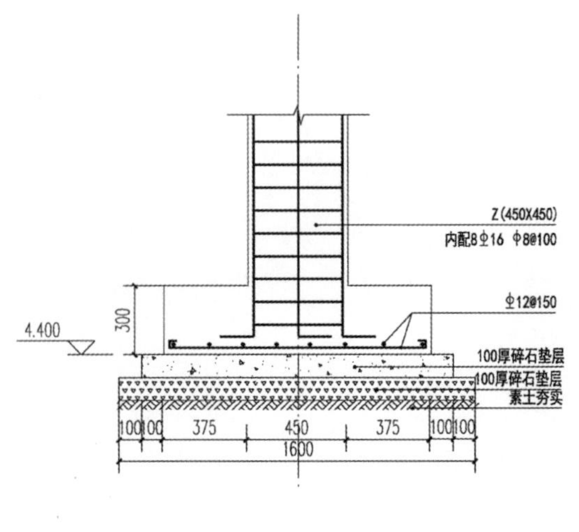

D–D 剖面图

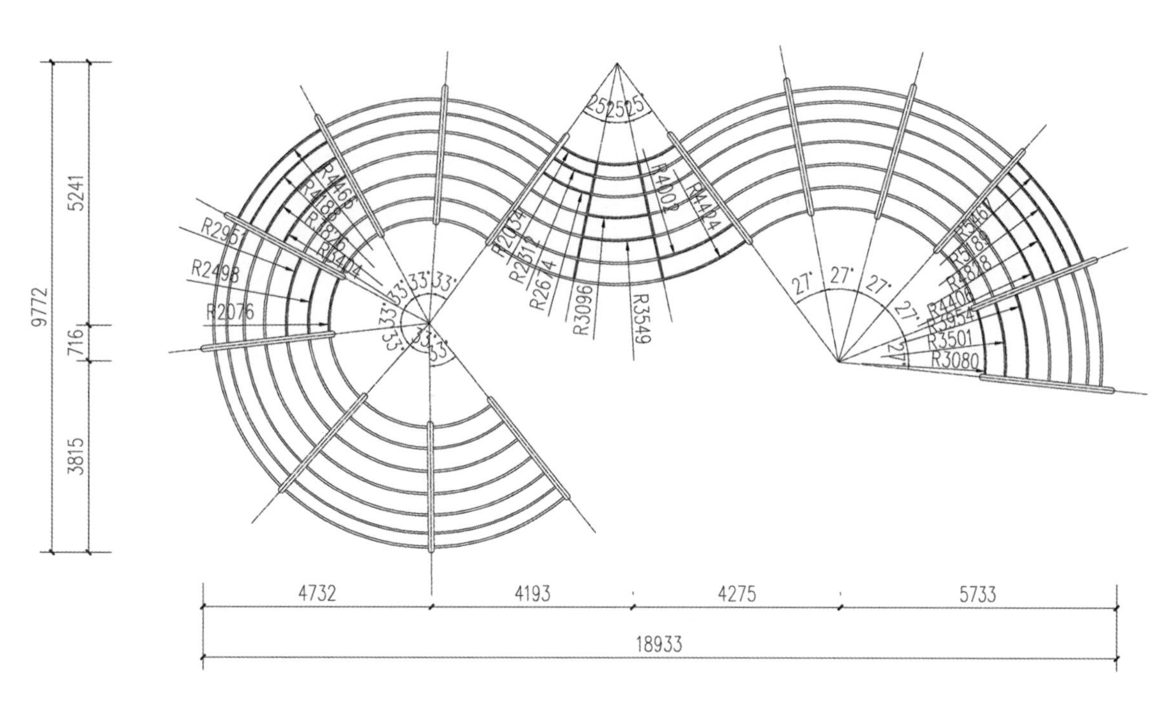

花架顶视图

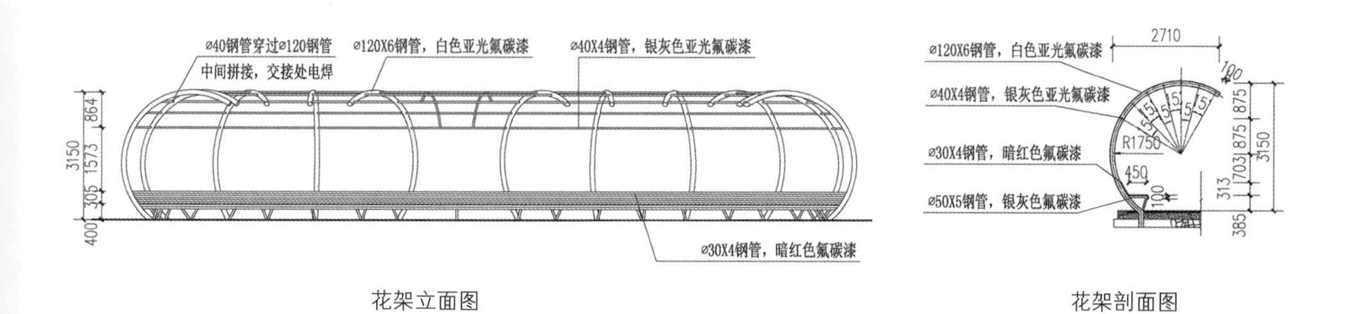

花架立面图

花架剖面图

大门

1. 大门的功能

大门是建筑的外延，也是美化环境的重要手段，是环境的组成部分。大门最初出现于一些防御性较强的区域边界，它打破围墙、篱笆等障碍物的连续性，提供通行的位置，这也是大门最基本的功能。随着人类社会的发展，在漫长的过程中，大门又不断被赋予新的功能，由此而引发的就是大门设计范畴的扩大化以及设计因素的多样化问题。

2. 大门服务区域

大门服务区域是指一般意义上大门所从属的区域，如居住区大门，其服务区域是指特定的居住区。

外部区域：这是相对的概念，指与大门服务区域之外的部分。

①标志出园林的出入口、等级和特点。

②控制、引导行人和车辆的出入与聚散。

③成为空间环境的代表和象征。

④以本身的优美造型构成景物中的一景。

⑤园林内的小景区入口可以划分风景区域或不同景区。

2. 按性质分类：

①纪念性的大门

一般采取对称的构图手法。此类大门具有庄严、肃穆的性格。

②游览与观赏性大门

一般采取非对称的构图手法或曲线造型，以求达到轻松活泼的艺术效果。

③专业性大门

专业性公园大门如能结合园区专业特性考虑则更具个性和特色。

3. 按形式分类

①山门式：传统山门多地处山林郊野的宗教建筑入口处，作为道教和佛教的建筑群序列的开始。现代山门多应用在主要景观轴线上，或结合地形设置在园林的起始点。

②牌坊式：位于建筑群前面的标志性牌楼，处于大门的位置，多独立存在，牌楼的柱间或门洞不设门扇，人们可以穿行而过，也可以绕行。

③柱墩式：柱墩由古代石阙演化而来，现代公园大门广为适用. 一般作对称布置，设 2–4 个柱墩，分出大小出人口，在柱墩外缘连接售票室或围墙。

④顶盖式：顶盖是指为建筑室外空间，提供保护、挡雨等作用，与建筑外围护结构连为一体的建筑构件。顶盖式大门即大门通行空间之上有顶盖。

⑤墙门式：是我国住宅、园林中常用的门之一，常在院落隔墙上开随便小门，很灵活、简洁，也可用在园林住宅的出人口大门。门后常有半屋顶屋盖雨罩以作过渡。

图 3–1 纪念性大门

图 3–2 珠江公园大门

3

图 3-3 山门式大门

图 3-4 牌坊式大门

图 3-5 柱墩式大门

图 3-6 顶盖式大门

图 3-7 墙门式大门

4. 大门的位置选择

①大门的位置首先应根据总体规划、布局、游览路线及景点的要求等来确定。由于大门的位置与人流量疏密及集散，行人对园内某些景物的兴趣以及各种服务，管理等均有密切关系。所以，应从总体规划着手考虑大门位置。

②大门的位置要根据城市的规划要求，要与城市道路取得良好关系，要有方便的交通，应考虑公共汽车路线与站点的位置，以及主要人流量的来往方向。

③大门位置应考虑周围环境的情况，如附近主要居民区及街道的位置，附近是否有学校、机关、团体以及公共活动场所等，都直接影响大门的位置的确定。

5. 大门内外的空间处理

大门空间一般是由出入口内、外广场组成，从物质功能上作为入流停留、缓冲及交通集散等用，从精神需要上作为人们对园林空间美的欣赏。

门外广场空间：门外广场空间是人们由城市街道转入园林的转折点和进入园林空间的过渡，因此要造成强烈的空间变化感，要形成与原来条形街道空间炯然不同的空间效果，使游人在空间感上有个突变，获得园林空间美的欣赏。空间形成的方法很多，一般可用扩大空间的办法，形成各种形状的出入口广场，庭院等；或封闭或开放的空间形式，可利用墙面的围合，树木绿化的种植，地形地势的变化，建筑标志及建筑小品的设置等组成具有美感的空间效果。

门内序幕空间：门内空间是一连串园林空间序列的开端，是园林空间交响曲中的序曲，也是游览导向的起点。门内序幕空间有时是由单一的空间构成，但更常见的是由一组空间序列的组合构成的，常以空间大小的对比，空间开合，曲折的变化，方向的转折，明暗的交替等，相互衬托与对比，将入口空间层层展开，成为园林空间的序曲，更好地衬托出园林主体空间的艺术效果，给人以深刻的感染力。门内序幕空间可分为约束性空间和开放性空间两种类型。

约束性空间通常导向性比较明确，如广州起义烈士陵园，正门直对北端的高达 45 米的广州起义烈士纪念碑，二者由一条宽 30 米的陵墓大道相连，导向性非常明确。

开放性空间通常设置在门外广场空间相对较小的园区大门内部，方便人流的集散，此类空间可在形状上，道路布局以及景物设置上加强导向性。如北京紫竹院公园南门入口空间的设计。

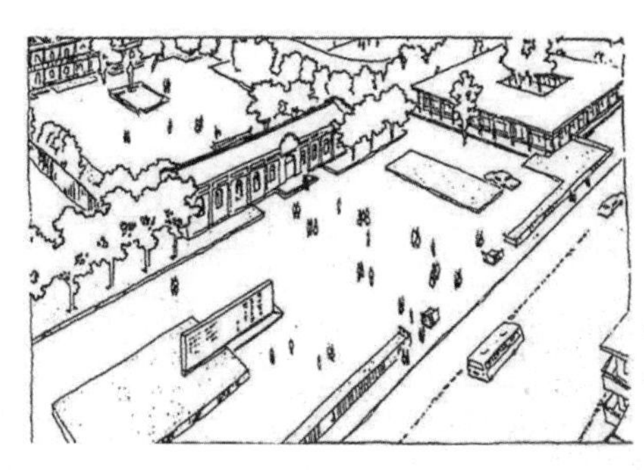

图 3-8 沈阳周恩来同志少年读书旧址纪念馆前广场

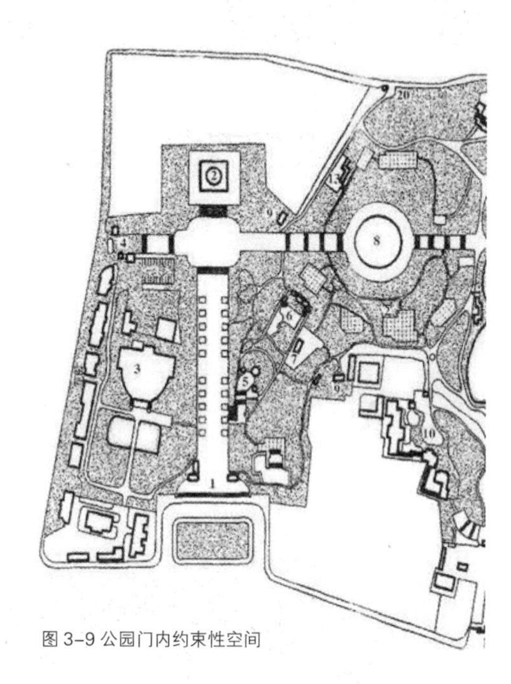

图 3-9 公园门内约束性空间

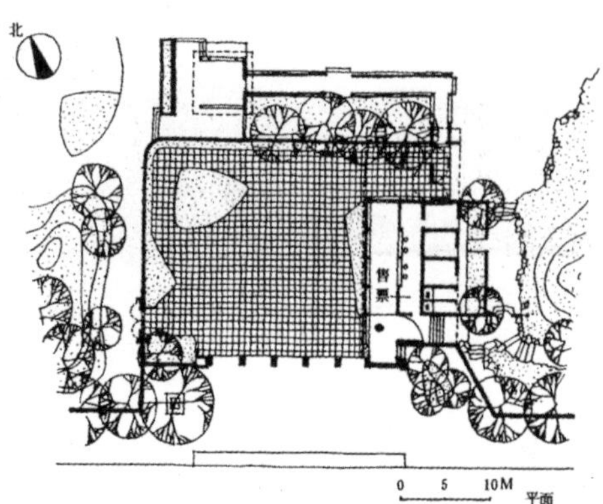

图 3-10 北京紫竹院公园

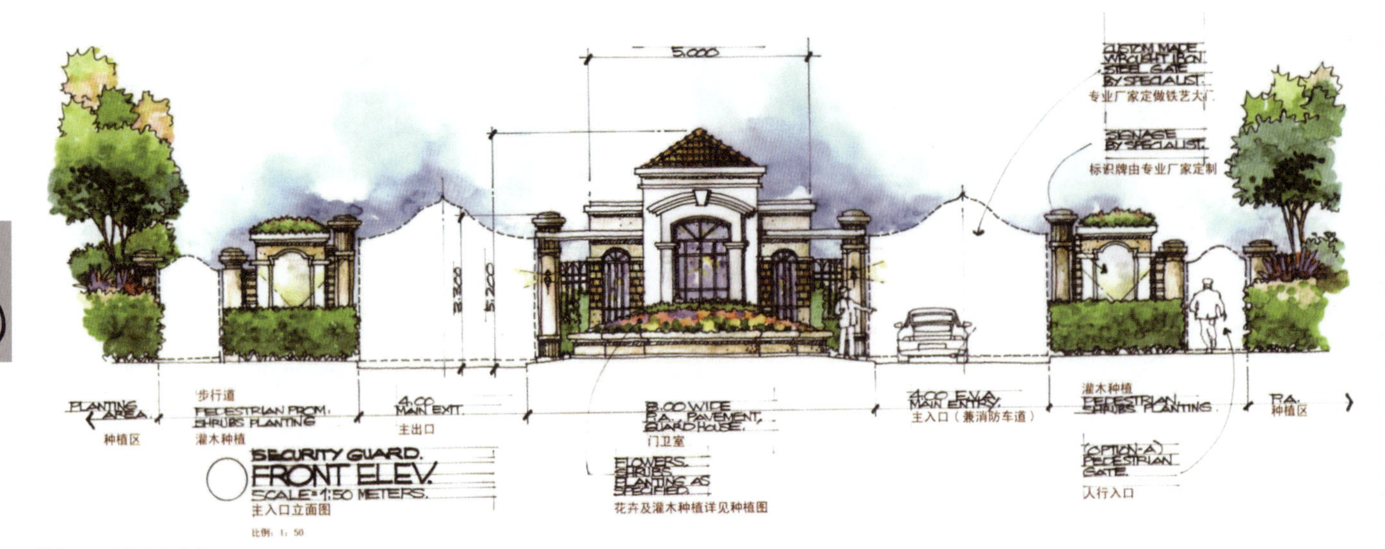

图 3-11 小区入口大门一

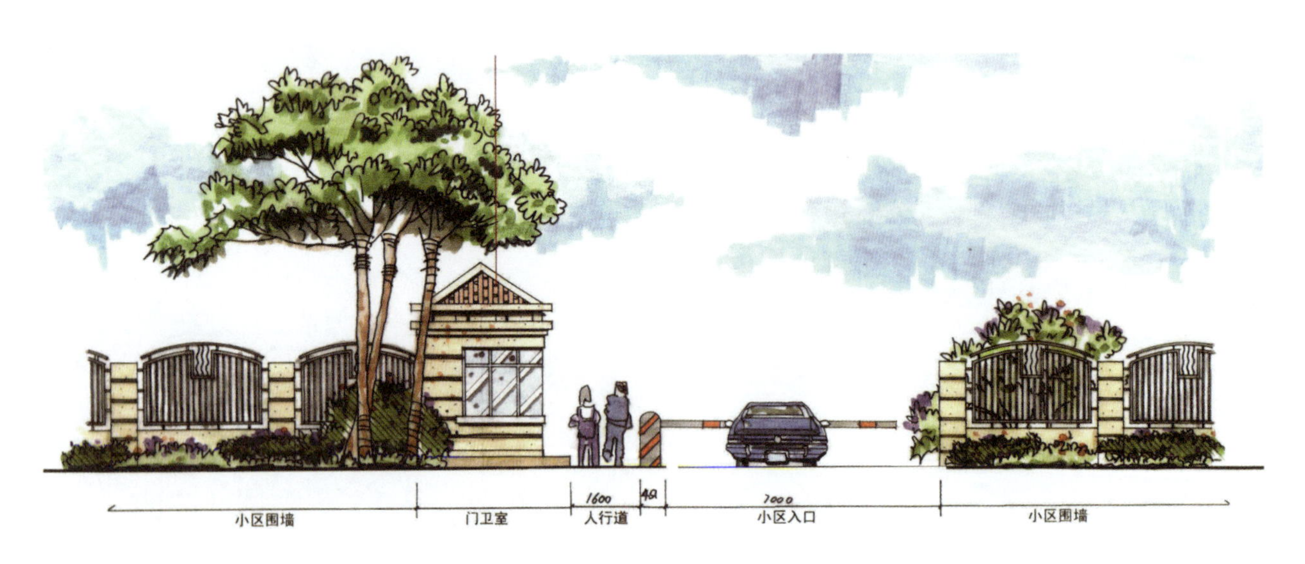

图 3-12 小区入口大门二

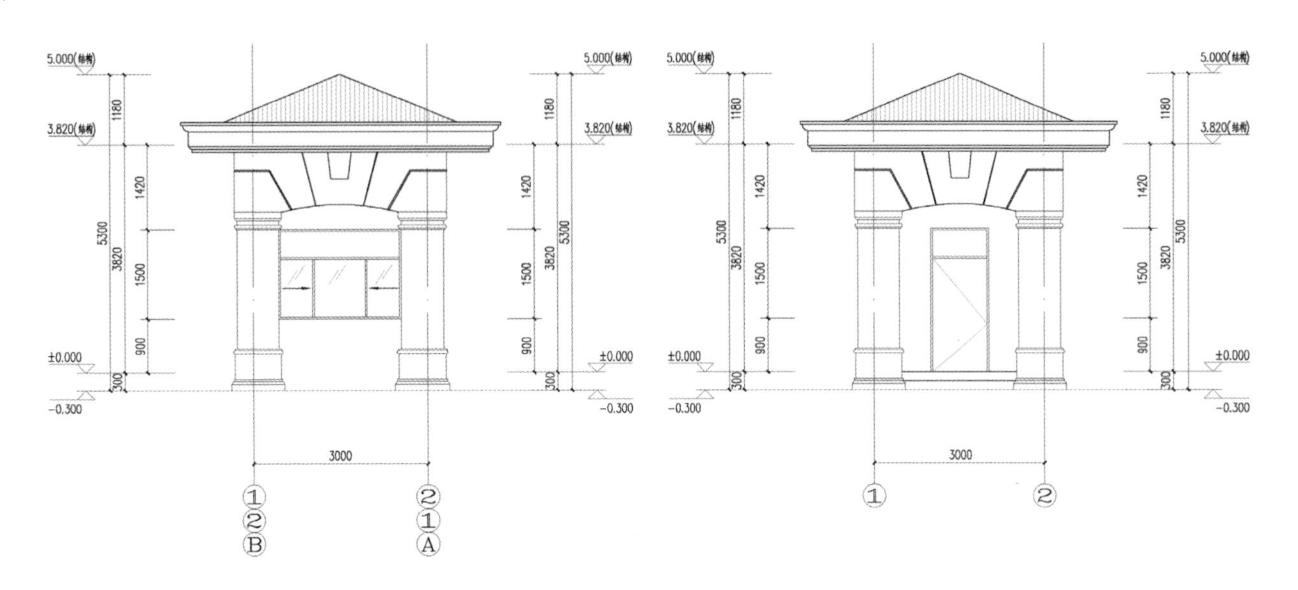

门卫室北、南、西立面图

门卫室东立面图

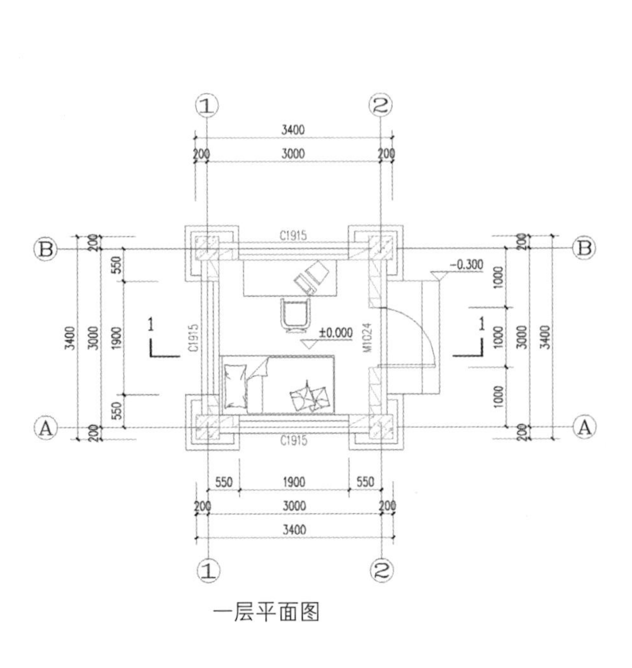

一层平面图

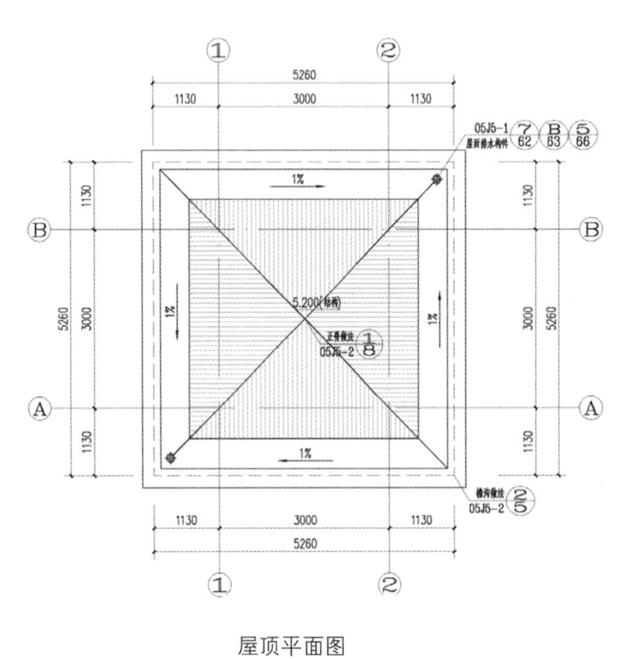

屋顶平面图

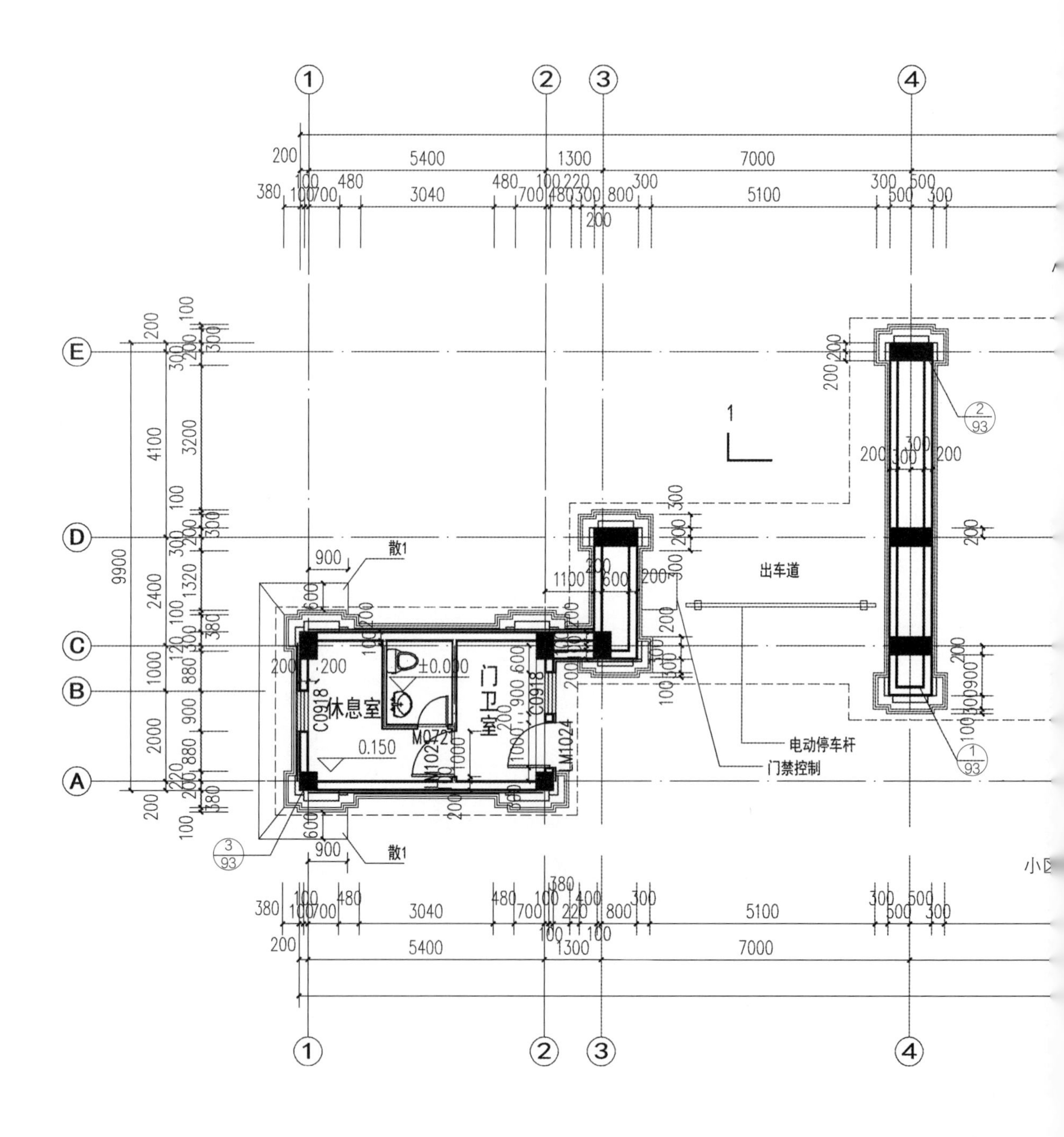
休息室
门卫室
出车道
电动停车杆
门禁控制
散1
±0.000
0.150
C0918
M0721
M1024
LM1024

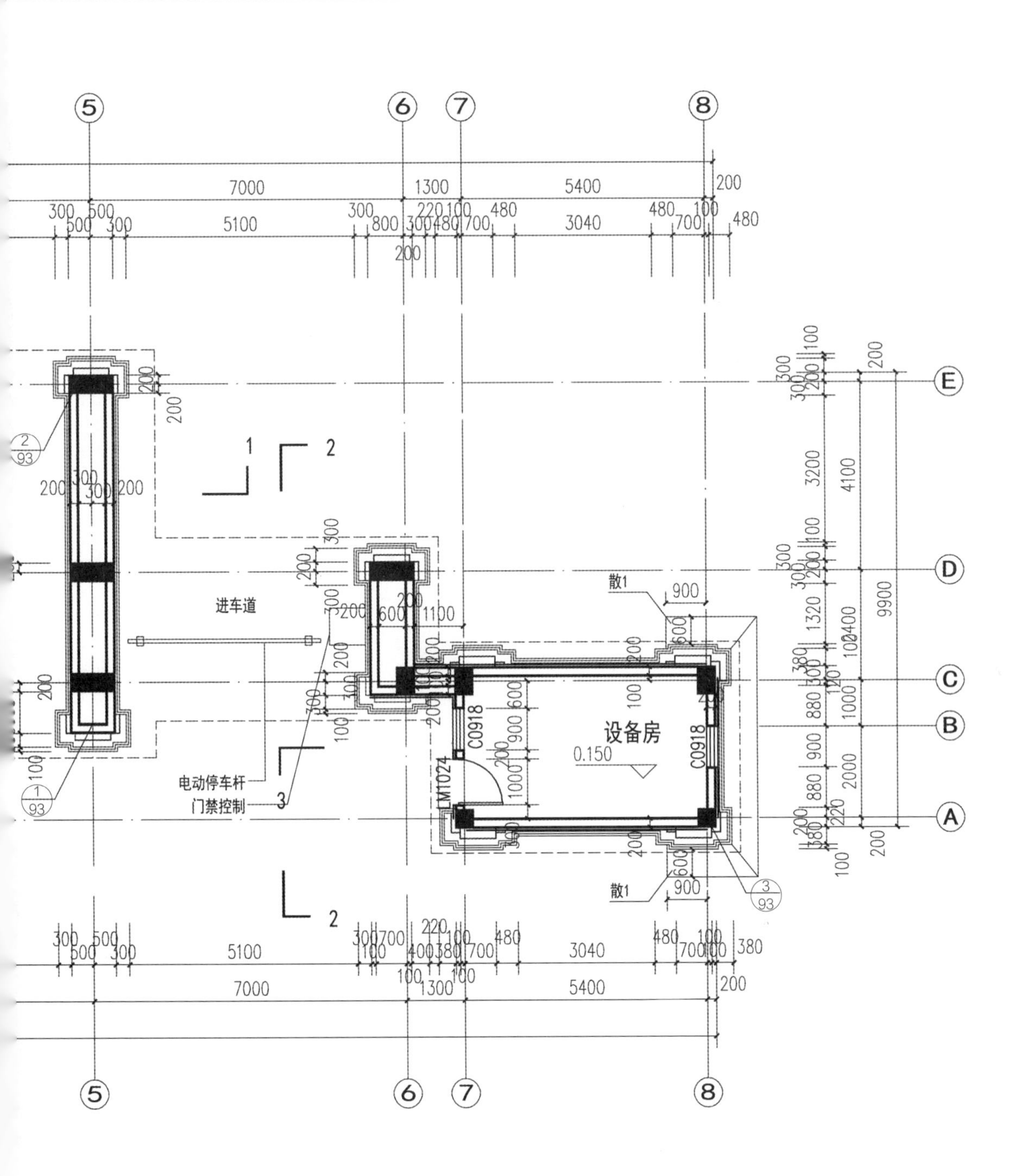

标高 ±0.000 平面图

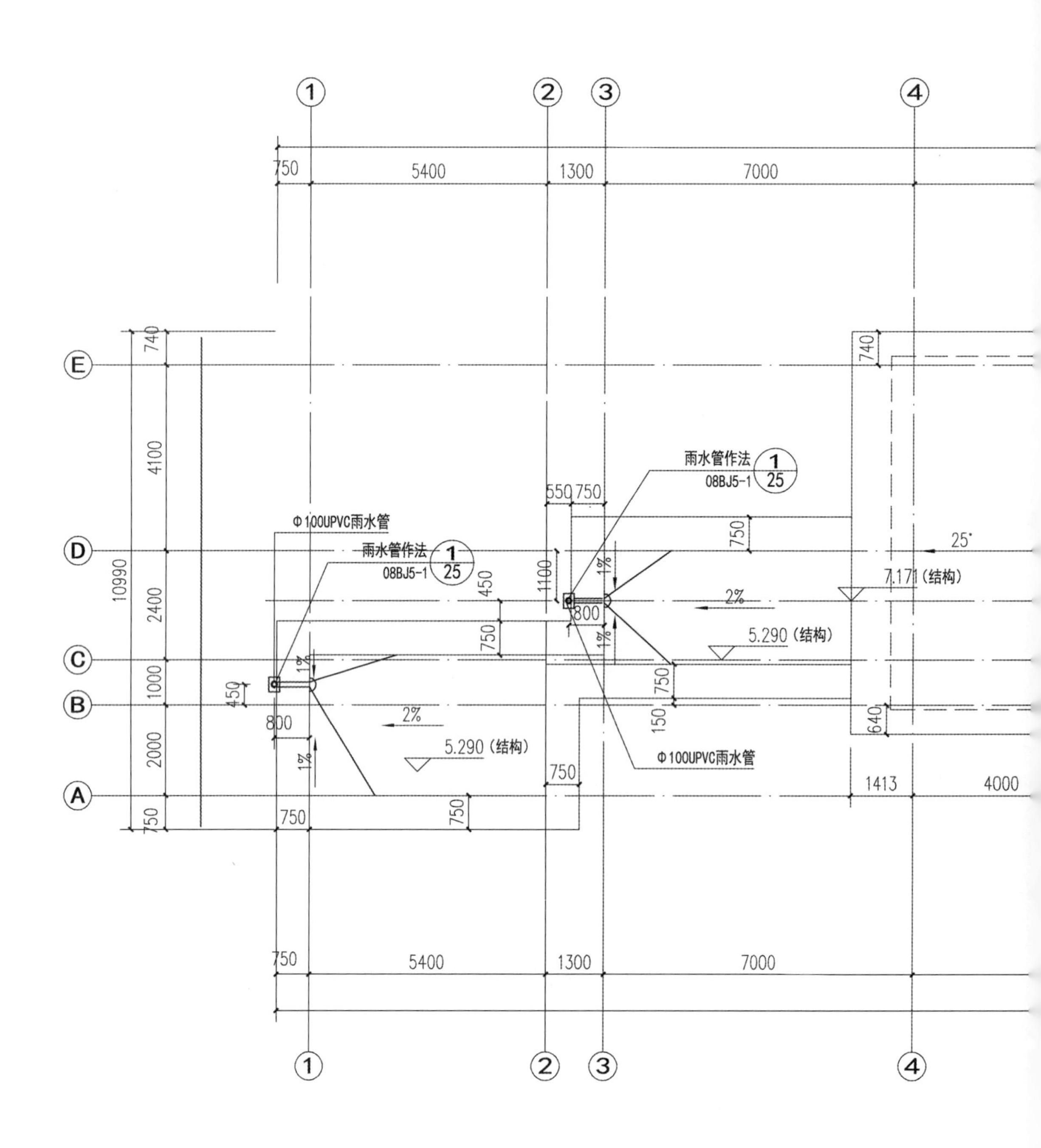

1
2
3
4
750
5400
1300
7000
E
D
C
B
A
740
4100
2400
1000
2000
750
10990
Φ100UPVC雨水管
雨水管作法
1
25
08BJ5-1
450
750
1%
800
2%
5.290（结构）
550
1100
7.171（结构）
25°
640
150
1413
4000

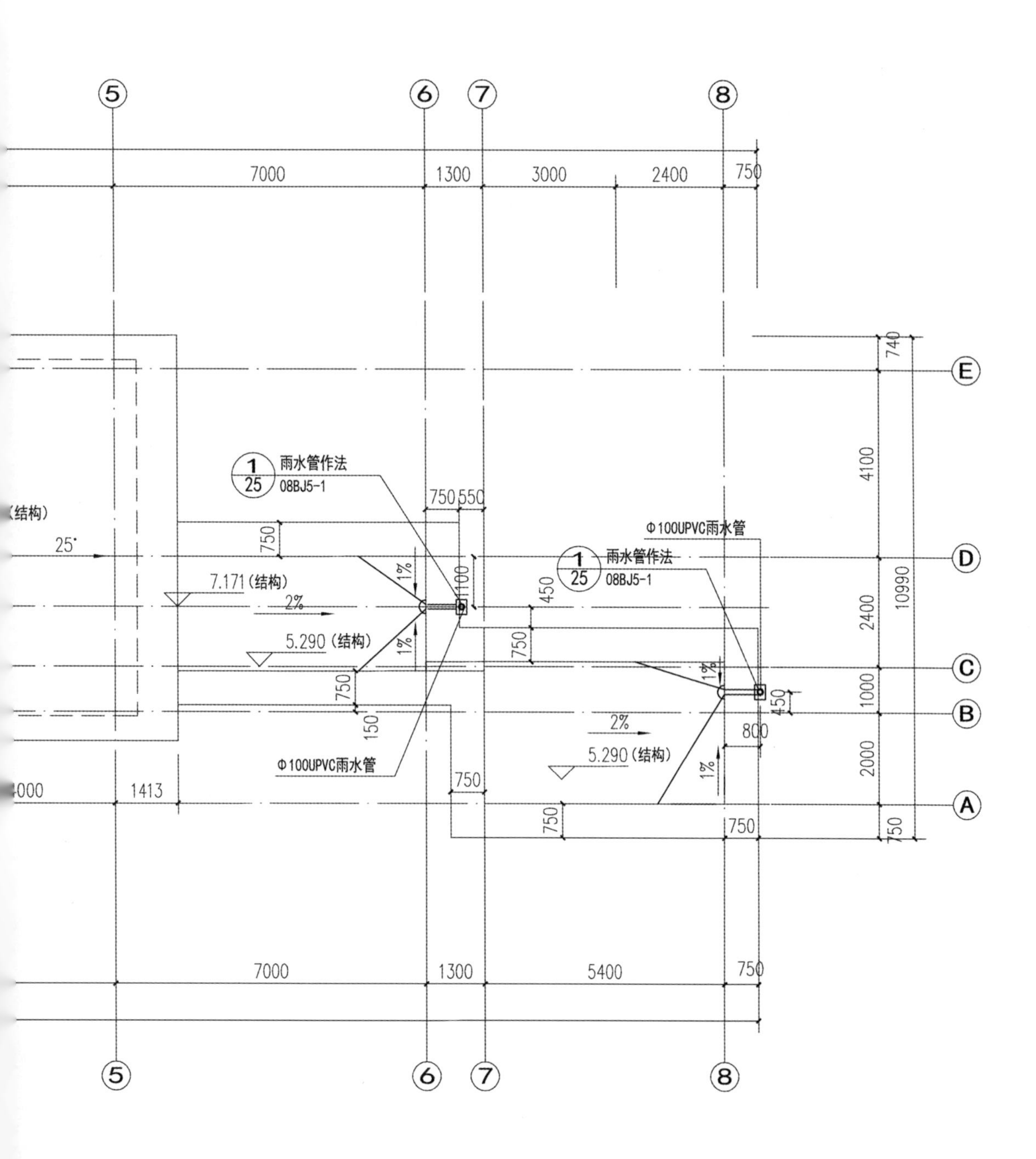

5
6
7
8
7000
1300
3000
2400
750
740
E
4100
D
2400
10990
C
1000
B
2000
A
750
1
25
雨水管作法
08BJ5-1
(结构)
25°
750
7.171 (结构)
2%
1%
5.290 (结构)
1%
750 550
1100
450
750
Φ100UPVC雨水管
750
150
Φ100UPVC雨水管
4000
1413
750
750
2%
1%
5.290 (结构)
800
450
750
7000
1300
5400
750

屋顶平面图

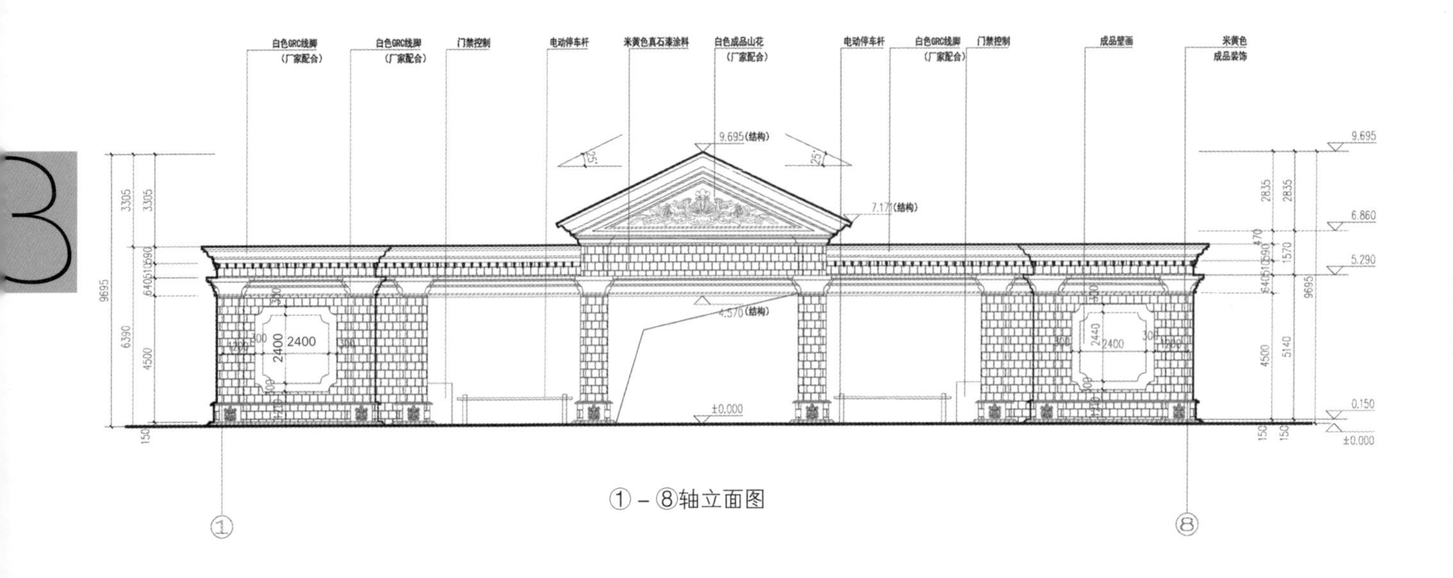

①－⑧轴立面图

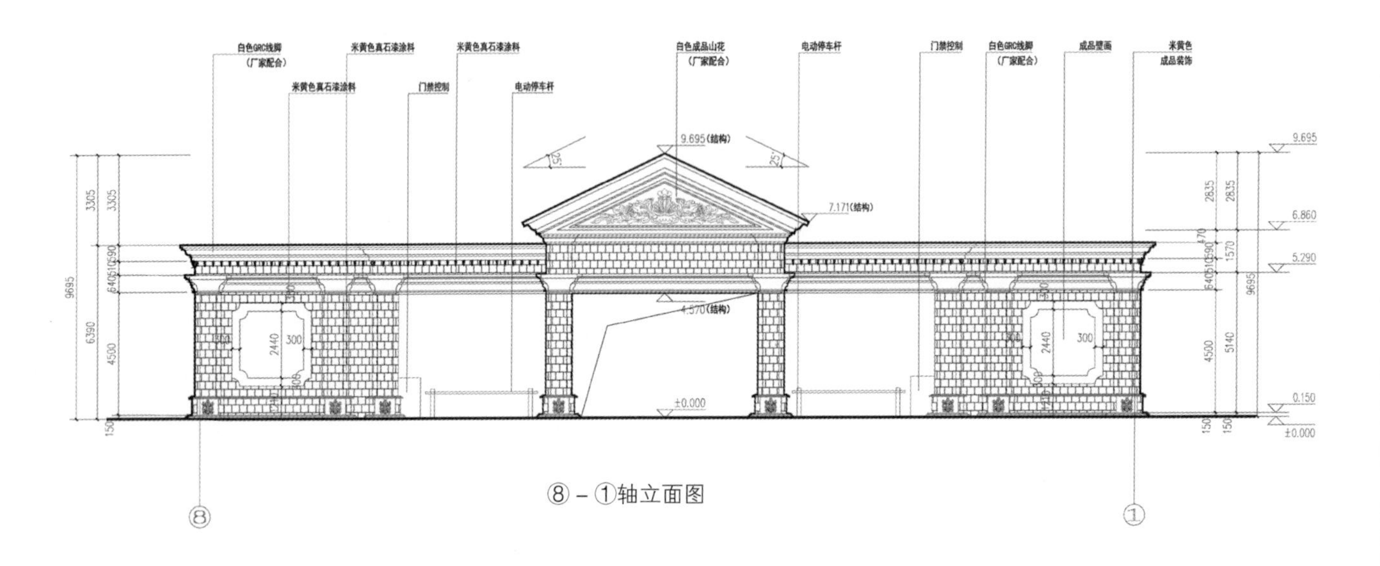

⑧－①轴立面图

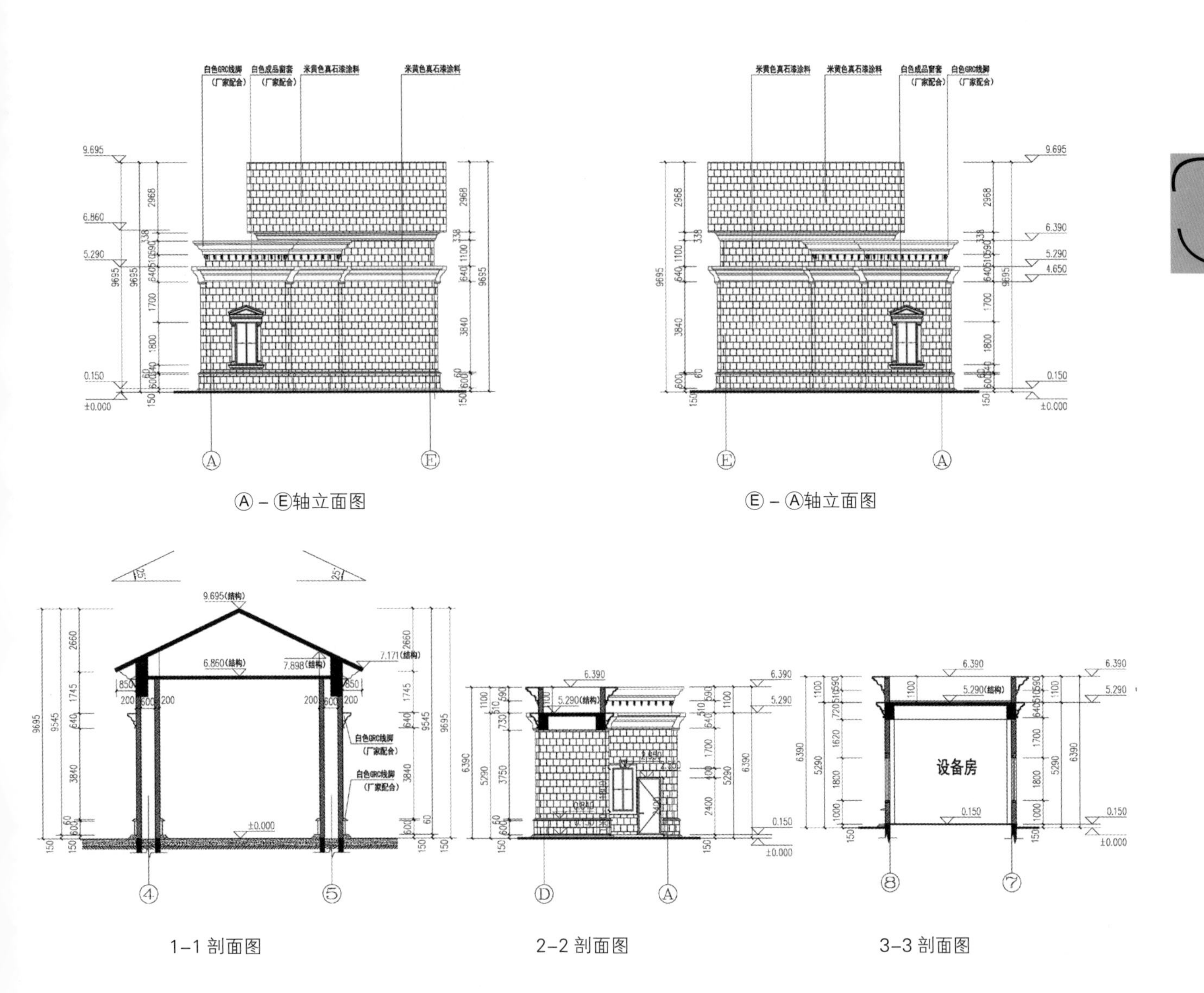
白色GRC线脚（厂家配合）
白色成品窗套（厂家配合）
米黄色真石漆涂料
米黄色真石漆涂料
9.695
6.860
5.290
0.150
±0.000
Ⓐ
Ⓔ
Ⓐ－Ⓔ轴立面图
米黄色真石漆涂料
米黄色真石漆涂料
白色成品窗套（厂家配合）
白色GRC线脚（厂家配合）
9.695
6.390
5.290
4.650
0.150
±0.000
Ⓔ－Ⓐ轴立面图
9.695(结构)
6.860(结构)
7.898(结构)
7.171(结构)
白色GRC线脚（厂家配合）
白色GRC线脚（厂家配合）
±0.000
④
⑤
1–1 剖面图
6.390
5.290(结构)
5.290
0.150
±0.000
Ⓓ
Ⓐ
2–2 剖面图
6.390
5.290(结构)
5.290
设备房
0.150
±0.000
⑧
⑦
3–3 剖面图

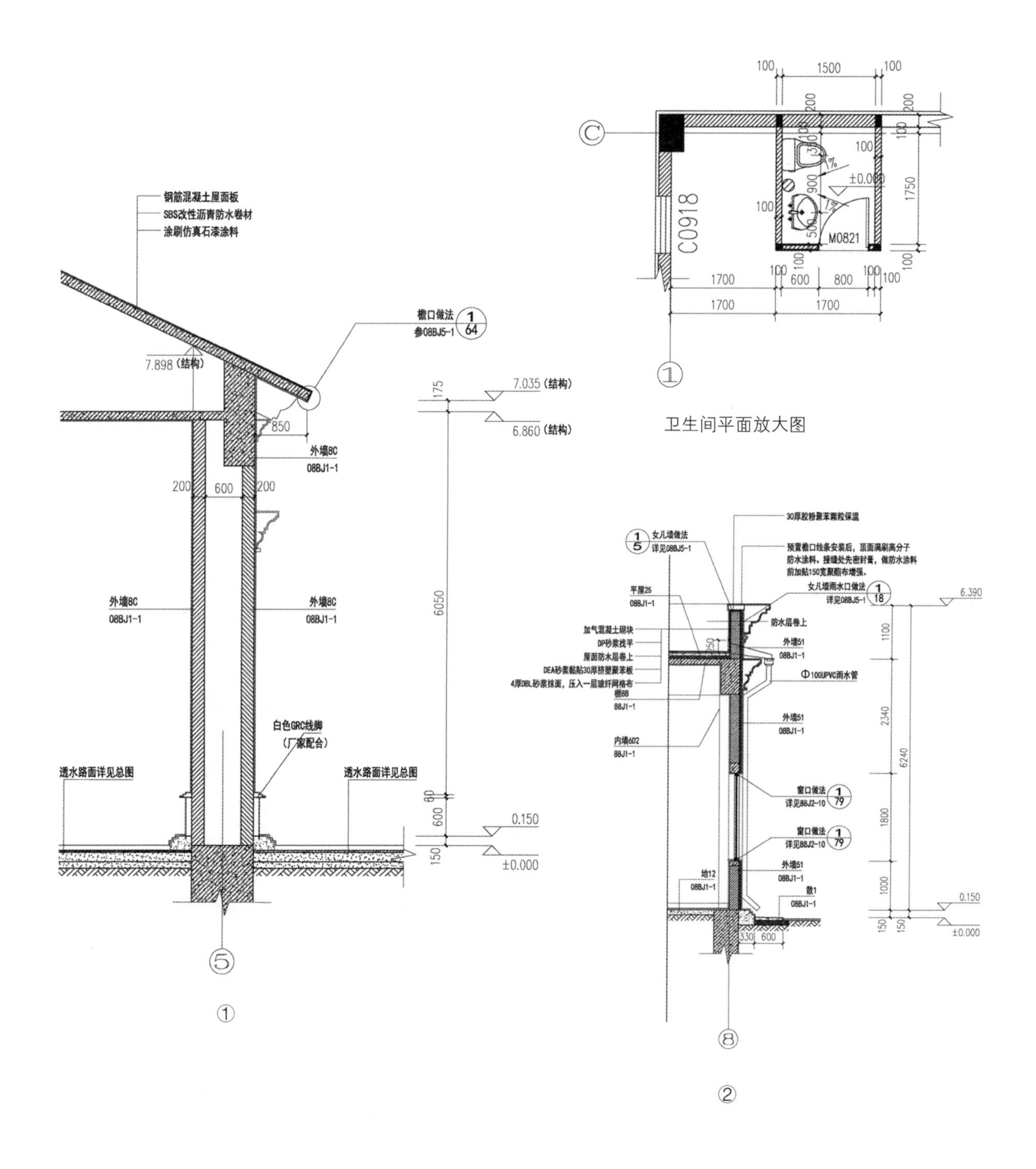

钢筋混凝土屋面板
SBS改性沥青防水卷材
涂刷仿真石漆涂料
檐口做法 参08BJ5-1 1/64
7.898（结构）
7.035（结构）
6.860（结构）
850
外墙8C 08BJ1-1
200
600
200
6050
白色GRC线脚（厂家配合）
透水路面详见总图
0.150
±0.000
卫生间平面放大图
C0918
M0821
1700
1500
1750
女儿墙做法 详见08BJ5-1 1/5
30厚胶粉聚苯颗粒保温
预置檐口线条安装后，顶面满刷高分子防水涂料，接缝处先密封膏，做防水涂料前加贴150宽聚酯布增强。
女儿墙雨水口做法 详见08BJ5-1 1/18
平屋25 08BJ1-1
加气混凝土砌块
DP砂浆找平
屋面防水层卷上
DEA砂浆粘贴30厚挤塑聚苯板
4厚DBL砂浆抹面，压入一层玻纤网格布
防水层卷上
外墙51 08BJ1-1
Φ100UPVC雨水管
棚8B 88J1-1
内墙6D2 88J1-1
窗口做法 详见88J2-10 1/79
地12 08BJ1-1
散1 08BJ1-1
6.390
6240

①

②

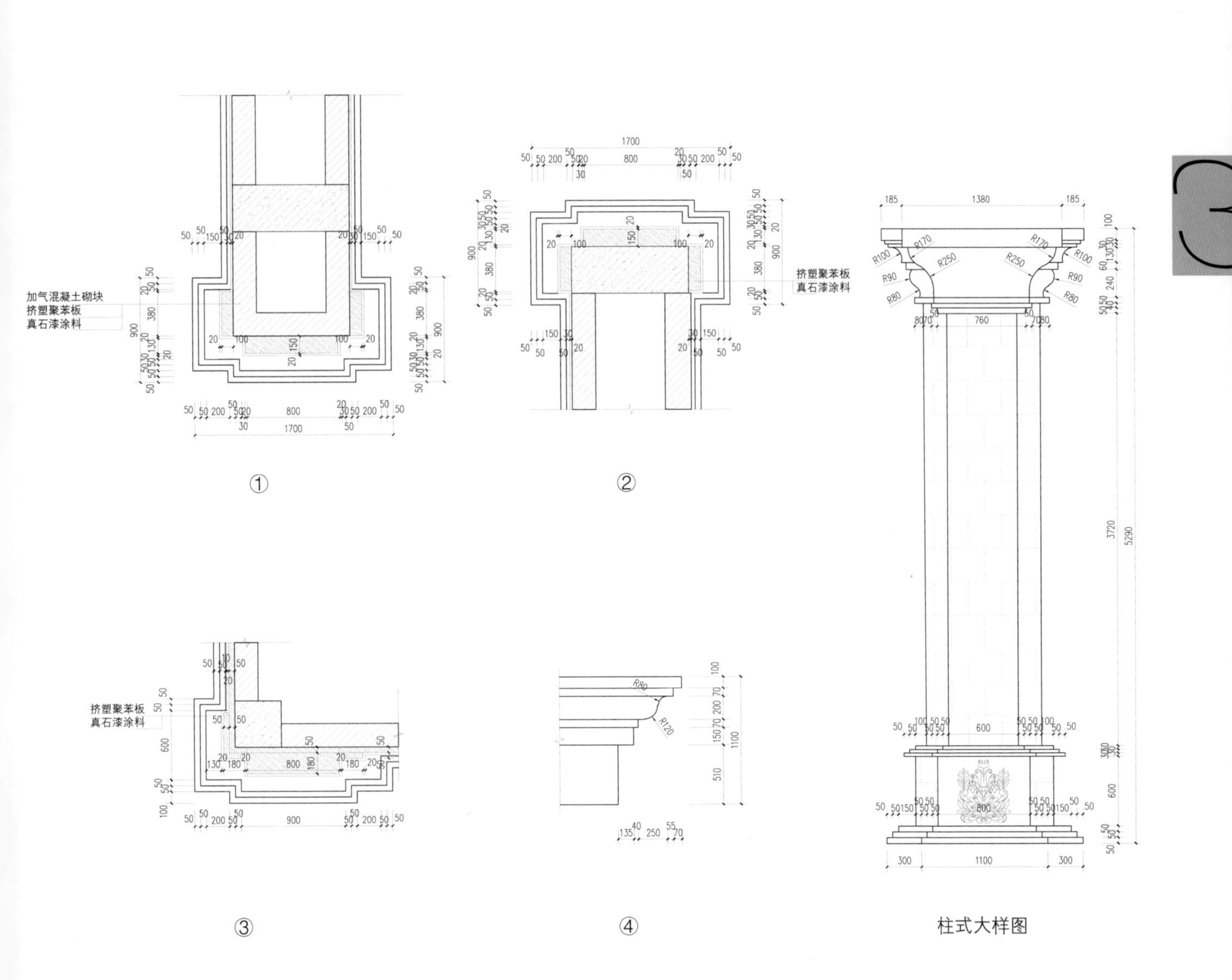
加气混凝土砌块
挤塑聚苯板
真石漆涂料
①
②
③
④
柱式大样图

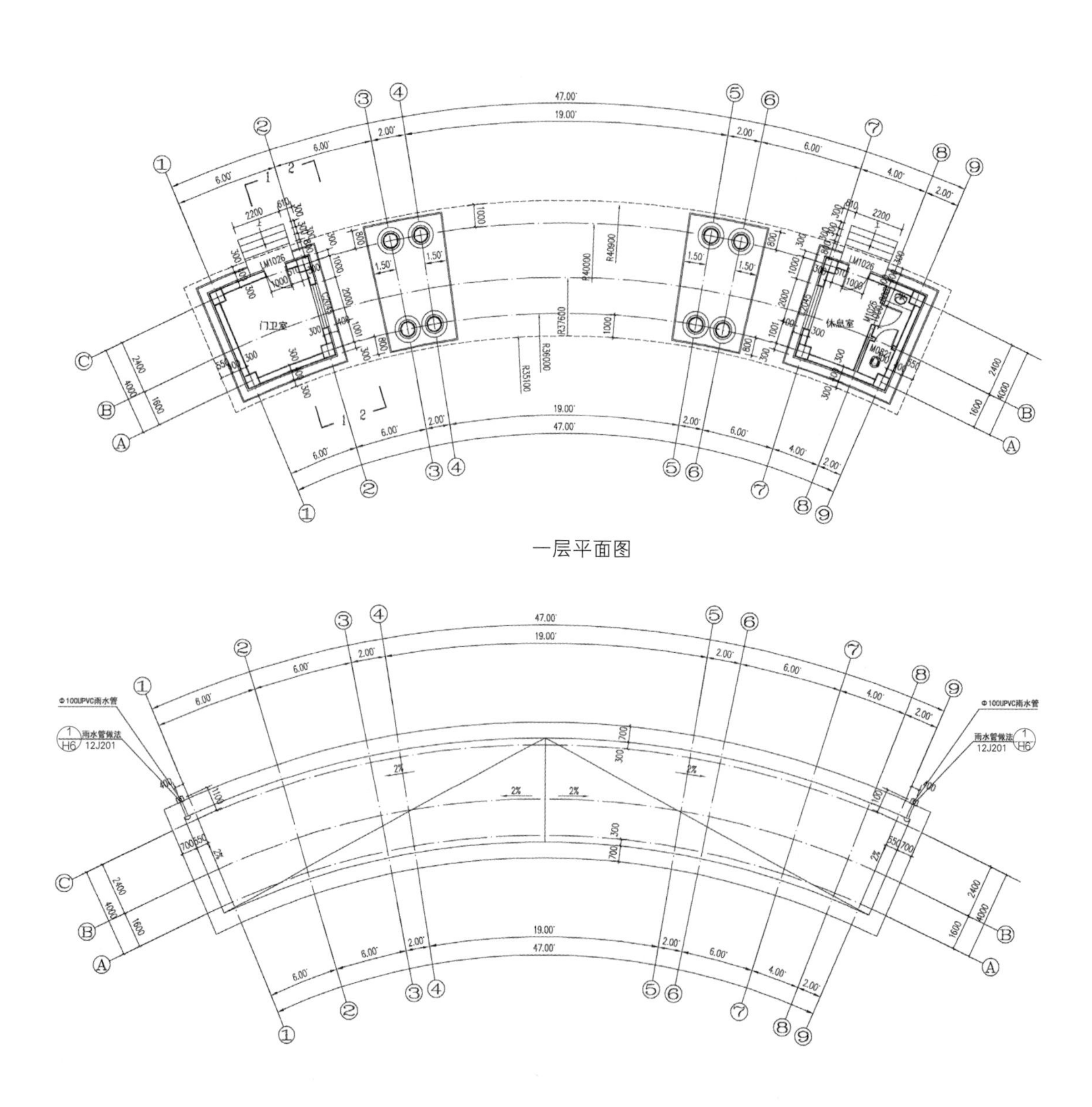

47.00
19.00
6.00
2.00
4.00
1.50
LM1026
门卫室
休息室
R40900
R40000
R37600
R36000
R35100
Φ100UPVC雨水管
雨水管做法
12J201
H6
2%

一层平面图

屋顶平面图

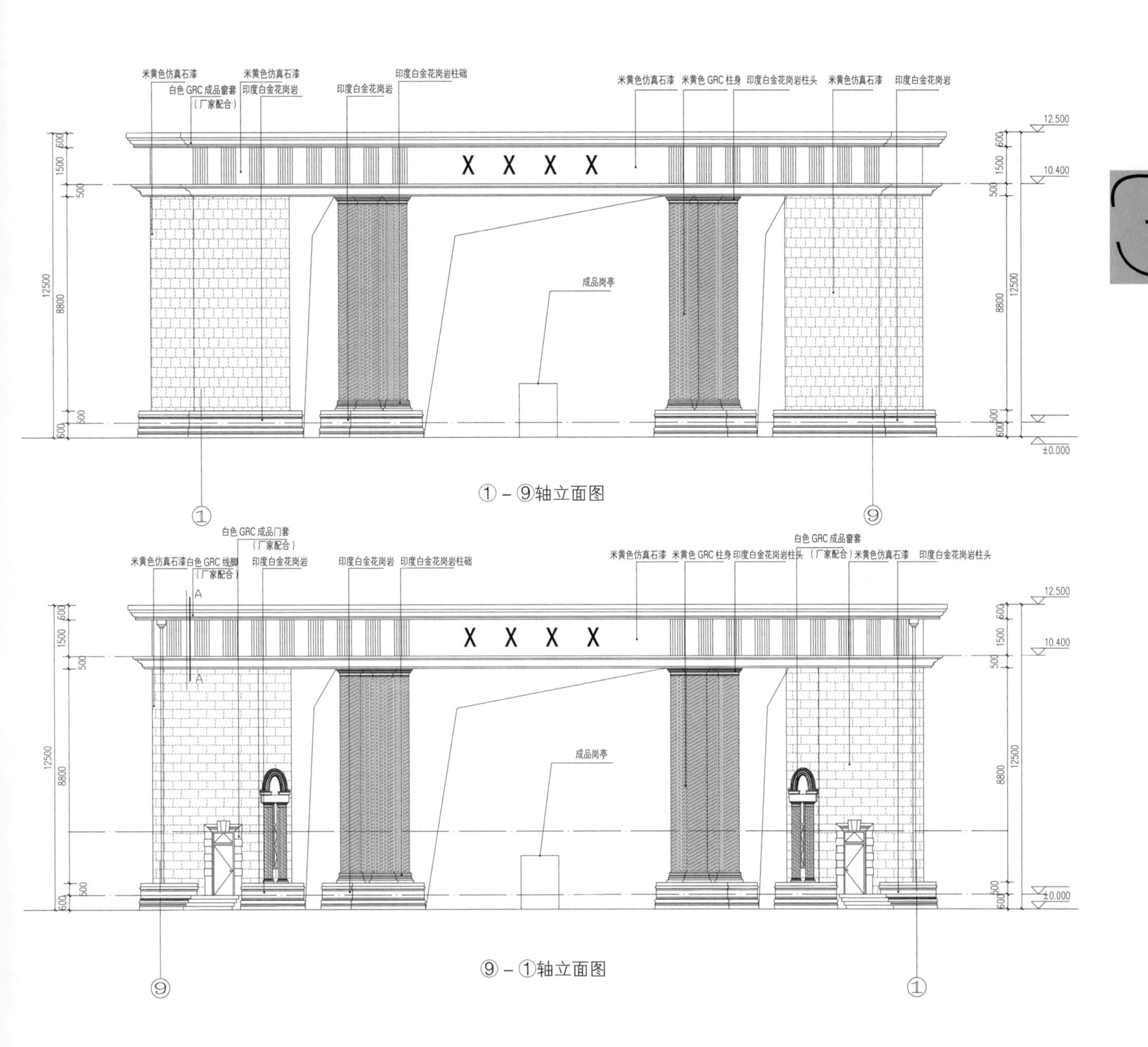

①－⑨轴立面图

⑨－①轴立面图

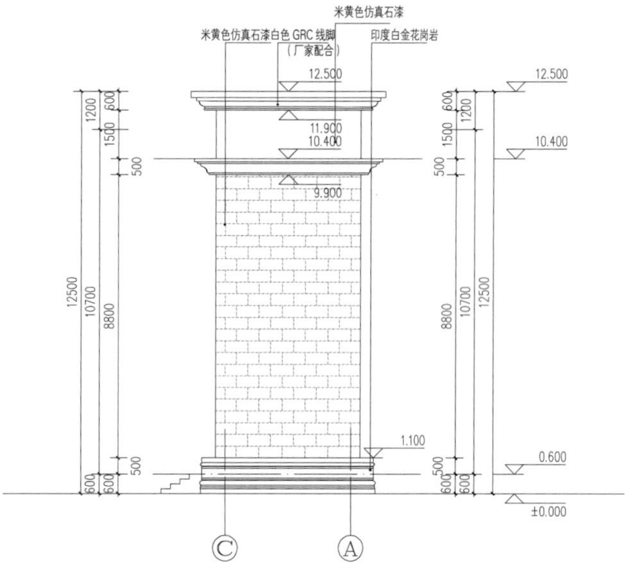

Ⓒ－Ⓐ轴立面图

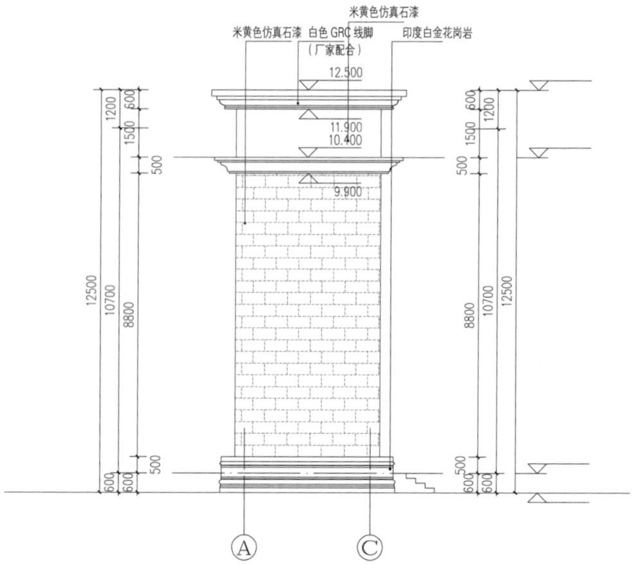

Ⓐ－Ⓒ轴立面图

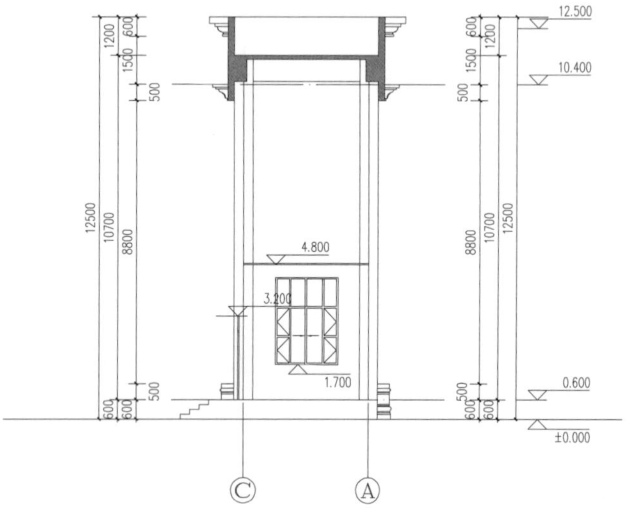

1 剖面图

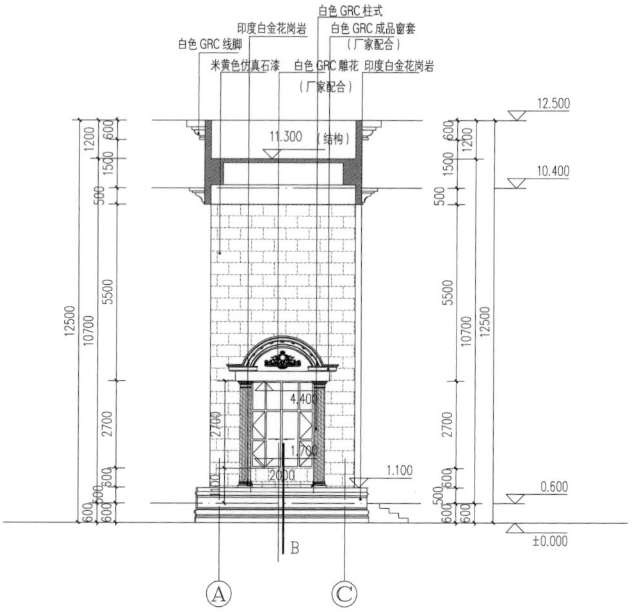

2 剖面图

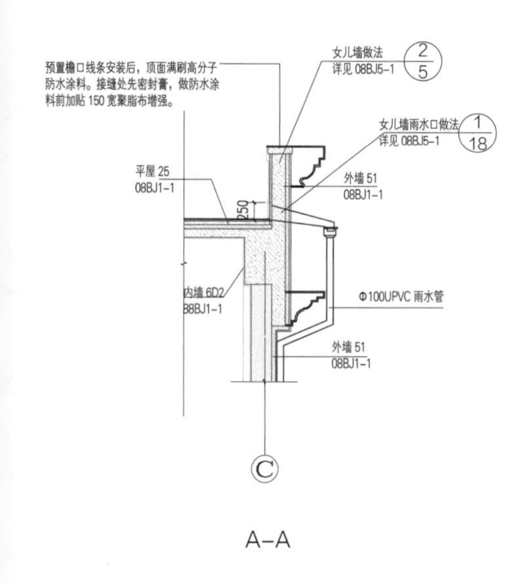

A–A

B–B

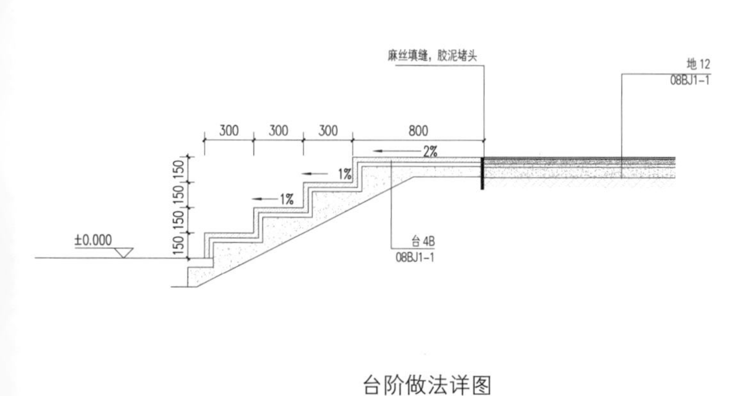

台阶做法详图

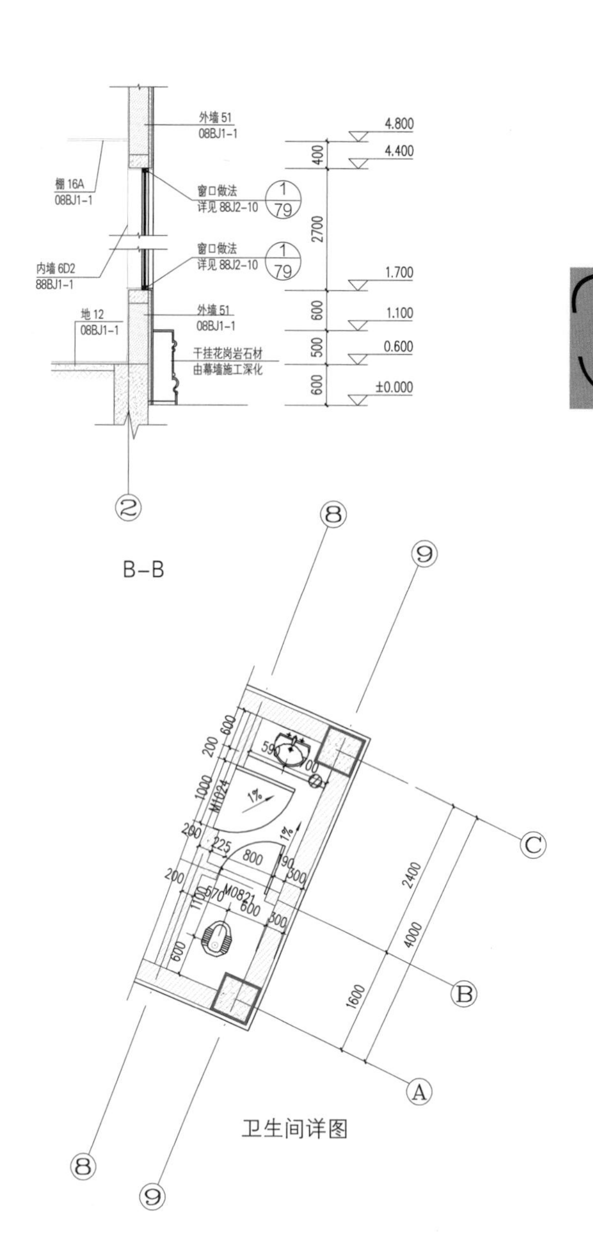

卫生间详图

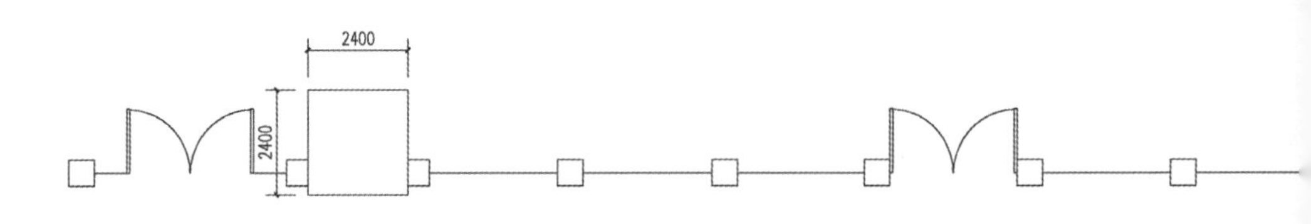
2400
2400

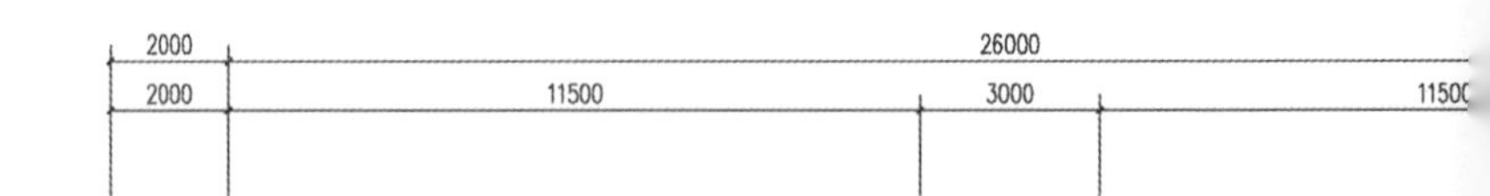
2000
26000
2000
11500
3000

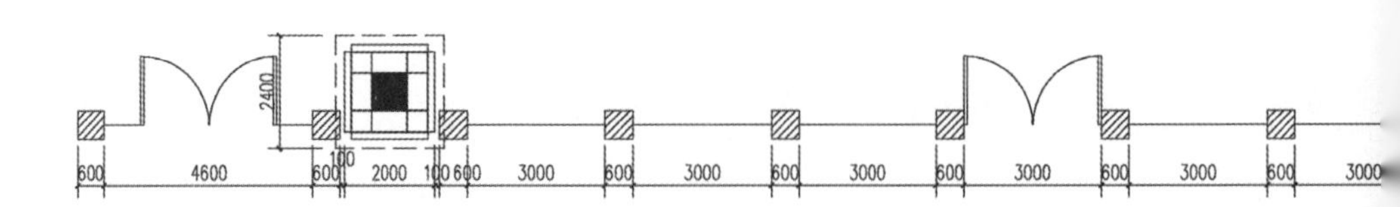
2400
600
4600
600
100
2000
100
600
3000
600
3000
600
3000
600
3000
600
3000
600

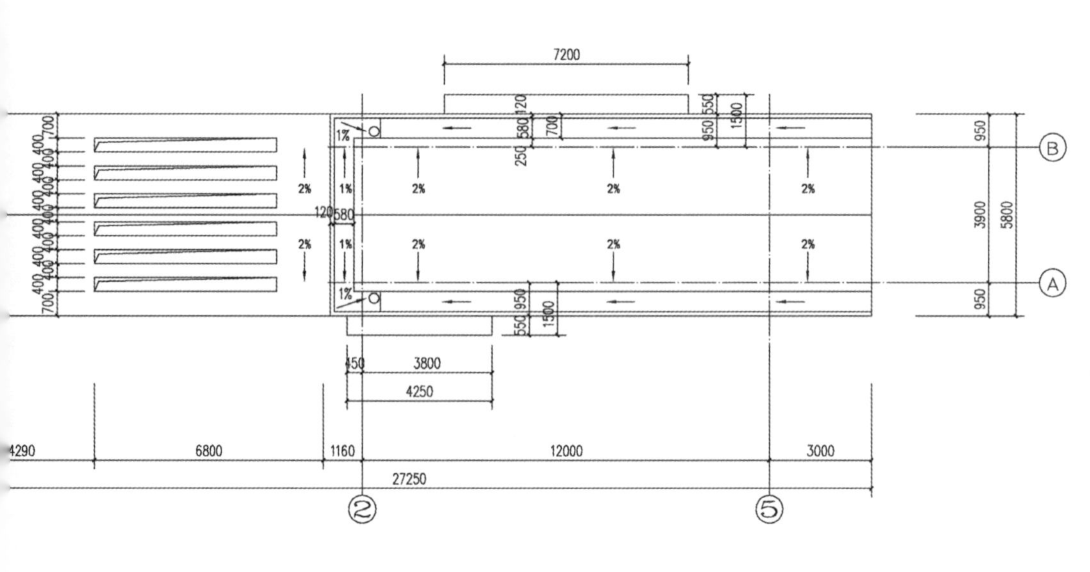

主入口门房屋顶平面图

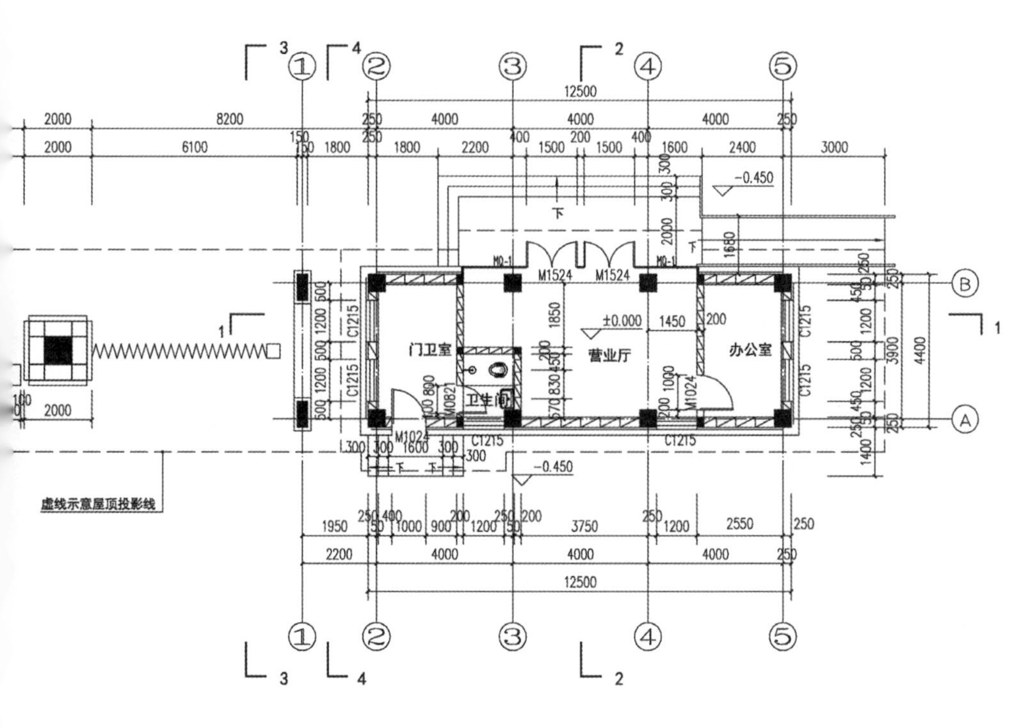

主入口门房平面图

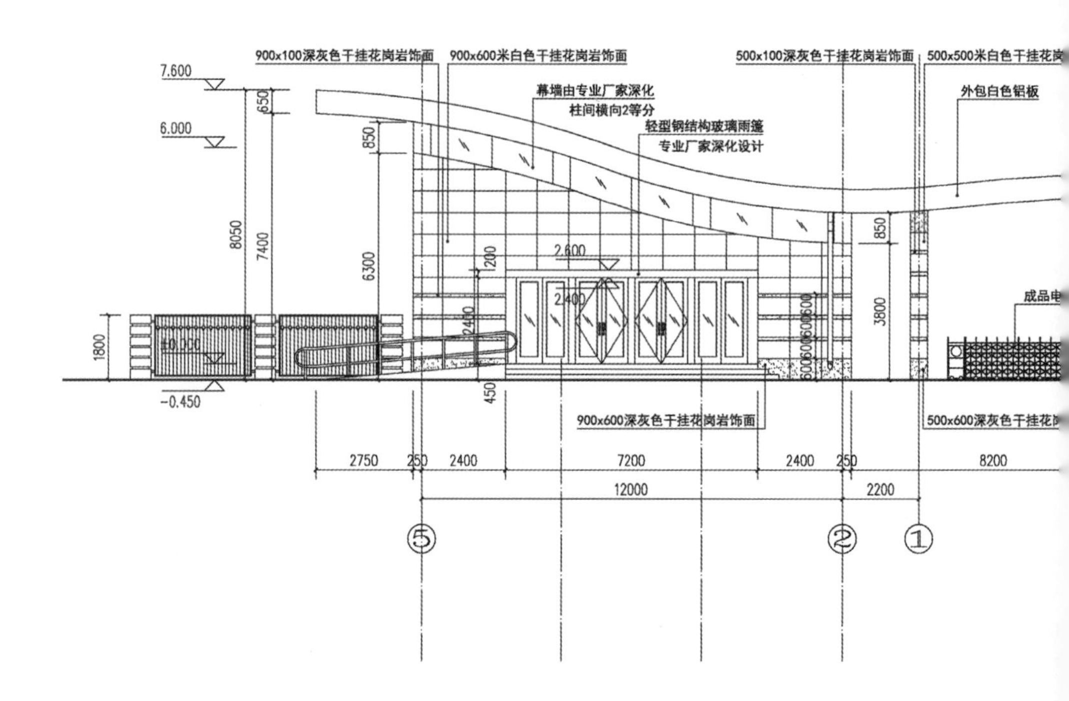
900x100深灰色干挂花岗岩饰面
900x600米白色干挂花岗岩饰面
500x100深灰色干挂花岗岩饰面
幕墙由专业厂家深化
柱间横向2等分
轻型钢结构玻璃雨篷
专业厂家深化设计
外包白色铝板
900x600深灰色干挂花岗岩饰面
7.600
6.000
±0.000
-0.450
2.600
8050
7400
6300
1800
2750
2400
7200
8200
12000
2200

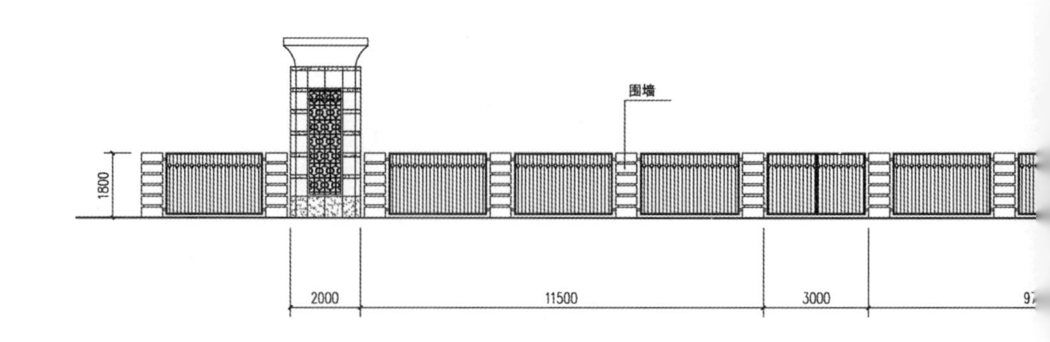
围墙
1800
2000
11500
3000

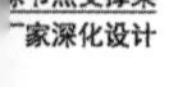
球节点支撑架
厂家深化设计

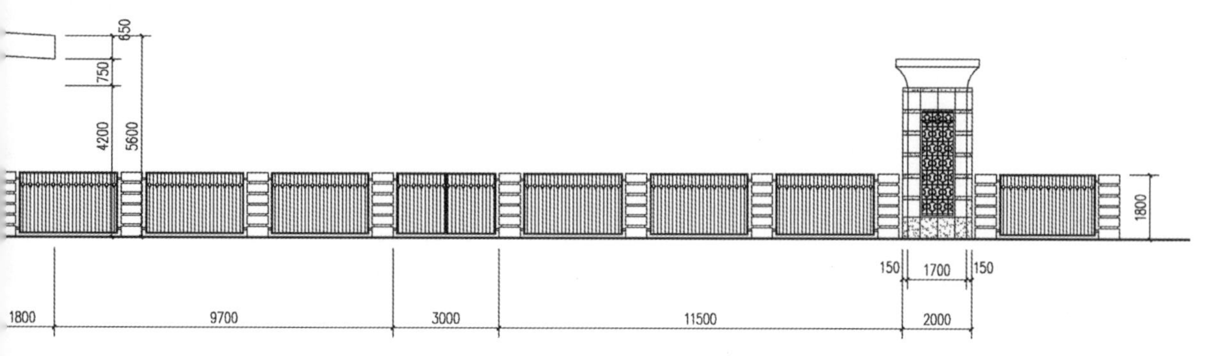
650
750
4200
5600
1800
150
1700
150
1800
9700
3000
11500
2000

⑤－①立面图

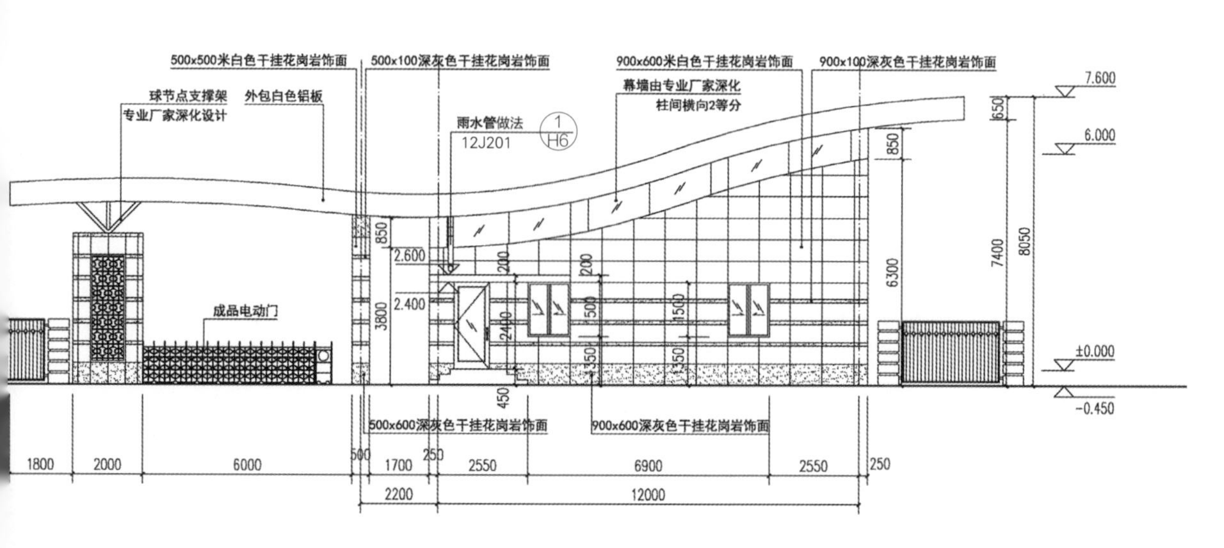
500x500米白色干挂花岗岩饰面
500x100深灰色干挂花岗岩饰面
900x600米白色干挂花岗岩饰面
900x100深灰色干挂花岗岩饰面
球节点支撑架
专业厂家深化设计
外包白色铝板
幕墙由专业厂家深化
柱间横向2等分
雨水管做法
12J201
成品电动门
7.600
6.000
±0.000
−0.450
500x600深灰色干挂花岗岩饰面
900x600深灰色干挂花岗岩饰面
1800
2000
6000
1700
2550
6900
2550
250
2200
12000

①－⑤立面图

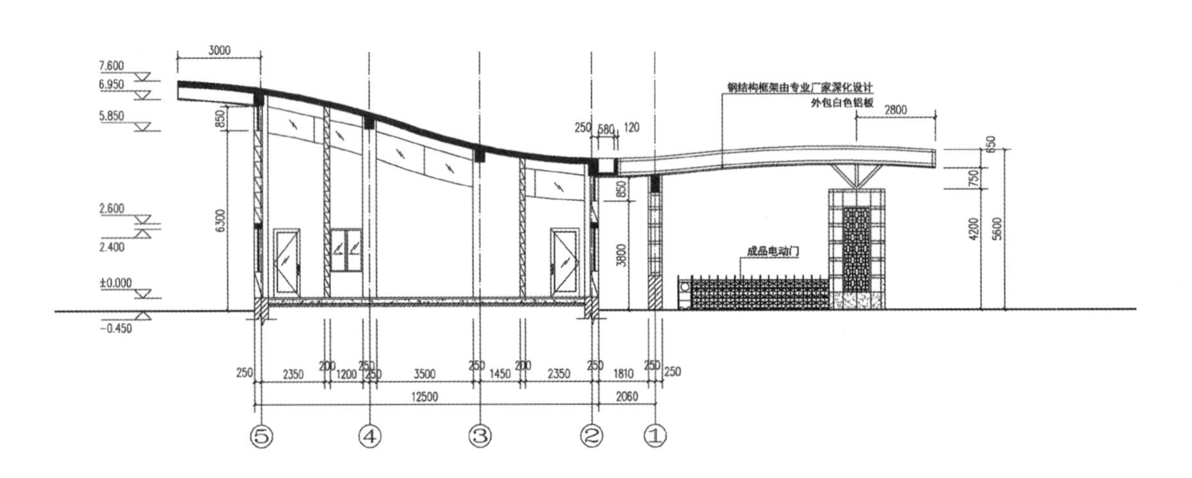

1-1 剖面图

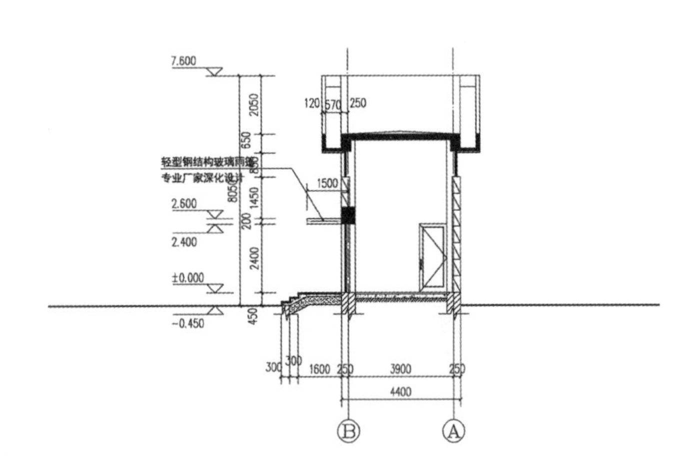

2-2 剖面图

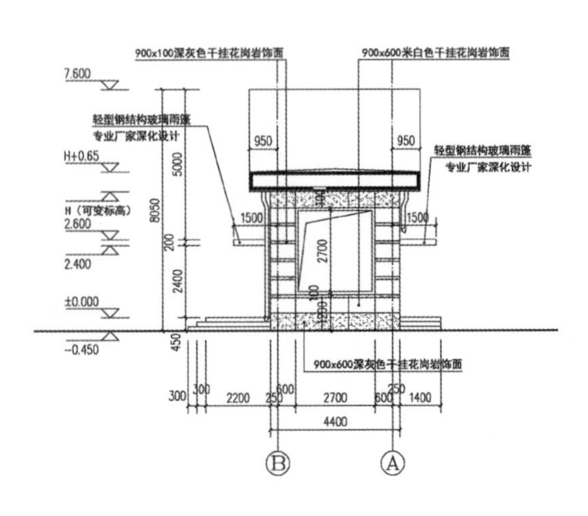

3-3 剖立面图

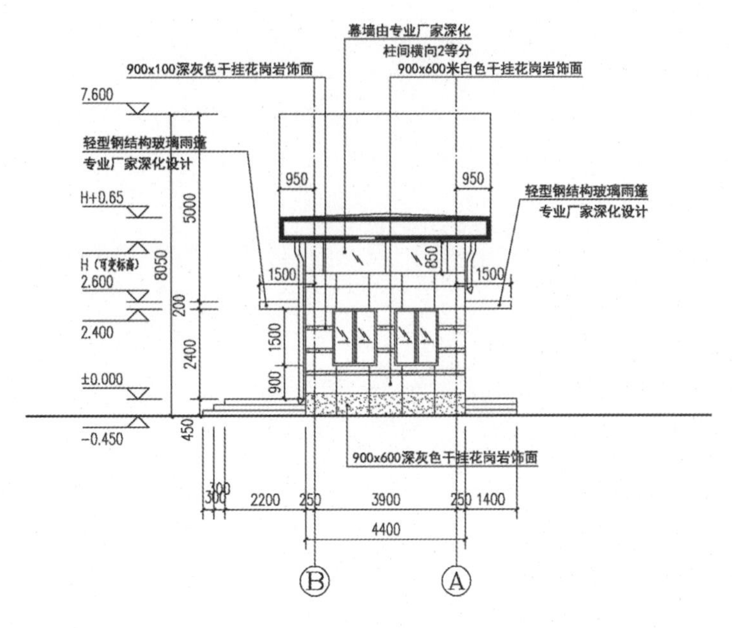
幕墙由专业厂家深化
柱间横向2等分
900x100深灰色干挂花岗岩饰面
900x600米白色干挂花岗岩饰面
7.600
轻型钢结构玻璃雨篷
专业厂家深化设计
950
950
轻型钢结构玻璃雨篷
专业厂家深化设计
H+0.65
H（可变标高）
2.600
2.400
±0.000
-0.450
5000
8050
850
1500
1500
200
1500
2400
900
450
900x600深灰色干挂花岗岩饰面
300
300
2200
250
3900
250
1400
4400
B
A

4-4 剖立面图

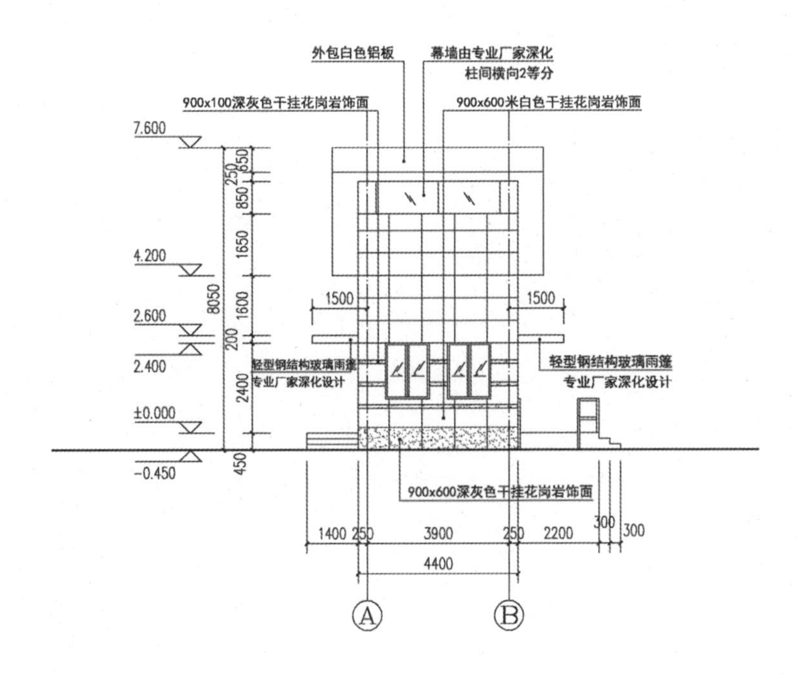
外包白色铝板
幕墙由专业厂家深化
柱间横向2等分
900x100深灰色干挂花岗岩饰面
900x600米白色干挂花岗岩饰面
7.600
4.200
2.600
2.400
±0.000
-0.450
250
650
850
1650
8050
1600
200
2400
450
1500
1500
轻型钢结构玻璃雨篷
专业厂家深化设计
轻型钢结构玻璃雨篷
专业厂家深化设计
900x600深灰色干挂花岗岩饰面
1400
250
3900
250
2200
300
300
4400
A
B

Ⓐ－Ⓑ立面图

园桥与栏杆

4

1. 园桥定义

园桥，是园林中的桥，可以联系风景点的水陆交通，组织游览线路，变换观赏视线，点缀水景，增加水面层次，兼有交通和艺术欣赏的双重作用。园桥在造园艺术上的价值，往往超过交通功能。

2. 园桥的作用

①是悬空的道路，具有组织游览路线的交通功能，并可变换游人观景的视线角度。

②是凌空的建筑，不但点缀水景，其本身就是园林一景，具有很高的艺术价值，甚至超过其交通功能。

③具有分隔水面，增加水景层次，赋予构景的功能，在线（路）与面（水）之间起中介作用。

3. 园桥的位置选择

（1）总的要求

在风景园林中，桥的选址与总体规划、园路系统、水面的分隔或聚合、水体面积大小密切相关。

（2）景观要求

园桥通常选择水面和溪谷较窄处，以减少桥的跨度。这样既可以保证游人的安全，又可以节约开支。

园桥选择位置时还应注意与周围环境的结合，常把桥与其前后联系的景物共同组成完整的风景画面，成为园林景观的点缀。

（3）交通要求

凡有载重与通航要求的桥，还应考虑人群、车辆荷载与桥下通航净空要求。

图 4-1 园桥一

4. 园桥的造型

园桥的造型要和景观地形环境相协调。大水面架桥，又位于主要建筑附近的，宜宏伟壮丽，重视桥的体型和细部的表现；小水面架桥，则宜轻盈质朴，简化其体型和细部。水面宽广或水势湍急者，桥宜较高并加栏杆；水面狭窄或水流平缓者，桥宜低并可不设栏杆。水陆高差相近处，平桥贴水，过桥有凌波信步亲切之感；沟壑断崖上危桥高架，能显示山势的险峻。水体清澈明净，桥的轮廓需考虑倒影；地形平坦，桥的轮廓宜有起伏，以增加景观的变化。

图 4-2 园桥二

5. 园桥的组成

园桥由梁（或拱）和桥台基础两大部分组成。梁或拱横跨于水面上，桥台是主要承担荷载的部分。

①上部结构

桥的上部结构包括桥面、栏杆等，是园桥的主体部分。

②下部支撑结构

园桥的下部结构包括桥台、桥墩等支撑部分，是园桥的基础部分，要求坚固耐用，耐水流的冲刷。

6. 园桥的设计要点

①任何形式的桥梁均应与水流成直角相交为宜。

②桥梁的大小，须与跨越的河流溪谷大小相协调，并与联络道路的样式及路幅一致。

③在设计时应注意桥梁两岸树木布置。

④园桥的设计要能入画。

⑤大型水面空间开阔用桥分隔时，为了突出水景效果，常设多孔拱桥，使桥的体量与水体相协调。

⑥小水面，常以单跨平桥或折桥，使人能接近水面。

⑦平静的小水面及小溪涧、浅滩中，常设贴近水面的小桥或汀步，使人接近水面，远观也不使空间割断。

⑧桥与岸相接处，要处理得当以免生硬呆板。

⑨桥上布置园灯，白天起美化装饰作用，夜间游园具有指示桥的位置、照明和安全作用。

按材料分，可分为木桥、石桥、砌块桥、混凝土桥和钢桥。

1. 木桥（包括竹桥）

木材（包括竹材）是主要建筑材料中唯一的有机材料，具备不少独特的优点。

①人文气息：木材作为一种永恒的材质，古老而又现代，其在园林景观中的应用有利于结合传统文化特点，构成一座座人文景观。

②舒适质感：木材具有较强的弹性和保温性，无反光，具有亲和力，提高了使用者的舒适性。

③调和性好：木材能调和其他材料的特性，可与混凝土和金属等建筑材料融为一体，增加质感和暖意，令景观园桥更贴近大自然。

但与石材等其他材料相比，木材的强度和抗腐蚀性都较弱，维护费用大，因此木桥一般用于小水面和临时性的桥位。

④施工方面也有特殊的要求，主要是防腐处理，较常用的办法有：材料本身的防腐，如使用桐油，柏油等防腐剂。

木构件结构上进行防腐处理，比如增加遮挡物，处理好排水等。最好的例子就是古代的木廊桥，上部的廊极好地保护了桥身免受风雨侵蚀，因而屹立至今，风采依然。

2. 石桥

石材质地坚固，气质沉稳，极能体现桥的自然、坚固的特点。石材的丰富色彩与加工工艺可以组合出丰富的变化。所构筑的桥梁自然古朴，外形美观，也较耐久，且构造比较简单，施工工艺易掌握，是景观桥梁常用的材料之一，特别是传统的拱桥。

但石桥也有自身的缺点：自重大，对地基的要求相对较高，一般跨径不大。

3. 人造砌块桥

除了这些天然的材料之外，各种人造砌块材料，也是园桥的选择之一，建造方法与石桥基本相同，但造价相对天然石材更低廉。风景园桥中常用的人造砌块材料有：普通砖，混凝土砌块。

4. 混凝土桥

包括普通的钢筋混凝土桥和预应力钢筋混凝土桥。混凝土桥经久耐用，易于造型，应用广泛，特别是预应力钢筋混凝土桥——这种高强度钢筋和混凝土制成的材料客服了钢筋混凝土易产生裂缝的缺点，跨度可较钢筋混凝土桥更大，但一般造价高于砌体桥。

5. 钢（铁）桥

钢铁材料（特别是钢材）强度高，易加工，构件轻，运输、架设方便，外观挺拔有力、轻盈坚固，是大跨径桥梁的理想选择。缺点是易受侵蚀生锈，养护费用较混凝土桥大，最普通的办法之一是表面刷油漆，简便易行、费用低、色彩丰富，更利于桥的美观。

图 4-3 木桥

图 4-4 石桥

按结构分，可分为：

1. 梁桥

又称梁柱式，是在水中立桥柱或桥墩，上搭横梁，连而成桥。主要承重构件是梁（板），在竖向荷载作用下，梁承受弯矩，墩台承受竖向压力。包括木梁桥、石梁桥和钢筋混凝土架桥。

2. 拱桥

是以承受轴向压力为主的拱（称为主拱圈）作为主要的承重构件的桥梁。

拱桥是利用小块石材建造大跨度工程的创造。

拱桥选用材料有石材、钢筋混凝土等。

3. 浮桥

整个桥用竹或木连接在一起，飘浮于水面之上，无桥墩。

其形式为一面或两面靠岸，可利用船或浮筒来代替桥墩上架梁板，用绳索拉固即可通行。

4. 吊桥

又称为铁索桥。在急流深涧，高山峡谷，桥下不便建墩的条件，布置在水中和两山之间。

5. 汀步

园林中又称为河步、点式桥或跳墩子，这是最原始的过水形式。汀步类似桥，但比桥更临近水面。

是在小溪涧、浅滩中散置的天然石块、树桩等，用它来代替桥架。

汀步最适合浅滩小溪跨度不大的水面。也有结合滚水坝体设置过坝汀步，但要注意安全。

汀步包括自然式汀步和规则式汀步。

6. 亭桥与廊桥

这类具有交通作用又有游憩功能与造景效果的桥，在长堤游览线上起着点景休息作用，在远观上打破长堤水平构图，有对比造景、分割水面层次作用。

图 4-5 汀步

图 4-6 拱桥

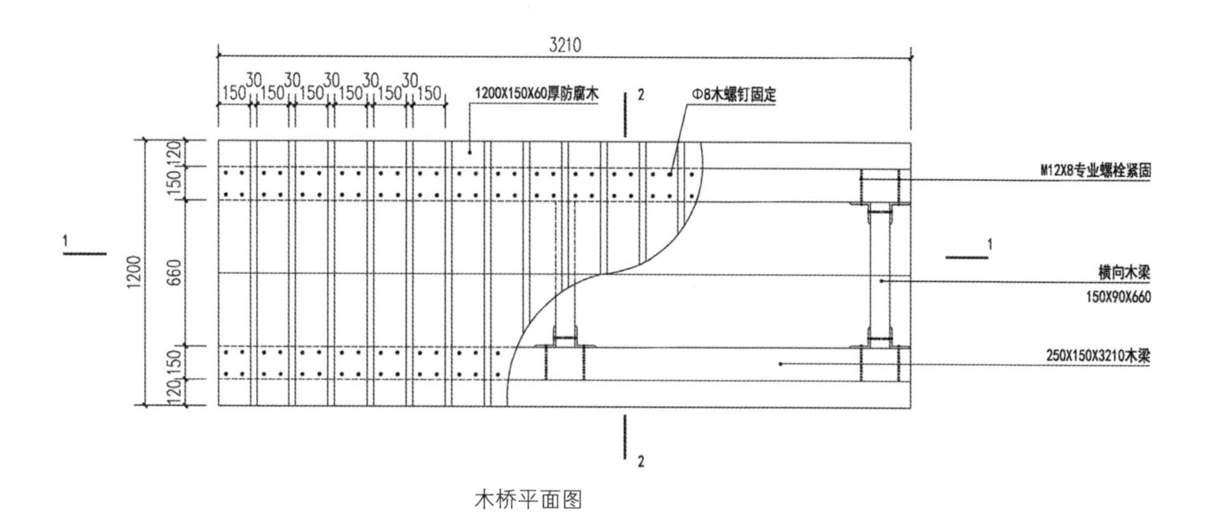

木桥平面图

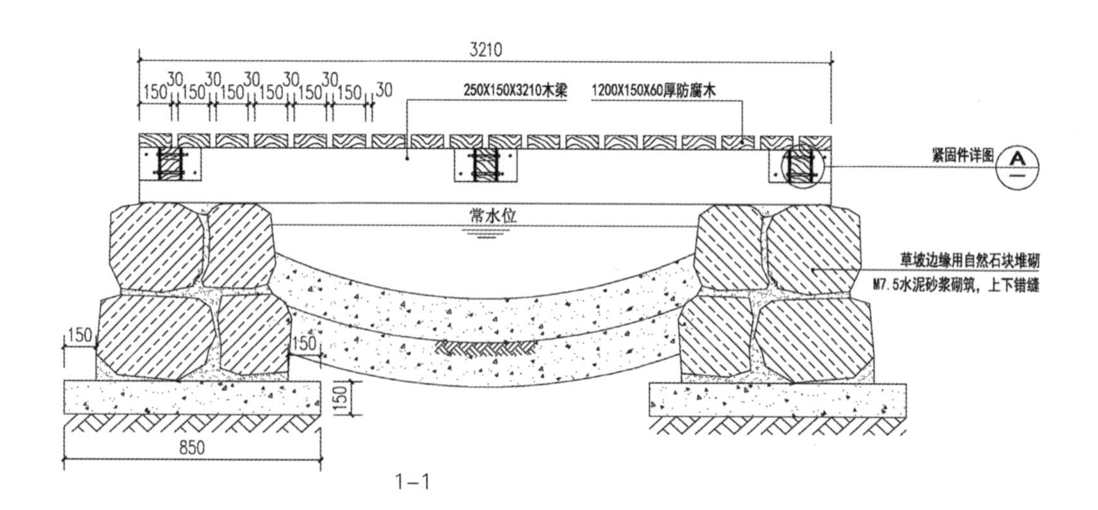

1—1

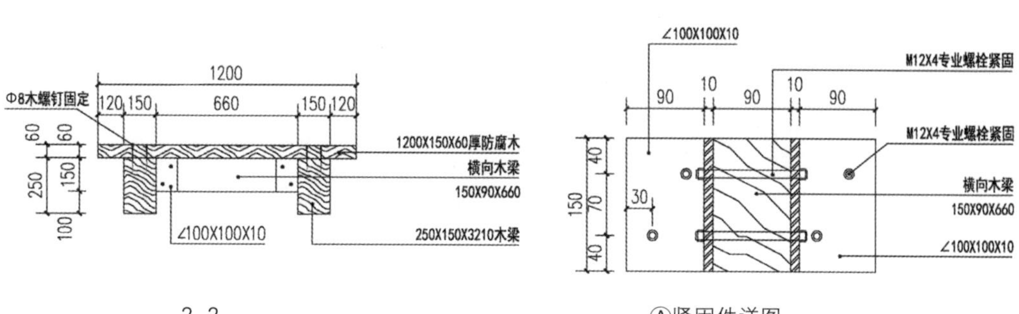

2—2

Ⓐ紧固件详图

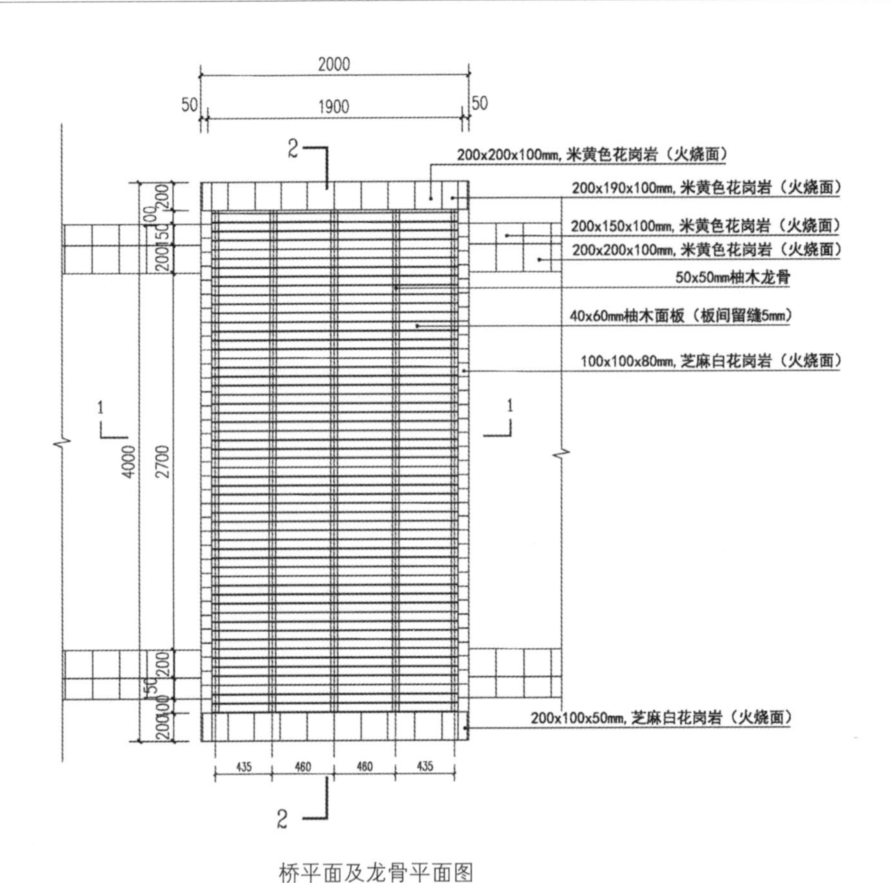

桥平面及龙骨平面图

2000
80 1840 80
435 460 460 435

L50x5角钢加钉固定
40x60mm柚木面板（板间留缝5mm）
50x50mm柚木龙骨
100x100x80mm, 芝麻白花岗岩（火烧面）
20厚，1：2水泥砂浆层
300x300x20, 米黄色花岗岩（火烧面）
220厚，C20钢筋混凝土
10@150双层双向

765
770

200x20x20浅灰色花岗岩（火烧面）
30厚1：2水泥砂浆结合层
防水层
150厚钢筋混凝土（内配双层双向钢筋 8@200）
100厚C20混凝土层
100厚碎石垫层
素土夯实

1-1 剖面图

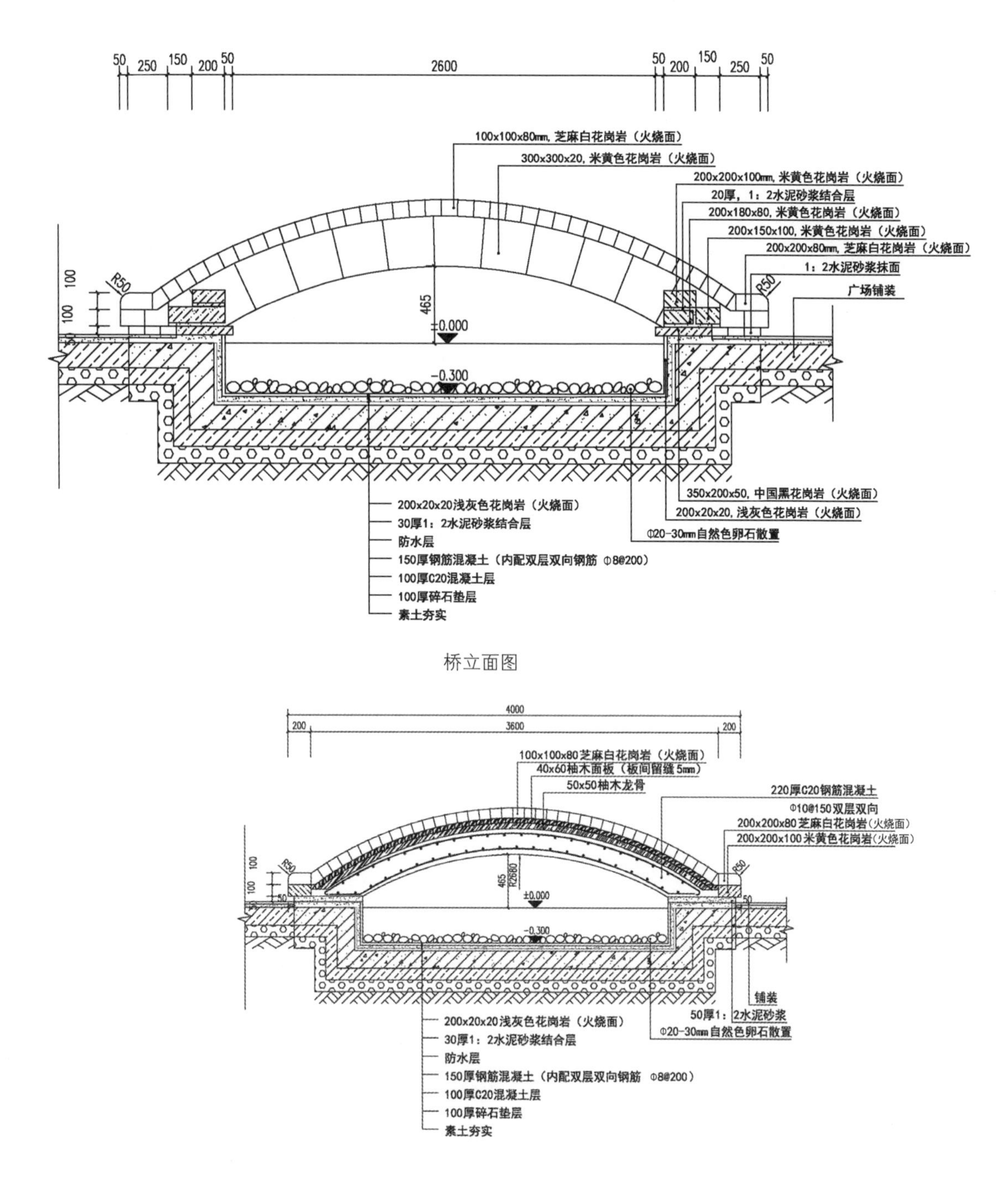

100x100x80mm，芝麻白花岗岩（火烧面）
300x300x20，米黄色花岗岩（火烧面）
200x200x100mm，米黄色花岗岩（火烧面）
20厚，1：2水泥砂浆结合层
200x180x80，米黄色花岗岩（火烧面）
200x150x100，米黄色花岗岩（火烧面）
200x200x80mm，芝麻白花岗岩（火烧面）
1：2水泥砂浆抹面
广场铺装
350x200x50，中国黑花岗岩（火烧面）
200x20x20，浅灰色花岗岩（火烧面）
Φ20-30mm自然色卵石散置
200x20x20浅灰色花岗岩（火烧面）
30厚1：2水泥砂浆结合层
防水层
150厚钢筋混凝土（内配双层双向钢筋 Φ8@200）
100厚C20混凝土层
100厚碎石垫层
素土夯实

桥立面图

100x100x80芝麻白花岗岩（火烧面）
40x60柚木面板（板间留缝5mm）
50x50柚木龙骨
220厚C20钢筋混凝土
Φ10@150双层双向
200x200x80芝麻白花岗岩（火烧面）
200x200x100米黄色花岗岩（火烧面）
铺装
50厚1：2水泥砂浆
Φ20-30mm自然色卵石散置
200x20x20浅灰色花岗岩（火烧面）
30厚1：2水泥砂浆结合层
防水层
150厚钢筋混凝土（内配双层双向钢筋 Φ8@200）
100厚C20混凝土层
100厚碎石垫层
素土夯实

2-2 剖面图

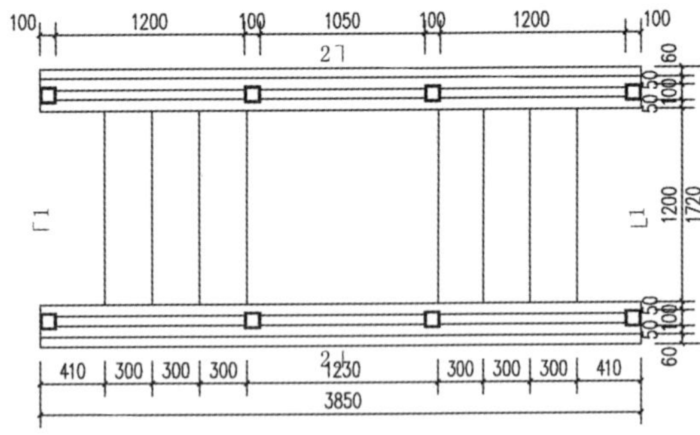
100
1200
100
1050
100
1200
100
410
300
300
300
1230
300
300
300
410
3850
1200
1720

单跨石拱桥平面图

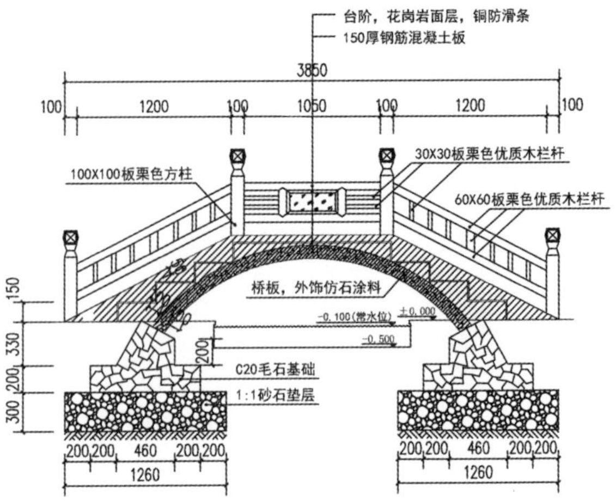
台阶，花岗岩面层，铜防滑条
150厚钢筋混凝土板
3850
100X100板栗色方柱
30X30板栗色优质木栏杆
60X60板栗色优质木栏杆
桥板，外饰仿石涂料
-0.100(常水位)
±0.000
-0.500
C20毛石基础
1:1砂石垫层
1260

1-1 剖面图

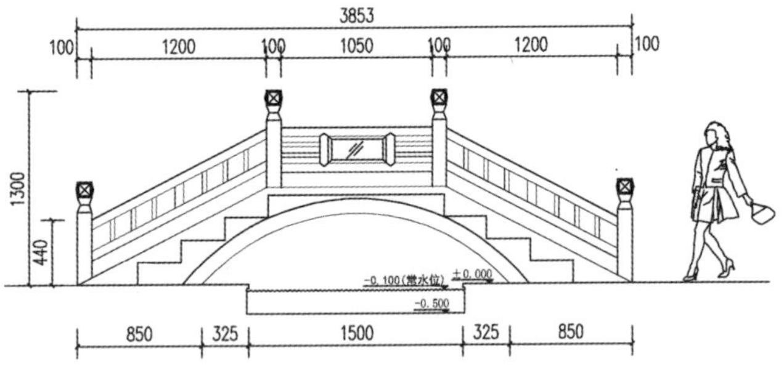
3853
100
1200
100
1050
100
1200
100
1300
440
-0.100(常水位)
±0.000
-0.500
850
325
1500
325
850

单跨石拱桥立面图

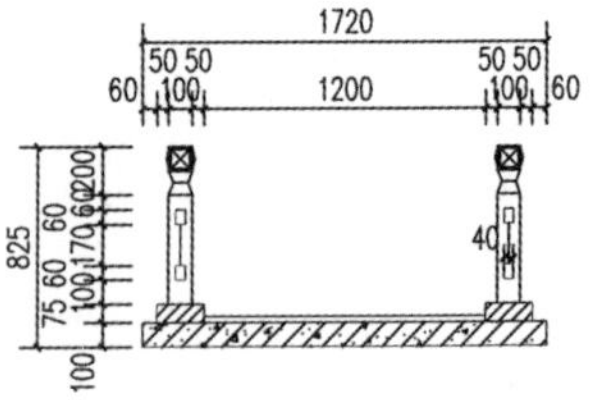
1720
1200
825

2-2 剖面图

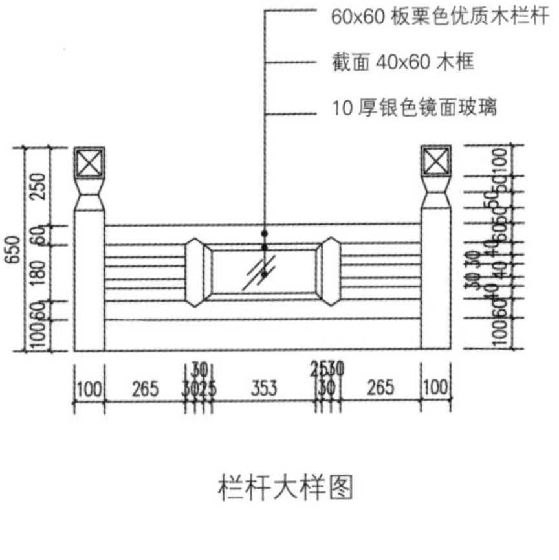
60x60 板栗色优质木栏杆
截面 40x60 木框
10 厚银色镜面玻璃
650
250
180
100
265
353
265
100

栏杆大样图

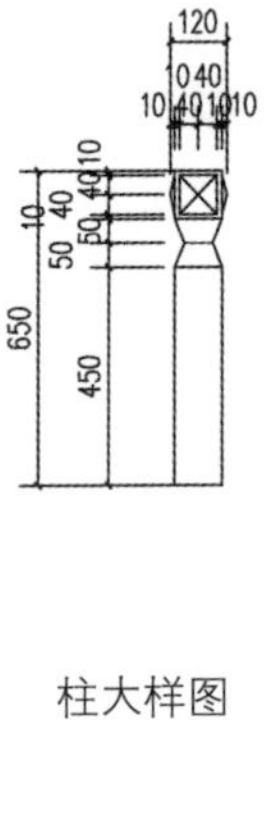
120
650
450

柱大样图

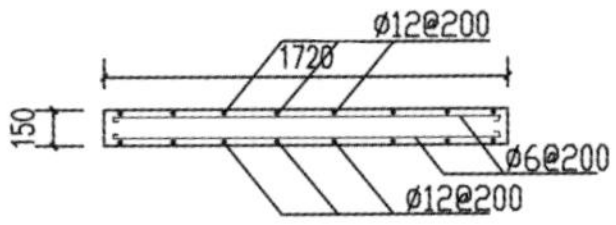
Ø12@200
1720
150
Ø6@200
Ø12@200

桥板配筋图

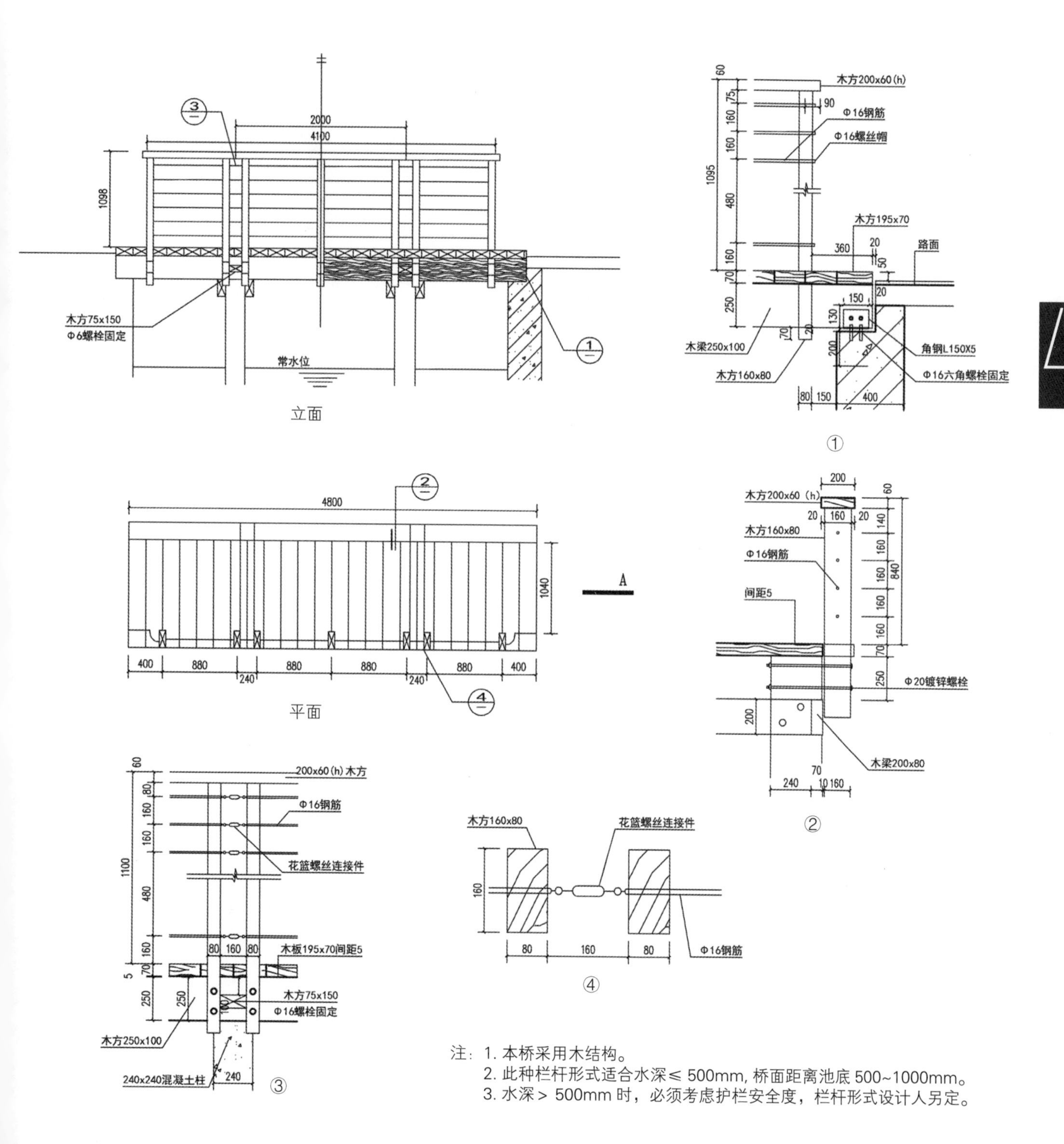

注：1. 本桥采用木结构。
2. 此种栏杆形式适合水深≤ 500mm, 桥面距离池底 500~1000mm。
3. 水深＞ 500mm 时，必须考虑护栏安全度，栏杆形式设计人另定。

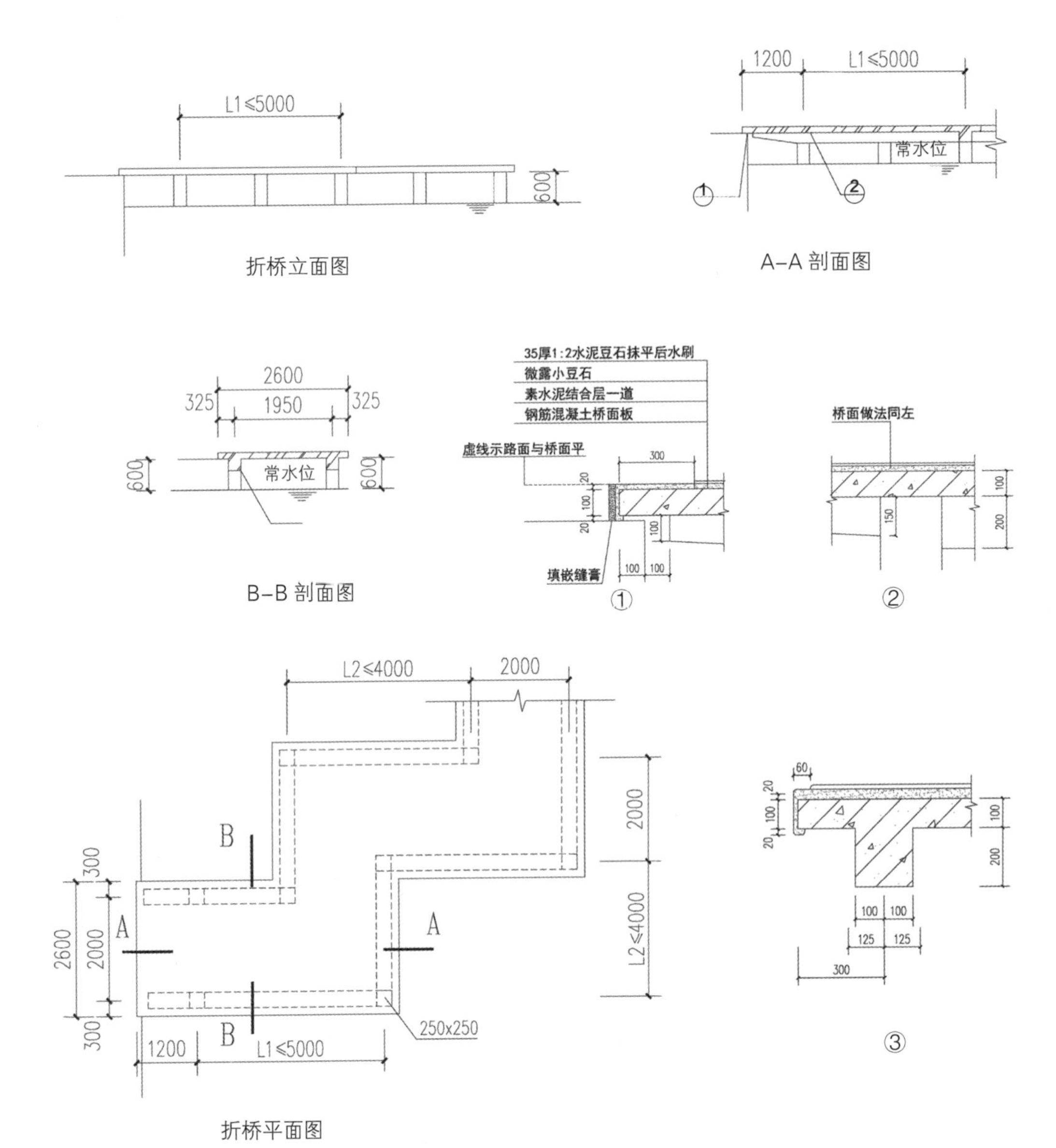

折桥立面图

A–A 剖面图

B–B 剖面图

①

②

折桥平面图

③

注：1. 木桥为双排方柱直角折线形式，采用现浇钢筋混凝土结构。桥墩及桥面设计配筋由结构设计定。
2. H=600–1000mm。
3. 桥面与路面连接形式选用时应予以说明。
4. 水深 >500mm 时，必须考虑护栏安全度，栏杆形式设计人另定。

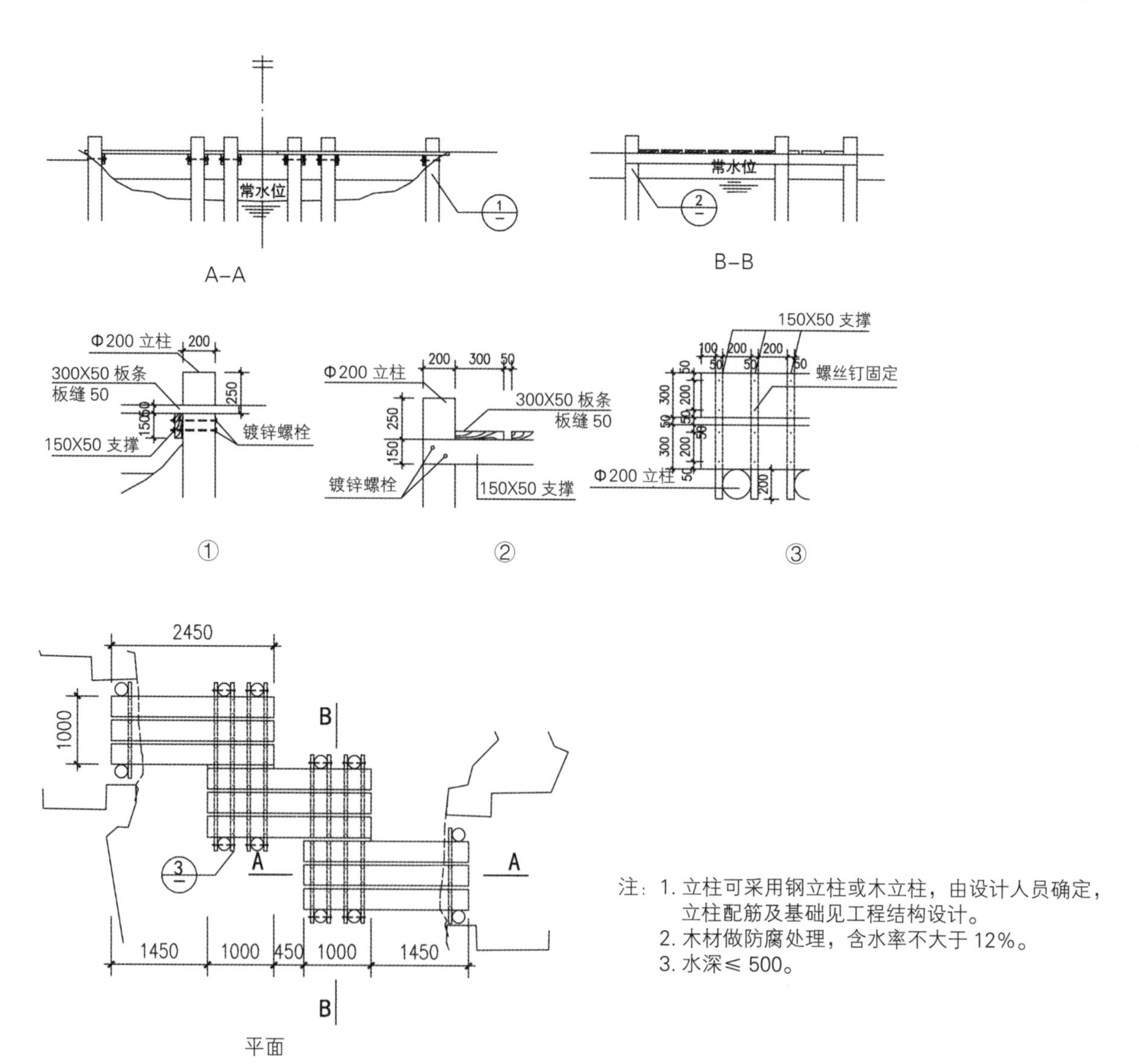

注：1. 立柱可采用钢立柱或木立柱，由设计人员确定，
　　立柱配筋及基础见工程结构设计。
　　2. 木材做防腐处理，含水率不大于 12%。
　　3. 水深≤ 500。

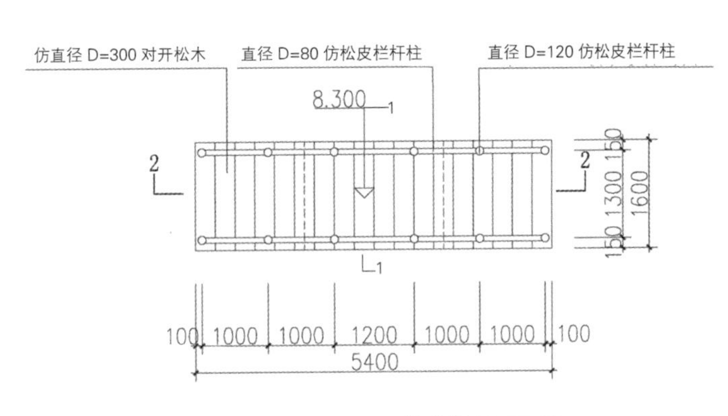

单跨混凝土仿木拱桥平面图

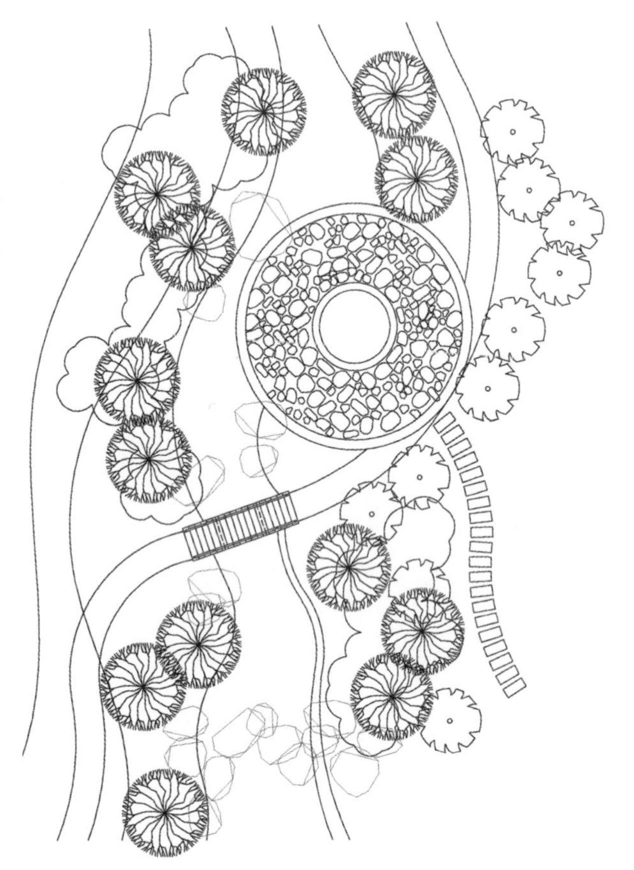

环境平面图

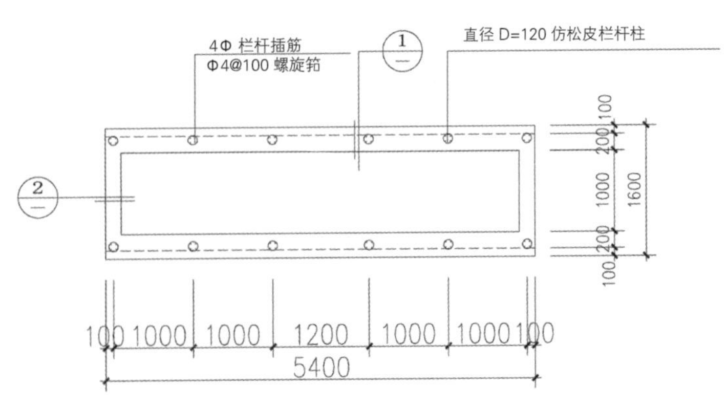

栏杆梁平面图

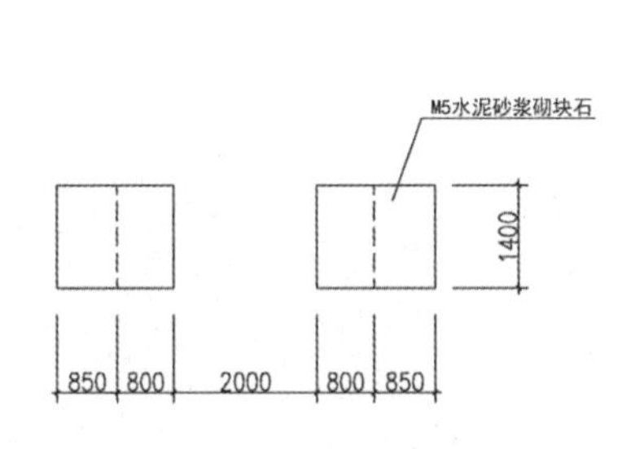

桥基础平面图

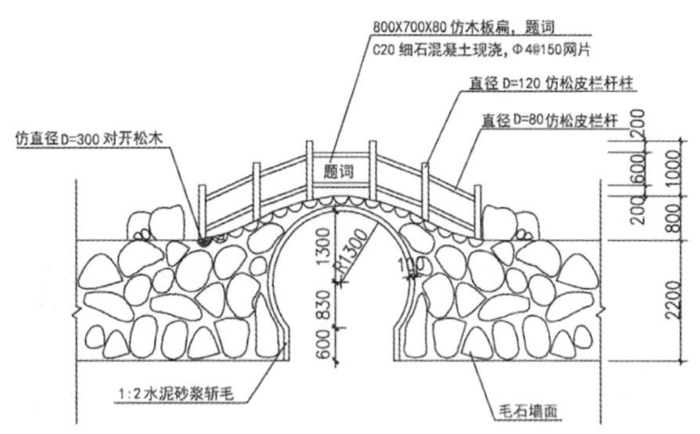

单跨混凝土仿木拱桥立面图

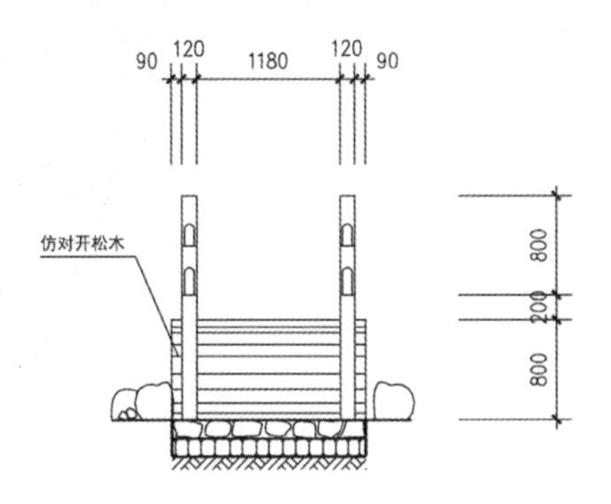

单跨混凝土仿木拱桥侧立面图

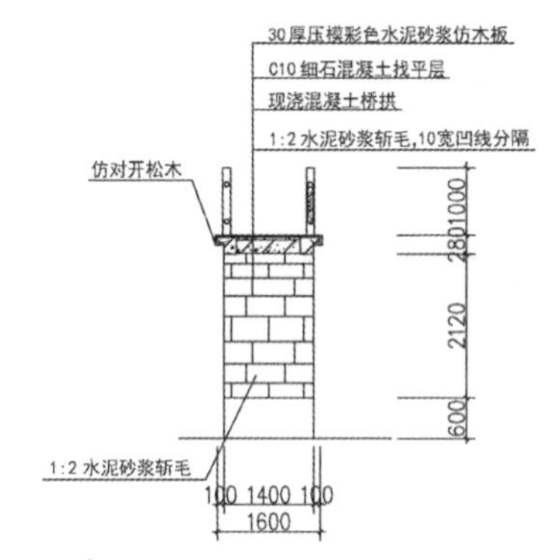

1–1 剖面图

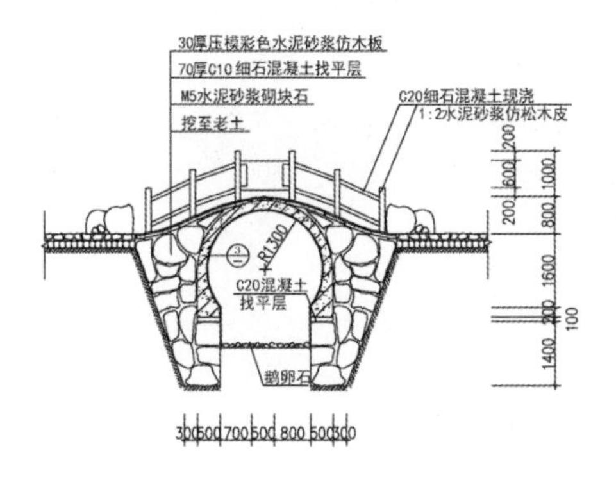

2–2 剖面图

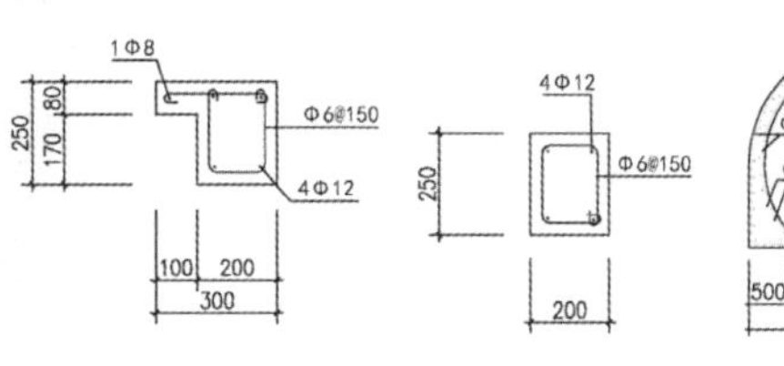

①大样图

②大样图

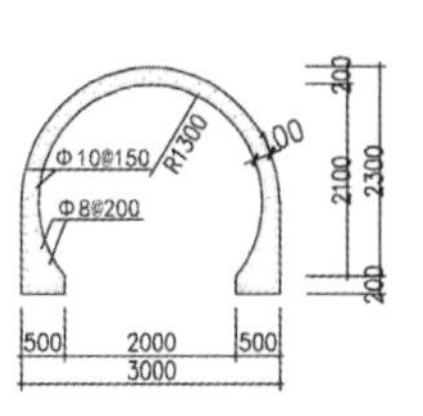

③大样图

注：板拱宽为 1400

1. 栏杆定义

栏杆是在甲板、平台、走道和棚顶等边缘设置的围栏，由栏杆柱、扶手和横栅栏等组成。

2. 栏杆作用及分类

栏杆在我们生活中经常以不同的外观形式出现，有着非常广泛的用途及内涵。

栏杆是桥梁和建筑上的安全设施，要求坚固，且要注意美观。从形式上看，栏杆可分为节间式与连续式两种。前者由立柱、扶手及横挡组成，扶手支撑于立柱上；后者具有连续的扶手，由扶手、栏杆柱及底座组成。

栏杆在使用中起分隔、导向的作用，使被分割区域边界明确清晰，设计好的栏杆，很具装饰意义。一般低栏 0.2~0.3m，中栏 0.8~0.9m，高栏 1.1~1.3m。栏杆柱的间矩一般为 0.5~2m。

3. 形式及构造

栏杆的形式有漏空和实体两类：漏空的由立杆、扶手组成，有的加设横档或花饰部件。实体的是由栏板、扶手构成，也有局部漏空的。栏杆还可做成坐凳或靠背式的。栏杆的设计应考虑安全、适用、美观、节省空间和施工方便等。

栏杆的高度主要取决于使用对象和场所，一般为 0.9m；幼儿园、小学楼梯栏杆还可建成双道扶手形式，分别供成人和儿童使用；在高险处可酌情加高。楼梯宽度超过 1.4m 时，应设双面栏杆扶手（靠墙一面设置靠墙扶手），大于 2.4m 时，须在中间加一道栏杆扶手。居住建筑中，栏杆不宜有过大空档或可攀登的横档。

4. 特别注意

①栏杆应以坚固、耐久的材料制作，并能承受荷载规范规定的水平荷载。

②用于防护性的栏杆高度不应小于 1.05m，高层建筑的栏杆高度应再适当提高，但不宜超过 1.20m。

③栏杆离地面或屋面 0.10m 高度内不应留空。

建筑内部和外缘，凡游人正常活动范围边缘临空高差大于 1.0m 处，均设护拦设施，其高度应大于 1.05m；高差较大处可适当提高，但不宜大于 1.2m；护拦设施必须坚固耐久且采用不易攀登的构造，作用在栏杆扶手上的竖向力和栏杆顶部水平荷载均按 1.0kN/m 计算。

④公园内的示意性护栏高度不宜超过 0.4m。

⑤各种游人集中场所容易发生跌落、淹溺等人身事故的地段，应设置安全防护性护栏。

⑥各种装饰性、示意性和安全防护性护栏的构造作法，严禁采用锐角、利刺等形式。

⑦电力设施、猛兽类动物展区以及其他专用防范性护栏，应根据实际需要另行设计和制作。

图 4-7 木质低栏

图 4-8 组合式中栏

5. 栏杆的分类

（1）铁栏杆

栏杆和基座相连接，有以下几种形式：①插入式：将开脚扁铁、倒刺铁件等插入基座预留的孔穴中，用水泥砂浆或细石混凝土浆填实固结。②焊接式：把栏杆立柱（或立杆）焊于基座中预埋的钢板、套管等铁件上。③螺栓结合式：可用预埋螺丝母套接，或用板底螺帽栓紧贯穿基板的立杆。上述方法也适用于侧向斜撑式铁栏杆。

（2）木栏杆

以榫接为主，若为望柱，则应将柱底卯入楼梯斜梁，扶手再与望柱榫接。

（3）夹胶玻璃栏杆

使用不绣钢立柱及 A3 钢立柱，立柱配件锁住玻璃，玻璃多采用 6+6 安全夹胶玻璃，不绣钢圆管扶手，特色是玻璃为主要配件，款式比较现代。

（4）夹玻璃栏杆

立柱及扶手中间挂件玻璃，玻璃面积较小，主要突出立柱感。

（5）钢丝栏杆

中间立柱，间隔夹少于 12cm 的钢丝。

（6）钢网栏杆

立柱中间夹钢网连接，安全性较高。

（7）铝合金栏杆

色彩单一，形材较多，款式变化不大。

（8）铁艺栏杆

铁艺栏杆感觉比较古典，变化较大，花型较多。

（9）锌钢栏杆

锌钢栏杆是一种钢铁表面防腐蚀工艺的热浸锌栏杆，能起到化学保护作用，具有独特的切边抗腐蚀性能。

（10）竹栏杆

围栏、栅栏设计高度（表 4–1）

表 4–1 围栏、栅栏设计高度

功能要求	高度（m）
隔离绿化植物	0.4
限制车辆进出	0.5~0.7
标明分界区域	1.2~1.5
限制人员进出	1.8~2.0
供植物攀援	2.0 左右
隔噪声实栏	3.0~4.5

图 4–9 铁艺栏杆

图 4–10 铁栏杆

图 4–11 夹胶玻璃栏杆

图 4–12 木栏杆

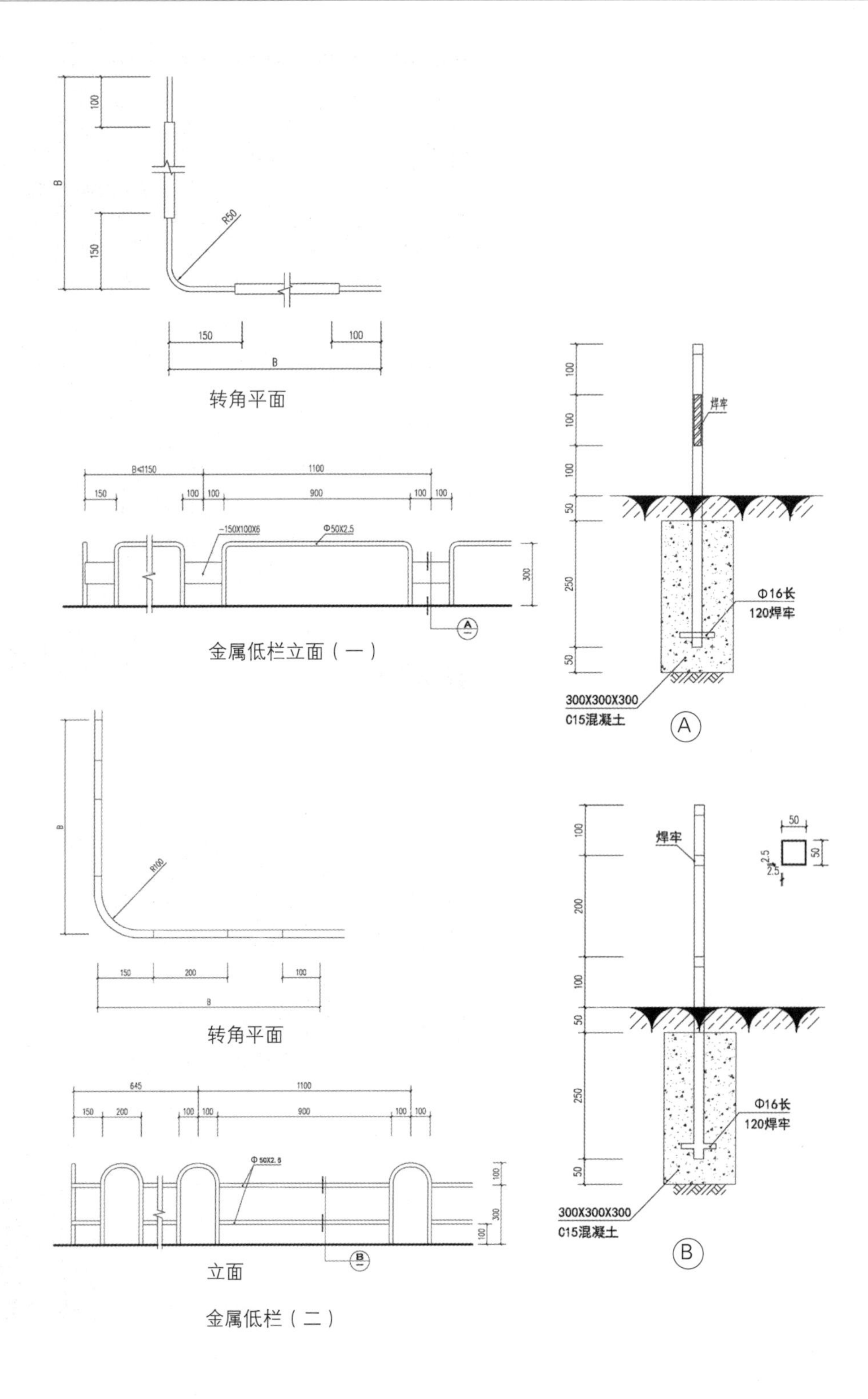
转角平面
R50
B<1150
1100
~150X100X6
Φ50X2.5
金属低栏立面（一）
焊牢
Φ16长
120焊牢
300X300X300
C15混凝土
A
转角平面
R100
645
Φ50X2.5
立面
B
金属低栏（二）

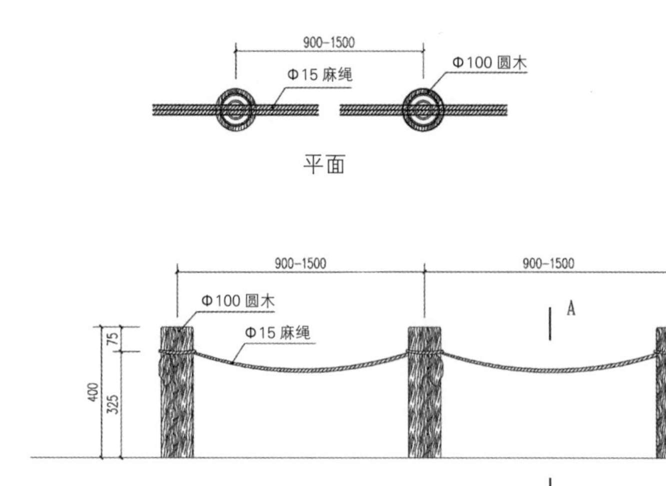
900-1500
Φ15 麻绳
Φ100 圆木
平面
900-1500
900-1500
Φ100 圆木
Φ15 麻绳
A
75
400
325
A
立面

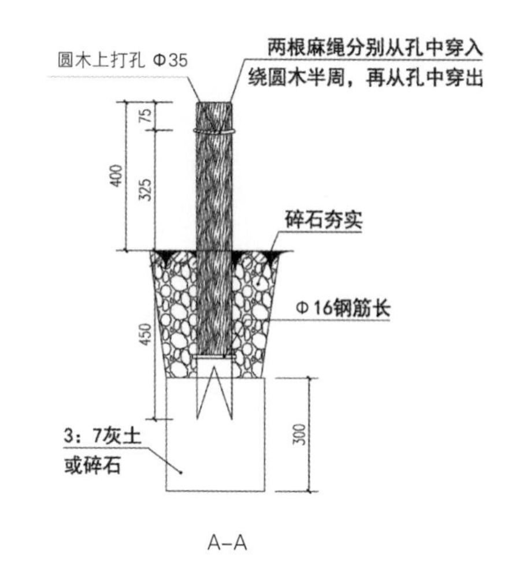
圆木上打孔 Φ35
两根麻绳分别从孔中穿入
绕圆木半周，再从孔中穿出
75
400
325
碎石夯实
Φ16钢筋长
450
300
3：7灰土
或碎石
A-A

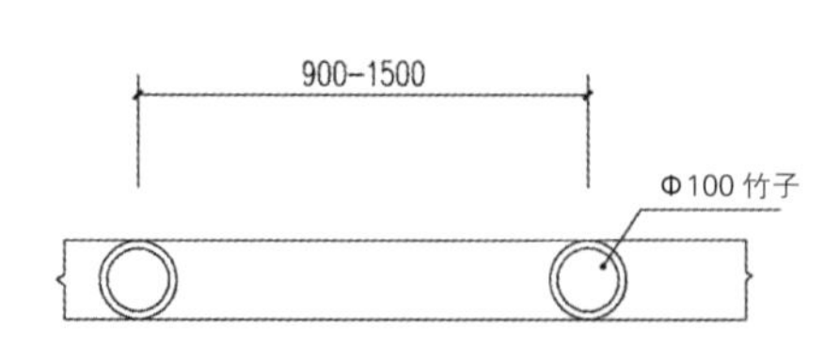
900-1500
Φ100 竹子
平面

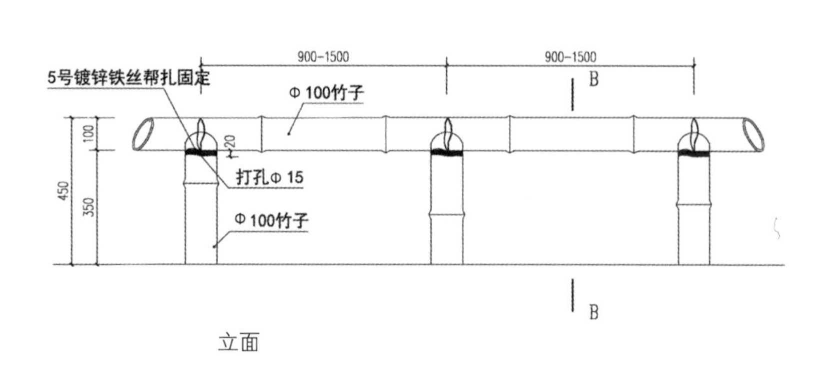
900-1500
900-1500
5号镀锌铁丝帮扎固定
Φ100竹子
B
100
20
450
打孔Φ15
350
Φ100竹子
B
立面

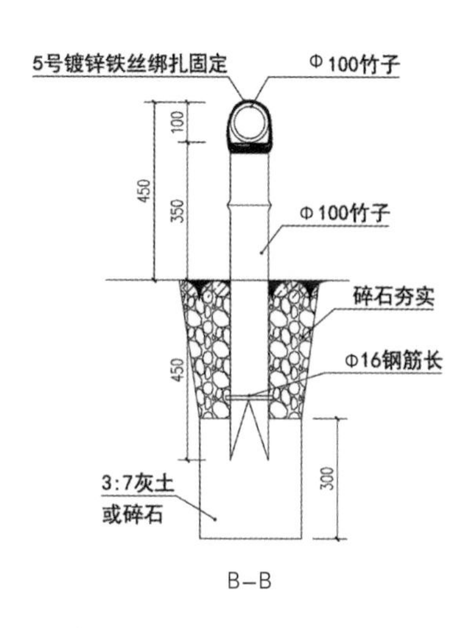
5号镀锌铁丝绑扎固定
Φ100竹子
100
450
350
Φ100竹子
碎石夯实
450
Φ16钢筋长
300
3:7灰土
或碎石
B-B

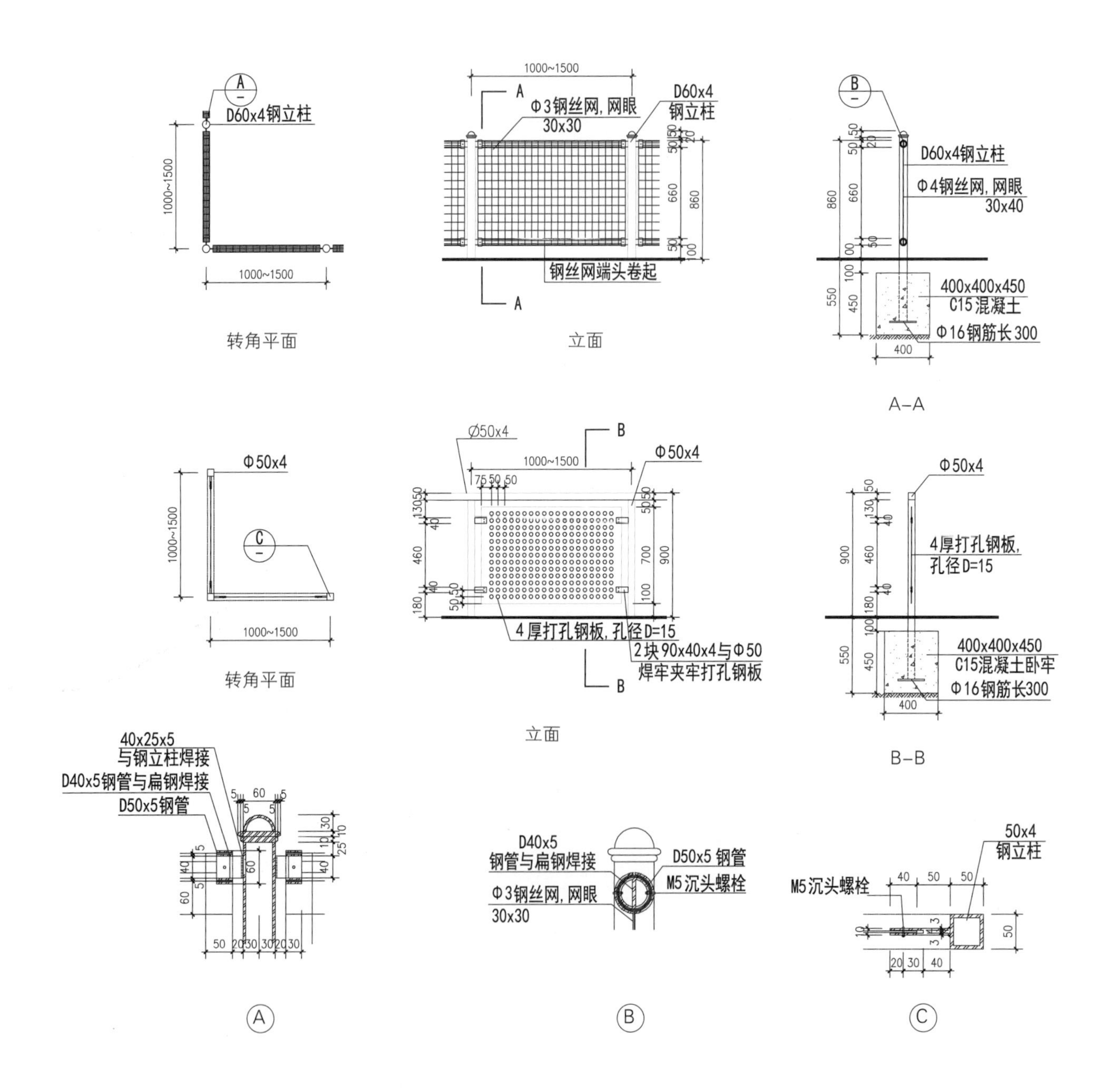

注：1. 铁件外露焊接部分均应锉平刷防锈漆一道，调和漆二道，颜色由设计人定。
2. 立柱混凝土墩下素土夯实。
3. 基础垫层做法有地区差异，南方可在 150 厚 1:2:4 砾石三合土层上做 C15 素混凝土垫层；北方在 150 厚 3:7 灰土上做 C15 素混凝土垫层。

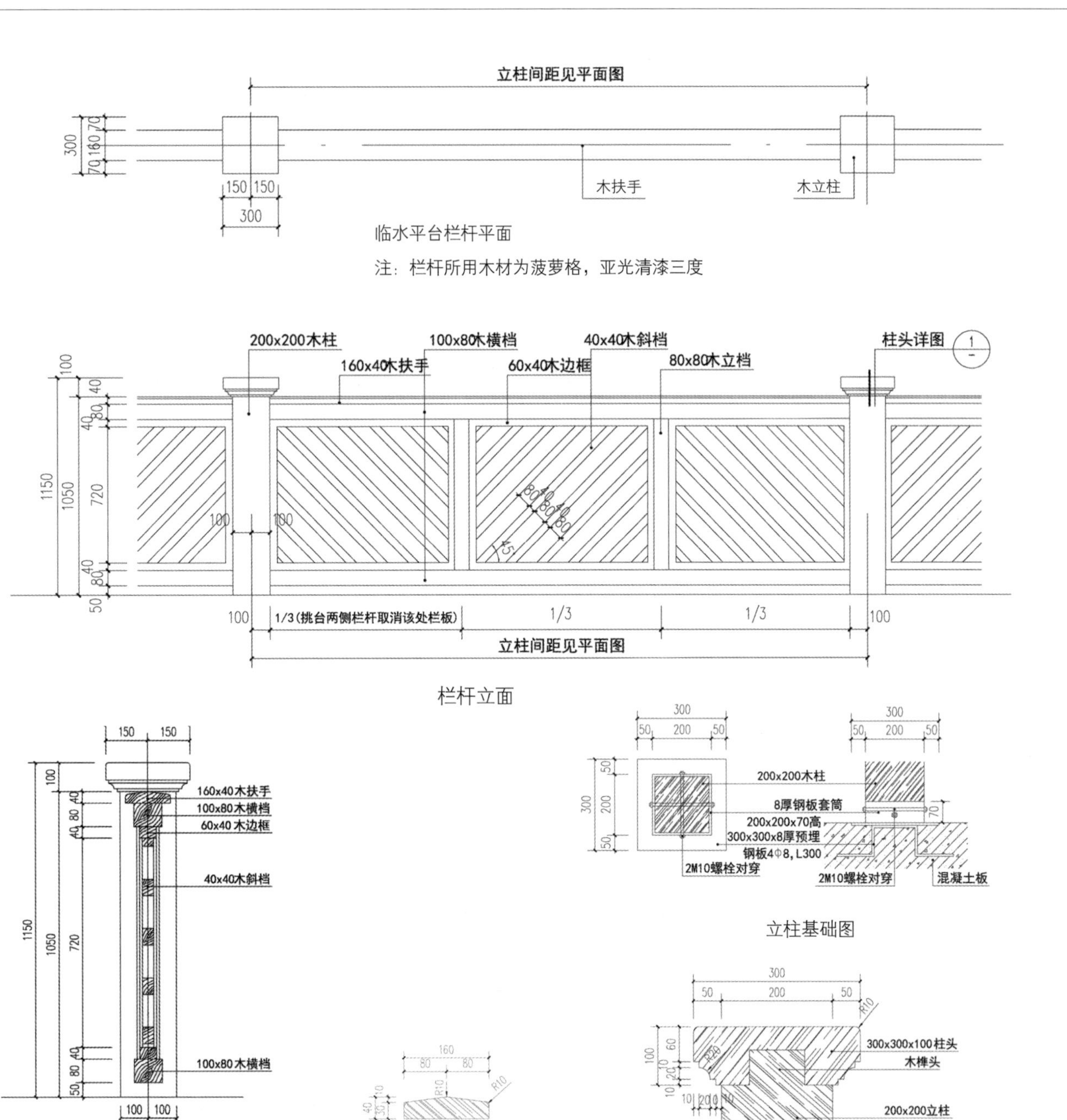
立柱间距见平面图
木扶手
木立柱
临水平台栏杆平面
注：栏杆所用木材为菠萝格，亚光清漆三度
200x200木柱
100x80木横档
40x40木斜档
柱头详图
160x40木扶手
60x40木边框
80x80木立档
1/3(挑台两侧栏杆取消该处栏板)
立柱间距见平面图
栏杆立面
160x40木扶手
100x80木横档
60x40 木边框
40x40木斜档
100x80木横档
栏杆 1-1 剖面
扶手详图
200x200木柱
8厚钢板套筒
200x200x70高
300x300x8厚预埋
钢板4Φ8, L300
2M10螺栓对穿
2M10螺栓对穿
混凝土板
立柱基础图
300x300x100柱头
木榫头
200x200立柱
①柱头详图

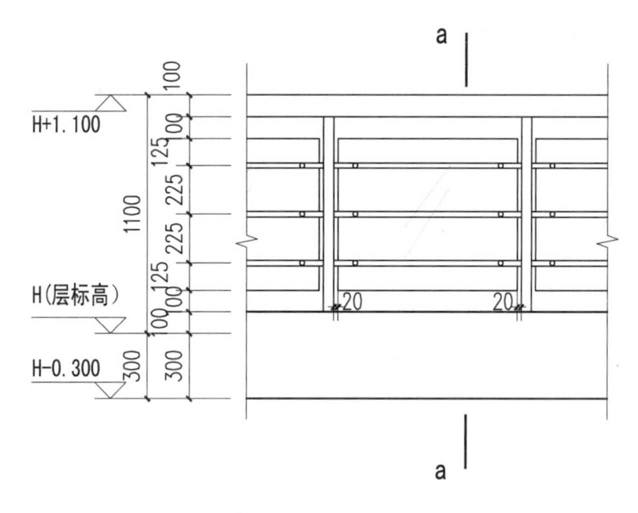

栏杆－立面大样图

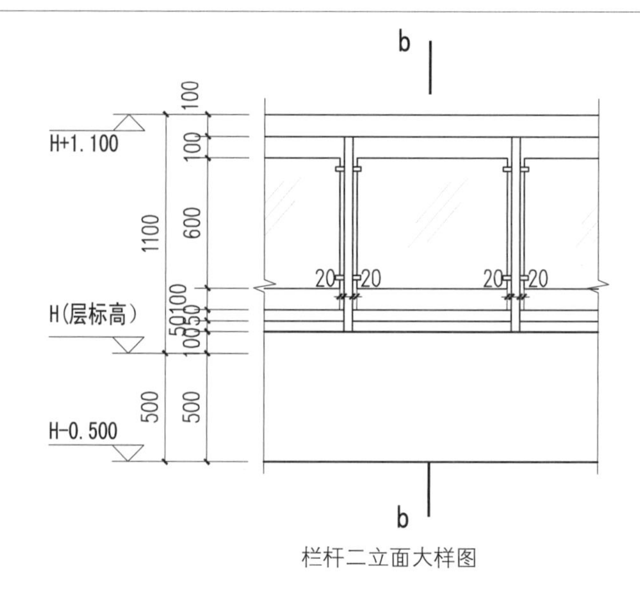

栏杆二立面大样图

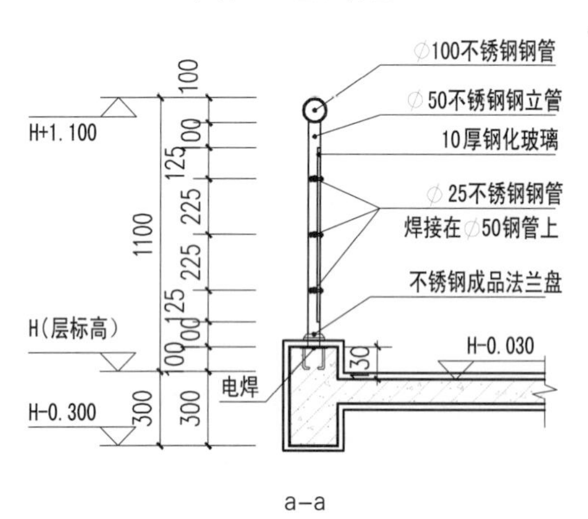

a–a

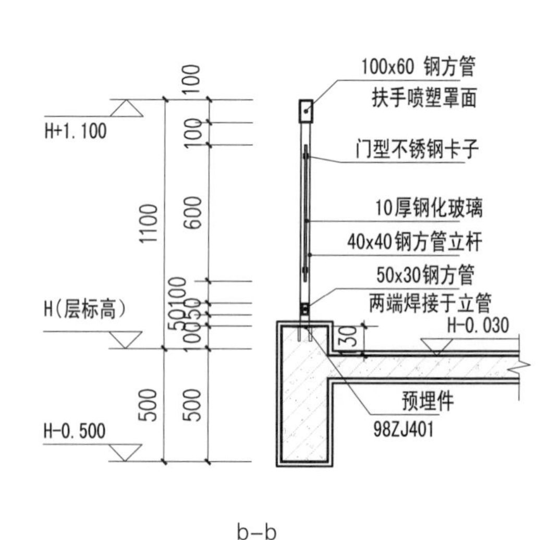

b–b

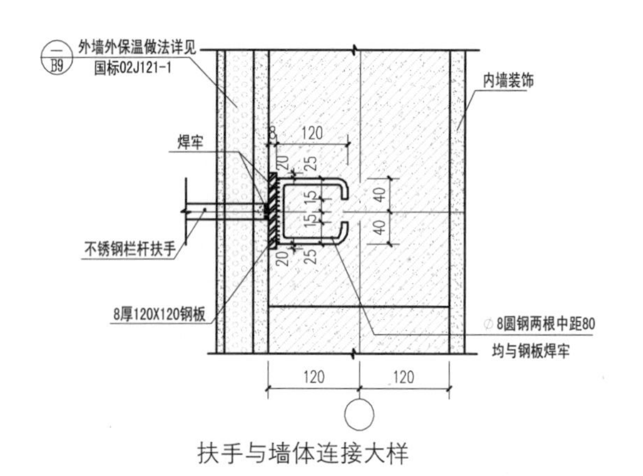

扶手与墙体连接大样

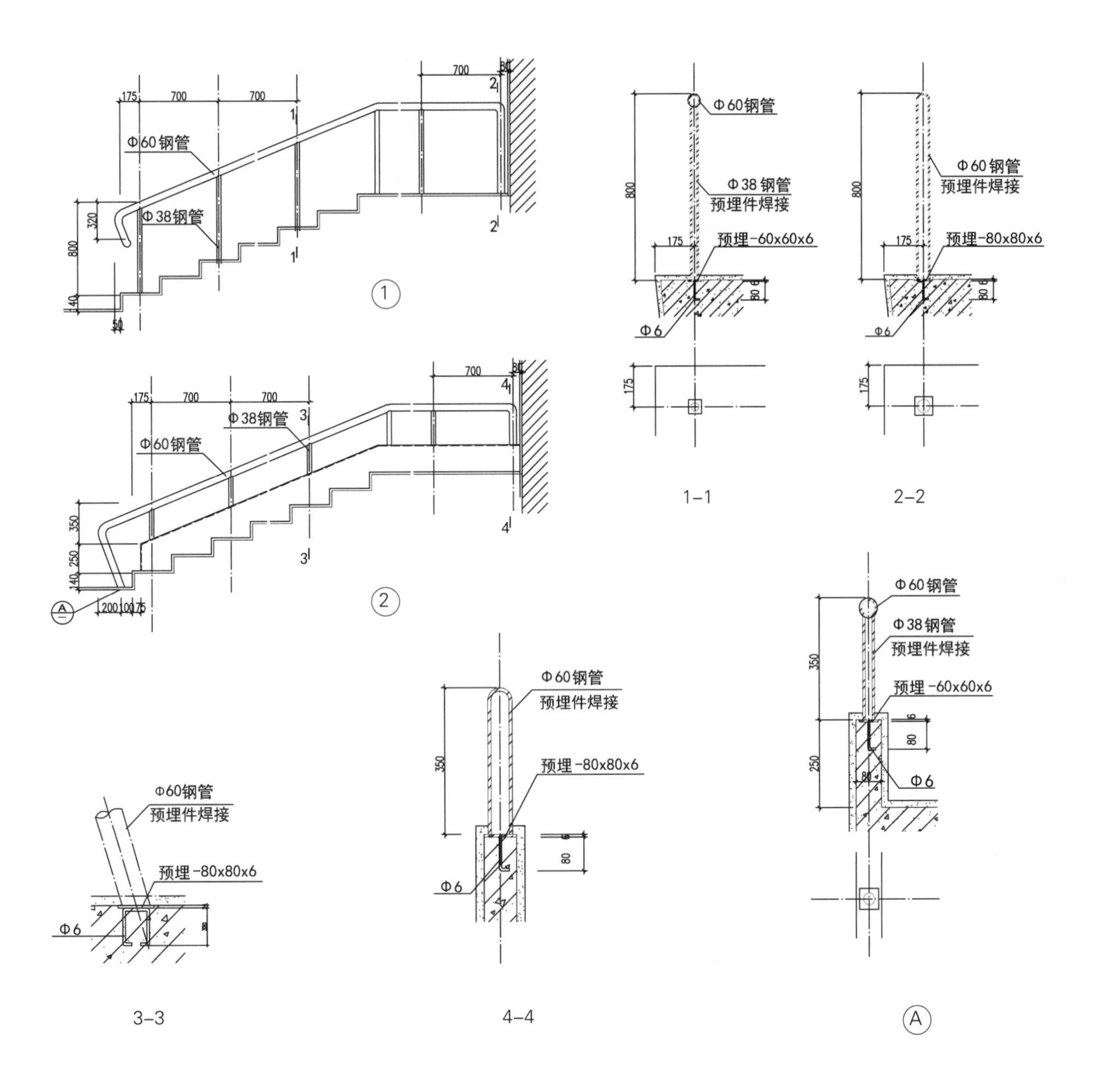

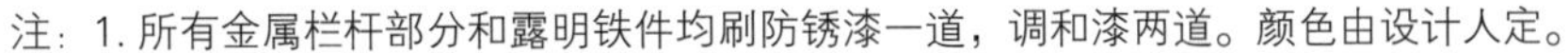

注：1. 所有金属栏杆部分和露明铁件均刷防锈漆一道，调和漆两道。颜色由设计人定。
2. 大台阶栏板饰面材料由设计人定。
3. 台阶踏步均为350宽、140高。或按工程设计。

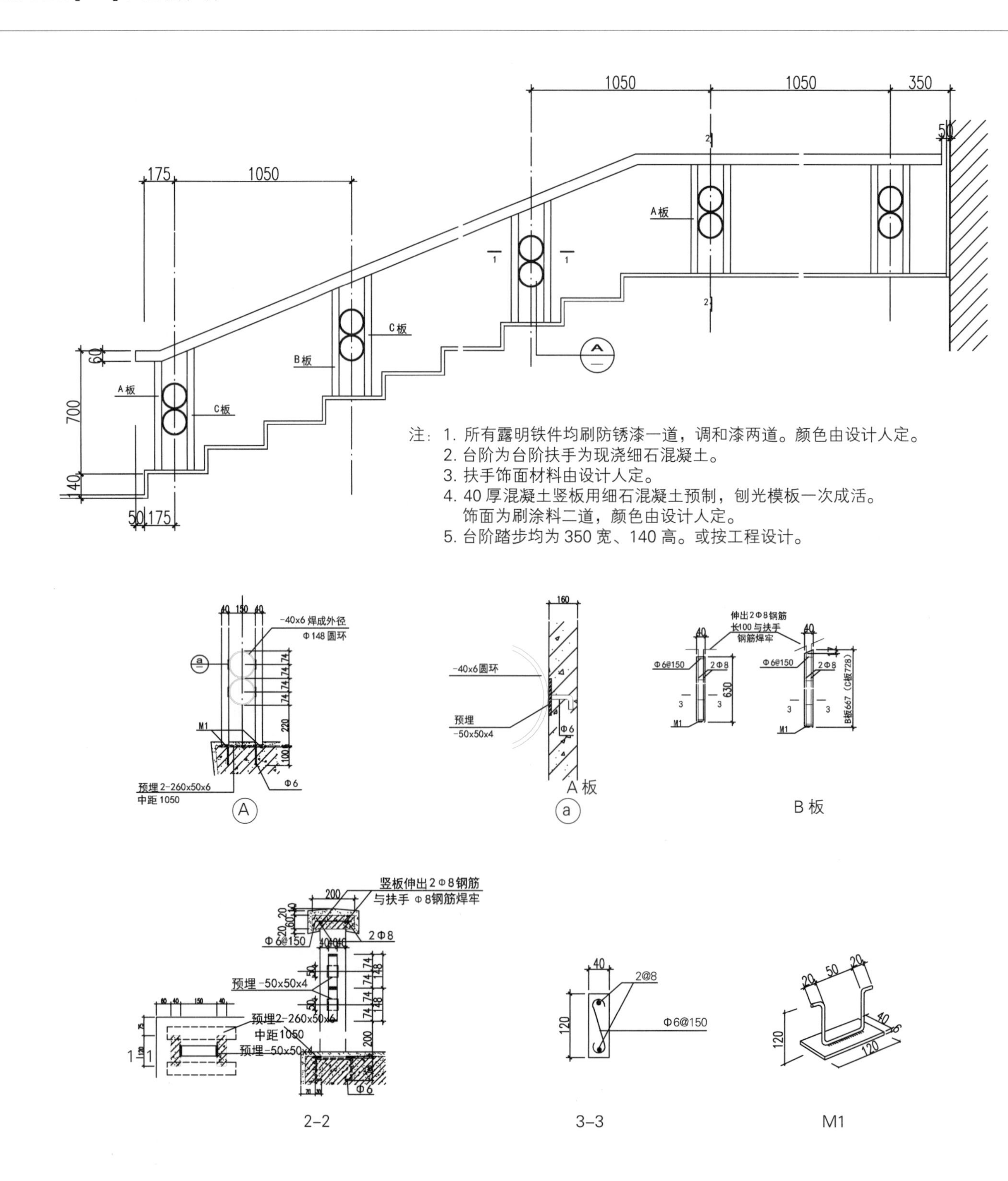

注：1. 所有露明铁件均刷防锈漆一道，调和漆两道。颜色由设计人定。
2. 台阶为台阶扶手为现浇细石混凝土。
3. 扶手饰面材料由设计人定。
4. 40 厚混凝土竖板用细石混凝土预制，刨光模板一次成活。
饰面为刷涂料二道，颜色由设计人定。
5. 台阶踏步均为 350 宽、140 高。或按工程设计。

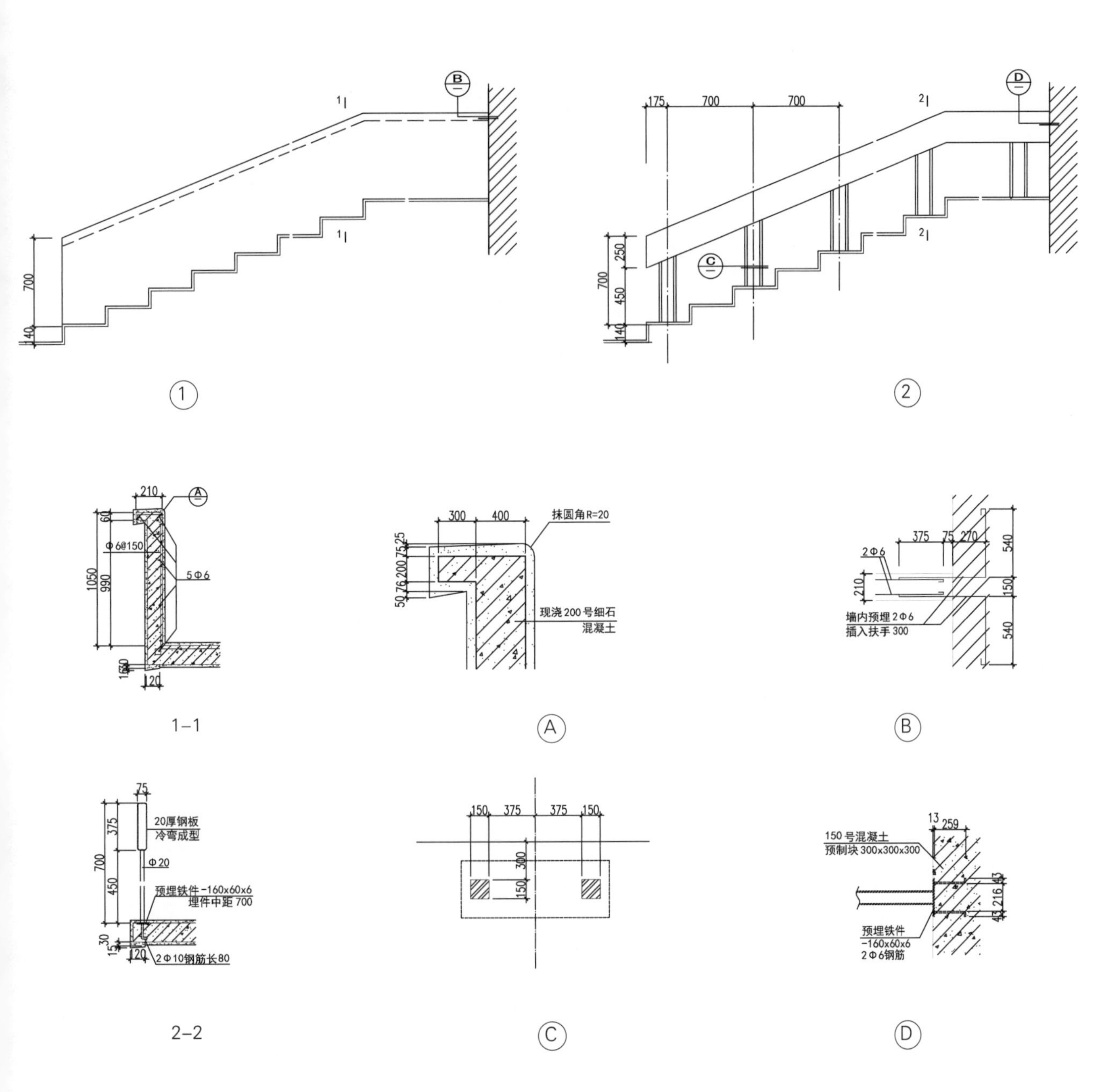

注：1. 所有金属栏杆部分和露明铁件均刷防锈漆一道，调和漆两道。颜色由设计人定。
2. 大台阶栏板饰面材料由设计人定。
3. 台阶踏步均为350宽、140高。或按工程设计。

山石与挡墙

1. 概念
园林山石是指人工堆叠在园林绿地中、广场上的观赏性的山石。

2. 分类
根据山石堆叠方式不同，可分为：自然山石假山、人工塑石假山、土石假山、独立景石等。

自然山石假山有黄石、湖石等天然石依据一定的艺术、技术规律堆叠成的假山；

人工塑石假山由砖、混凝土、彩色水泥砂浆等建筑材料经艺术塑造成的假山；

土石假山由土及天然块石混合堆叠的假山；

独立景石由形态奇特色彩美丽的天然块石，如湖石、黄蜡石独置而成的石景；

3. 常用的石材
在中国古典园林中，讲究用不同的石质原料，构建起不同的假山景观 。园林中有众多的石材，宋代杜绾的《云林石谱》收石 100 余种之多。明代计成的《园冶》中也列石 10 余种。概括为造园常用石材主要有太湖石、黄石、英石 3 种，另外，还有山昆山石、灵璧石、散兵石、锦川石、笋石、钟乳石等（见铺装部分）。

4. 选石
选石如选材，自古以来多着重奇峰孤赏，追求“透、漏、瘦、皱、丑”，这是针对个体而言，五者皆备乃石中之上品。对整体而言，选石还要根据用途而定，“取巧不但玲珑，只宜单点；求坚还从古拙，堪用层堆，须先选质，无纹俟后，依皴合掇，多纹恐损，垂窍当悬”。就造园说，太湖石玲珑剔透，体型小者，可以独石构峰，高大有峰者，竖叠使线条与山峰保持一致，也可构筑峻壁危峰。黄石棱角分明，纹理古拙，质地坚硬，与山的稳定性格相互统一，横线条与大地相统一，可以堆叠雄山。在堆叠假山时，充分利用各种不同的石质材料的颜色、形态、硬度等各种物理属性，扬长避短，尽力做到“因材施用”。 要堆出理想作品，首先选石要石色一致，纹理相顺，才能脉络相连，体势相称。

5. 山石造景的手法
据《园冶》所列，中国园林的叠山艺术计有园山、厅山、楼山、阁山、书房山、池山、内室山、峭壁山等 16 种，按其概括为嵌理壁岩、池上理山、依水叠山、点石成景、独石构峰、旱地叠山和叠石驳岸七类。

图 5–1 独立景石

图 5–2 独立景石

图 5-3 各种置石手法（a，b，c）

（1）嵌理壁岩

在粉墙中嵌理壁岩的做法，在江南园林中常见，具体做法是将山石嵌于墙中，犹如浮雕，或稍离墙面，配以植物，远观犹如粉墙为纸的中国水墨山水画，艺术效果极佳。植物的选择要与山石相呼应，如：苏州网师园、狮子林多处贴近园墙或置湖石，或立石笋，配芭蕉、翠竹，其底植花草、地被植物，如兰花、酢浆草等，其顶种植低矮的小灌木或攀援植物，形成各式赏石框景，仿佛一幅幅以石为卉的画面，令人玩味不尽。

（2）池上理山

由于山与水在性格上是一动一静，一柔一刚，相映成趣。笔者认为它是秦代以来的“一池三山”做法的一个范例。但池上理山，主要以山为主，以池为辅，在建造中更注重自然山体形态的营造。如苏州的环秀山庄的池上理山，以山为主，以池为辅，池东为主山，池西为次山，池水缭绕于两山之间。假山按湖石纹理、色泽、体形巧妙拼接，悬崖用湖石钩带而出，似真山洞壑一般，外观浑然天成。正如戈裕良本人所说：“只将大小石钩带联络，如造环桥法，可以千年不坏，要如真山洞壑一般，然后方称能事”。此山虽占地仅 330m^2，高不足 7m，但内部蕴合洞穴、峡谷、天桥、蹬道、涧流、石室，蕴含了群山奔注、起伏之气势，表现了岭之平迤、峰之峻峭，峦之圆浑、崖之突兀、涧之潜折、谷之深壑等山形胜景，为崇山峻岭、名山大川之缩影。

（3）依水叠山

叠砌假山最好依水而筑，便于利用水为山增加灵性。一般叠山工程中以创造自然野趣景观为主旨，多采用激流涌泉为主，涓涓细水环绕山间，随地势的变化营造出各种自然景观。如无锡寄畅园的八音涧，奇岩夹径，怪石峥嵘，涧道盘曲，林壑幽深，空间紧凑曲折，景色幽深宁静。巧妙利用墙外的二泉伏流，引导到假山中，整个水系仅 40m，却利用地形的倾斜坡度，顺势导流，创造出曲涧、澄潭、飞瀑、流泉等景观，丰富了山水情趣。水池岸边低矮的山石，反衬出水面辽阔的主题内容。假山倒映水中，山石稳重沉着，流水轻盈欢快，一动一静，天光山色，融成一体，形成一幅动人画面，可谓“仁者乐山，智者乐水”又一境界。

（4）点石成景

在园林中，或随地势变化安置，或在景观转折处，或道路交叉处，或竹林边等点缀几块山石，其高低错落，分散堆置，疏落有致，单点、散点或聚点，要做到自然变化，前后呼应，有疏有密，极尽自然景观方能达到极好的艺术效果。在嘉木之下点石，根据不同的植物品种，采用不同质地、色彩的石块，如：高大雄浑的乔木树群宜拙，以质朴、厚重的黄石相配，可以锦上添花；常绿小乔木或灌木之旁点石宜瘦，如玲珑剔透的太湖石，可以加强细腻、轻巧的植物景观风格；在芭蕉下点石宜顽，如宣石等。点石要依所选地段及所表达不同意境，随即采用不同石种以相适宜。如扬州个园的“四季假山”，分别用笋石、湖石、黄石与雪石配以植物，表达春夏秋冬四季的变化。春季，修竹丛中，笋石藏其身而露其头，表达了萌动的春意；夏季，玲珑四通的太湖石，构成深涧绝谷，峭壁危峰，山脚水流清淌，山顶树木荫郁葱茏，展现了盎然生机的夏景；秋季，黄石以其山石的耸立、沧桑寓意秋季降临；冬季，色泽雪白，石体浑圆的雪石让人感到冬季的积雪 。

（5）独石构峰

山石是纯自然之物，其体态、形象多变，观感丰富，一拳一石包孕着自然山林之美，与中国山水画之画理有异曲同工之妙。所以，山石本身就具有极高的观赏价值，可独立成景。白居易曾评论：“石有族，太湖为甲”，由于太湖石形状各异，玲珑多窍，皱纹纵横，涡洞相套，具有瘦、透、漏、皱、清、顽、拙、丑等特点，计成称：“石以高大为贵，惟宜植立轩堂前，或点植乔松奇卉下，罗列园林广榭中，颇多伟观也。自古至今，采之已久，今尚鲜矣”，故太湖石历来被人们视为石中精品，常独石构峰，自成景观，因巨大者很难采到，所以常被作为园中压园之宝，放在显要位置，作为景观的核心。如：苏州著名的留园三峰—— 冠云峰、瑞云峰、绉云峰，上海豫园的玉玲珑等。

（6）旱地叠山

旱地叠山即在地形平坦之处堆筑假山，最主要的是注意脉向，脉向是对整体而言，叠山之前，要有一定的规划，要遵循统一的原则，要有大局观念，把大自然之中的真山神韵脉络高度的统一，使每一块点石、每组叠石都成为有机整体纳入大环境中，要使它们的体量、位置、对应关系相互协调，相互依存，缺一不可。旱地叠山要以山景为主，要使石块的“瘦”、“漏”自然成景，假山要仿若真山具有岩，峦、洞、穴、崖、涧、壑、坡、矶，小路的堆叠要创造曲折而深远的意境。在叠山手法方面综合采用山峦、峭壁、洞谷、巅峰等艺术手法，力求创造雄奇、峭拔、幽邃、平远的园林意境。

园中高山多采用峭壁的叠法，“峭壁贵于直立”，要高耸挺拔，峭壁的上端要做成悬崖式。采用悬崖与陡壁相结合的叠山手法。悬崖可挑出数尺，颇为险峻。山峦的叠筑多采用连绵起伏的手法。用突出的石峰进行散置堆筑加强山势的起伏变化，同时，在山腰、山脚、厅前等处也可多散置石峰，更显自然。山洞要蜿蜒曲折，要留出许多小洞，可采光和通风，达到虚实交错，有透有漏的艺术效果。峭壁之间堆出山谷，山顶种植高大的乔木，山谷种植低矮的灌木，可以使假山更加幽静深邃。丰富了山林的造型。曲径通幽，峰回路转，步移景异，景变境变，取于自然，妙在自然。

（7）叠石驳岸

人工湖泊用自然山石作为水体的驳岸，既可以减弱人工开挖带来的人为影响、减少水土流失，同时可以突出河岸线，美化水体四周的风景线。在实际应用中一般采用横石叠砌。横石叠砌与水平面、水岸边线和谐统一。岸边的石块以其质地的坚、强、重与水的柔、顺、轻形成对比，达到对立统一的美的境界。驳岸石横卧，降低了叠石的高度，使得水面更显辽阔，给人以美感。周围的植物配置采用低矮的乔灌木，如小檗、马蹄莲、鸡爪槭、蚊母、枸骨、宽叶麦冬、金钟花等。上海豫园水量不大，构筑上采用水面集中，曲桥紧贴水面，沿池横向叠石驳岸，使水面有辽阔之感。苏州艺圃在水湾处各架石桥贴水而过，形成辽阔的主水面和曲折幽深的次水面。石板桥不设栏杆，低平而贴水，极富自然之趣，与池边的山石有机结合，似浑然天成山高水深，山小水大，效果妙不可言 。

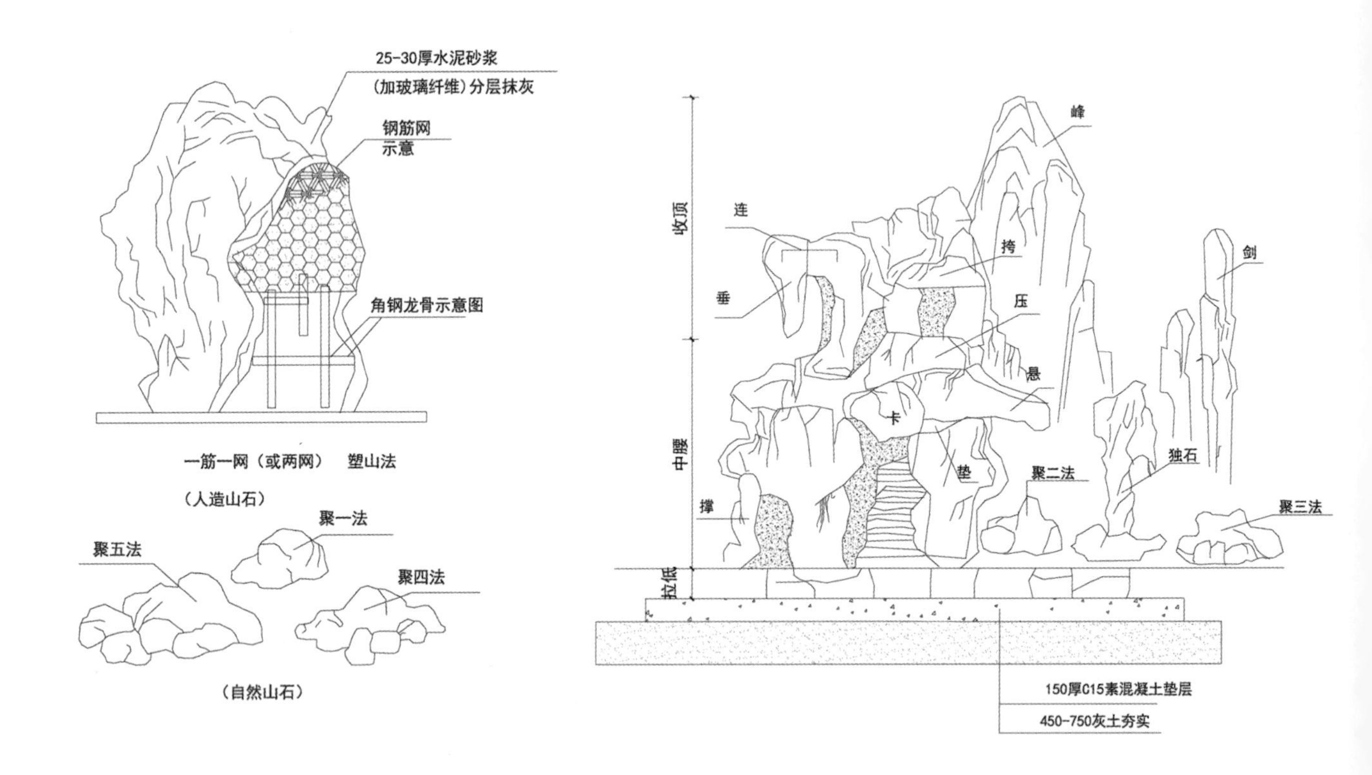

掇山、置石法示意(自然山石)

说明：聚石法应参照石材质量、规格大小而定量，不在图中具体定量

1. 挡墙概念

挡墙是为了保证填土或挖方位置稳定而修筑的永久或临时性的墙或类似于墙的一类人工构造物。

2. 分类

按结构可分为：有重力式挡墙、悬臂式挡墙、扶壁式挡墙、锚杆式和锚定板式挡墙等

（1）重力式挡墙

在同等条件下，所受土压力大小仰斜 < 直立 < 俯斜；墙高一般小于 8m，当墙高 8~12m 时设置为衡重式。

（2）悬臂式挡墙

适用于墙高大于 5m，地基土质较差，且缺少石料等情况。

（3）扶壁式挡墙

H>10m，每隔 03~0.6m 增设扶壁，按三边固定的板计算配筋。

（4）锚杆式和锚定板式

锚杆式结构组成：立柱、挡板、锚杆（适用于坚硬土层或岩层）；

锚定板式结构组成：立柱、基础、挡板、拉杆、锚定板（适用于填土）

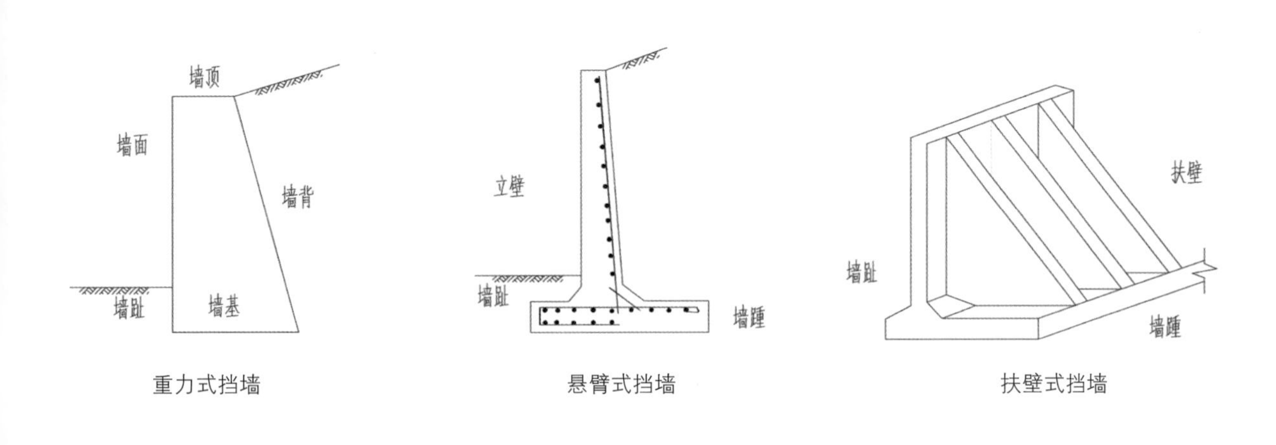

重力式挡墙　　悬臂式挡墙　　扶壁式挡墙

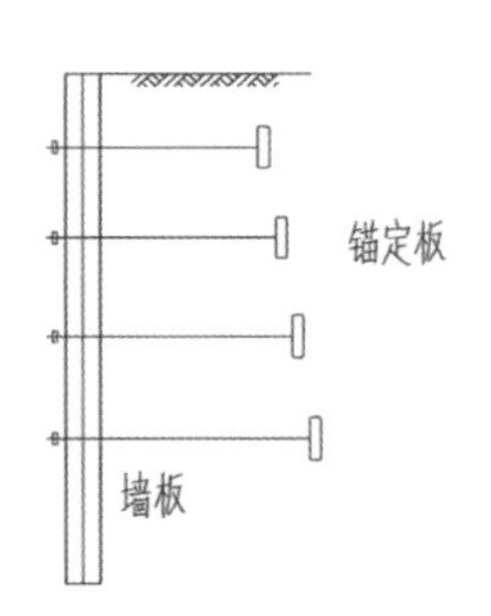

锚定板式挡墙

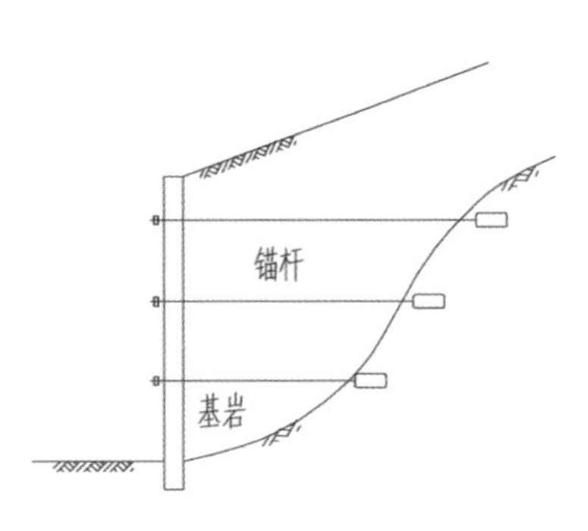

锚杆式挡墙

3. 挡墙的做法

挡墙的外观质感由用材确定，直接影响到挡墙的景观效果。毛石和条石砌筑的挡土墙要注重砌缝的交错排列方式和宽度；混凝土预制块挡土墙应设计出图案效果；嵌草皮的坡面上需铺上一定厚度的种植土，并加入改善土壤保温性的材料，利于草根系的生长。

常见挡墙技术要求及适用场地（表 5–1）。

挡土墙必须设置排水孔，一般为 $3m^2$ 设一个直径 75mm 的排水孔，墙内宜敷设渗水管，防止墙体内存水。钢筋混凝土挡墙必须设伸缩缝，配筋墙体每 30m 设一道；无筋墙体每 10m 设一道。

表 5–1 常见挡墙技术要求及适用场地

材料类型	技术要求及适用场地
干砌石墙	墙高不超过 3m，墙体顶部宽度宜在 450~600mm，适用于可就地取材处
预制砌块墙	增高不应超过 6m，这种模块形式还适用于弧形或曲线形走向的挡墙
土方锚固式挡墙	用金属片或聚合物片将松散回填土方锚固在连锁的预制混凝土面板上，适用于挡墙面积较大时或需要进行填方处
仓式挡墙 / 格间挡墙	由钢筋混凝土连锁砌块和粒状填方构成，模块面层可有多种选择，如平滑面层、骨料外露面层、锤凿混凝土面层和条纹面层等。这种挡墙适用于特定挖举设备的大型项目以及空间有限的填方边缘
混凝土垛式挡墙	用混凝土砌块垛砌成挡墙，然后立即进行土方回填。垛式支架与填方部分的高差不应大于 900mm，以保证挡墙的稳固。
木制垛式挡墙	用于需要表现木质材料的景观设计，这种挡土墙不宜用于潮湿或寒冷地区，适宜用于乡村、干热地区
绿色挡墙	结合挡土墙种植草坪植被。砌体倾斜度宜在 25~70° 。尤适于雨量充足的气候带和有喷灌设备的场地

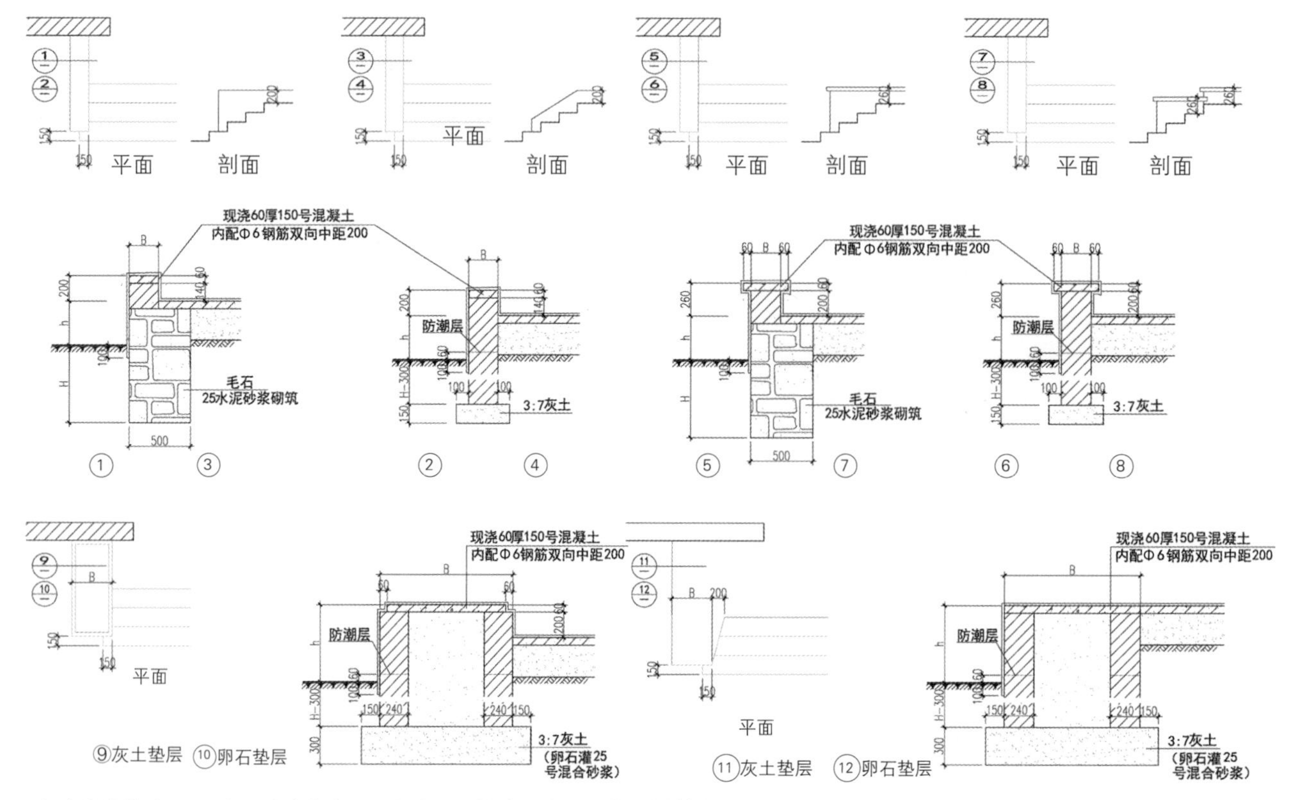

台阶挡墙做法　　注：挡墙宽度 B、高度 h、基础埋深 H 及饰面材料均由设计人员定。

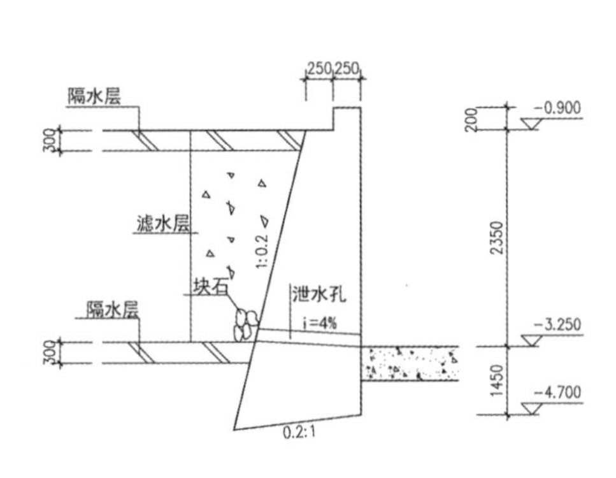

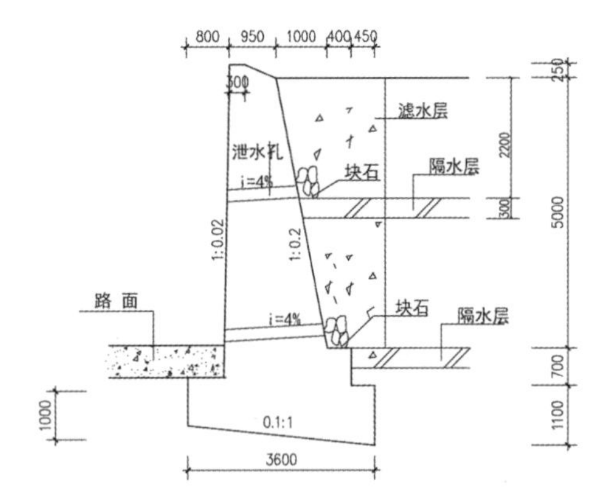

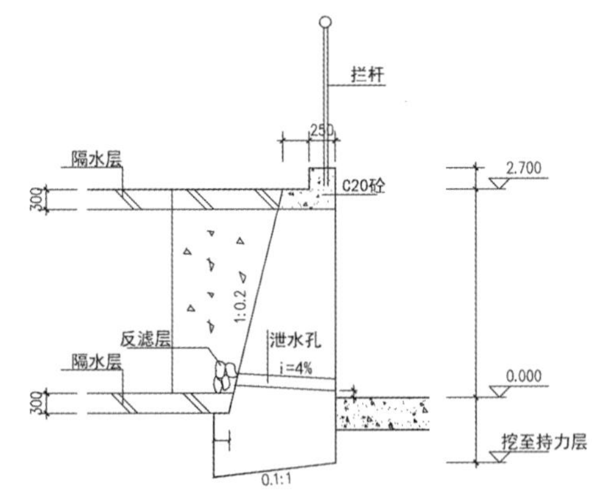

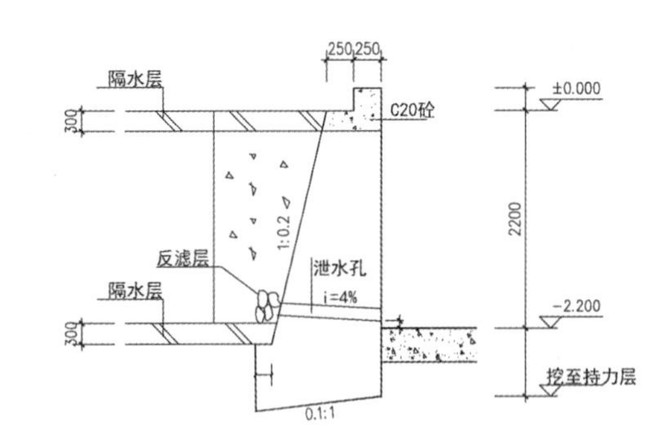

2.7m 高挡土墙　　注：括号内数字适用于坡道　　2.2m 高挡墙

台阶挡墙做法

注：
1. 材料
挡墙基础及墙身均采用 MU30，M5 水泥砂浆砌筑。
2. 设计要求：
（1）基槽的槽底要平整，不得有较大突起。
（2）挡土墙墙身泄水口，孔口尺寸 150×200mm，孔口中心距为 2.0m 上下交错布置，每隔 20m 设一道变形缝，缝宽 30mm，缝中填沥青麻筋。
（3）挡土墙表面用 1:3 水泥砂浆色凸缝。
（4）挡土墙后设砾砂夯实滤水层，厚 300mm，墙后泄水孔下设计黏土夯隔水层，厚 300mm，宽度同墙后填土的宽度。
（5）挡土墙后填土采用碎石土，填土内不得混有有机物或其他杂物，填土时应边砌墙边填土，回填土必须分层夯实，每层厚度≤ 200mm，压实系数 >0.94。

景墙与围墙

1. 景墙

园内划分空间、组织景色、安排导游而布置的墙，能够反映文化，兼有美观、隔断、通透等作用的景观墙体。

景墙是园林中常见的小品，其形式不拘一格，功能因需而设，材料丰富多样。园林景墙主要功能是造景，点缀园林，成为景物之一；有的景墙可以独立成景，与周围山石、花木、灯具等小品，构成独立的风景。

图 6-2 围墙

2. 围墙

在建筑学上是指一种垂直方向的空间隔断结构，用来围合、分割或保护某一区域，同时具有装饰环境的作用。

围墙有隔断、划分组织空间的作用，也有围合、标识、衬景的功能。本身还有装饰，美化环境，制造气氛并获得亲切安全感等多功能作用。因此高度一般控制在 2m 以下，成为园景的一部分，园墙的命名由此而来。

园墙和围篱在设计中可交替配合使用，构成各景区景点外围特征，并与大门出入口、竹林、树丛、花坛、流水等自然环境融为一体。

特别是在当前城市绿化改善市容上，它又发挥了新的作用，各大城市绿化用地紧张，为了将各沿街住宅单位的零星绿地组织到街头绿化上来，可通过园墙漏窗和围篱空隙“引绿出墙”成为城市街道公共绿地的一部分，从视觉上扩大绿化空间，美化市容。

图 6-1 景墙

3. 传统园墙及其分类

①小青瓦，琉璃瓦压顶

②青瓦卷棚压顶

③园窗青瓦压顶

④漏窗青瓦压顶

⑤长腰青瓦压顶

⑥八五砖竖筒压顶

4. 园林式围篱

围篱与园墙空间构成的区别在于围篱在垂直界面上虚多实少，所用材料更广泛自由，就地取材，高度在 2.5m 以下，它既能分割空间，又能隔而不断，也能使用植物绿化形成围篱。

①用人工材料（砖，石，轻钢，铅丝网等）的有：砖围篱 、混合（砖石，钢木）围篱 、轻钢围篱、铁丝网围篱。

②用自然材料（竹片，棕第，树枝，稻草等）的有：竹围篱 、穗枝围篱 、栅式围篱、屏栅围篱、花坛式围篱、绿篱。

5. 设计要求

①位置选择：选择景墙的位置时，要考虑到园林造景的需要，常与游人路线、视线、景物关系等统一考虑，才能有的放矢，取得框景、对景、障景等设计意图。

②造景与环境：造型要完整，构图要统一，形象应与环境协调一致，墙面上需设漏窗、门洞或花格装饰时，其形状、大小、数量、纹样等均应注意比例适度、布局有致，以形成统一的格调。需取得园林环境的衬托，借助周围的树木、花草、山石等的陪衬，更具生动的效果。

③坚固与安全：墙垣要注意安全，尤其是孤立单片直墙，要适当增加其厚度，加设柱墩、设计成曲折连续墙垣等，还应考虑风压、雨水的影响。

④材料选择：就地取材，能体现地方特色，又具有经济效果。各种材料均可选用，并可组合使用。

⑤构造要求：基础务必设在冰冻线以下，以防冻胀损坏；墙厚与选用材料有关。

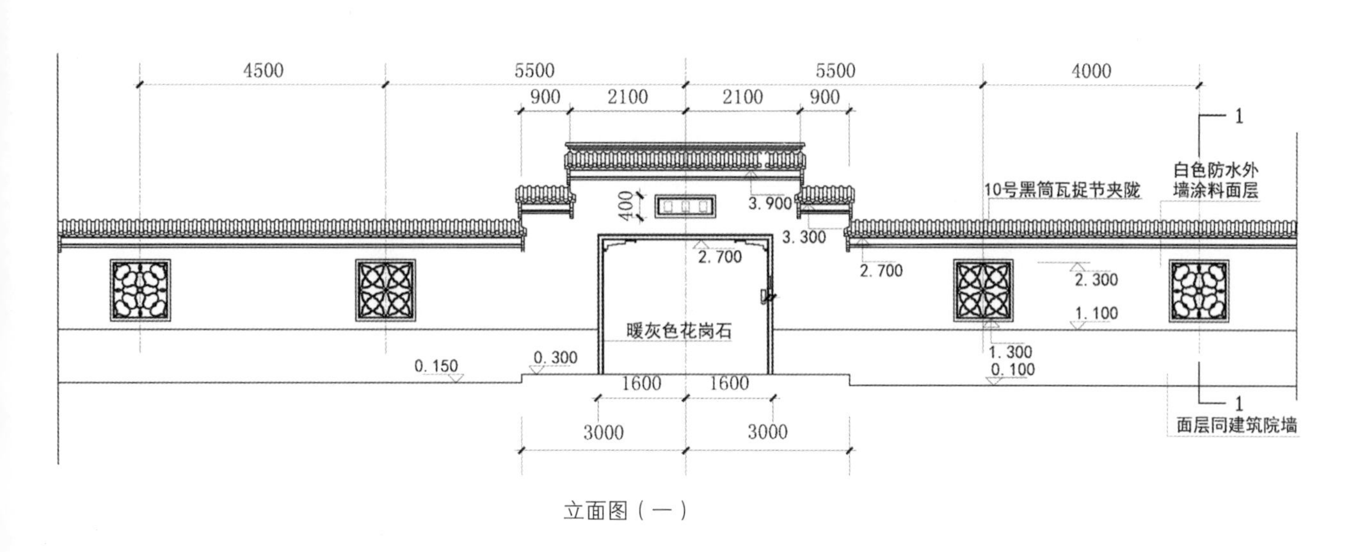
4500
5500
5500
4000
900
2100
2100
900
10号黑筒瓦捉节夹陇
白色防水外墙涂料面层
3.900
3.300
2.700
2.700
2.300
1.100
1.300
0.100
暖灰色花岗石
0.150
0.300
1600
1600
3000
3000
面层同建筑院墙

立面图（一）

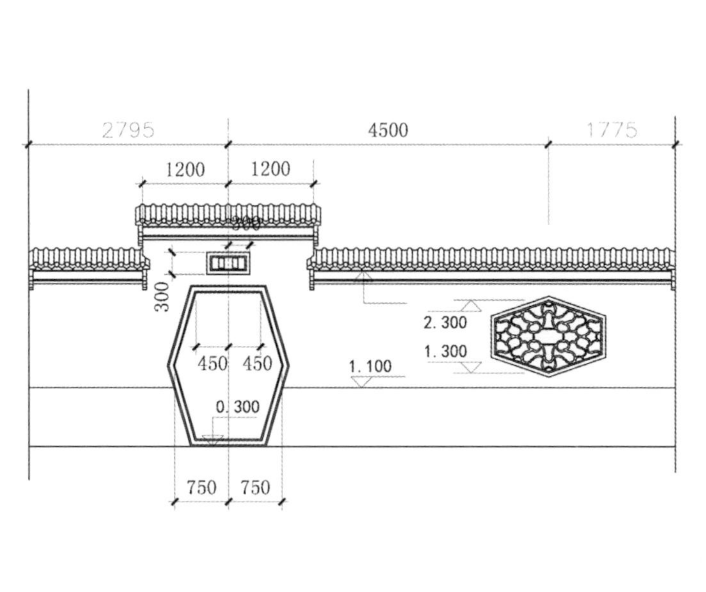
2795
4500
1775
1200
1200
2.300
1.300
1.100
450
450
0.300
750
750

立面图（二）

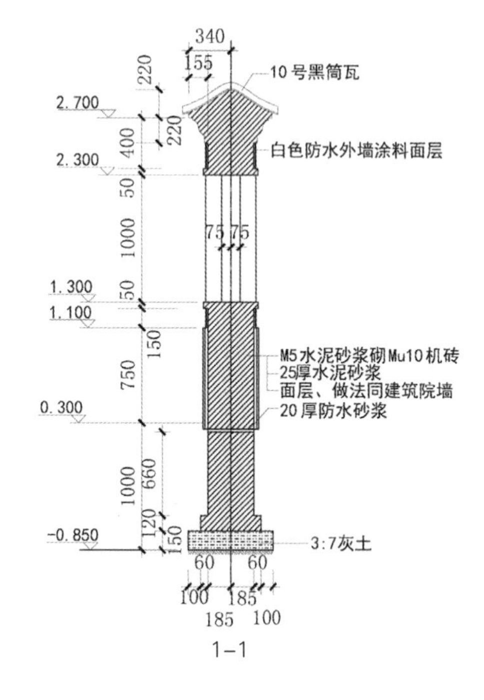
340
155
10号黑筒瓦
白色防水外墙涂料面层
2.700
2.300
1.300
1.100
0.300
-0.850
M5水泥砂浆砌Mu10机砖
25厚水泥砂浆
面层、做法同建筑院墙
20厚防水砂浆
3:7灰土
60
60
100
185
185
100

1-1

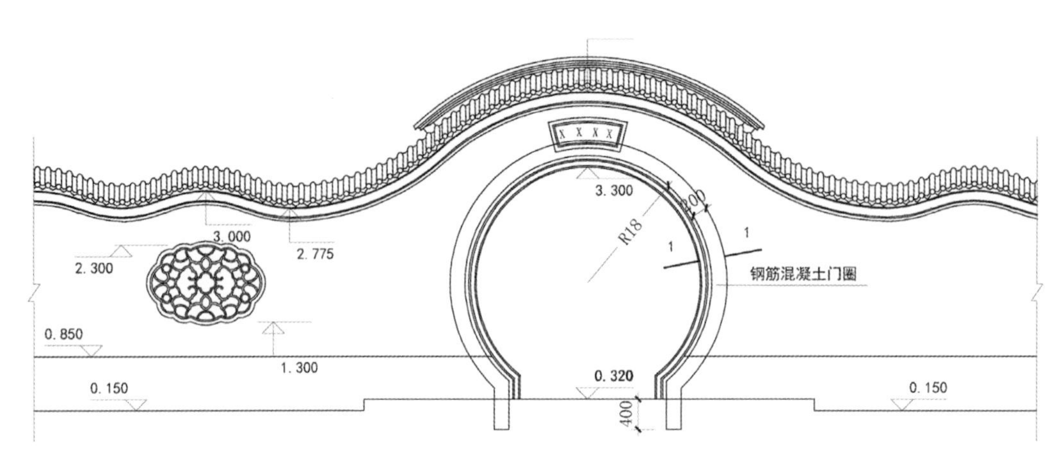
3. 300
200
R18
1
1
钢筋混凝土门圈
3. 000
2. 775
2. 300
0. 850
1. 300
0. 150
0. 320
400
0. 150

立面图（三）

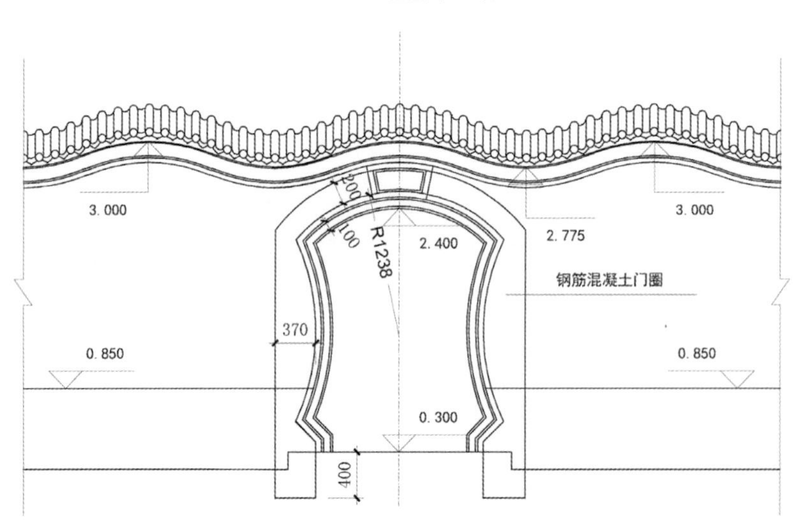
200
100
R1238
2. 400
3. 000
2. 775
3. 000
钢筋混凝土门圈
370
0. 850
0. 850
0. 300
400

立面图（四）

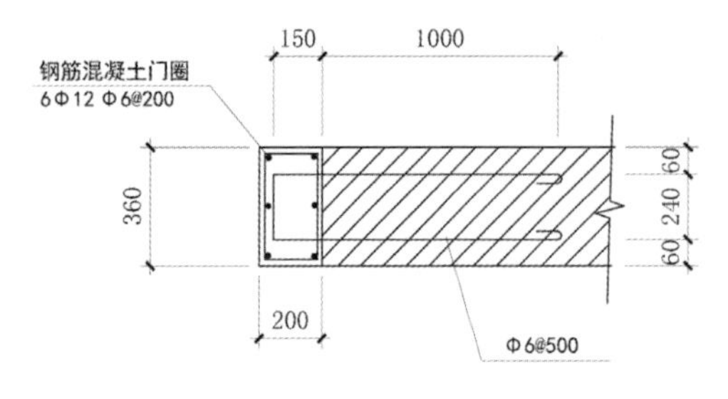
150
1000
钢筋混凝土门圈
6Φ12 Φ6@200
360
60
240
60
200
Φ6@500

1–1

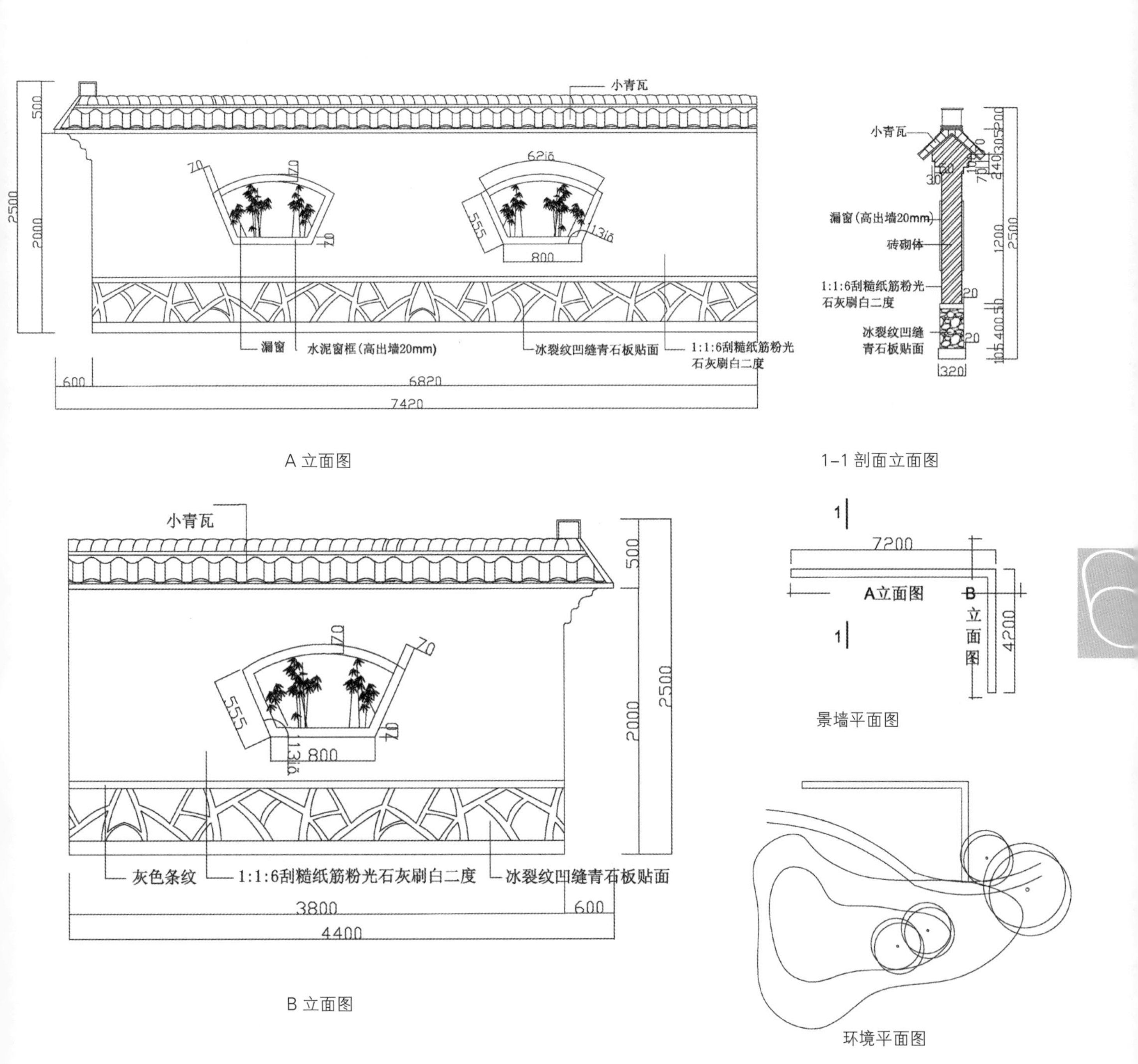

A 立面图

1–1 剖面立面图

B 立面图

景墙平面图

环境平面图

说明：景墙为我国古典园林形式，其形状为“L”，长为 7.2m，竖向长为 4.2m，墙面为 1:1:6 刮糙纸筋粉光石灰刷白二度，墙根为冰裂纹凹缝青石板贴面，墙面上设有漏窗，形成框景的艺术效果。

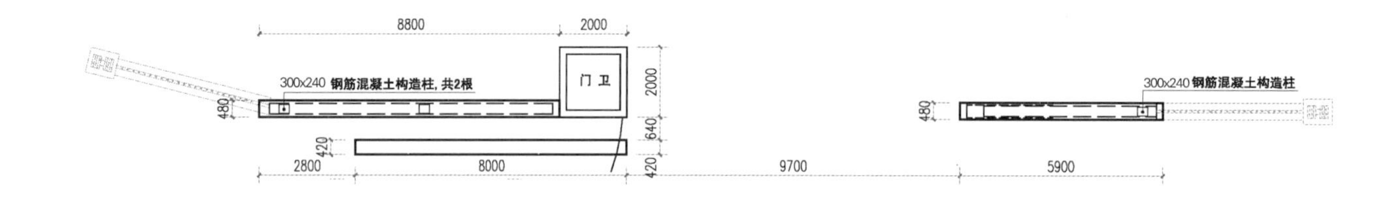

景墙平面图

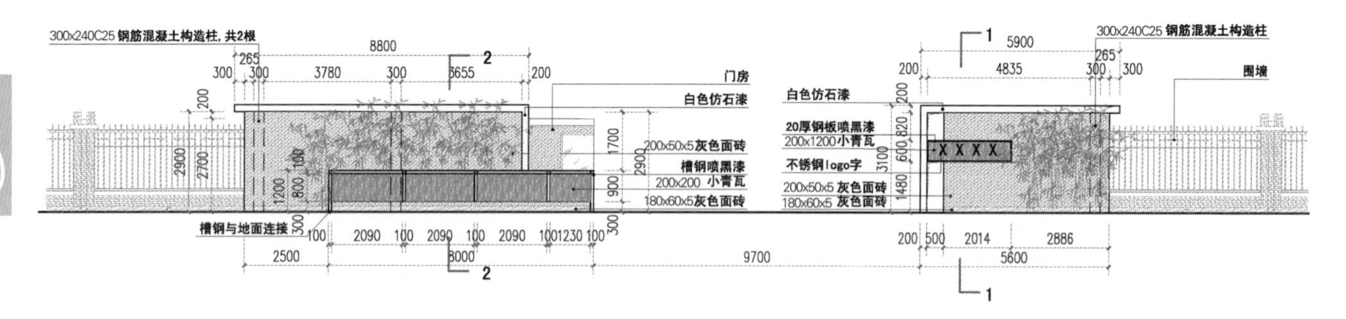

景墙正立面图

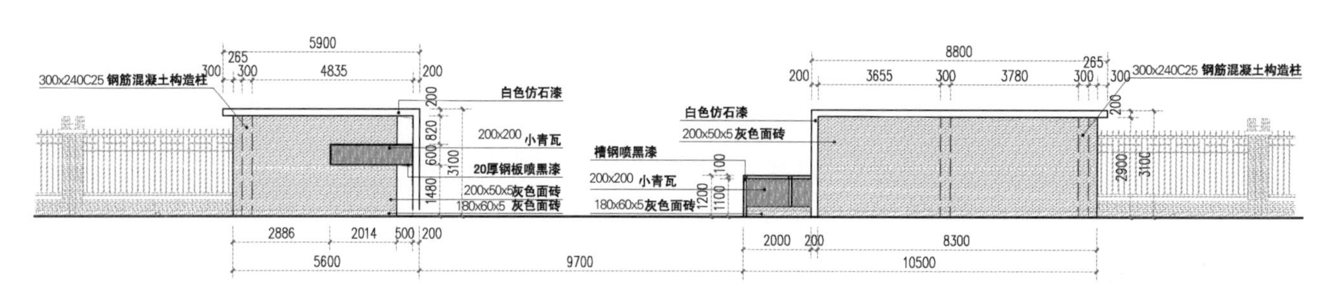

景墙背立面图

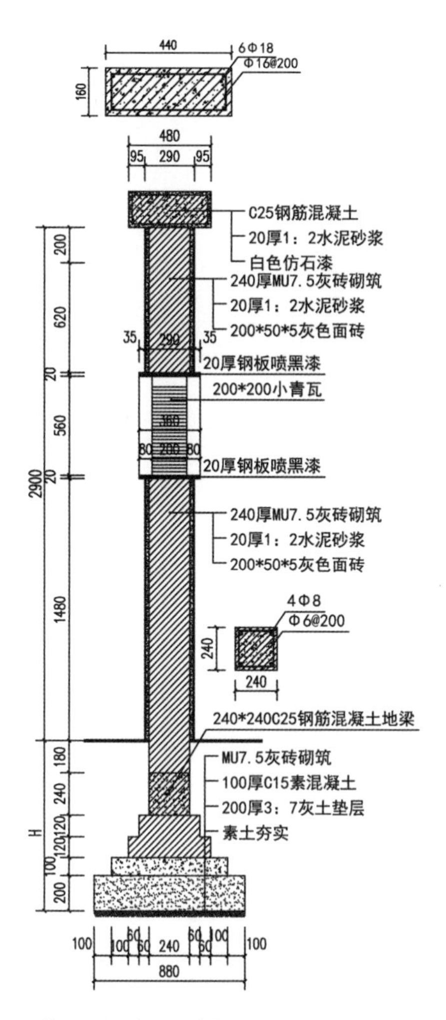

①入口景墙 1-1 剖面图

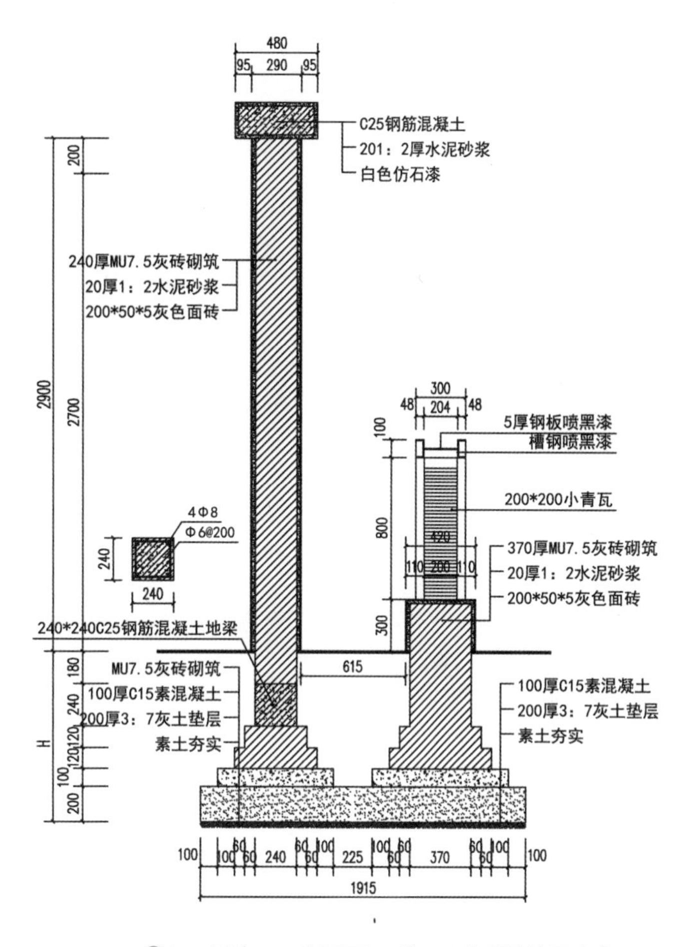

②入口景墙 2-2 剖面图　注：H 由所处地区决定

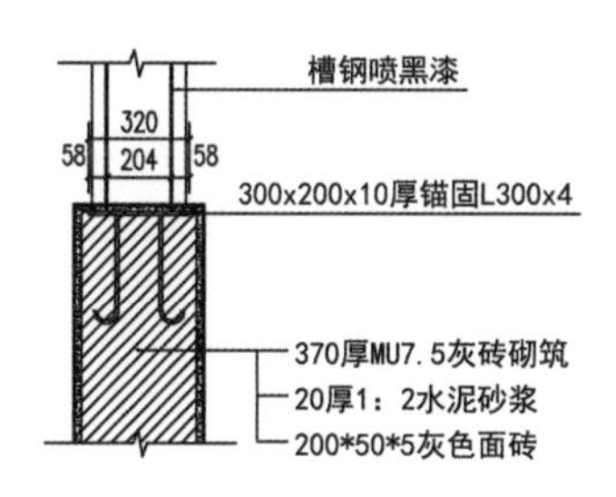

③槽钢与砖墙连接做法详图

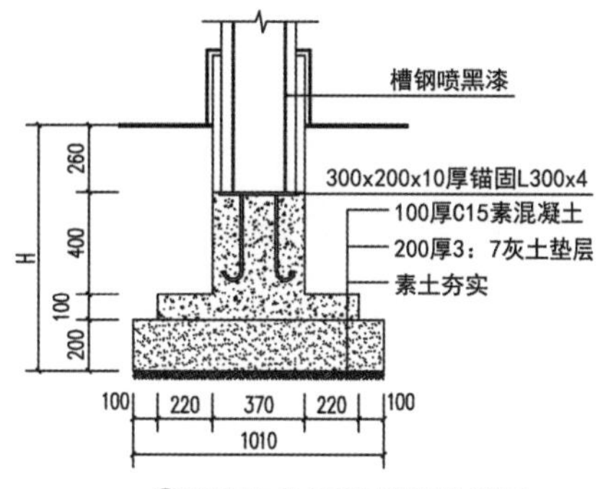

④槽钢与地面连接做法详图

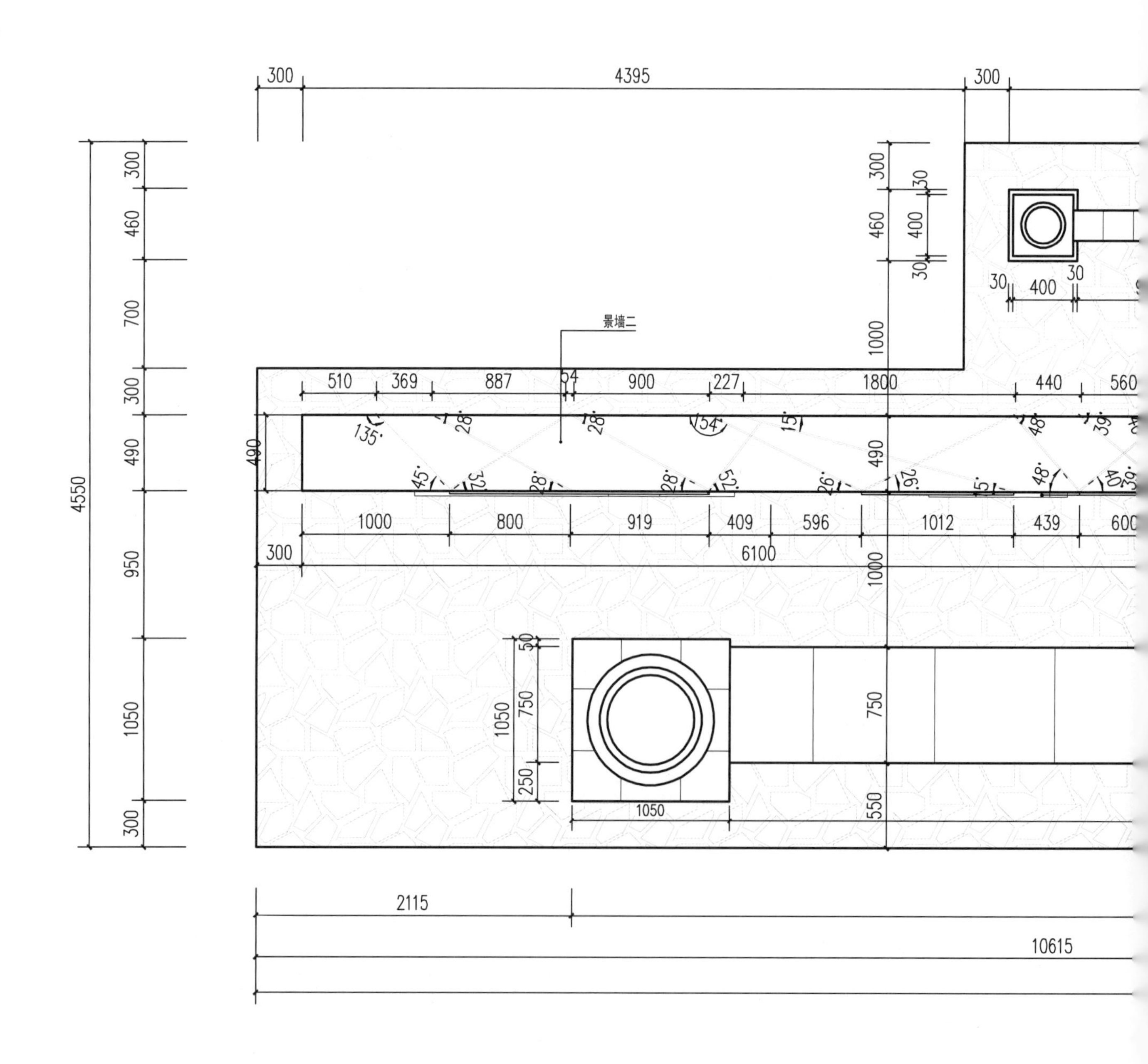

300
4395
300
景墙二
510
369
887
900
227
1800
440
560
135°
45°
32°
28°
15°
154°
26°
48°
39°
1000
800
919
409
596
1012
439
600
300
6100
4550
460
700
490
950
1050
30
400
750
250
50
550
2115
10615

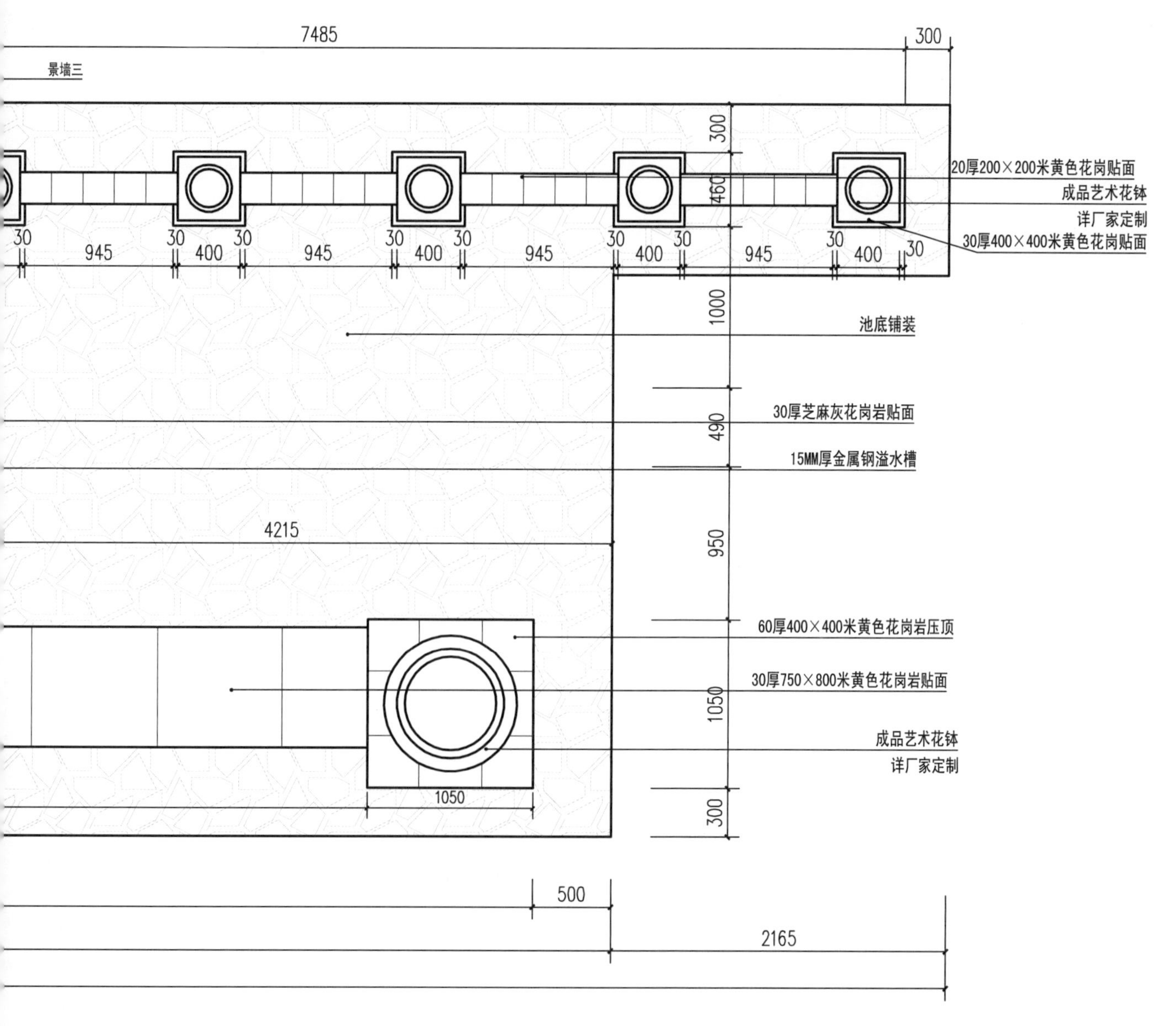

7485
300
景墙三
300
460
20厚200×200米黄色花岗贴面
成品艺术花钵
详厂家定制
30厚400×400米黄色花岗贴面
30
945
400
1000
池底铺装
490
30厚芝麻灰花岗岩贴面
15MM厚金属钢溢水槽
4215
950
60厚400×400米黄色花岗岩压顶
30厚750×800米黄色花岗岩贴面
1050
成品艺术花钵
详厂家定制
1050
300
500
2165

①景墙顶视图

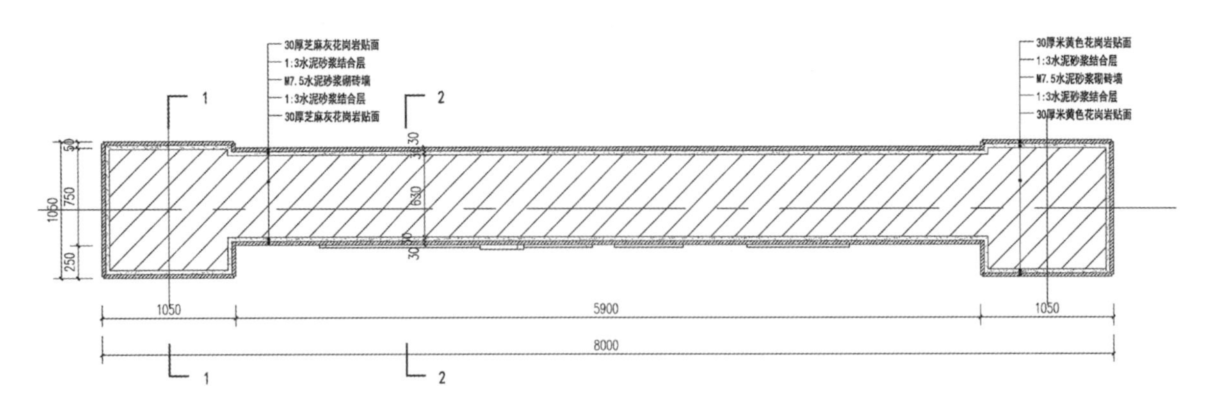

①景墙一平面图

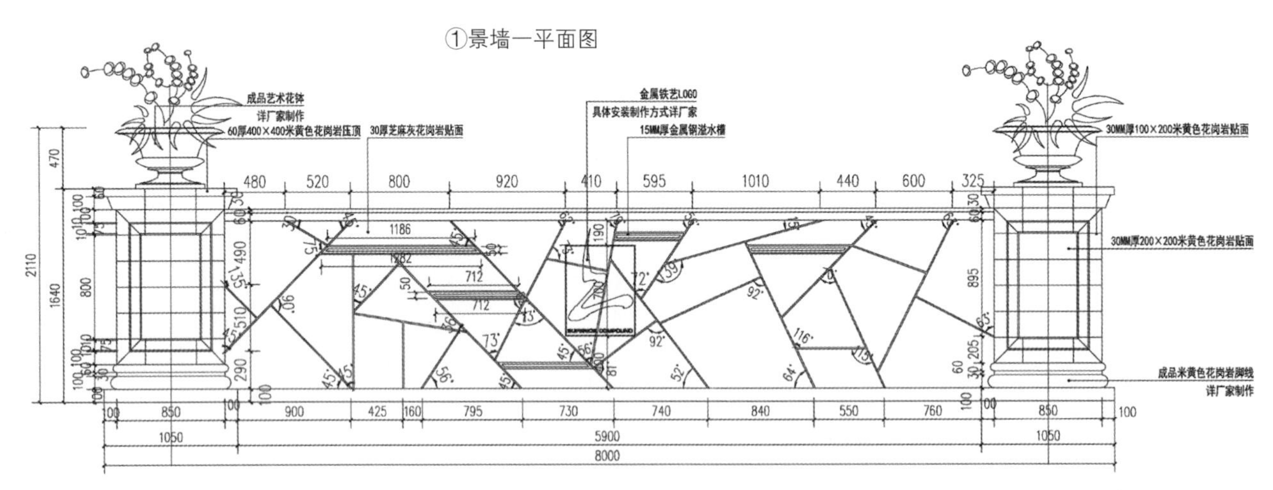

①景墙一正立面图

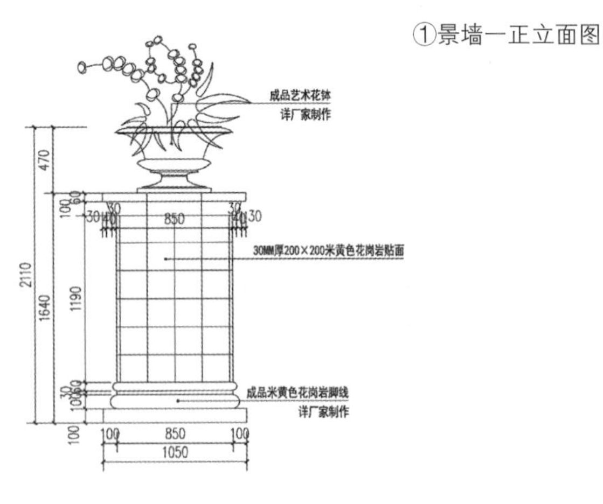

Ⓑ 景墙一侧立面图

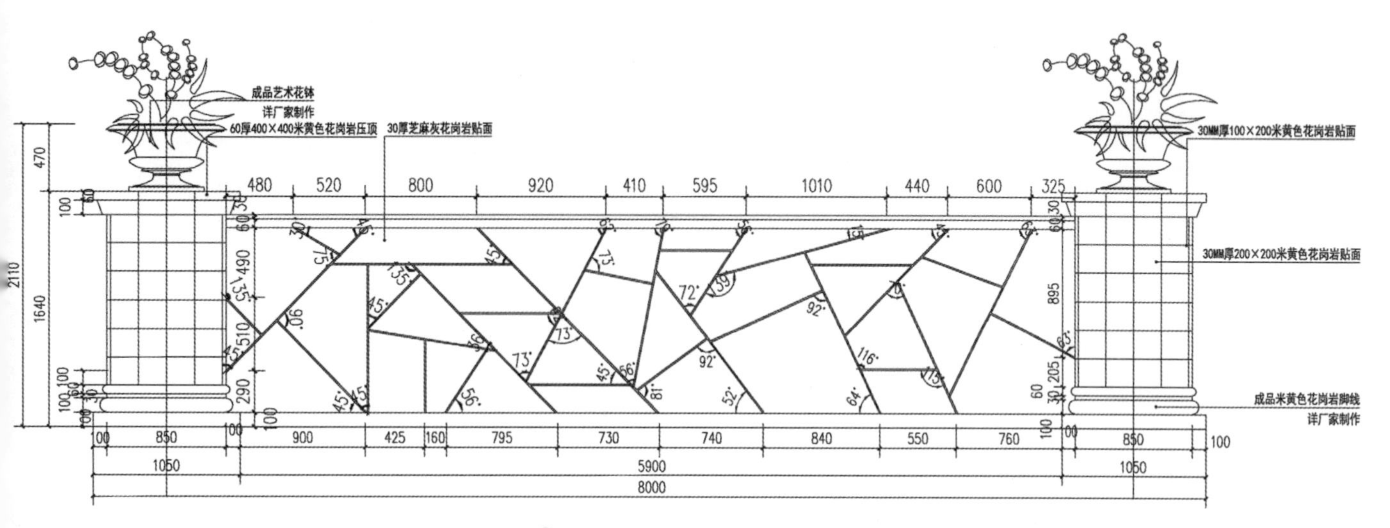

Ⓒ 景墙一背立面图

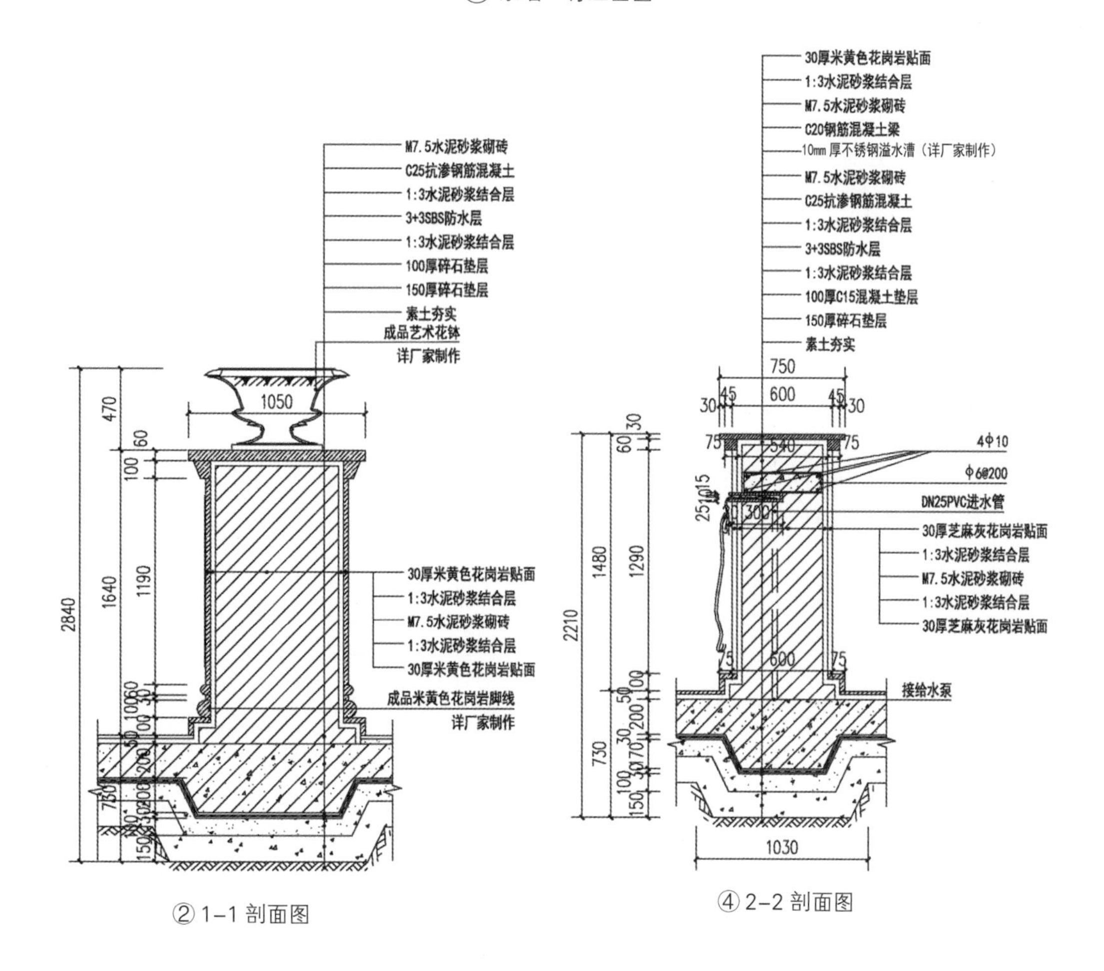

② 1–1 剖面图

④ 2–2 剖面图

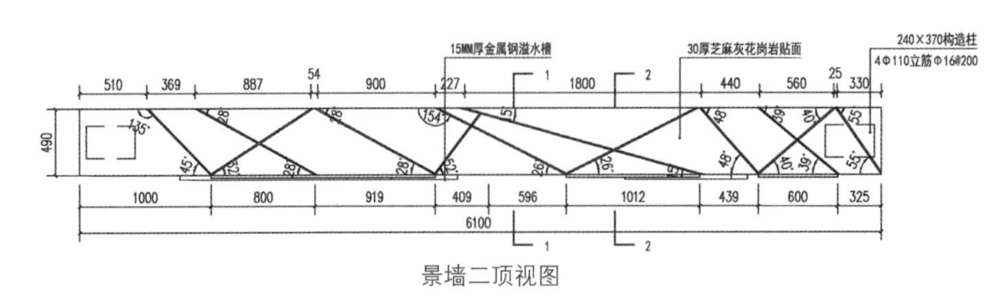

景墙二顶视图

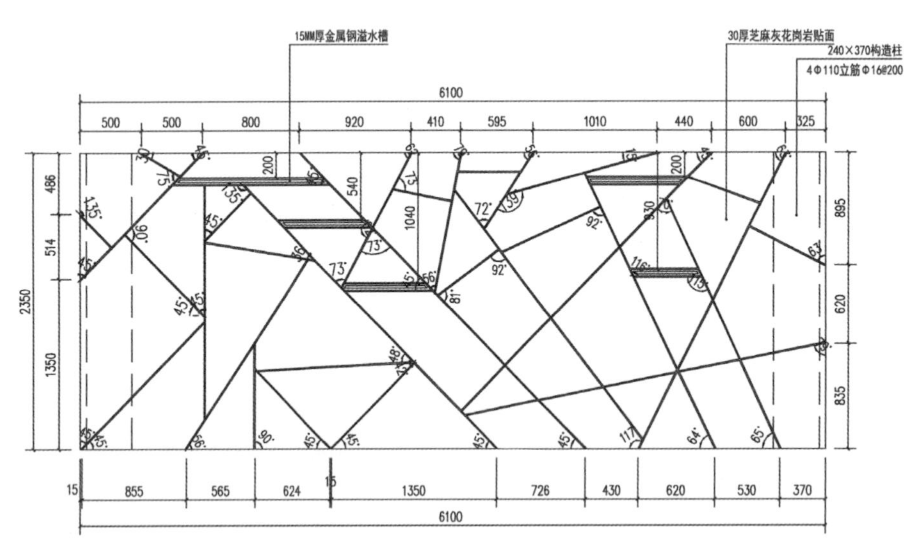

景墙二正立面图

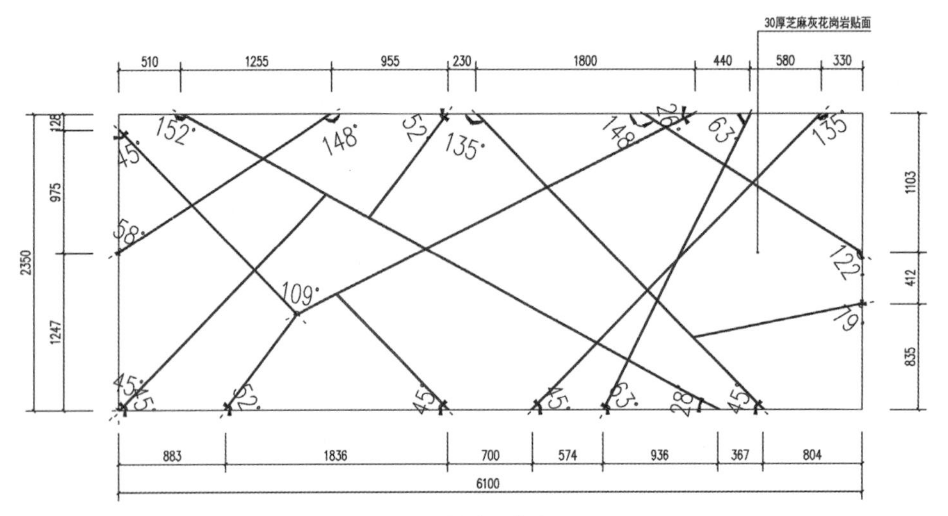

景墙二背立面图

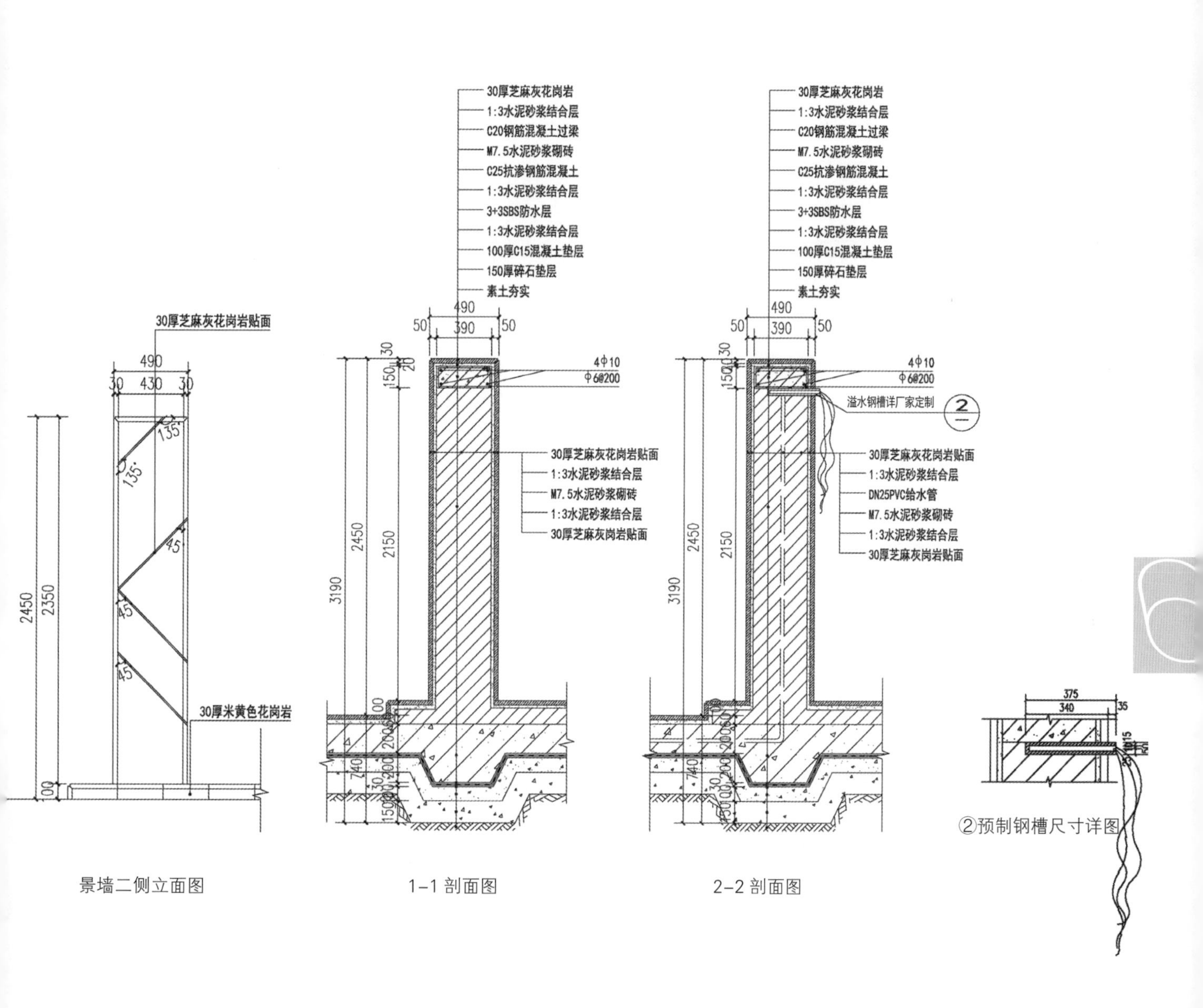

景墙二侧立面图

1-1 剖面图

2-2 剖面图

②预制钢槽尺寸详图

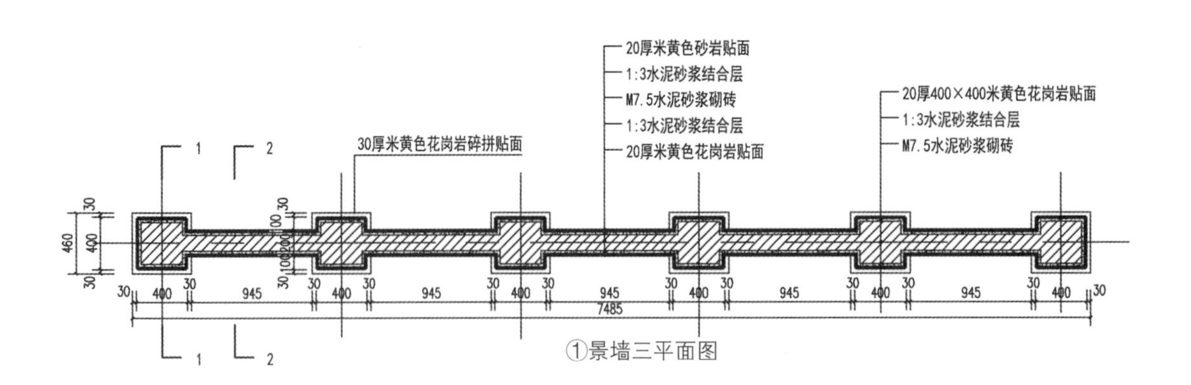

①景墙三平面图

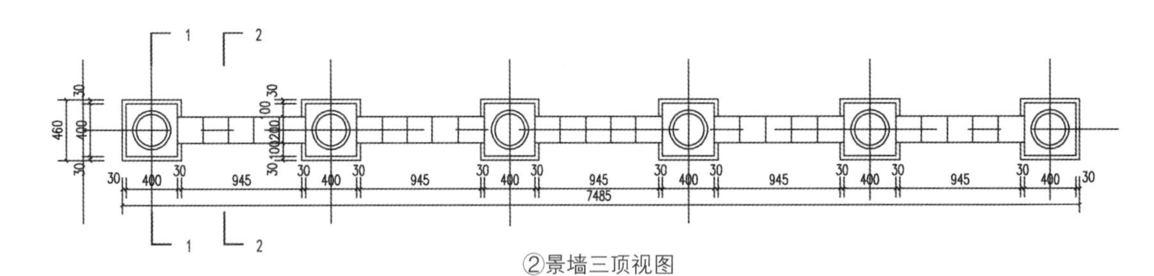

②景墙三顶视图

③景墙三正立面图

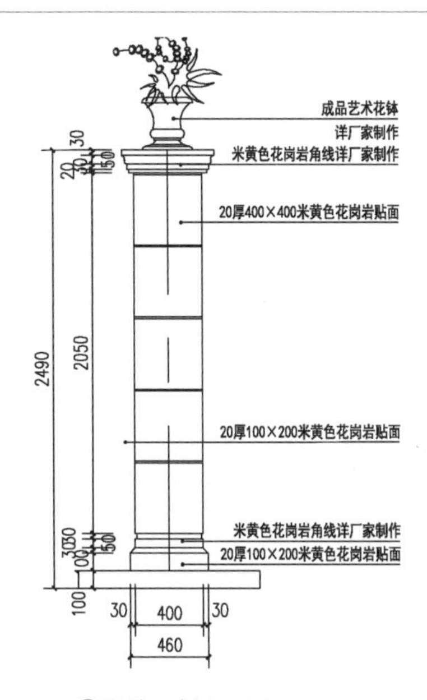

④景墙三侧立面图

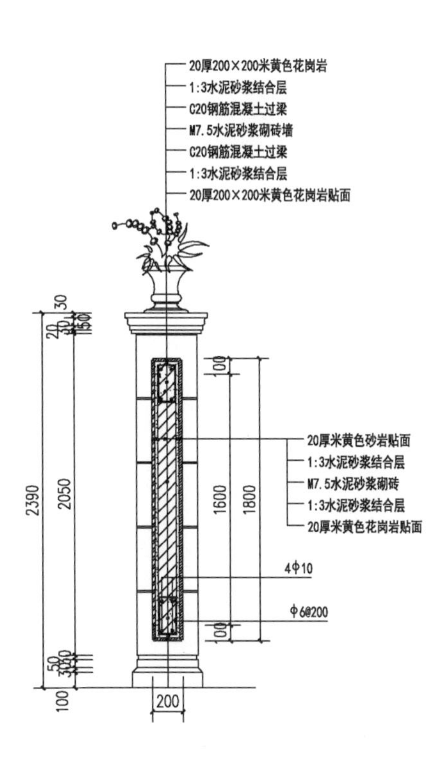

⑥景墙三 2-2 剖面图

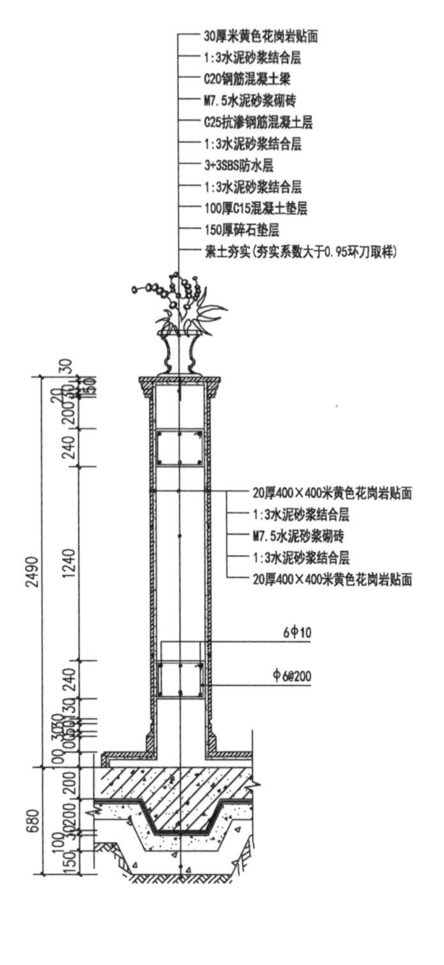

⑤景墙三 1-1 剖面图

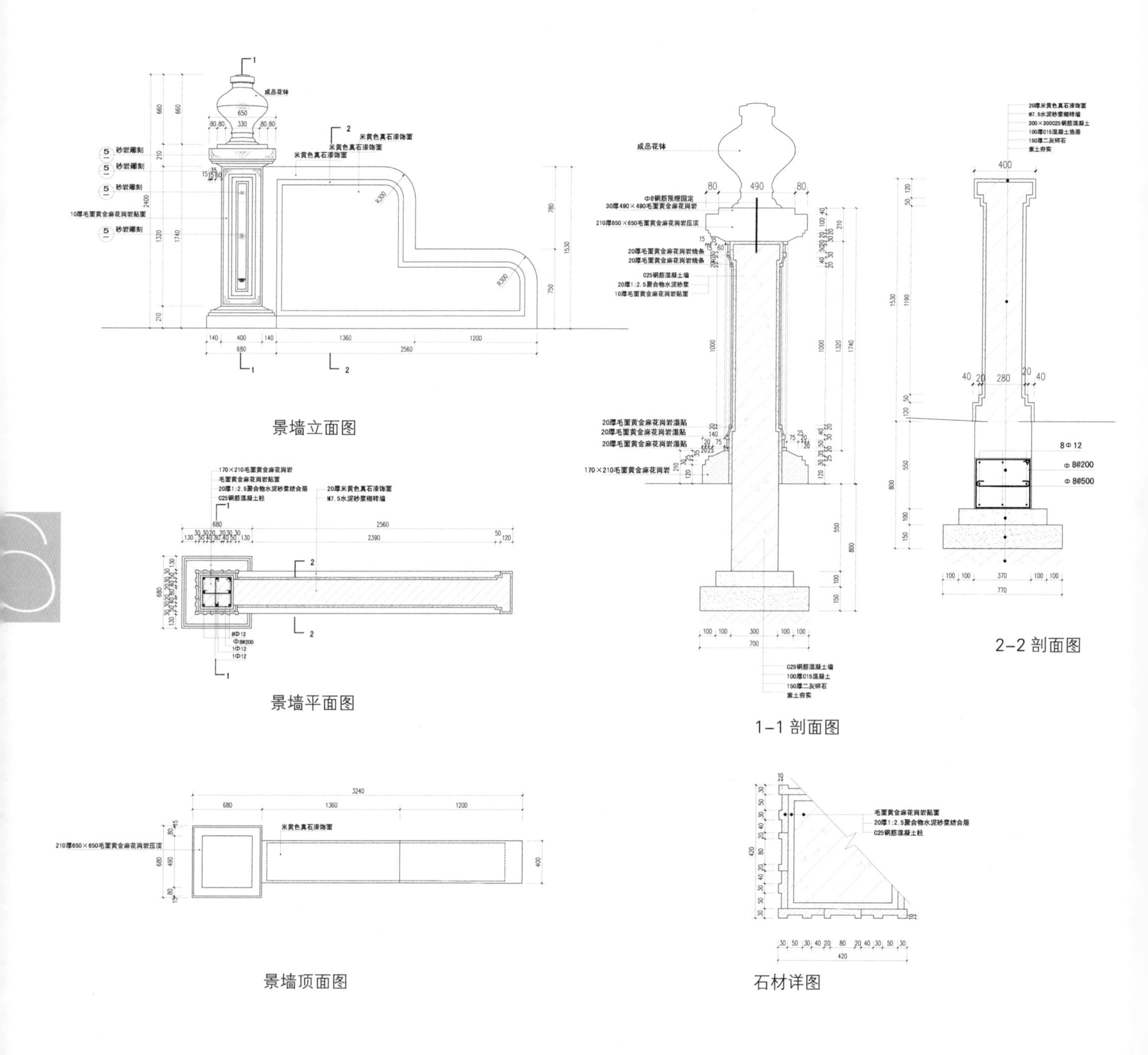

景墙立面图

1-1 剖面图

2-2 剖面图

景墙平面图

景墙顶面图

石材详图

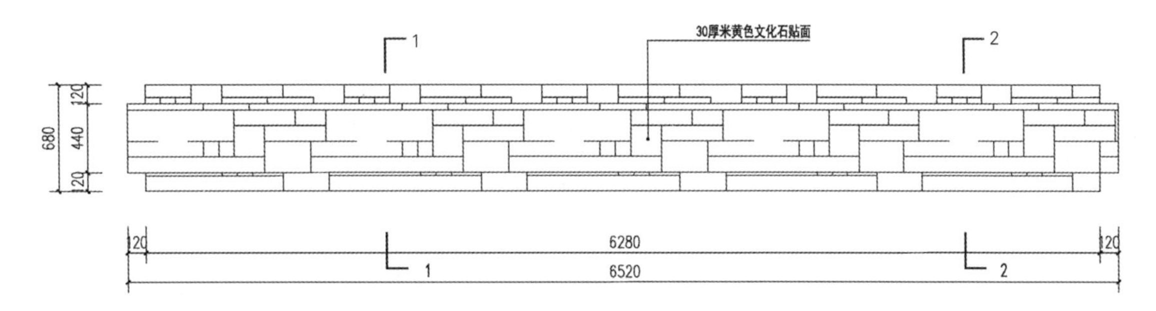

景墙平面图

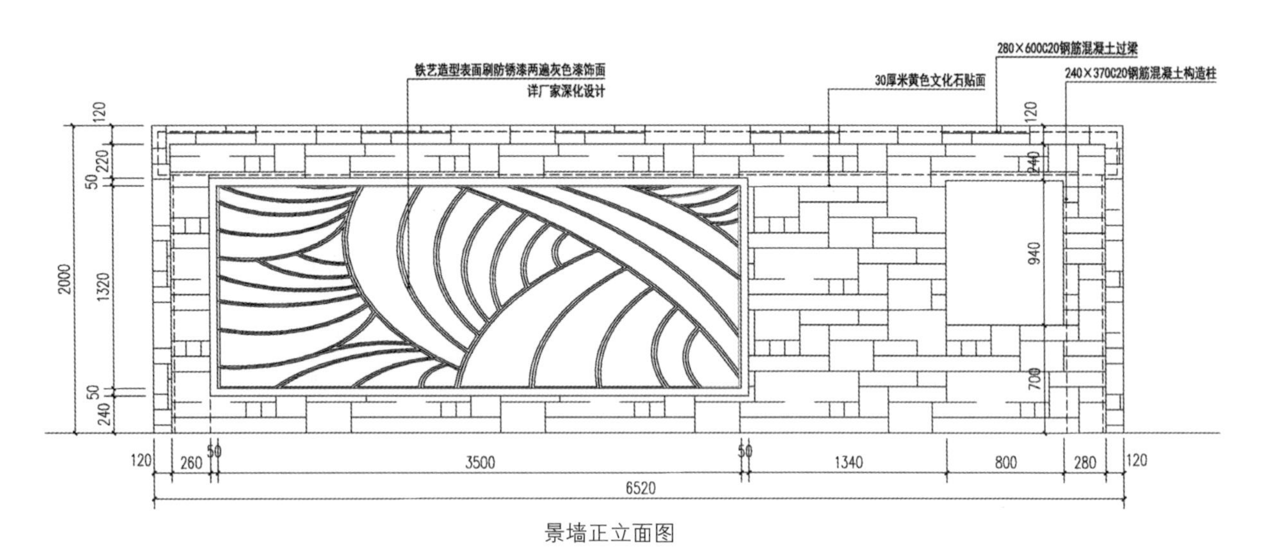

景墙正立面图

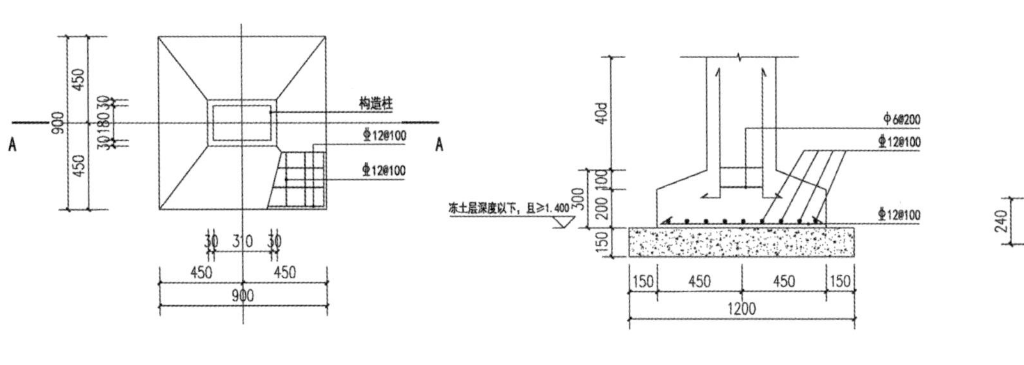

构造柱基础平面图

A-A 断面图

构造柱配筋图

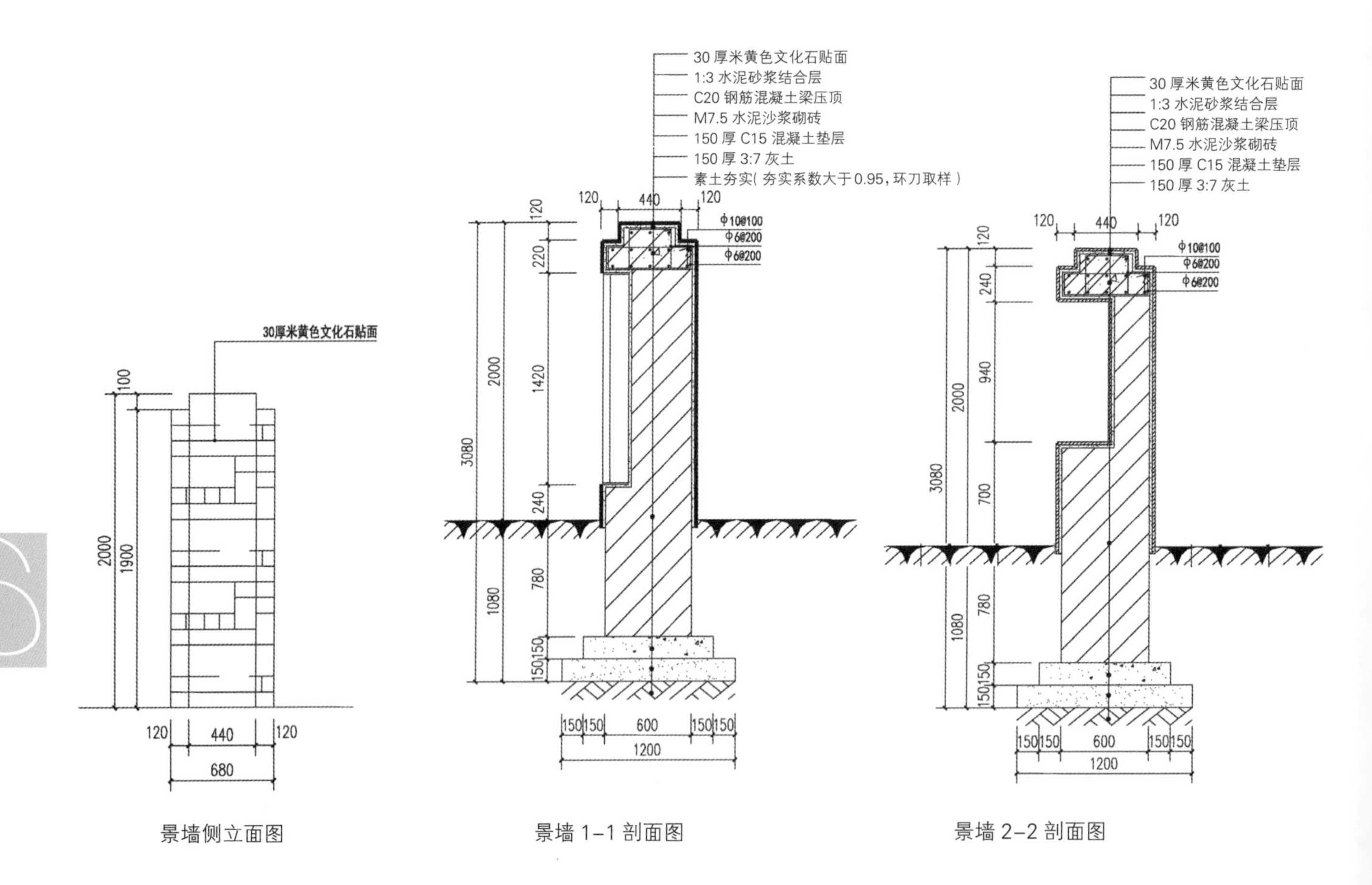

景墙侧立面图

景墙 1-1 剖面图

景墙 2-2 剖面图

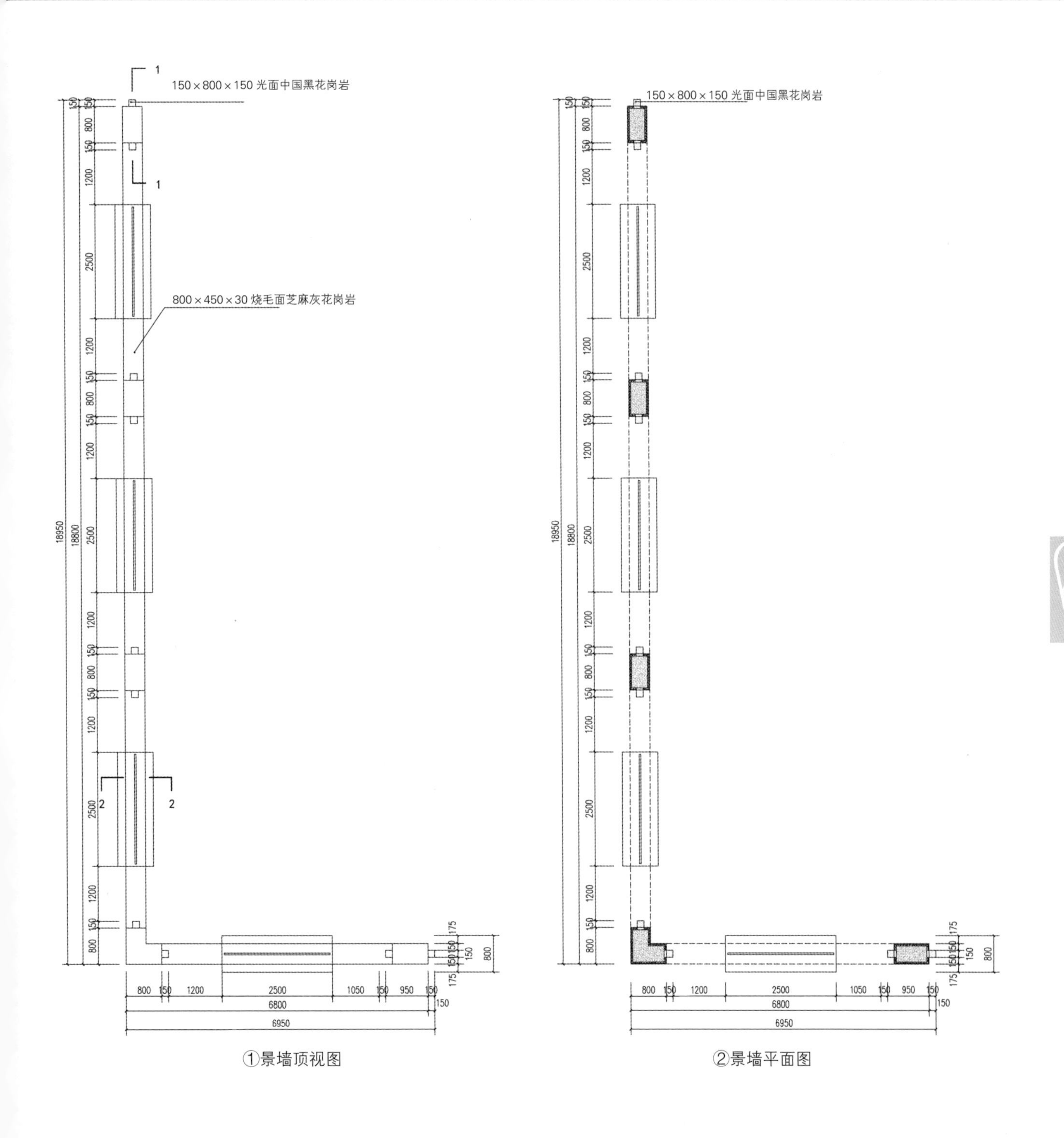

①景墙顶视图

②景墙平面图

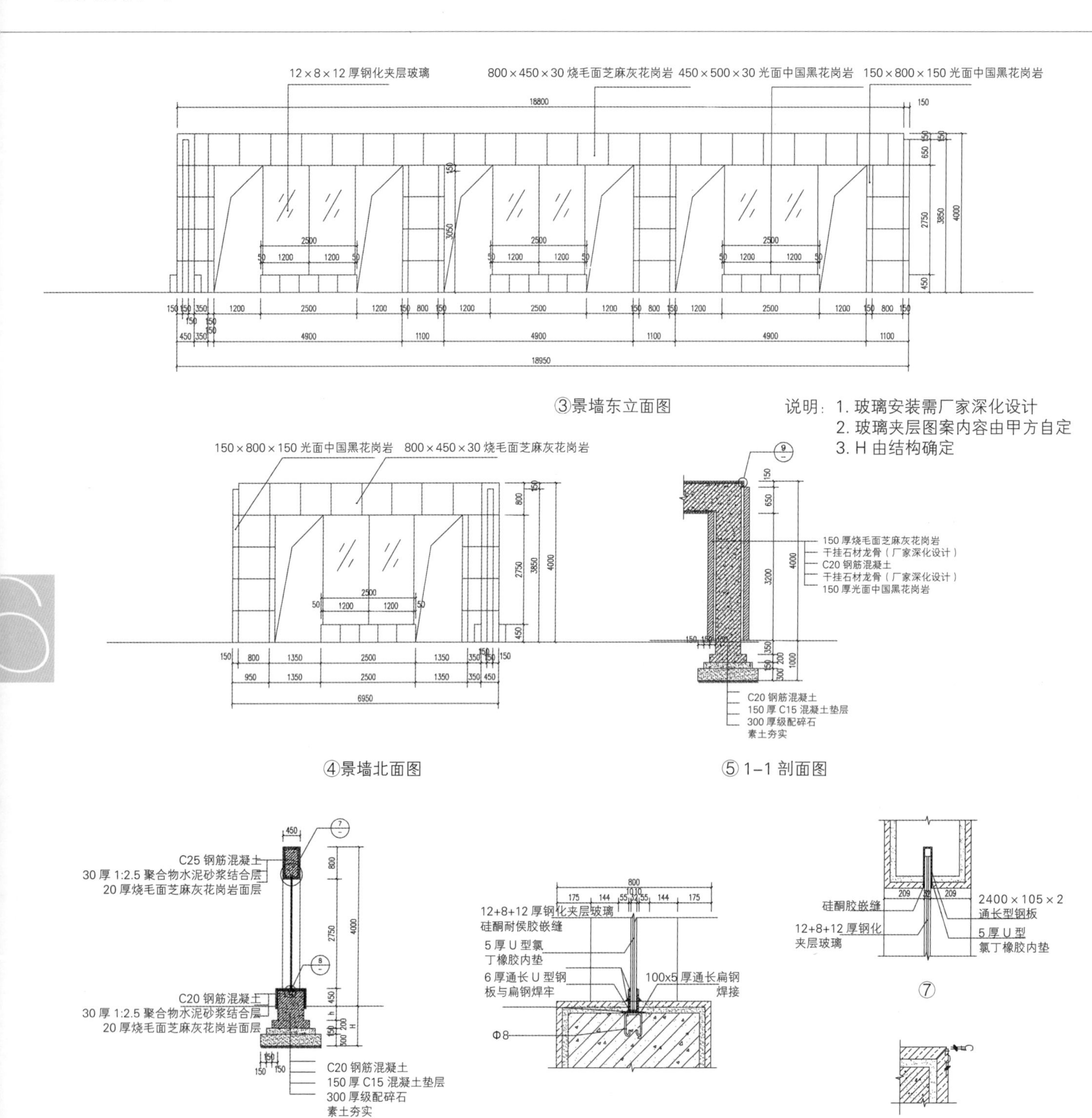
12×8×12 厚钢化夹层玻璃
800×450×30 烧毛面芝麻灰花岗岩
450×500×30 光面中国黑花岗岩
150×800×150 光面中国黑花岗岩
③景墙东立面图
说明：1. 玻璃安装需厂家深化设计
2. 玻璃夹层图案内容由甲方自定
3. H 由结构确定
150×800×150 光面中国黑花岗岩
800×450×30 烧毛面芝麻灰花岗岩
④景墙北面图
150 厚烧毛面芝麻灰花岗岩
干挂石材龙骨（厂家深化设计）
C20 钢筋混凝土
干挂石材龙骨（厂家深化设计）
150 厚光面中国黑花岗岩
C20 钢筋混凝土
150 厚 C15 混凝土垫层
300 厚级配碎石
素土夯实
⑤ 1–1 剖面图
C25 钢筋混凝土
30 厚 1:2.5 聚合物水泥砂浆结合层
20 厚烧毛面芝麻灰花岗岩面层
C20 钢筋混凝土
30 厚 1:2.5 聚合物水泥砂浆结合层
20 厚烧毛面芝麻灰花岗岩面层
C20 钢筋混凝土
150 厚 C15 混凝土垫层
300 厚级配碎石
素土夯实
⑥ 2–2 剖面图
12+8+12 厚钢化夹层玻璃
硅酮耐侯胶嵌缝
5 厚 U 型氯
丁橡胶内垫
6 厚通长 U 型钢
板与扁钢焊牢
100x5 厚通长扁钢
焊接
⑧
硅酮胶嵌缝
12+8+12 厚钢化
夹层玻璃
2400×105×2
通长型钢板
5 厚 U 型
氯丁橡胶内垫
⑦
⑨石材连接处理

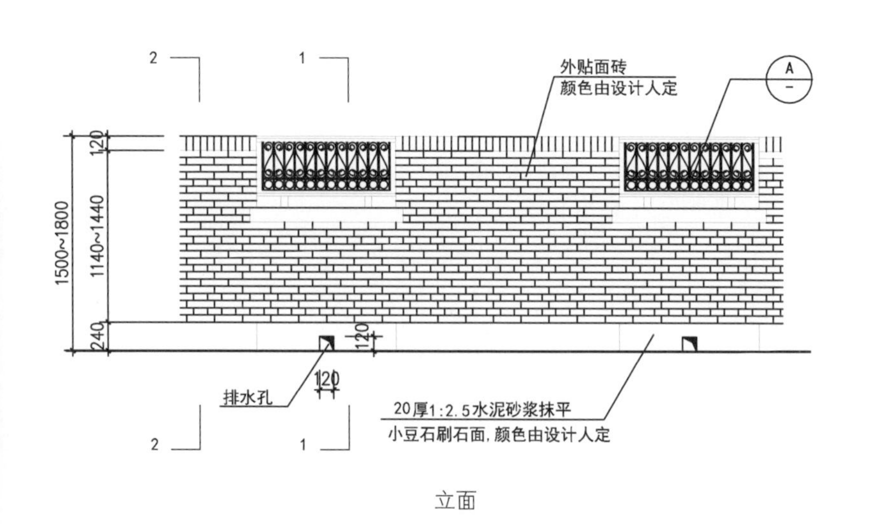

立面

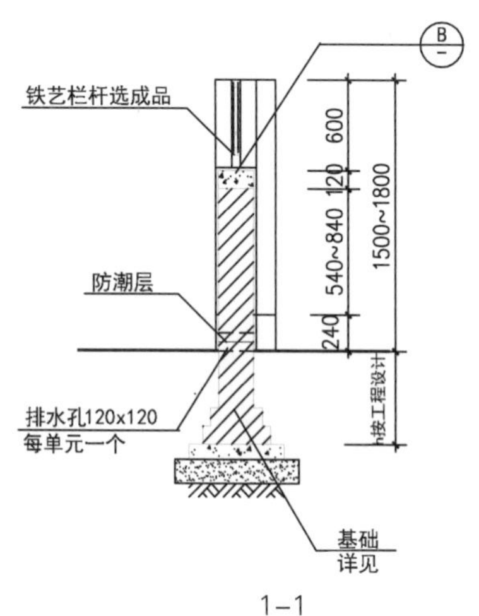

1-1

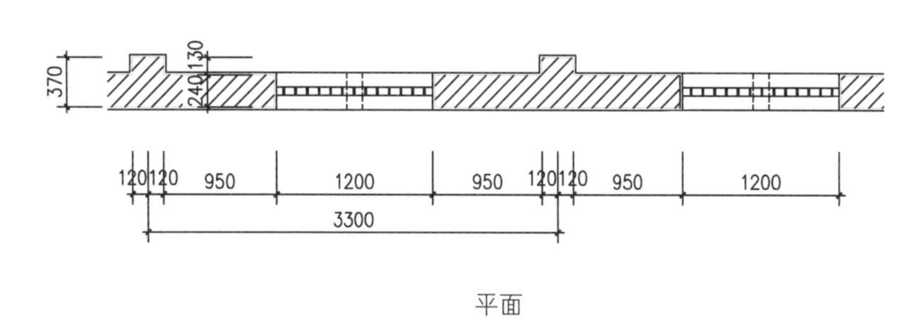

平面

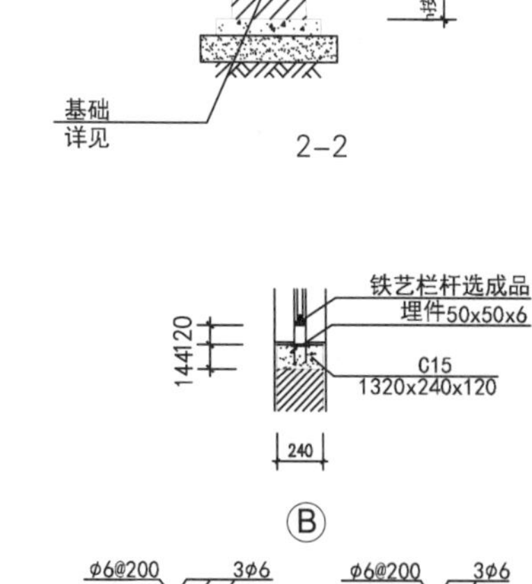

2-2

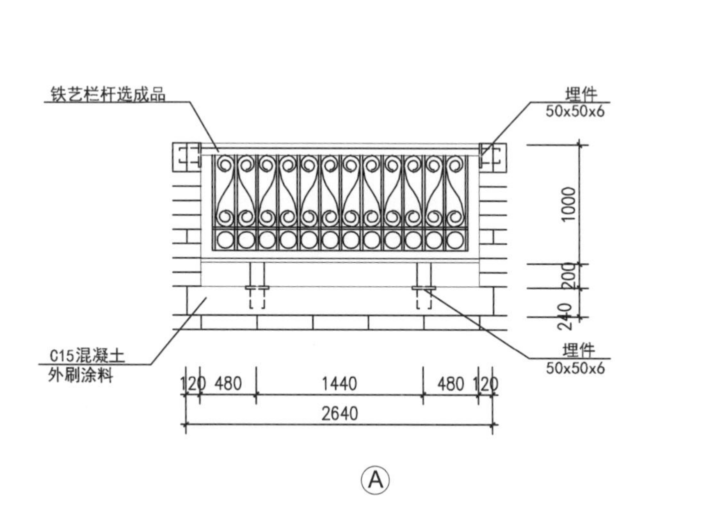

Ⓐ

铁艺栏杆选成品
埋件50x50x6
C15
1320x240x120
144
120
240

Ⓑ

φ6@200 3φ6
72
370

压顶配筋

φ6@200 3φ6
72

墙垛压顶配筋

注：1. 露明铁件刷防锈漆二道，醇酸调和漆二道，颜色由设计人定。
2. 基础垫层做法有地区差异，南方可在 150 厚 1:2:4 砾石三合土层上做 C15 素混凝土垫层；北方在 150 厚 3:7 灰土上做 C15 素混凝土垫层。

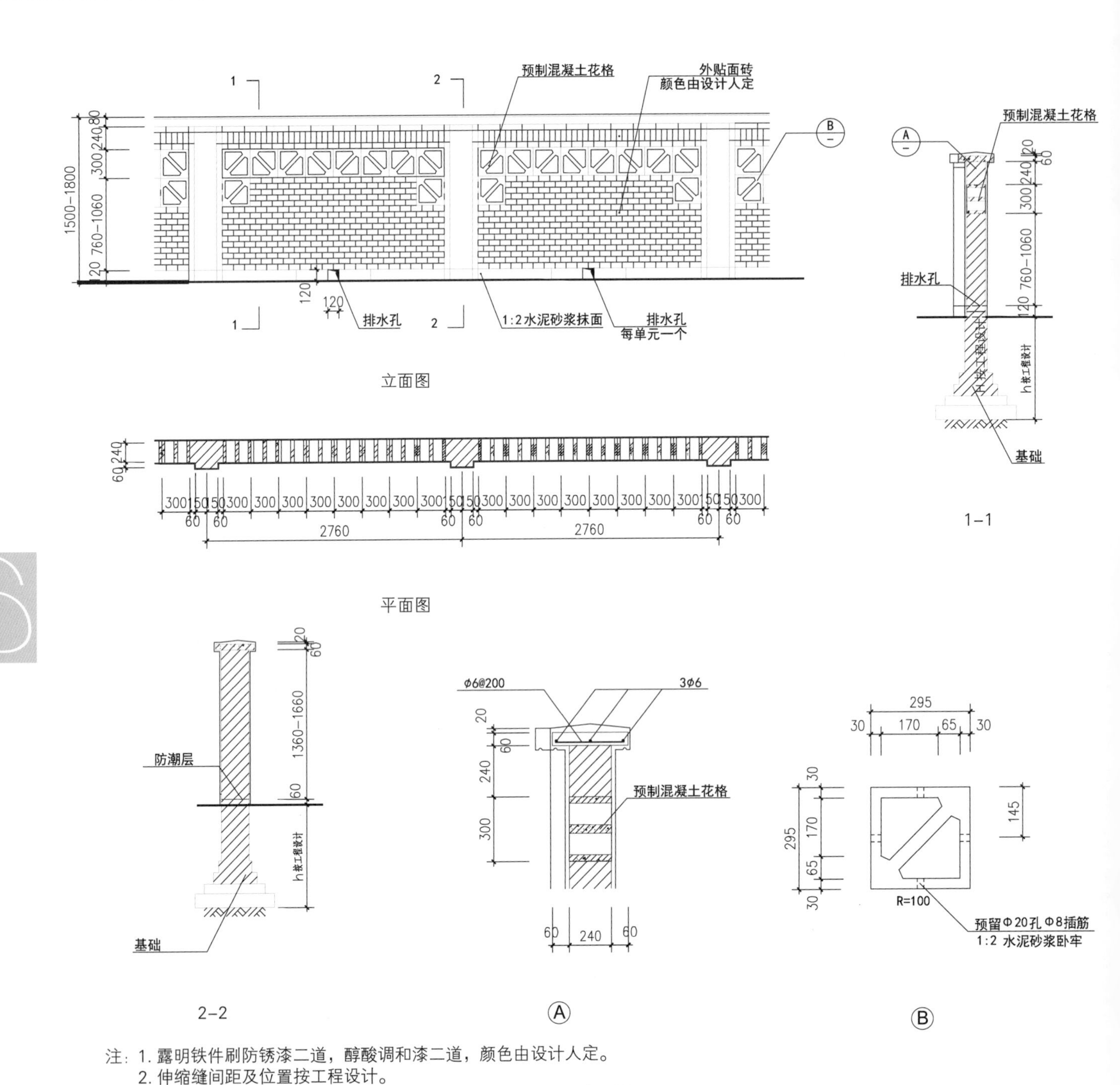

注：1. 露明铁件刷防锈漆二道，醇酸调和漆二道，颜色由设计人定。
2. 伸缩缝间距及位置按工程设计。
3. 基础垫层做法有地区差异，南方可在 150 厚 1:2:4 砾石三合土层上做 C15 素混凝土垫层；北方在 150 厚 3:7 灰土上做 C15 素混凝土垫层。

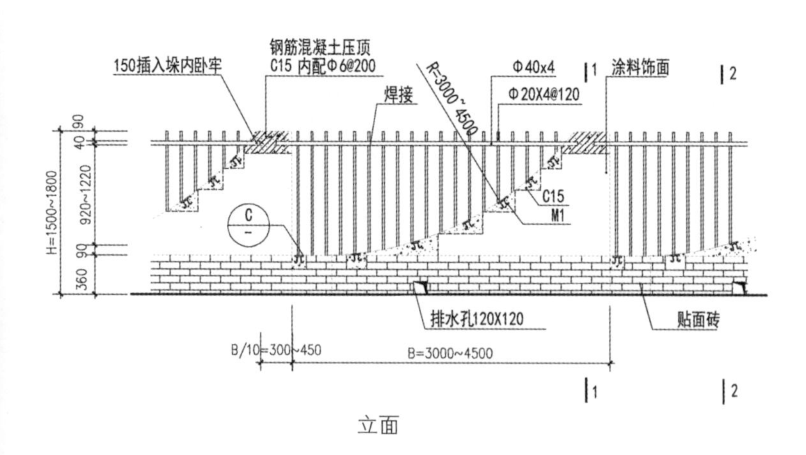

立面

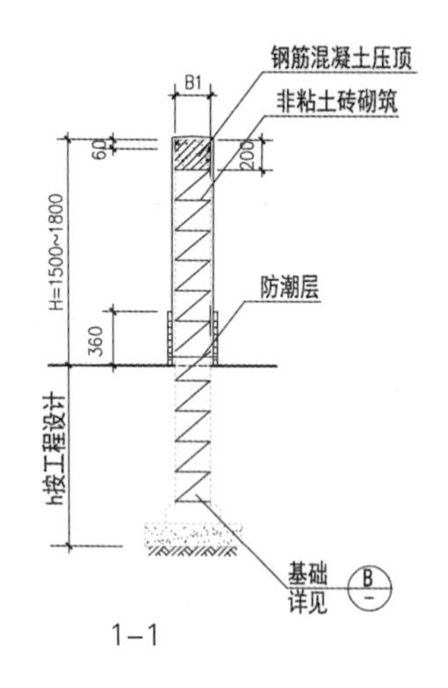

1-1

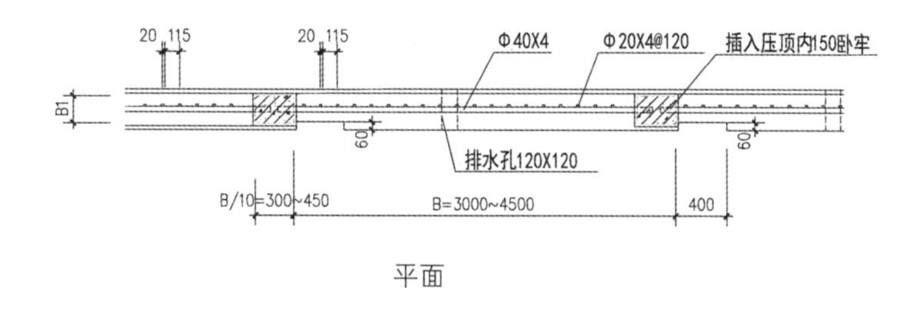

平面

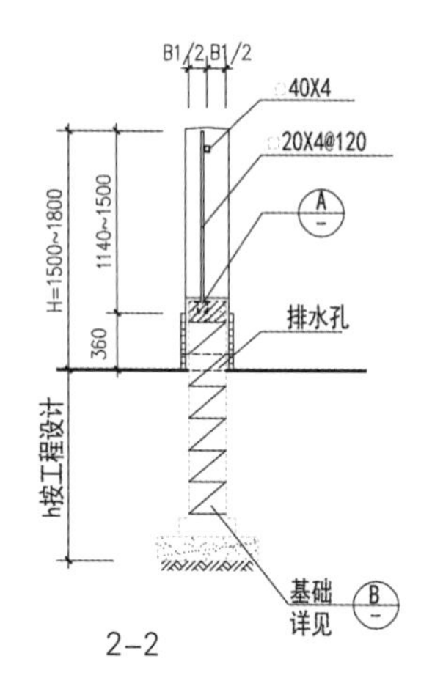

2-2

注 1. B1 根据设计采用的非黏土砖砌块规定（要求砌块≥ MU15）
2. 墙面抹 20 厚 1:2:5 水泥砂浆，外墙涂料，饰面颜色由设计人定。
3. 露明铁件刷防锈漆二道，醇酸调和漆二道，颜色由设计人定。
4. 基础垫层做法有地区差异，南方可在 150 厚 1:2:4 砾石三合土层上做 C15 素混凝土垫层；北方在 150 厚 3:7 灰土上做 C15 素混凝土垫层。
5. 排水孔每单元一个。

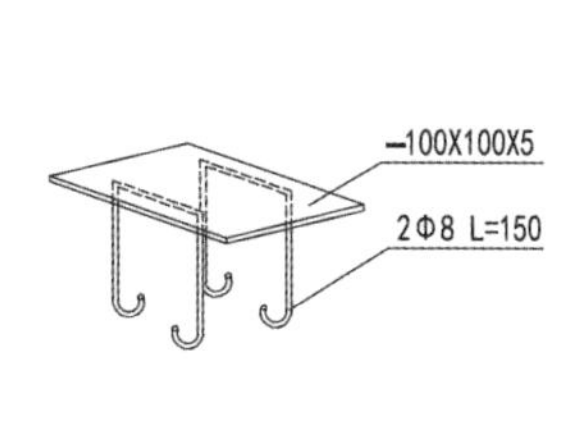

Ⓒ 连接详图

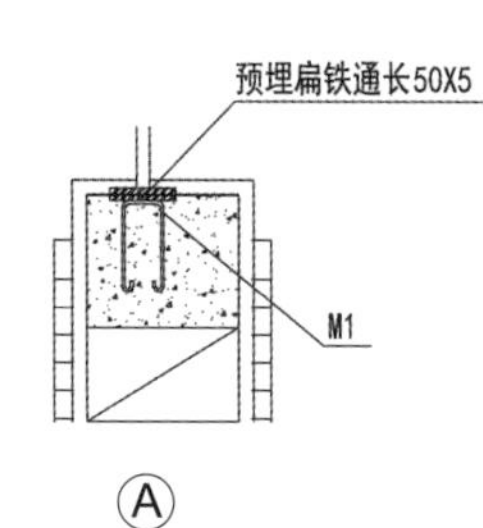

Ⓐ

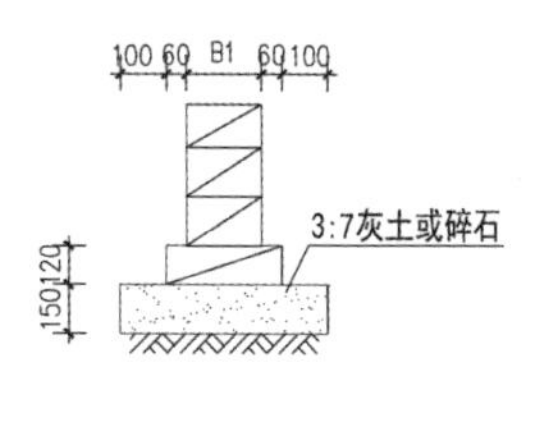

Ⓑ

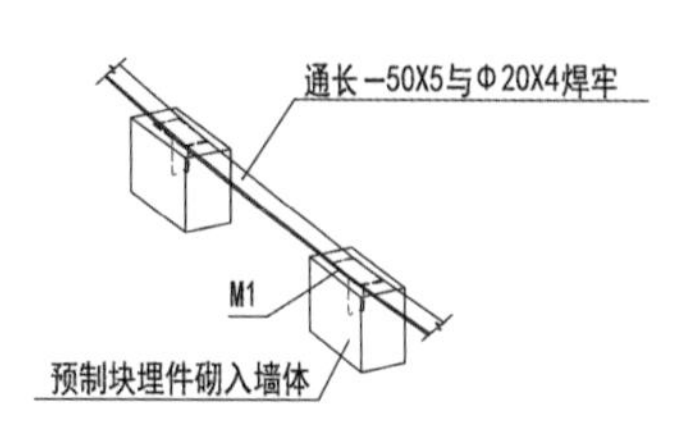

M1

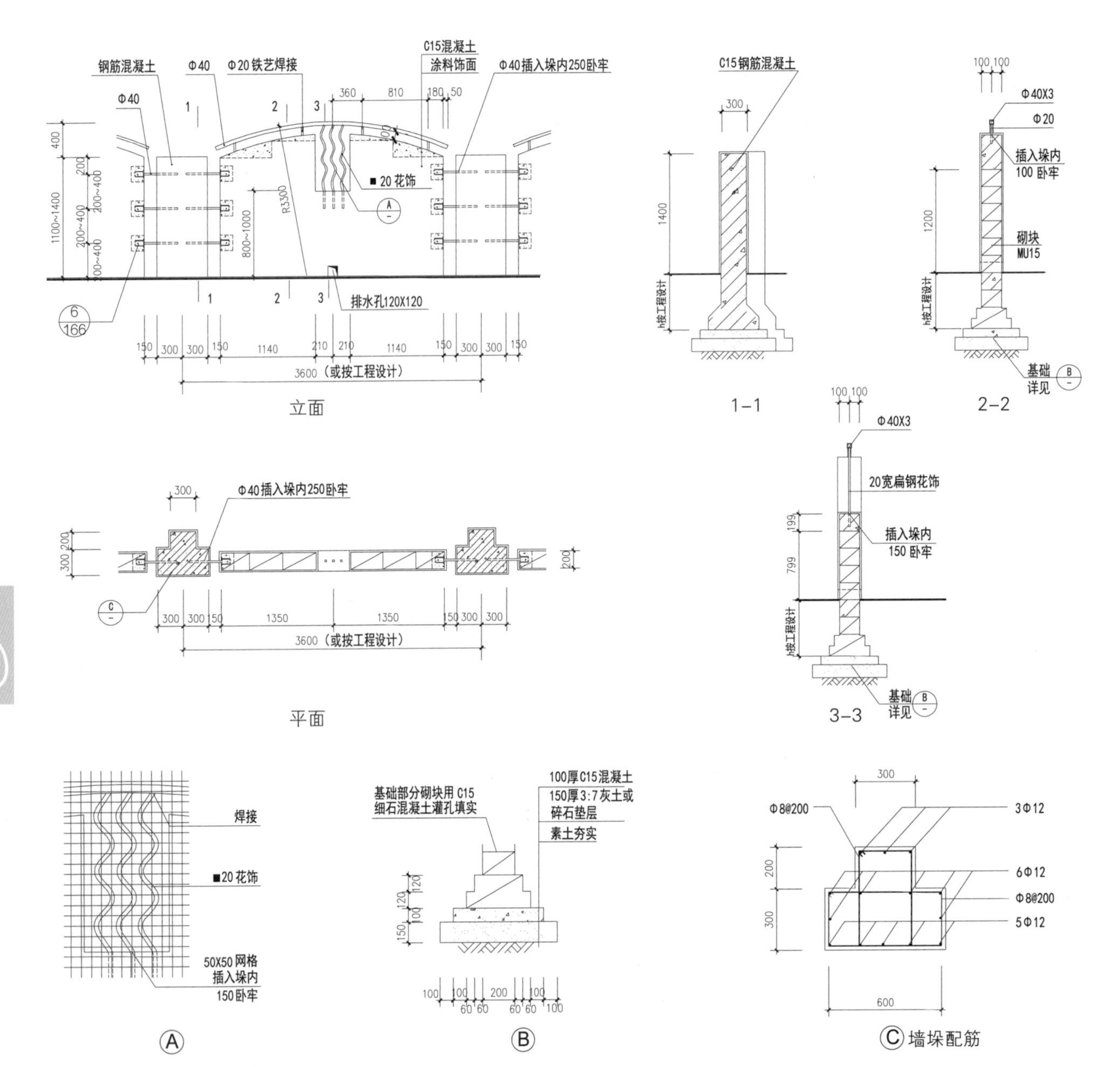

注：1. 墙垛采用C15现浇混凝土。
2. 墙面抹20厚1:2.5水泥砂浆，外墙涂料，饰面颜色由设计人定。
3. 露明铁件刷防锈漆二道，醇酸调和漆二道，颜色由设计人定。
4. 基础垫层做法有地区差异，南方可在150厚1:2:4砾石三合土层上做C15素混凝土垫层，北方在150厚3:7灰土上做C15素混凝土垫层。
5. 排水孔间距600。（或按工程设计）
6. 砌块墙基础应保证≥MU15。

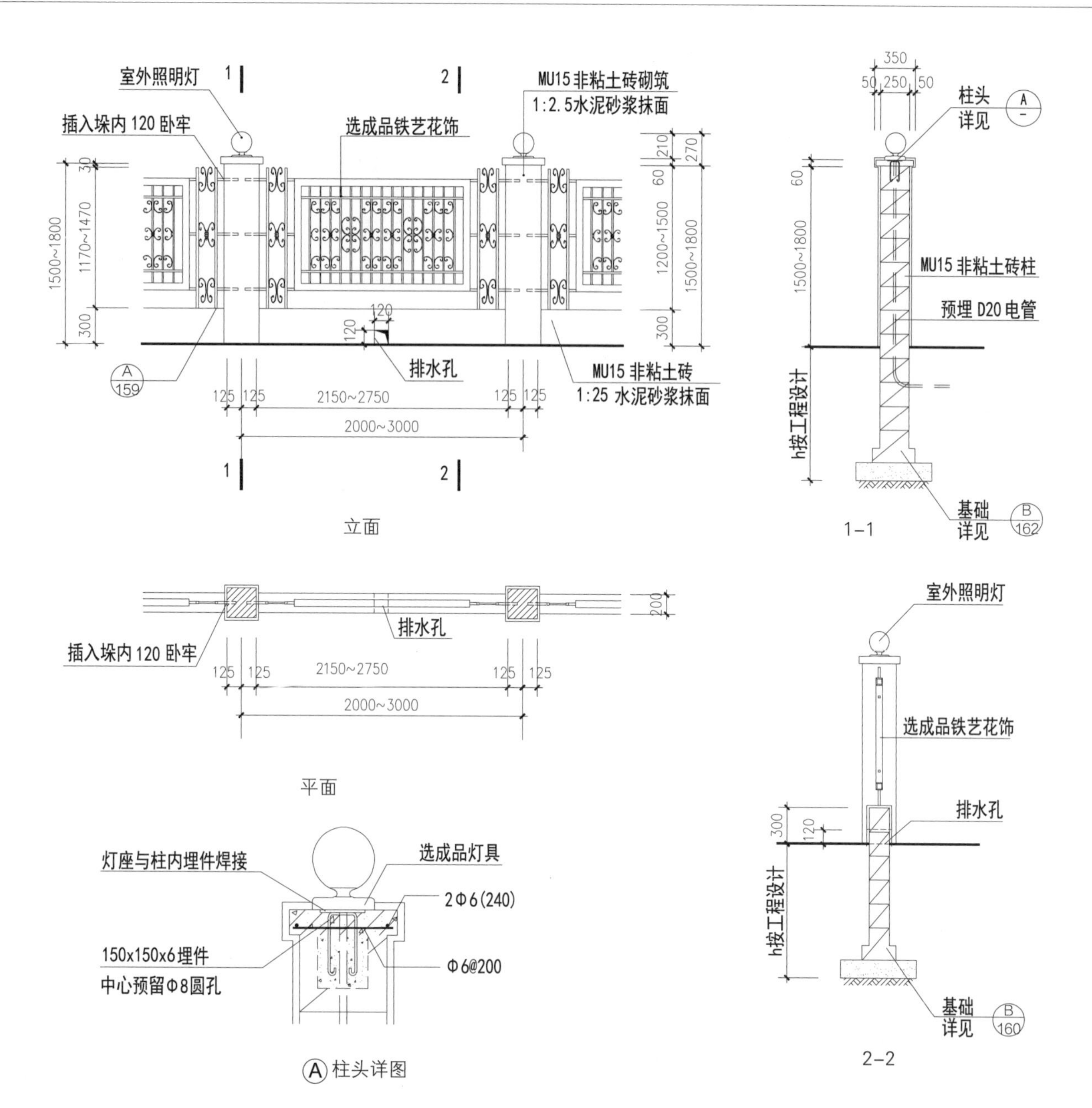

注：1. 墙面抹 20 厚 1:2.5 水泥砂浆，外墙涂料，饰面颜色由设计人定。
2. 露明铁件刷防锈漆二道，醇酸调和漆二道，颜色由设计人定。
3. 基础垫层做法有地区差异，南方可在 150 厚 1:2:4 砾石三合土层上做 C15 素混凝土垫层；北方在 150 厚 3:7 灰土上做 C15 素混凝土垫层。
4. 排水孔间距 2400~3000（或按工程设计）。
5. 成品铁艺花饰应有足够的强度。
6. 柱头与灯头之间做好防水处理。

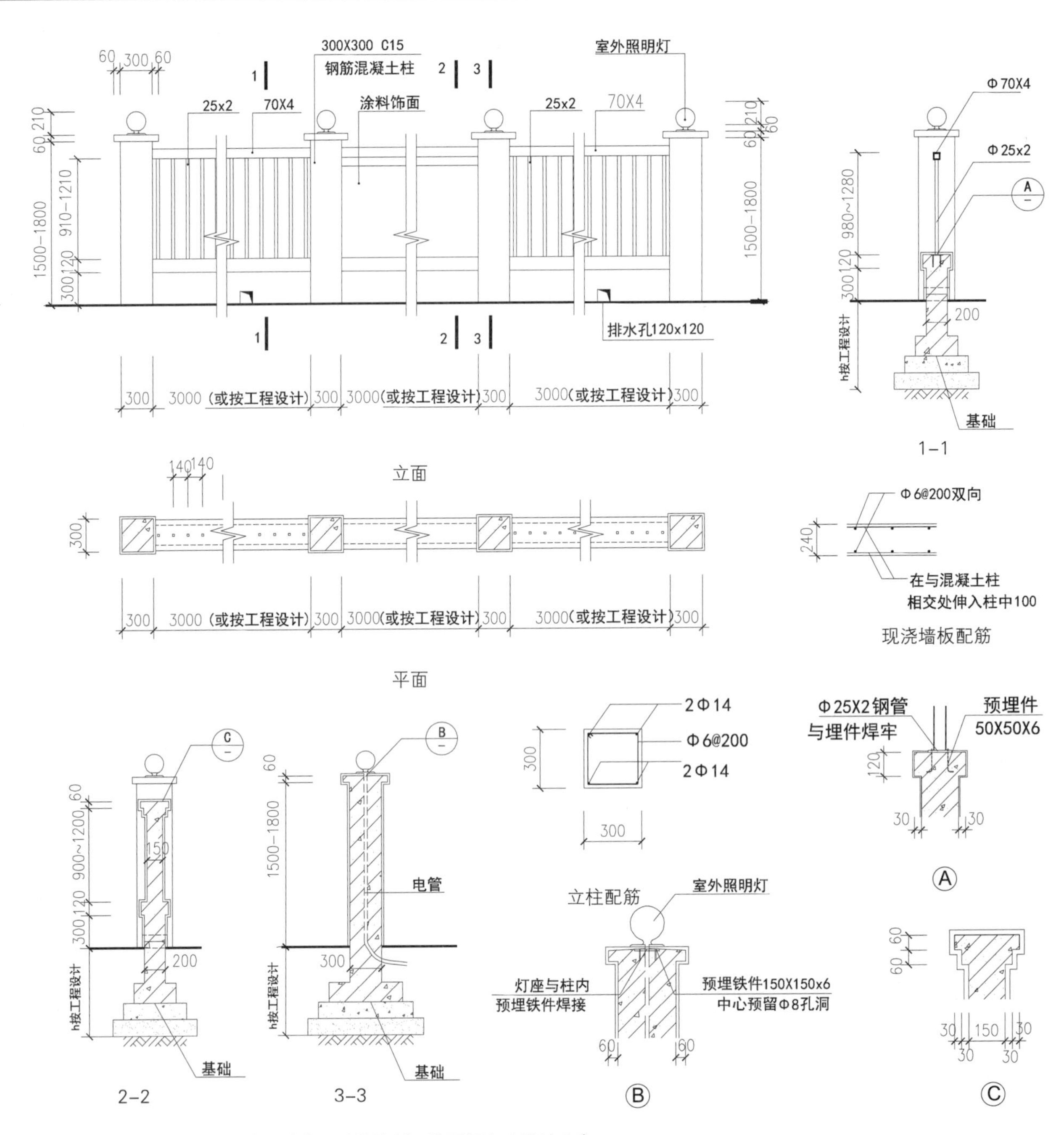

注：1. 墙面抹 20 厚 1:2.5 水泥砂浆，外墙涂料，饰面颜色由设计人定。
2. 露明铁件刷防锈漆二道，醇酸调和漆二道，颜色由设计人定。
3. 基础垫层做法有地区差异，南方可在 150 厚 1:2:4 砾石三合土层上做 C15 素混凝土垫层；北方在 150 厚 3:7 灰土上做 C15 素混凝土垫层。
4. 排水孔间距 3000（或按工程设计）。
5. 柱头与灯头之间做好防水处理。

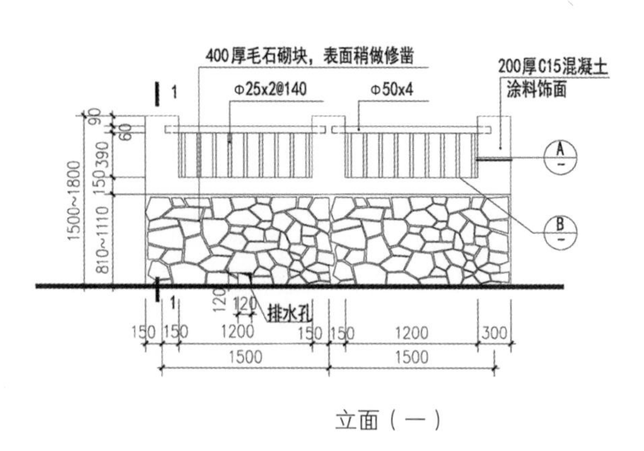

立面（一）

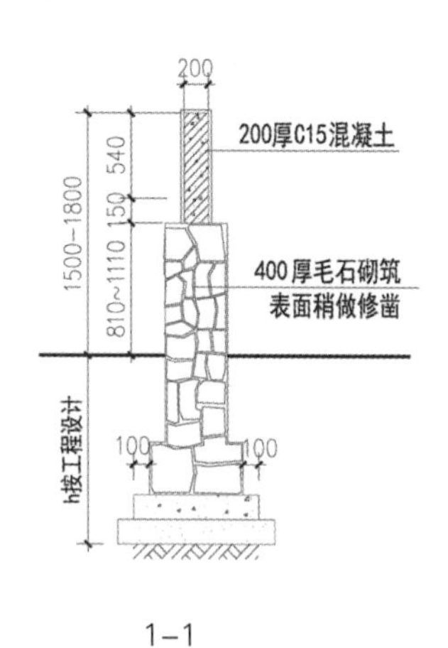

1–1

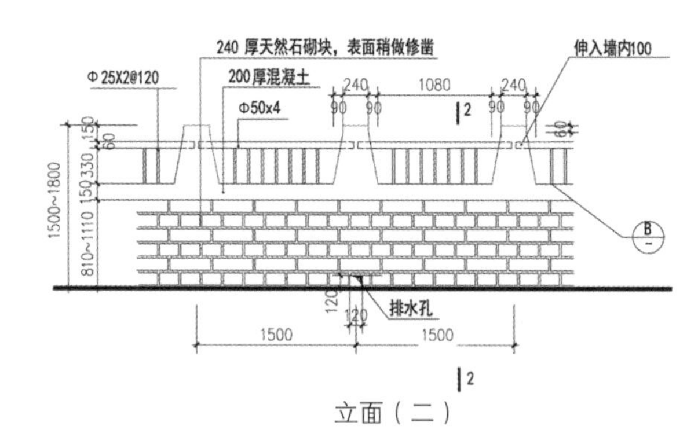

立面（二）

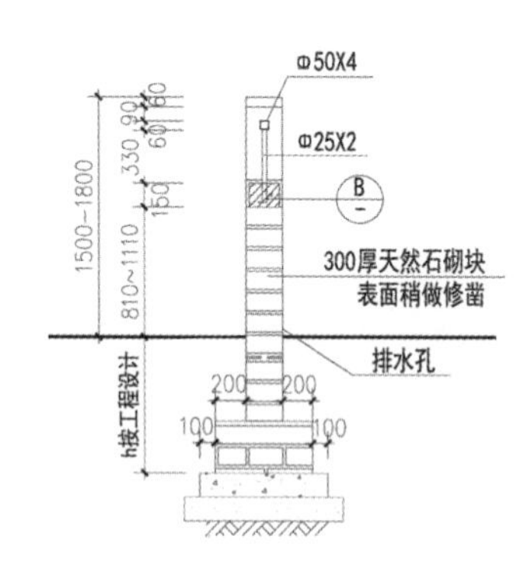

2–2

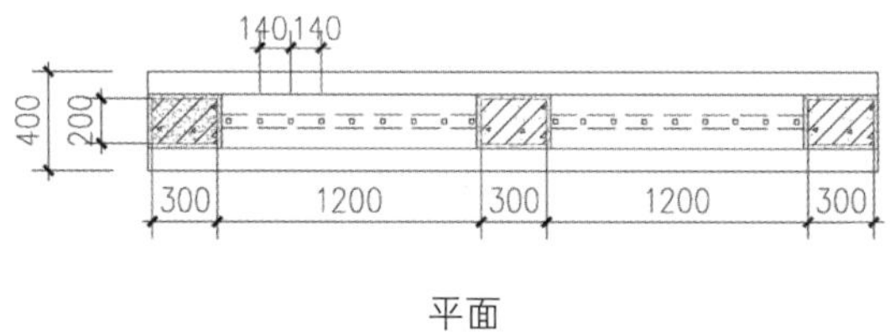
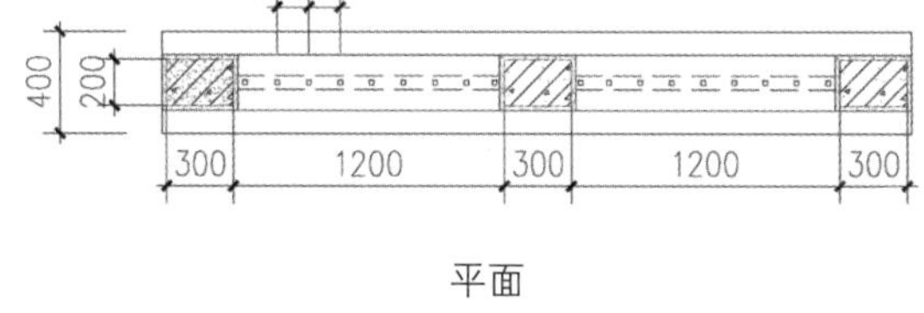

平面

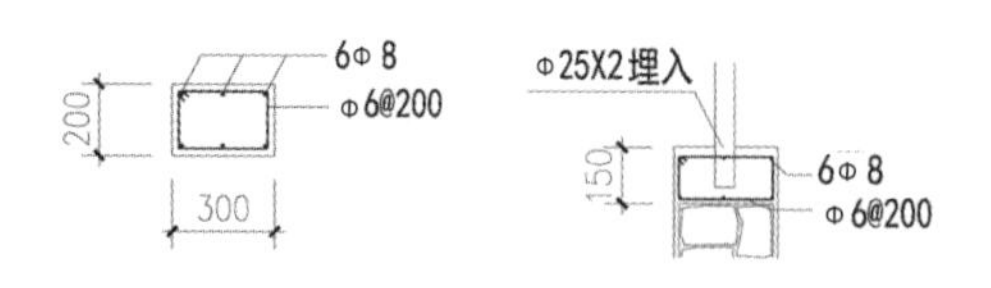

Ⓐ 墙垛配筋图　　Ⓑ

注：1. 墙垛采用 C15 现浇钢筋混凝土。
2. 上部墙面抹 20 厚 1:2.5 水泥砂浆，外墙涂料，饰面颜色由设计人定。
3. 露明铁件刷防锈漆二道醇酸调和漆二道，颜色由设计人定。
4. 毛石围墙用虎皮石或较方正的块石砌筑。
5. 基础垫层做法有地区差异，南方可在 150 厚 1:2:4 砾石三合土层上做 C15 素混凝土垫层；北方在 150 厚 3:7 灰土上做 C15 素混凝土垫层。

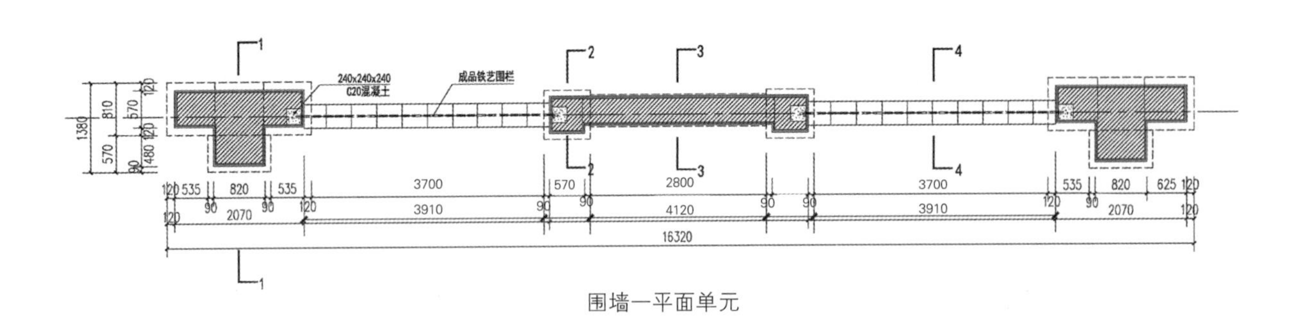

围墙一平面单元

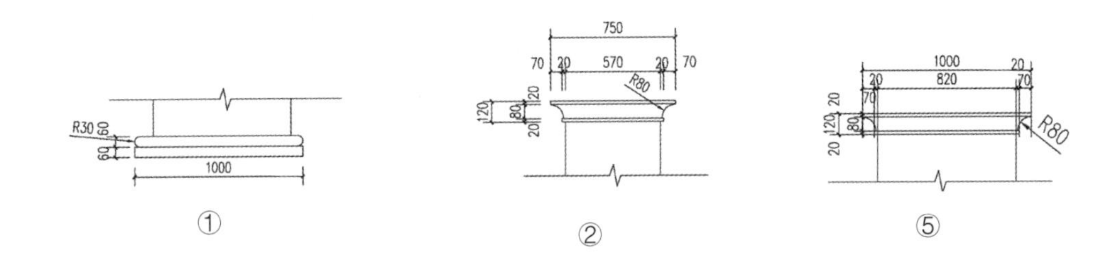

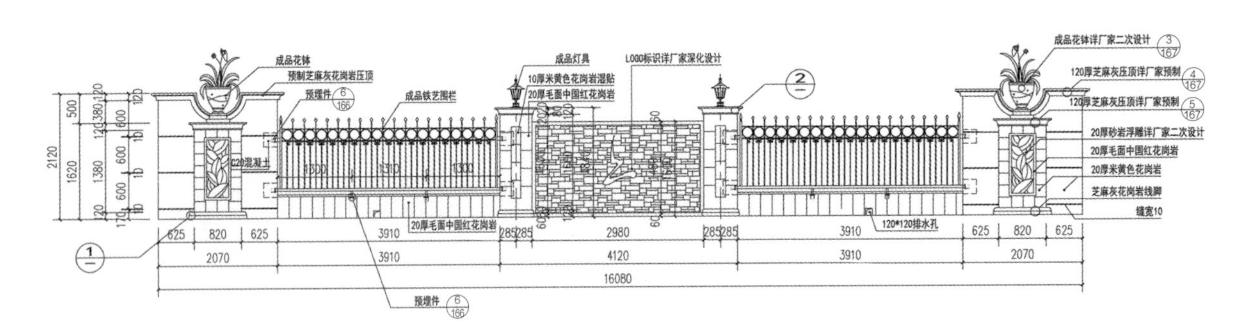

围墙一立面单元

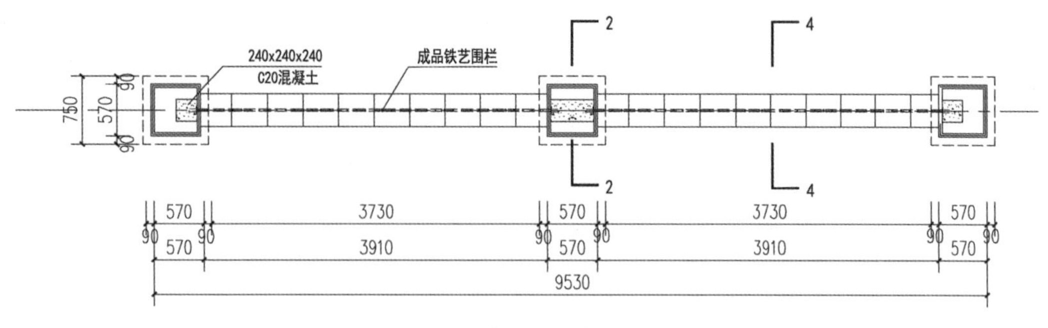

围墙二平面单元

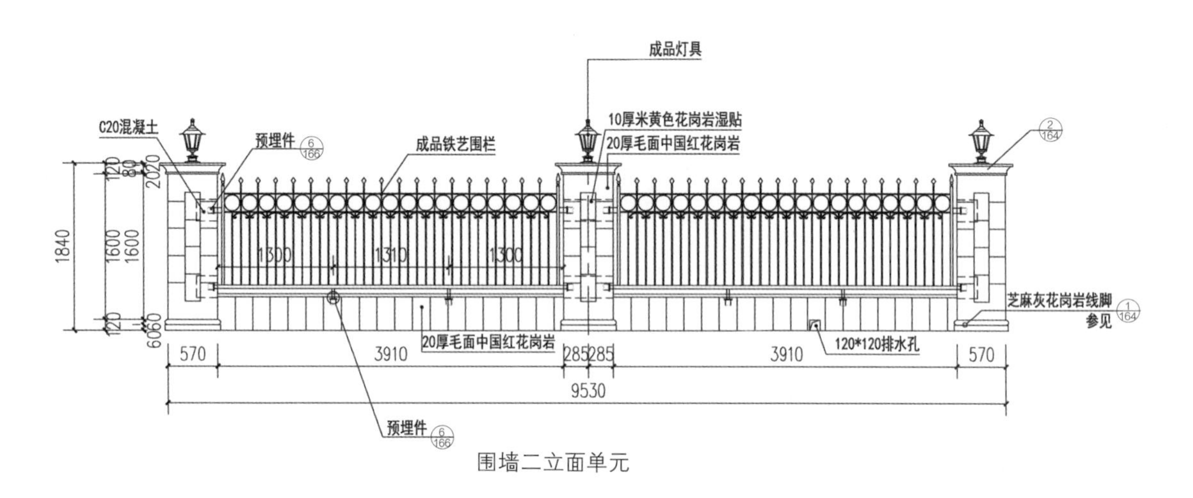

围墙二立面单元

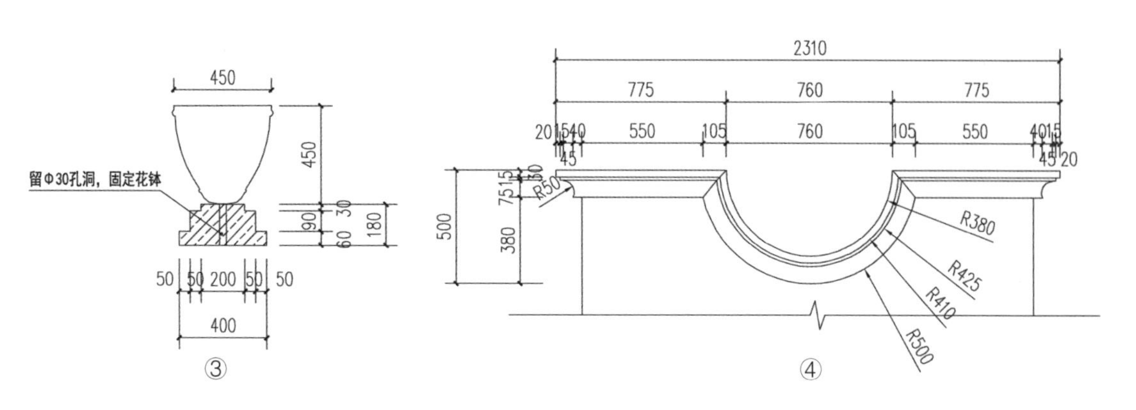

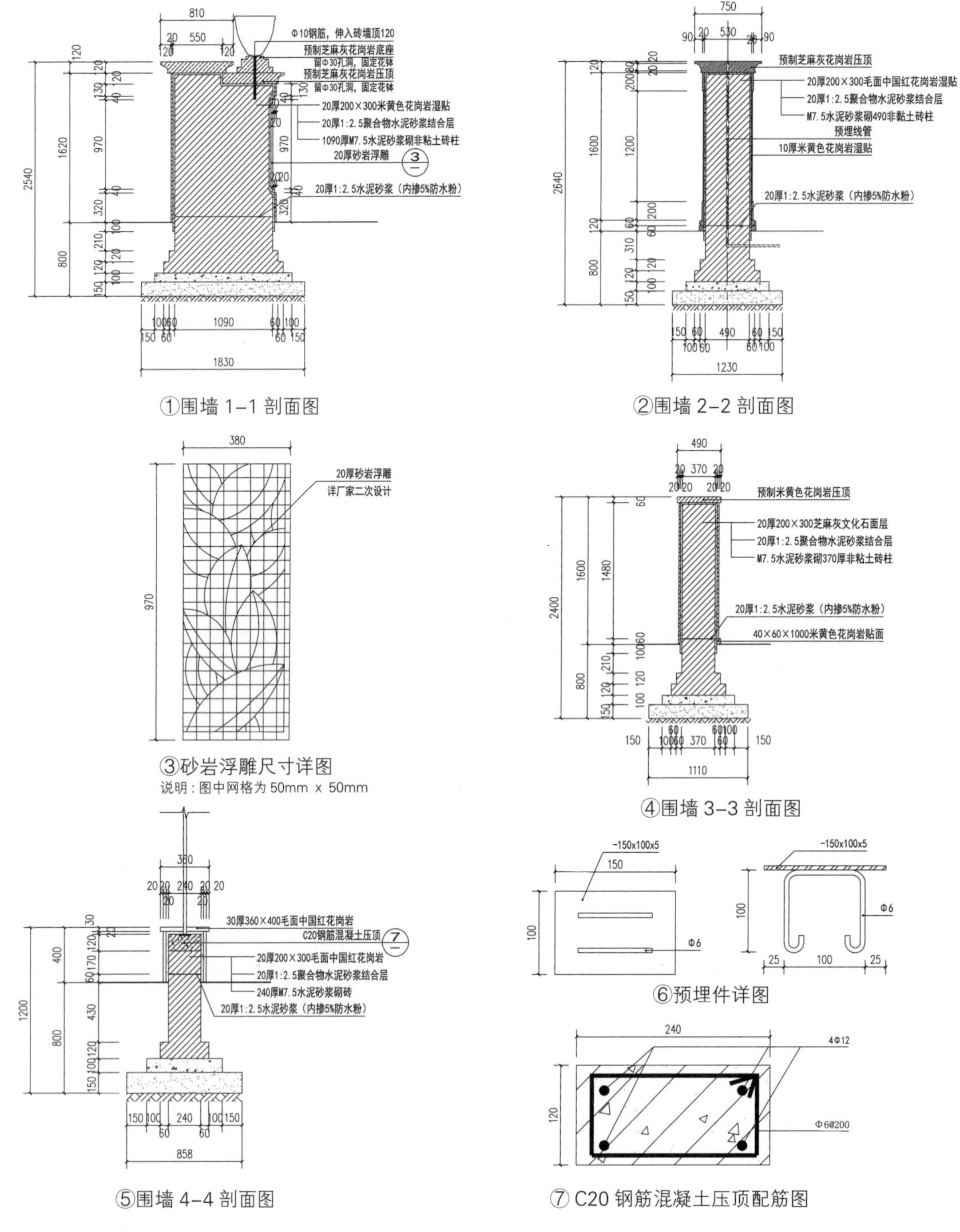

说明：1. 围墙每 60m 左右设伸缩缝一道，伸缩缝位置应在砖垛处。
2. 每两开间留 120×120 流水洞一个，洞壁抹 20 厚 1:2 水泥沙砂浆 3% 防水粉。

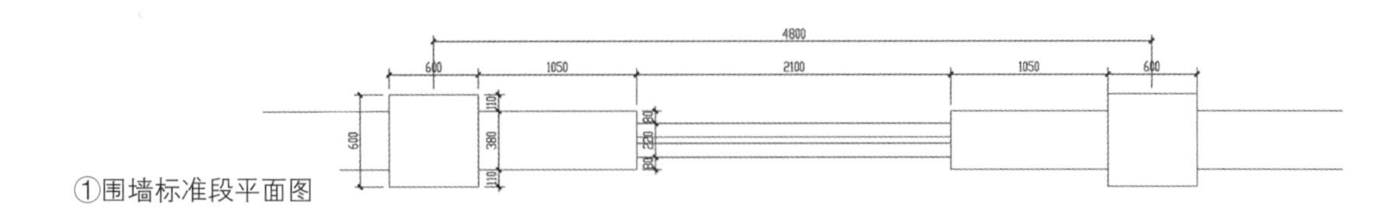

①围墙标准段平面图

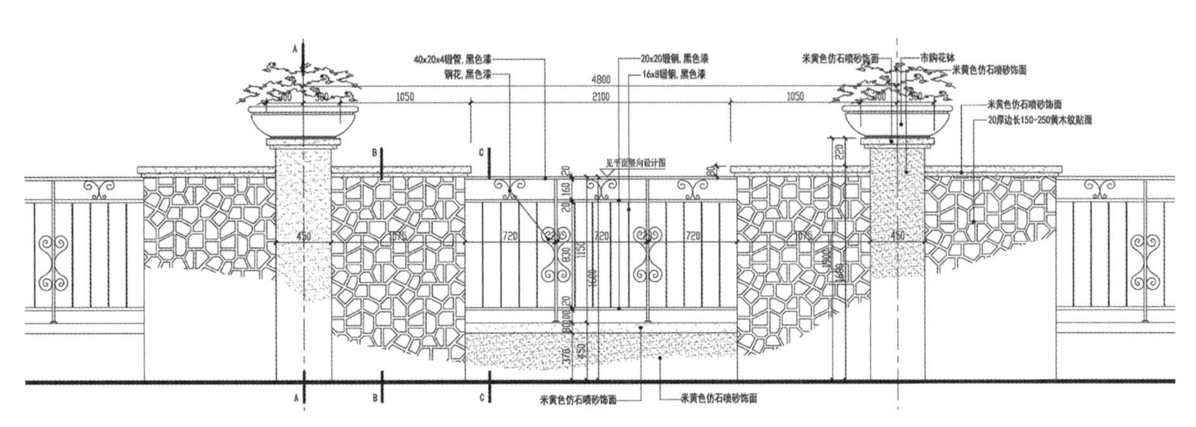

②围墙标准段立面图

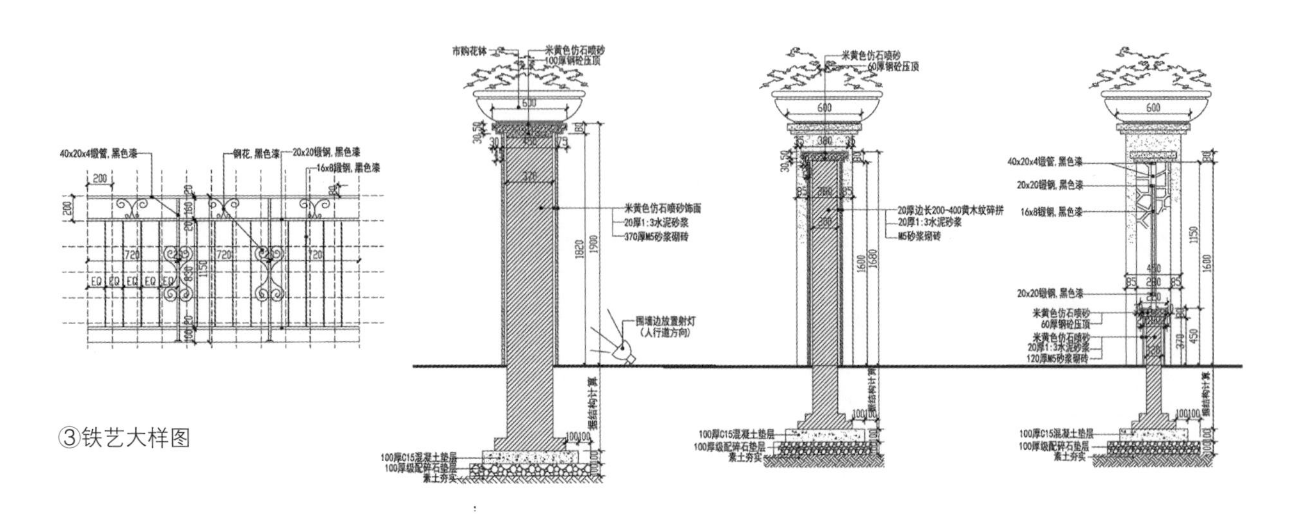

③铁艺大样图

A–A 剖面图　　B–B 剖面图　　C–C 剖面图

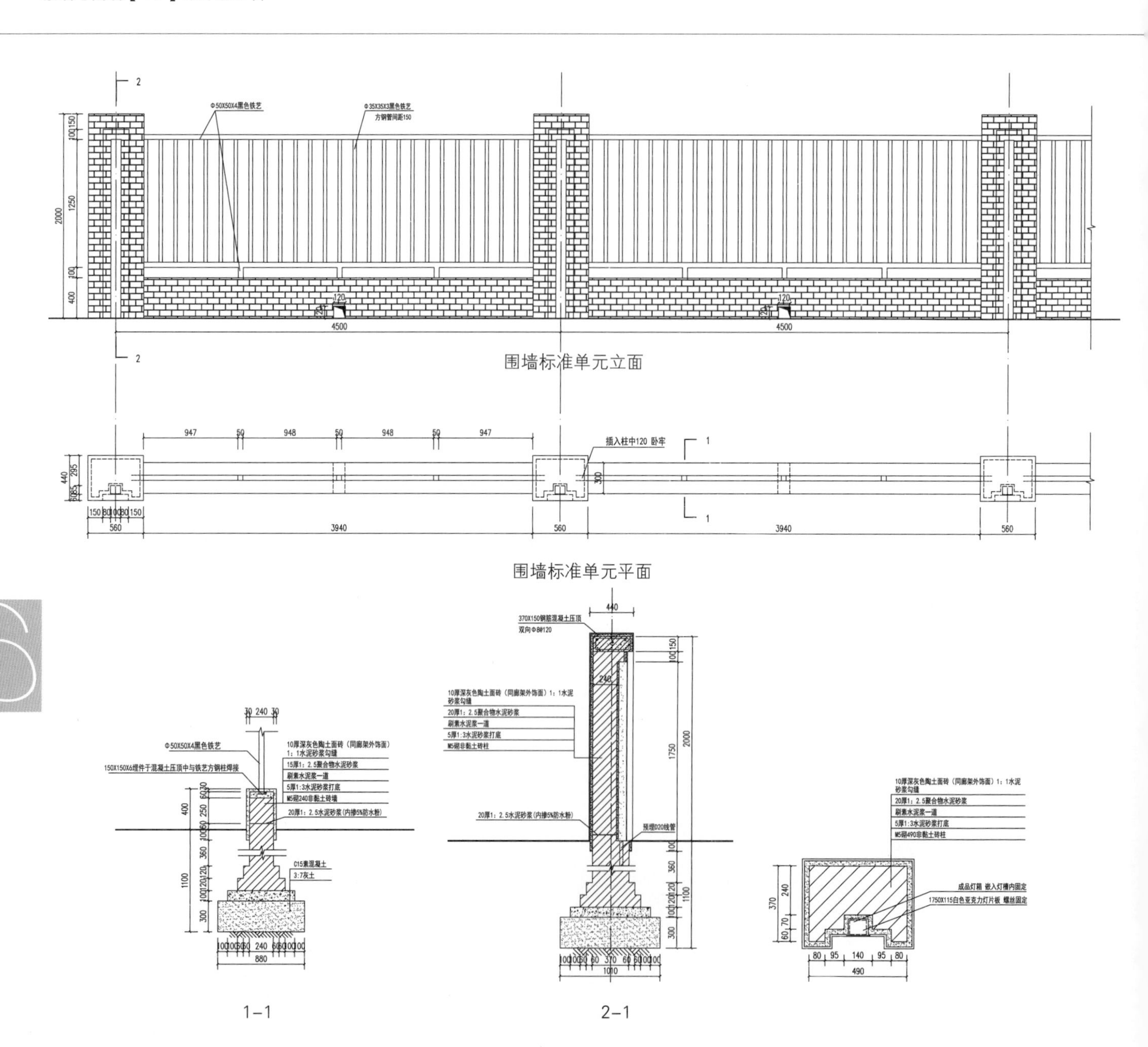

1–1

2–1

说明：
1. 排水孔每单元一个，内壁抹 1:2.5 水泥砂浆（内掺 5% 防水粉）。
2. 围墙长度超过 40m 时设计 伸缩缝，位置均在砖垛处。
3. 成品铁艺栏杆及灯具由专业厂家制作，颜色规格按标注。
4. 露明铁件做防锈处理。

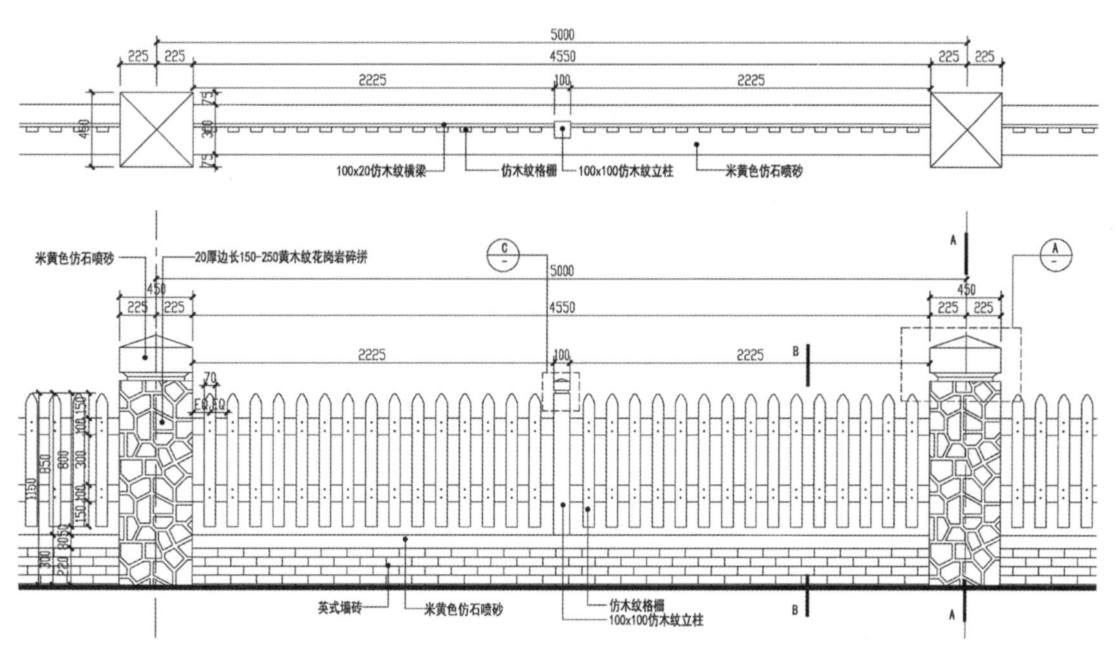

①分户围墙标准段详图

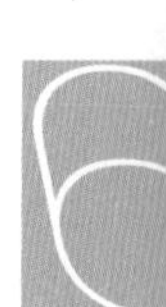

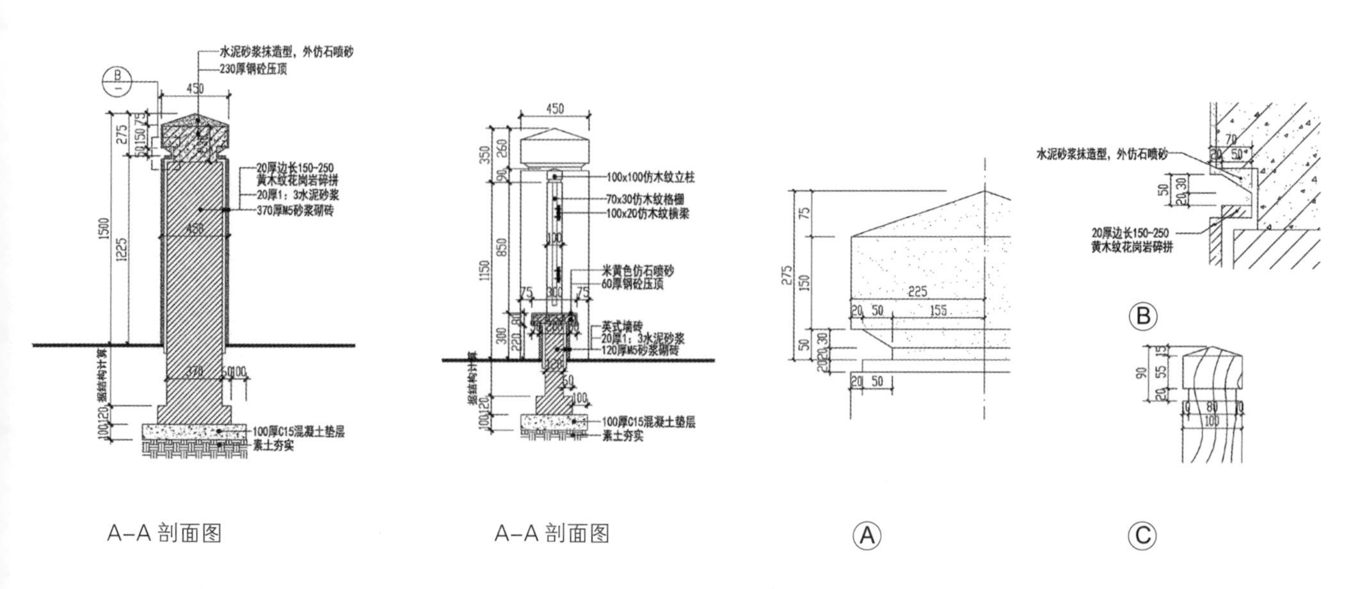

A–A 剖面图　　A–A 剖面图　　Ⓐ　　Ⓑ　　Ⓒ

树池花池与座椅

7

1. 概念

树池是种植树木的人工构筑物， 是城市道路广场树木生长所需的最基本空间。

2. 作用

树池可以明确出一个保护区， 既可以保护树木根部免受践踏， 也可以防止主根附近的土壤被压实；经过处理的护树面层可以看成是一个集水区，有利于灌溉， 而且避免扬土扬尘， 污染道路；树池的护树面层所填充材料的形状、质地、纹路、色彩等与周围环境相辅相成， 共同构成和谐统一的整体环境。

3. 分类

按树池的形状可以分为方形树池、圆形树池、弧形树池、椭圆形树池、带状树池等。

按树池的使用环境可以分为行道树树池、坐凳树池、临水树池、水中树池、跌水树池等多种。

按树池与周围路面的高差大小可以分为平树池和高树池。

按树池的填充材料可以分为植物填充型；卵石、砾石填充型；预制构件覆盖型等。

椭圆形高树池

方形平树池

圆形平树池

方形高树池

图 7-1 各种类型树池

4. 设计原则

①树高、胸径、根颈大小、根系水平等因素共同决定所需的树池大小。树池形状以正方形较好，其次是长方形和圆形。树池规格因道路用地条件而定，一般情况下，正方形树池以 1. 5m × 1. 5m 较为合适，最小不小于 1m × 1 m；长方形树池以 1. 2 m × 2. 0m 为宜；圆形树池直径则不小于 1. 2m，树池深度至少深于树根球以下 250mm。（不同树高适宜的圆形树池规格（表 7–1））。

②树池箅是树木根部的保护装置，它既可保护树木根部免受践踏，又便于雨水的渗透和步行人的安全。树池箅应选择能渗水的石材、卵石、砾石等天然材料，也可选择具有图案拼装的人工预制材料，如铸铁、混凝土、塑料等，这些护树面层宜做成格栅装，并能承受一定的车辆荷载。

③行道树树池

行道树作为城市道路绿化的主框架，一般以高大乔木为主，其树池面积要大，一般不小于 1.2m × 1.2m，由于人流较大，树池应选择箅式覆盖。

④分车带树池

对于分车带树池，为分割车流和人流，利于交通管理，常采用抬高树池 30 cm 的做法。设计时要兼顾必要的人流通行，选择适宜部位进行软硬覆盖，即采用透空砖植草的方式，使分车带绿化保持完整性，又不失美化效果。

⑤休闲区树池

公园、游园、广场及庭院中的树池由于受外界干扰少，主要为游园、健身、游憩的人们提供服务，树池覆盖要更有特色，更体现环保和生态功能，所以应选择体现自然与环境相协调的材料和方式进行树池覆盖。对于主环路树池可选用大块卵石填充，既覆土又透水透气，还平添一些野趣。在对称路段的树池内也可种植金叶女贞或黄杨，通过修剪保持树池植物呈方柱形、叠层形等造型，也别具风格。

⑥广场大树树池

铺装、林下广场大树树池可结合环椅的设置，池内植草。其他树池为使地被植物不被踩踏，设计树池时池壁应高于地面 15 cm，池内土与地面相平，以给地被植物留有生长空间。

⑦片林式树池

片林式树池尤其对于珍贵的针叶树，可将树池扩成带状，铺设嵌草砖，增大其透气面积，提供良好的生长环境。

表 7–1 不同树高适宜的圆形树池规格

树高（m）	树池直径（cm）	树池深度（cm）	树池箅直径（cm）
约 3	>60	50	75
4 ~ 5	>80	60	120
约 6	>120	90	150
约 7	>150	100	180
8 ~ 10	>150	150	200

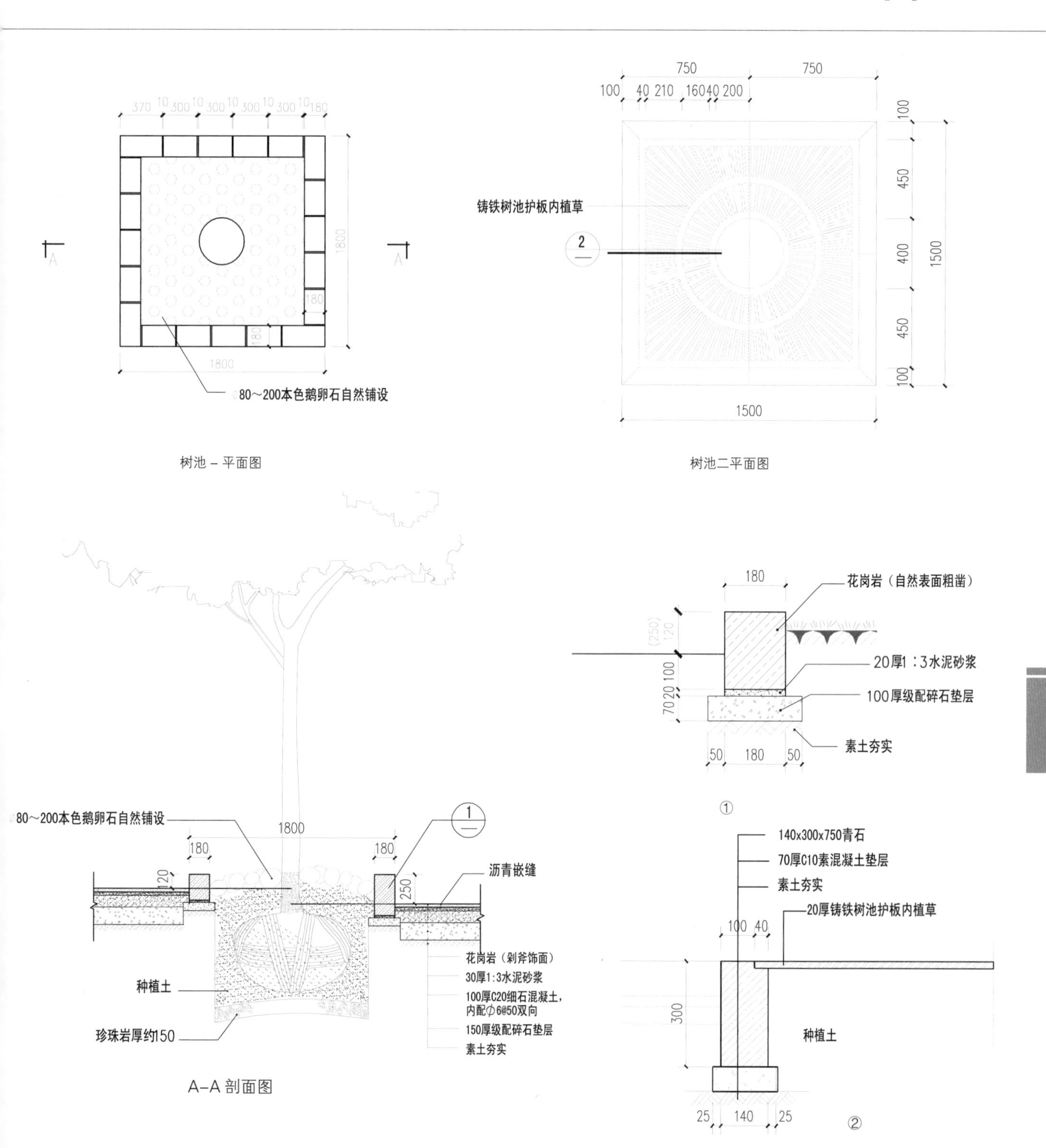

370 10 300 10 300 10 300 10 300 10 180
1800
180
180
1800
80～200本色鹅卵石自然铺设
A
A
树池－平面图
750
750
100 40 210 160 40 200
100
450
400
450
100
1500
铸铁树池护板内植草
2
1500
树池二平面图
180
花岗岩（自然表面粗凿）
(250) 120
100
20
70
20厚1：3水泥砂浆
100厚级配碎石垫层
素土夯实
50 180 50
①
80～200本色鹅卵石自然铺设
1800
180
180
1
120
250
沥青嵌缝
花岗岩（剁斧饰面）
30厚1:3水泥砂浆
100厚C20细石混凝土，
内配φ6@50双向
150厚级配碎石垫层
素土夯实
种植土
珍珠岩厚约150
A-A 剖面图
140x300x750青石
70厚C10素混凝土垫层
素土夯实
20厚铸铁树池护板内植草
100 40
300
种植土
25 140 25
②

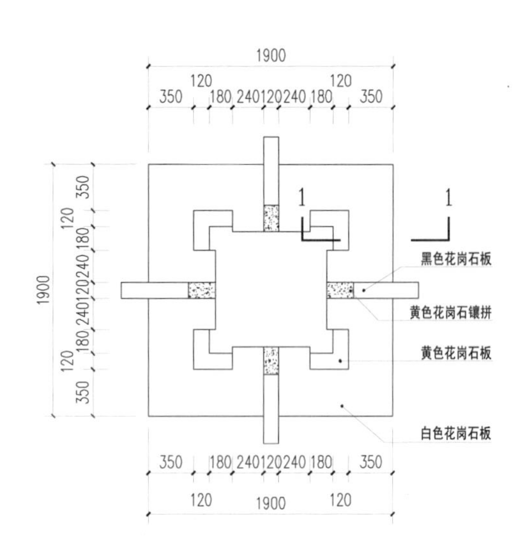

树池－平面图

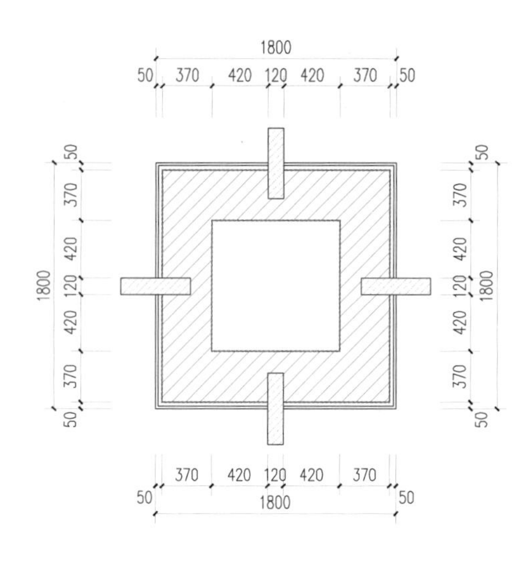

2-2

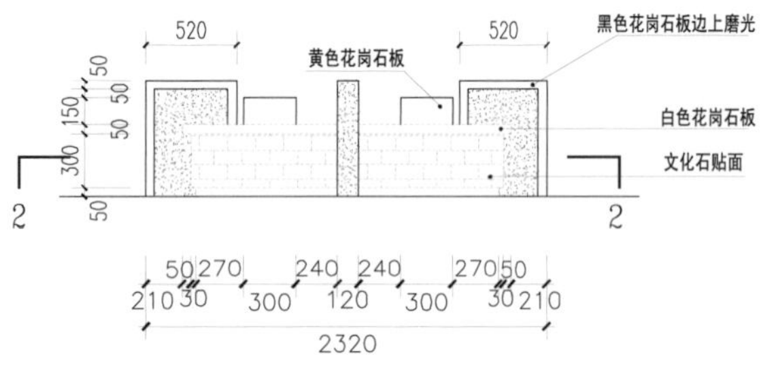

立面图

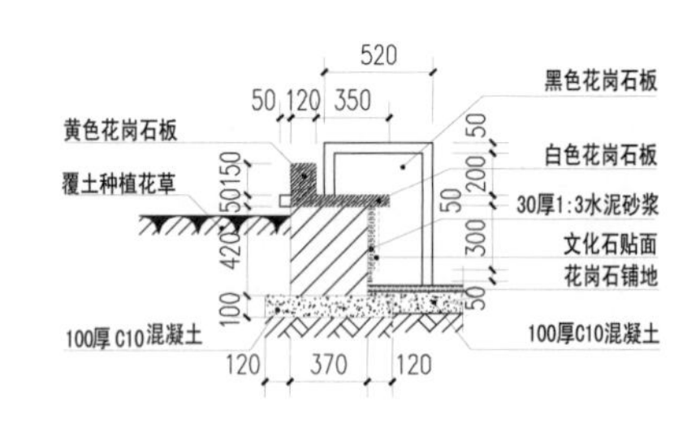

立面图

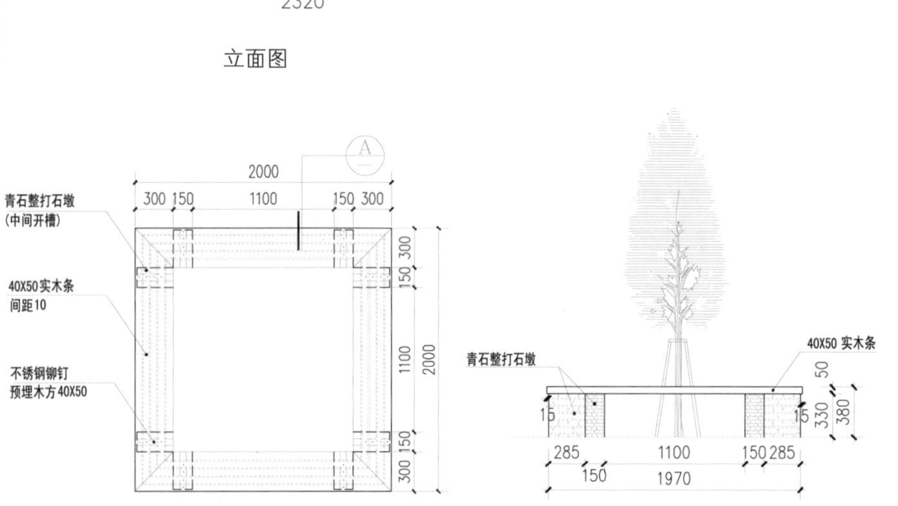

树池立面图

树池二立面图

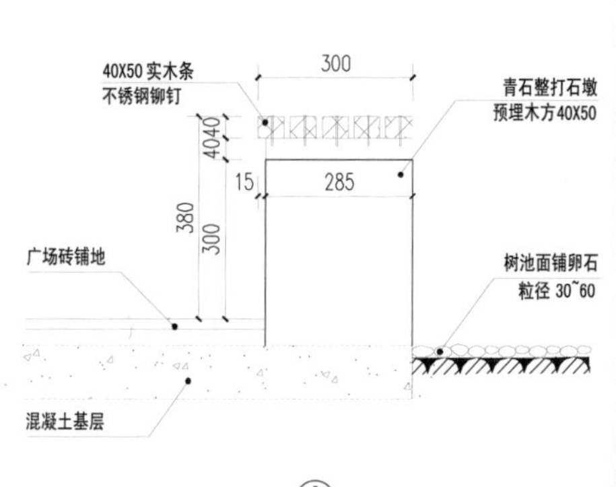

Ⓐ

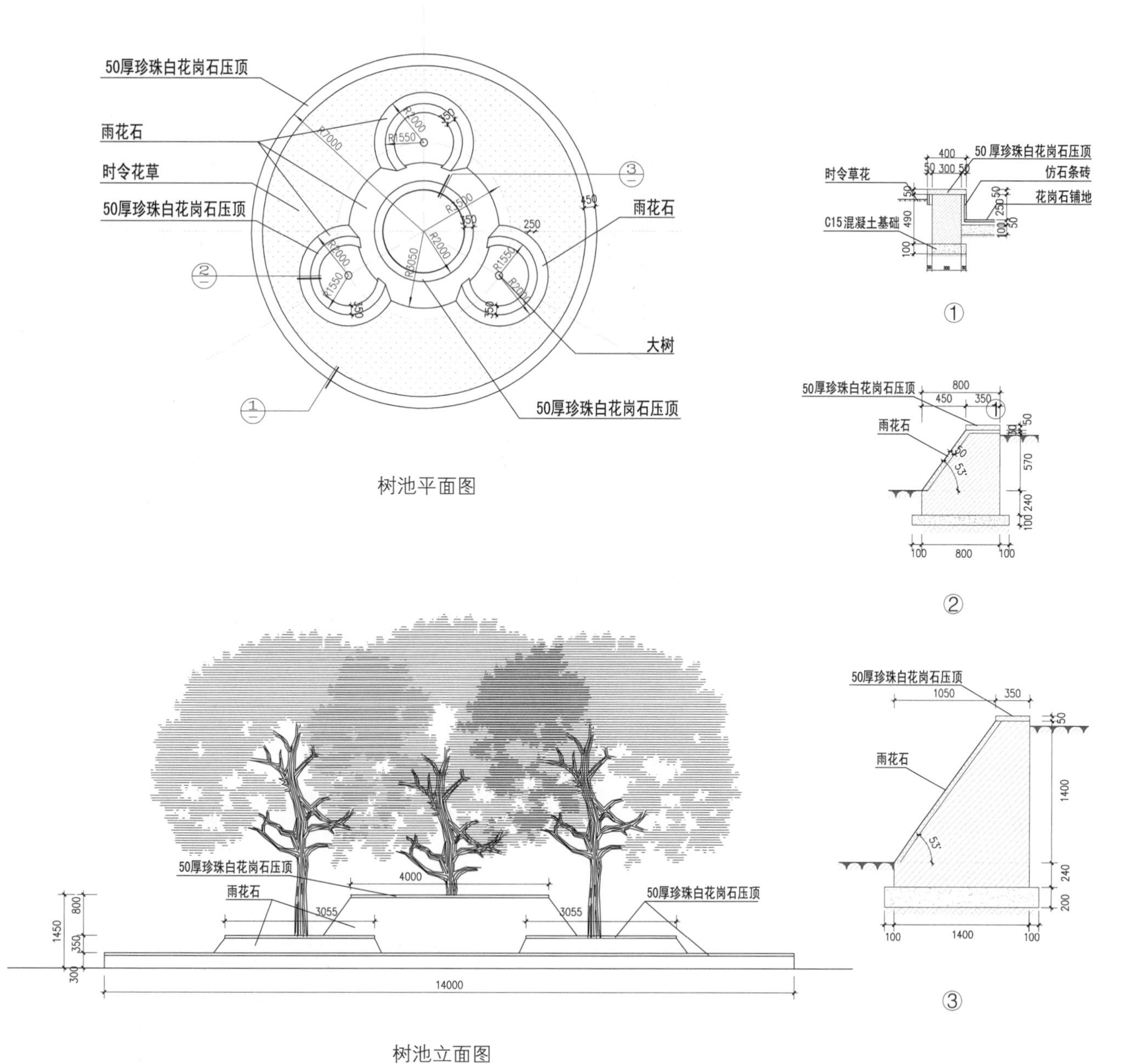

50厚珍珠白花岗石压顶
雨花石
时令花草
50厚珍珠白花岗石压顶
雨花石
大树
50厚珍珠白花岗石压顶
R7000
R1000
R1550
R1500
R2000
R3050
R2000
R1550
R1550
R2000
350
250
450
时令草花
C15混凝土基础
50厚珍珠白花岗石压顶
仿石条砖
花岗石铺地
400
50 300 50
雨花石
800
450
350
570
240
100
53°
100
800
100
1050
350
1400
240
200
1400
4000
3055
3055
14000
1450
800
350
300

树池平面图

树池立面图

1. 概念

花池是按照设计意图在一定形体的范围内集中栽植观赏植物，以表现群体美的设施。花池具有美化环境、基础性装饰和渲染气氛的作用。在美化环境时既可作为主景，也可作为配景。 城市绿化的花池不仅千姿百态，色彩缤纷，而且拉近了人与自然的距离，美化了城市环境。随着城市园林绿化事业的发展，花池在园林绿地中越来越显示其重要作用。

2. 分类

园林花池按照不同的依据有不同的分类方式，如按照季节可分为春花池、夏花池和秋花池；按照花卉种类分为灌木花池、混合花池和专类花池，按照空间分布形式分为平面花池、斜坡花池、台阶花池、集栽花池、立体花池、多层式花池、俯视花池等；按照功能可分为基础花池、街道花池、庭院花池、厅内花池、屏障花池、节日花池、雕塑花池、饰物花池、移动花池、模纹花池、连续花池等。

图 7–2 花池的分类（a，b，c，d，e）

d

e

（1）基础花池（图 7–2a）
设置在建筑物的墙基、大树基部、台阶、灯柱、宣传牌基座等处的花池均可称为基础花池，这类花池能起装饰、美化建筑物、衬托大树、台阶、灯柱等作用。
（2）立体花池（图 7–2b）
在花池内利用植物材料所组成的各种立体艺术造型称为立体花池。因此立体花池的设计必须有明显的设计意图和主题思想，如用五色草栽种成花篮、花瓶、亭子及动物造型等，现已被广泛应用。制作立体花池的技术要求较高，养护管理要精细，常用于美化主要景点。
（3）街道花池（图 7–2c）
城市中马路的分车带、安全岛、回车处等交通错综复杂的地方，可设置花池。既美化市容，又组织交通。
（4）模纹花池（图 7–2d）
这种花池多采用色彩鲜艳的矮生草花，在一个平面栽种出种种图案，好像地毯一样。所用草花以耐修剪，枝叶细小茂密的品种为宜。可以布置成平面式、龟背式、立体的花篮或花瓶式。
（5）移动花池（图 7–2e）
用盆栽花卉拼装的花池称为移动花池或花堆，多用于重大节日。一般色彩鲜艳，突出欢快明朗气氛，现已被广泛采用。

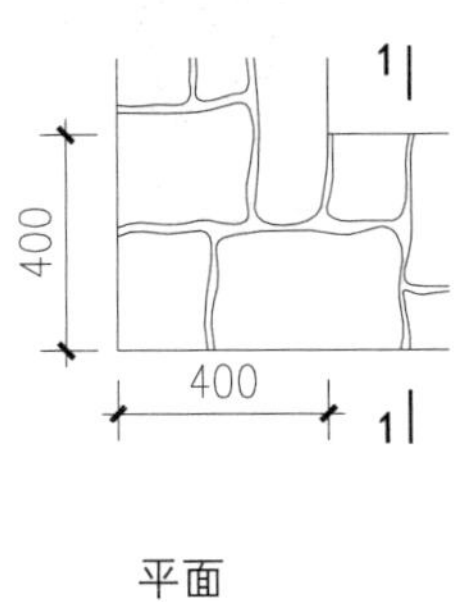

平面

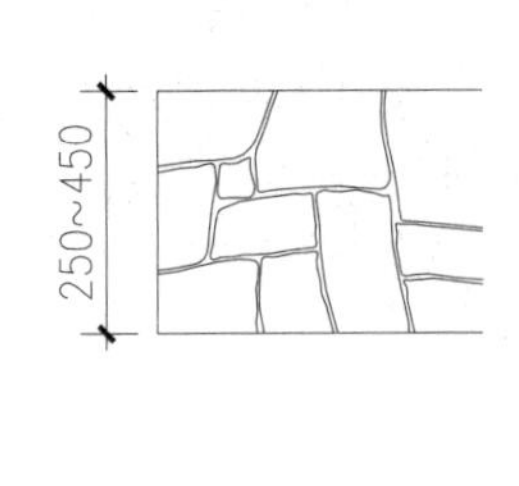

立面

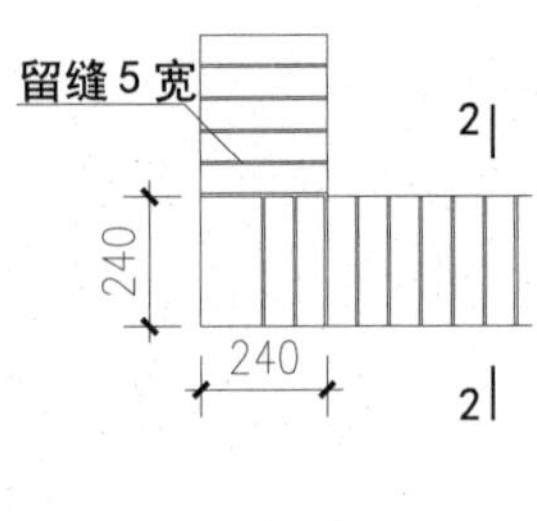

平面

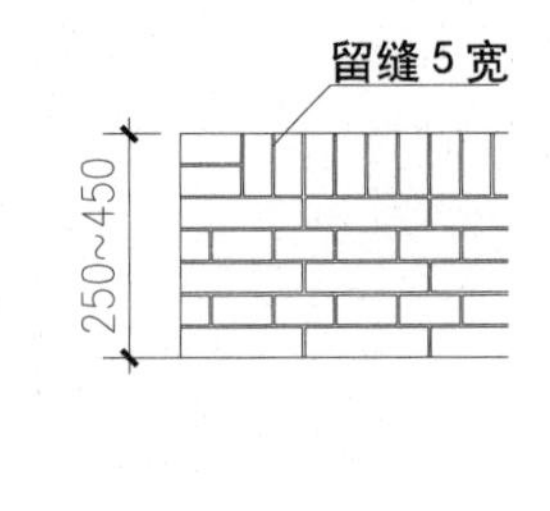

立面

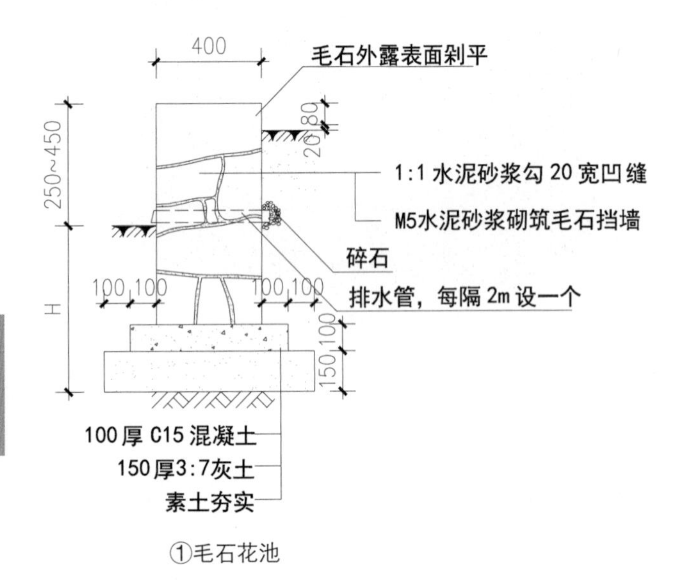

①毛石花池

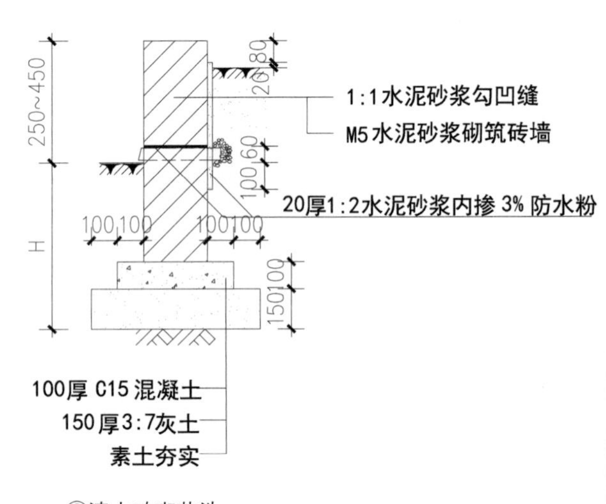

②清水砖砌花池

注：1. 基础埋深 H 按工程设计
2. 砖墙根据地区情况采用黏土或非黏土砖砌筑。
3. 灰土垫层也可改用同厚度 1:2:4 砾石三合土垫层，由设计人定。

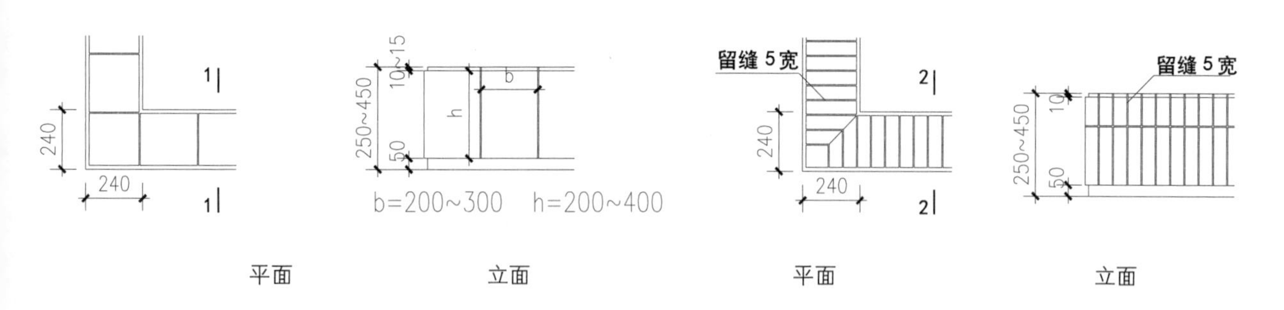

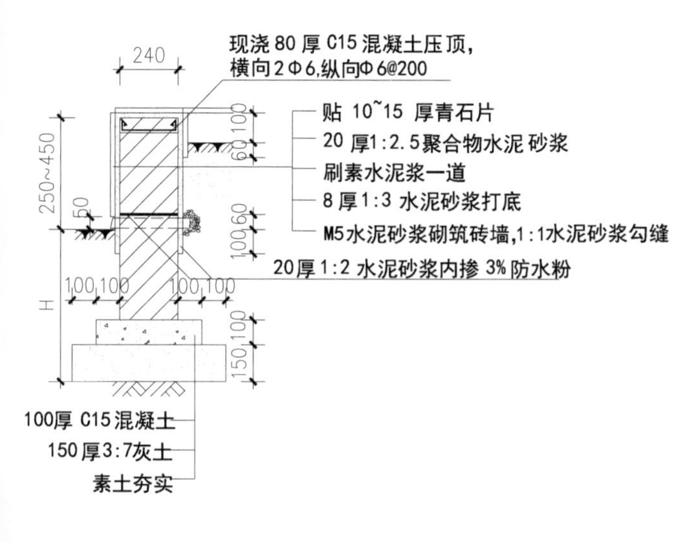

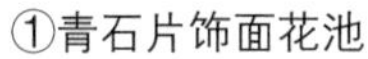
①青石片饰面花池

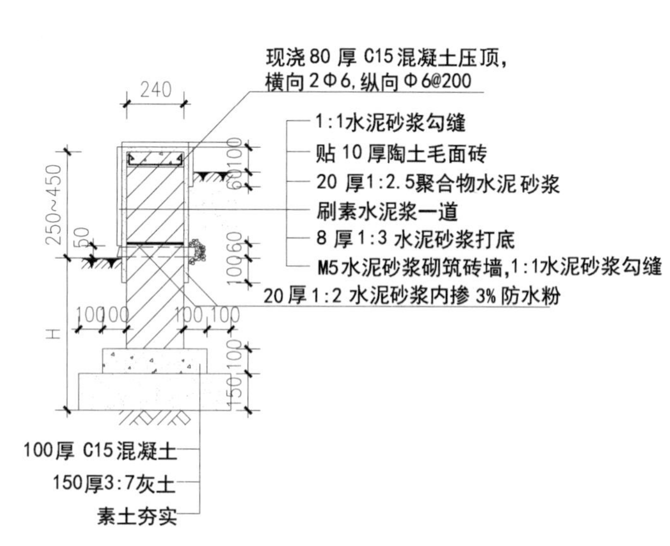

②面砖饰面花池

注：1. 基础埋深 H 按工程设计

2. 砖墙根据地区情况采用黏土或非黏土砖砌筑。

3. 灰土垫层也可改用同厚度 1:2:4 砾石三合土垫层，由设计人定。

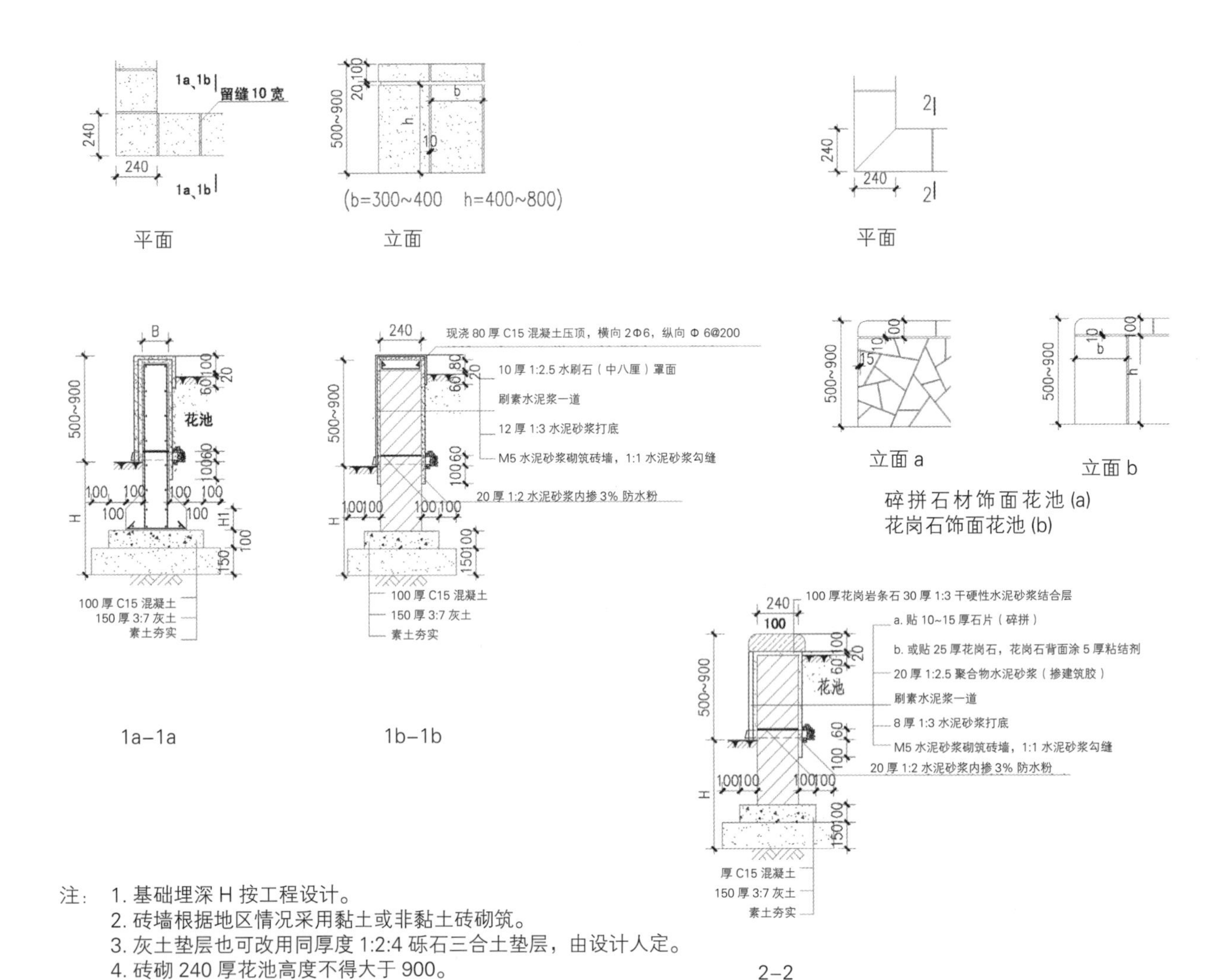

注：1. 基础埋深 H 按工程设计。
2. 砖墙根据地区情况采用黏土或非黏土砖砌筑。
3. 灰土垫层也可改用同厚度 1:2:4 砾石三合土垫层，由设计人定。
4. 砖砌 240 厚花池高度不得大于 900。

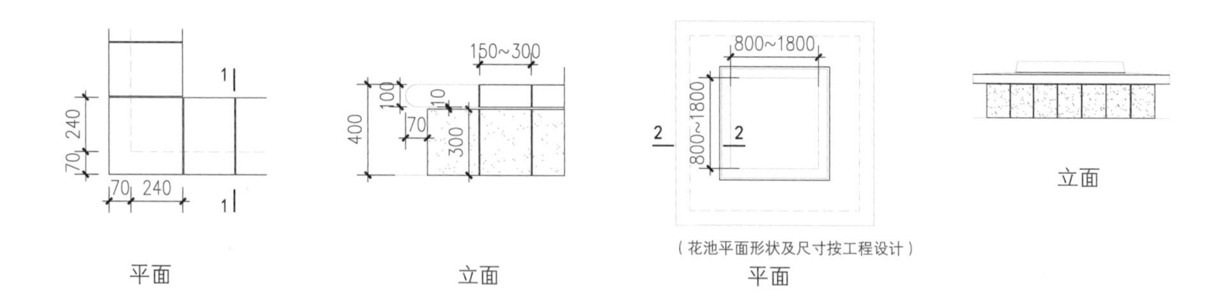

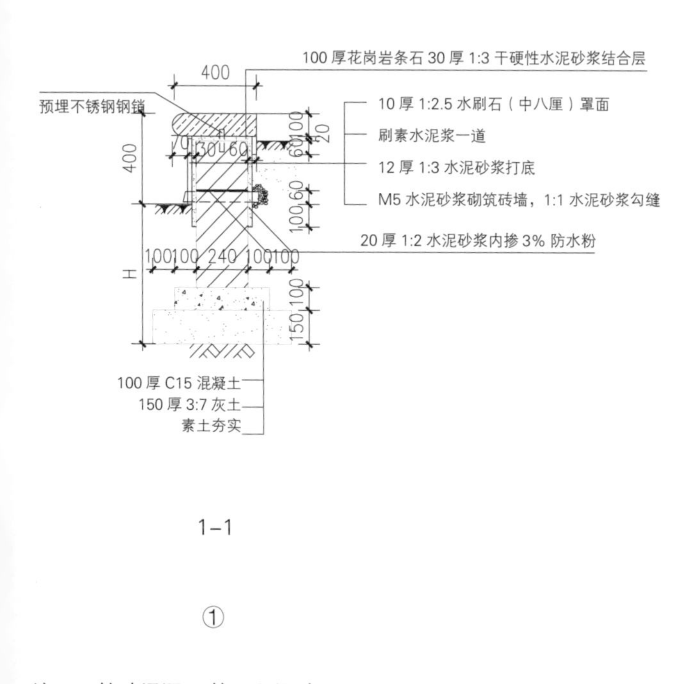

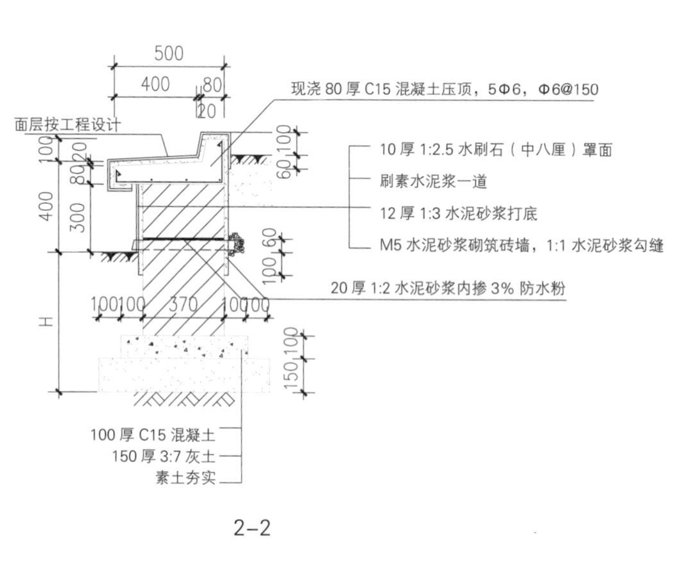

注：1. 基础埋深 H 按工程设计。
2. 砖墙根据地区情况采用黏土或非黏土砖砌筑。
3. 座椅花池内种树，其枝下高度须≥ 1900mm。
4. 灰土垫层也可改用同厚度 1:2:4 砾石三合土垫层，由设计人定。

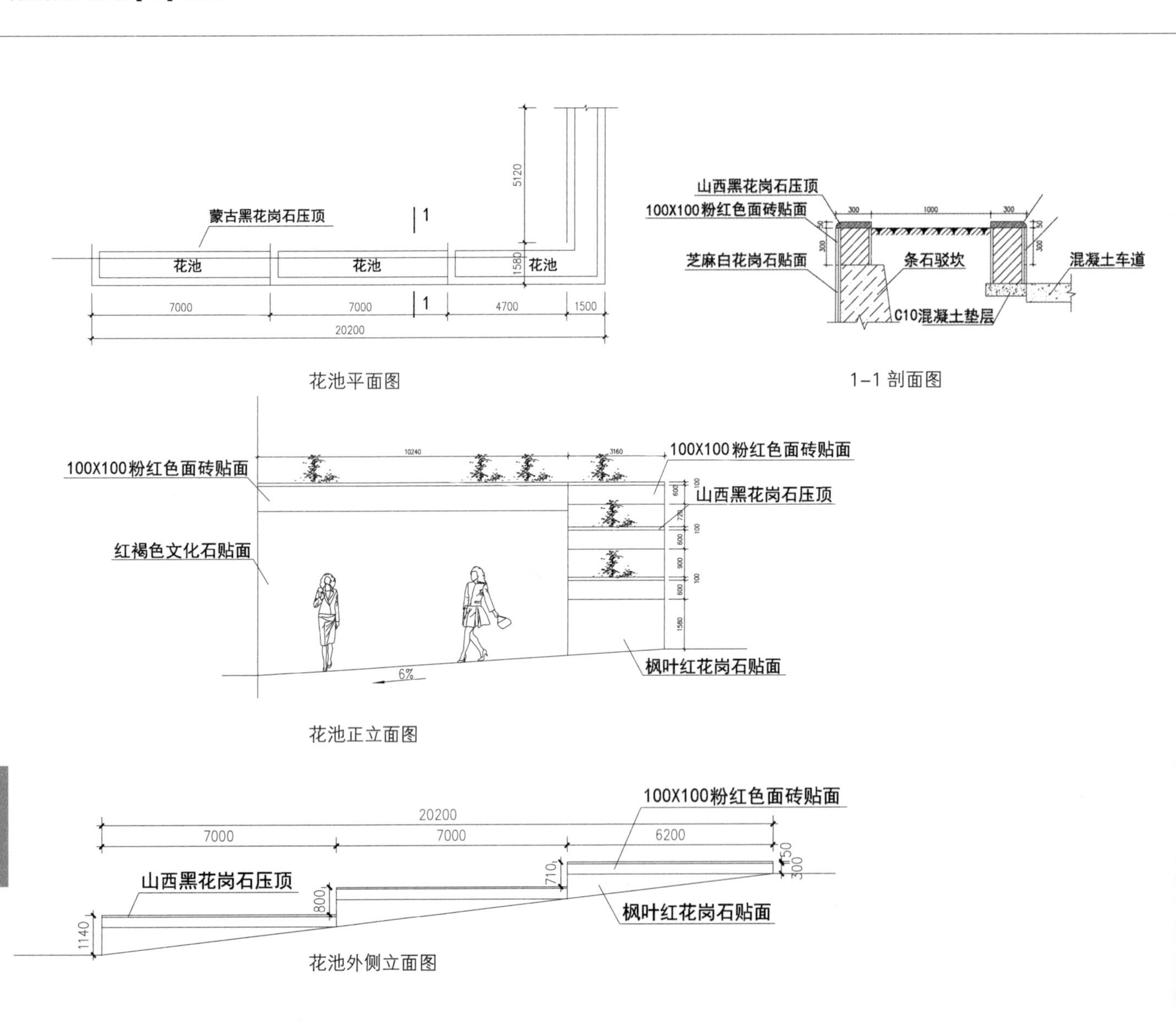

花池平面图

1-1 剖面图

花池正立面图

花池外侧立面图

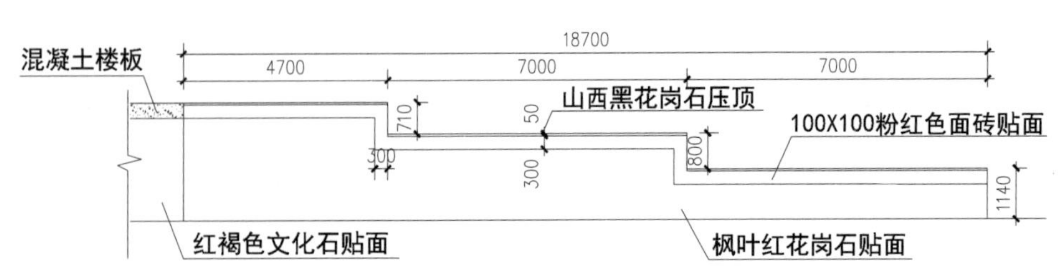

花池内侧立面图

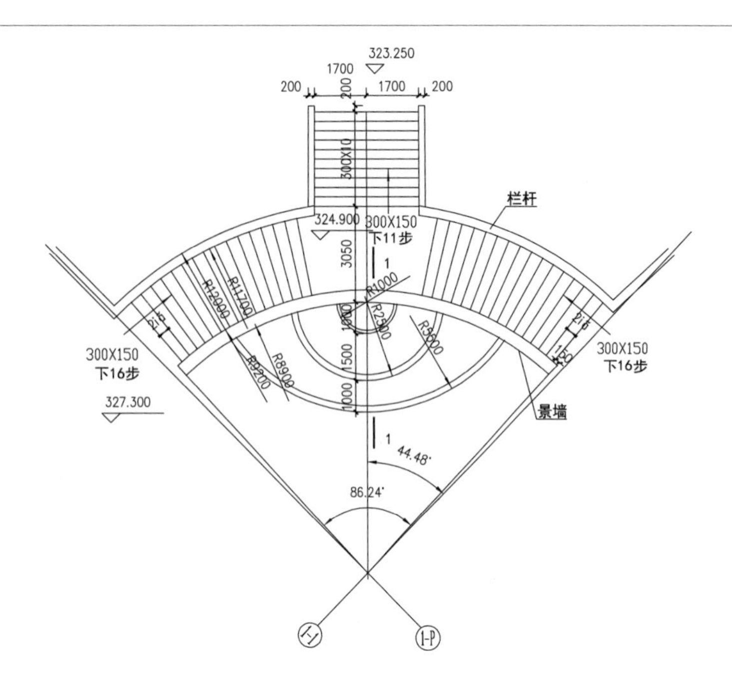

层叠花池平面图

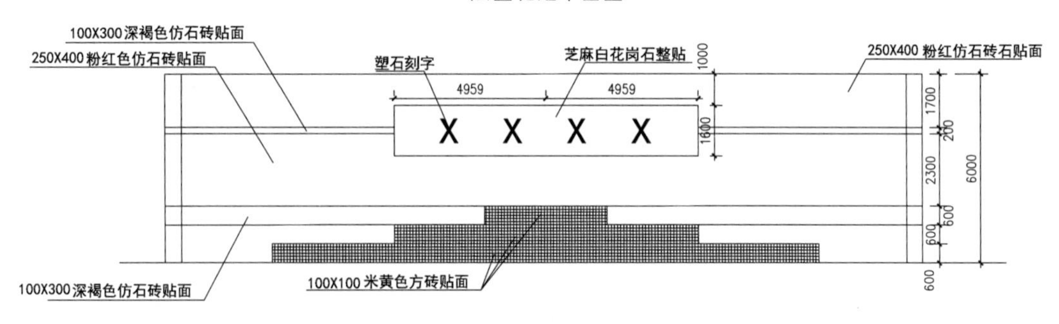

层叠花池及景墙立面图

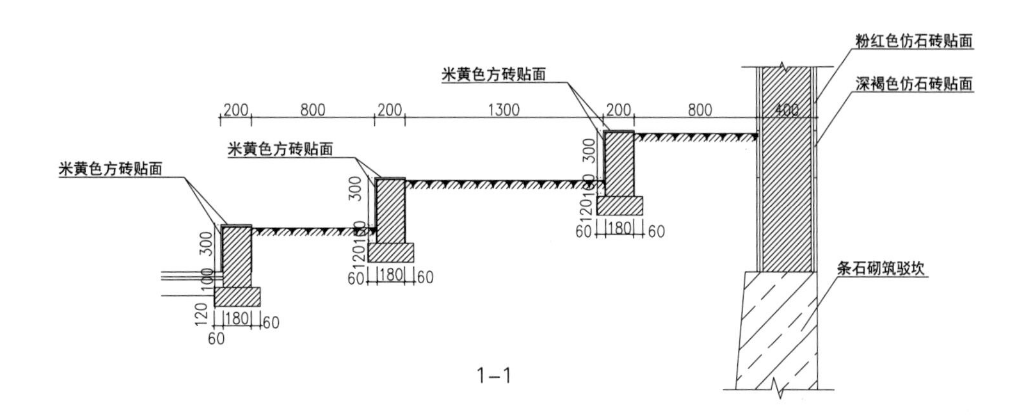

1-1

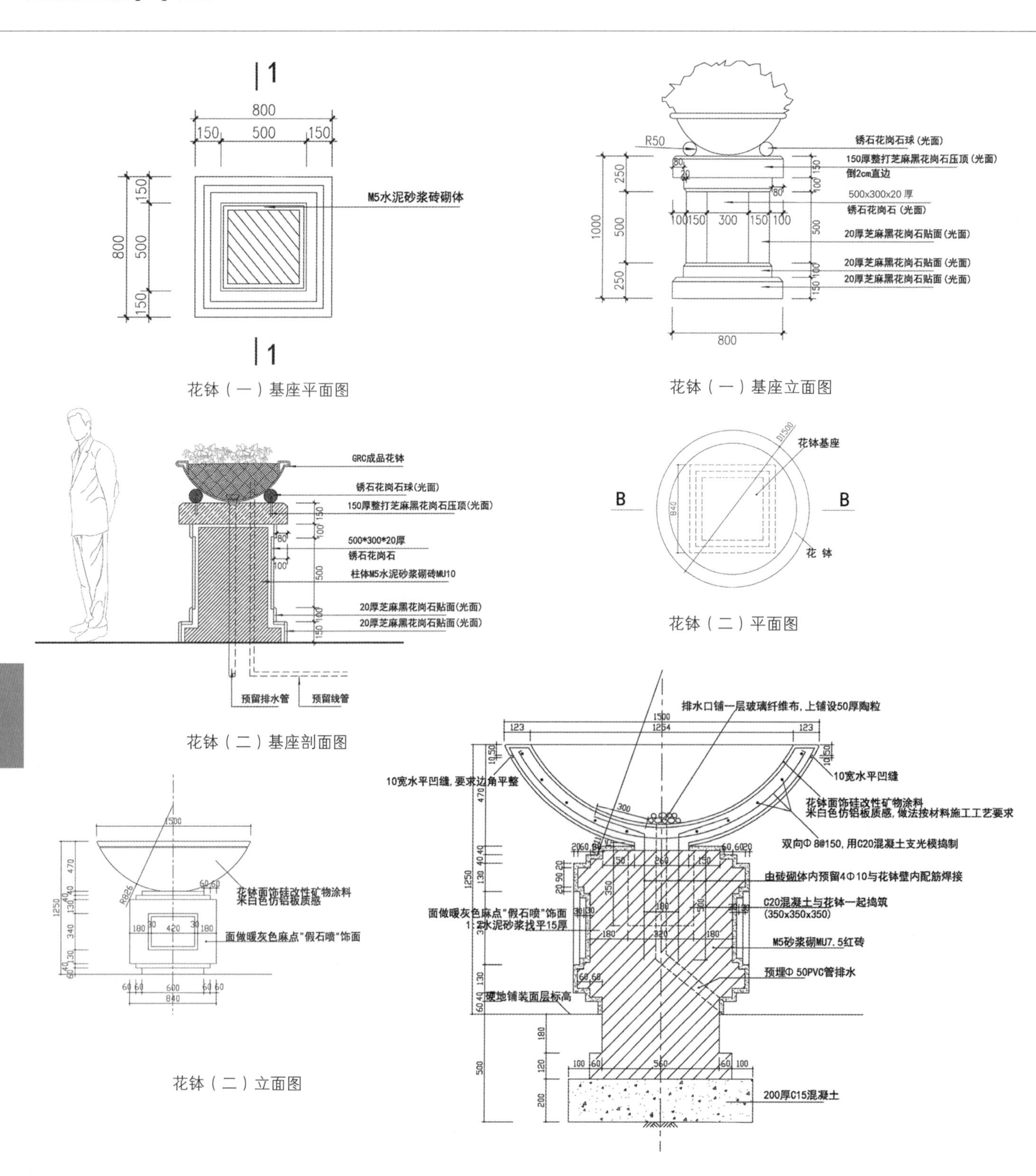

花钵（一）基座平面图

花钵（一）基座立面图

花钵（二）基座剖面图

花钵（二）平面图

花钵（二）立面图

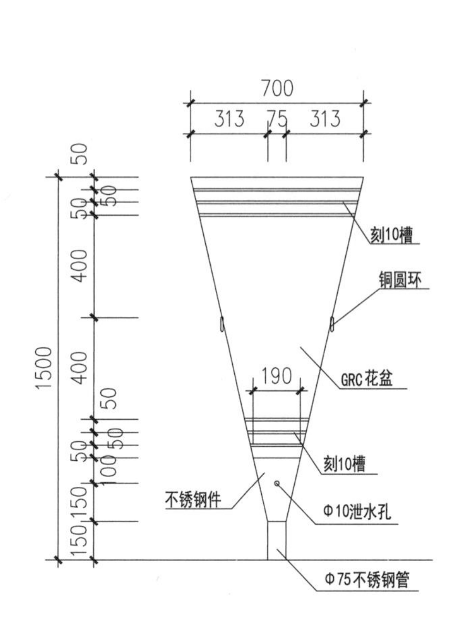

锥形立面图

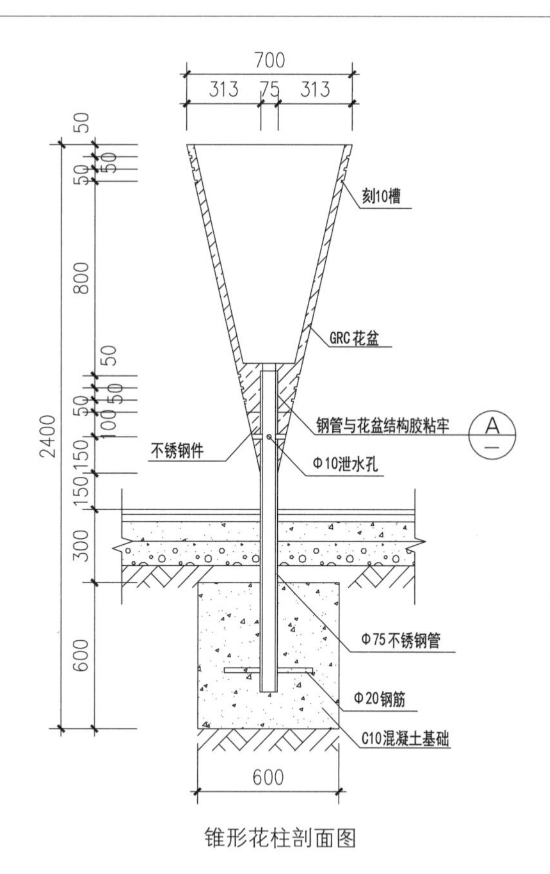

锥形花柱剖面图

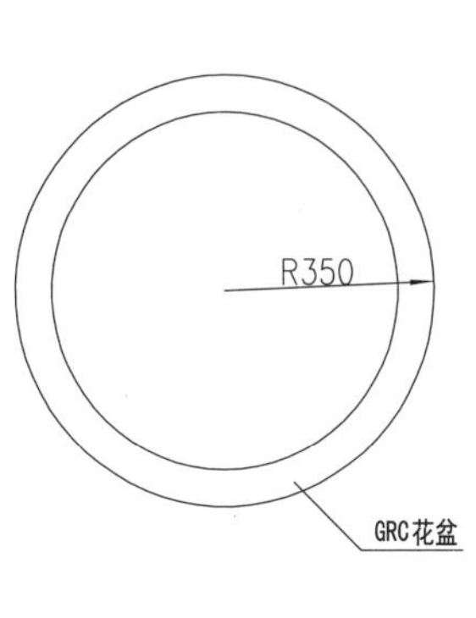

锥形花柱平面图

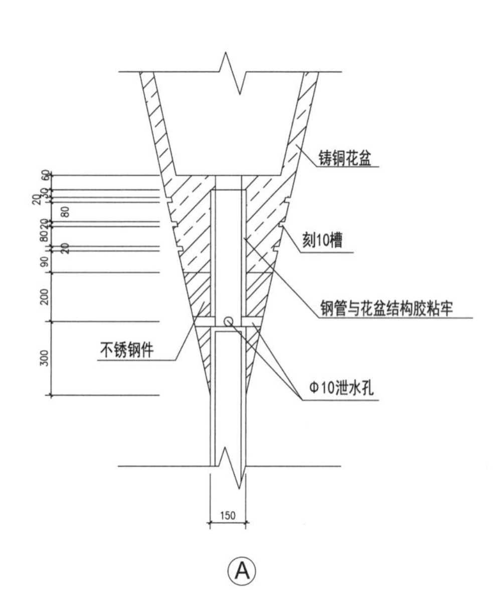

Ⓐ

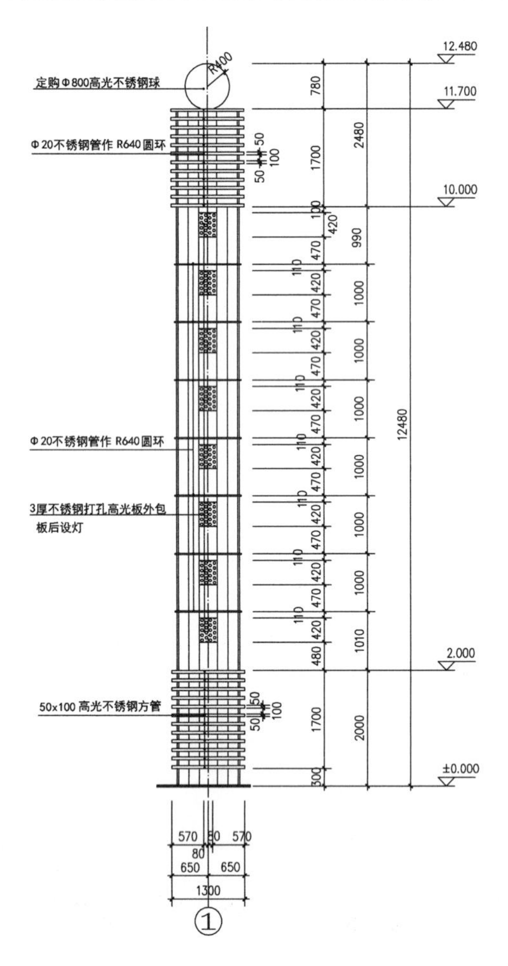

花柱详图立面图

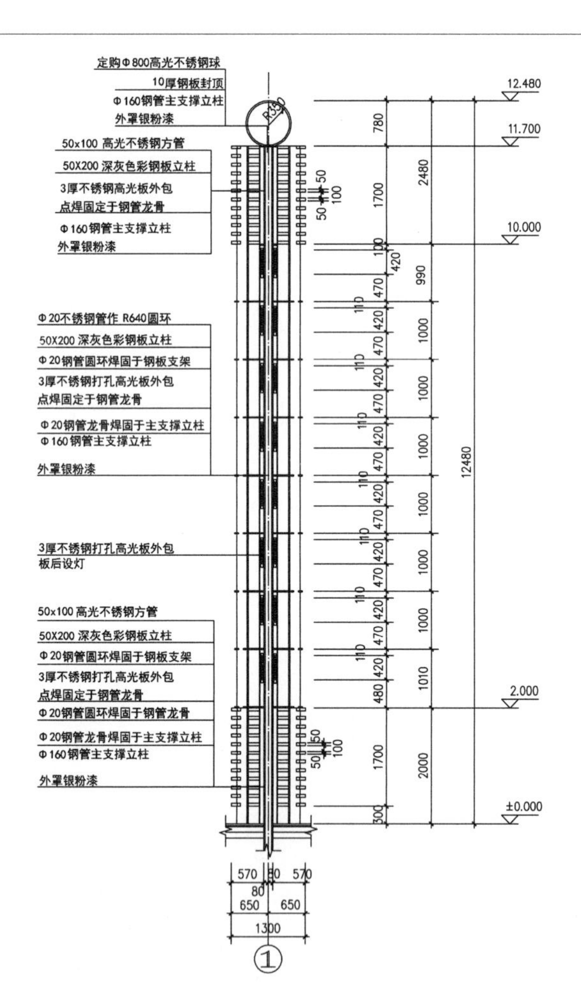

花柱 1–1 剖立面图

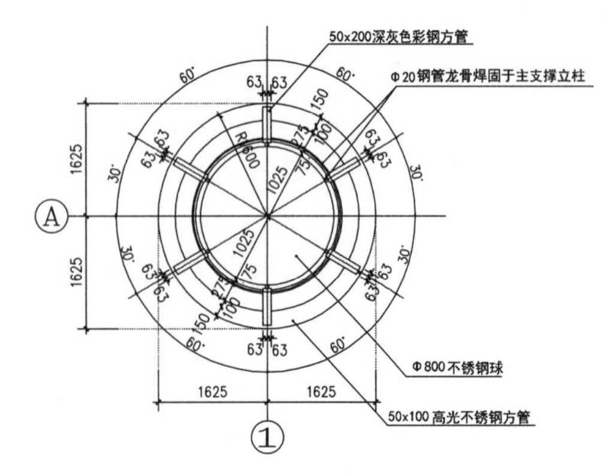

花柱 2–2 剖面图

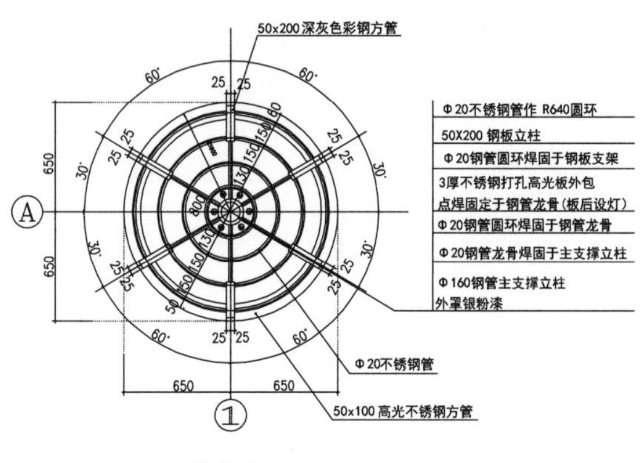

花柱平面图

1. 概念及作用

座椅是户外场地设施中的最重要的元素。在城市的居住区、商业区、公共活动区、旅游区等公共场所为人们提供一些小憩的空间是十分重要的。它可以让人们拥有一些较私密空间进行一些特殊活动，如休息、小吃、阅读、打盹、编织、下棋、晒太阳、观景、交谈等。这些富有吸引力的活动，是在室内不可能进行的。只有创造良好的条件让人们安坐下来，才可能有较长的逗留时间来创造这些活动。丹麦规划师扬・盖尔认为，如果公共场所缺少座椅设施，人们可能匆匆而过，这不仅意味着在公共场合的逗留十分短暂，更重要的是许多有魅力和价值的户外活动被扼杀掉了。

2. 材料类型

①木材：触觉较好，材料加工性强，但其耐久性差（经过加热注入防腐剂处理的木材，也具有较强的耐久性）。随着木材黏接技术和弯曲技术的提高，座椅的形态已变得多样化。

②石材：以花岗岩等匝质的石材为宜。石材具有坚硬性、耐腐性，抗冲击性强，装饰效果较佳，欧洲使用较普遍。由于石材加工技术有限，其形态变化较少。

③混凝土：材料吸水性强，易风化，触觉较差，可与其他材料配合使用。

④陶器：以陶瓷材料经烧造而成，由于烧窑工艺的限定，其尺寸不宜过大，过程中易变形，难以制成复杂的形状。

⑤金属材料：以铸铁为主，铸铁具有厚重感和耐久性，可自由塑造形态。也有使用不锈钢和铝合金材料的金属材料，但其热冷传导性高，难以适应座面要求。现在由于冲孔加工技术的进步，可使金属薄板制成网状结构，散热性较好，可使用于座面。铝合金、小口径钢管等可加工成轻巧、曲折的造型。

⑥塑料：由于塑料材料易加工，色彩丰富，一般适宜做座椅的面，以其他材料制成脚部。但塑料易腐蚀变化，强度和耐久性也较差。为了改变材料的特性，可采用塑料、混凝土相结合的复合材料，以增强材料的强度。

石材座椅

木质座椅

塑料座椅

混凝土座椅

图 7-3 不同材料的座椅

3. 设计原则

在日常生活中，人们从不以随意的方式使用空间，人的行为心理感受体现在对座椅位置的选择和布局方式上。实际上，由于空间中座位布局过多考虑建筑美学的因素，对空间使用者的行为习惯和心理感受缺乏思考，导致座位无人问津的情况并不少见。因此，公共座椅设施的设计和布局都需要精心考虑，符合环境心理学的座椅设施才能发挥预期的效果。

（1）尺寸

室外座椅的设计应满足人体舒适度要求，普通座面高 38~40cm，座面宽 40~45cm，标准长度：单人椅 60cm 左右，双人椅 120cm 左右，3 人椅 180cm 左右，靠背座椅的靠背倾角为 100~110° 为宜。

（2）布局

“边界效应”在户外空间中，人们趋向于停留界面的边沿及两个空间的过渡区域，这就是所谓“边界效应”。因此，我们常常看到，人们喜欢逗留在空间的边缘或公共空间中更小的单元内，树丛或空地的边缘区域比树林中或空地上更吸引人。这是因为边缘区域既为观察者提供了最佳的观察点，又使自己不被注意，具有安全感和领域感。如果边界上的空间能吸引人驻足停留，这种空间就很可能很有生机。座椅设施的布局如果充分考虑人们的这种心理需求，布置在公共空间区域或建筑的周边，空间中的花台、树下，会比随意布置的座椅更受欢迎。

（3）朝向与视野

朝向与视野对于座位的选择起着重要的作用。座椅设施的布置为人们提供一个很好的观景点，满足“人看人”的需求，成为人们选择座位的关键点。生活中，能很好地观赏周围活动的座椅远比难于看到别人的座椅使用频率高，就是这个道理。“坐有其位，坐有所依，坐有所视，坐有所安”，日本设计师三村翰弘这样来概括户外座椅设施布局的原则，满足这种行为心理需求的座椅设施才能达到预期的效果。

（4）距离与角度

当座位面向道路或大空间时，座位与路过行人应保持合适的距离，距离过近会使双方都不自在，甚至会妨碍路过者通行。保持双方距离在 1.5m 以上是必要的；当座位垂直于道路或大空间，就座者平视状态有时候不易观察清楚道路或大空间上发生的活动，多数情况下单个摆放是不合适的；座位以 45 度斜角与路面相交的状态介于上述两者之间，特别是两支长椅成 90° 布置（从而在路边凹进一个三角形）通常不失为一种良好的选择。

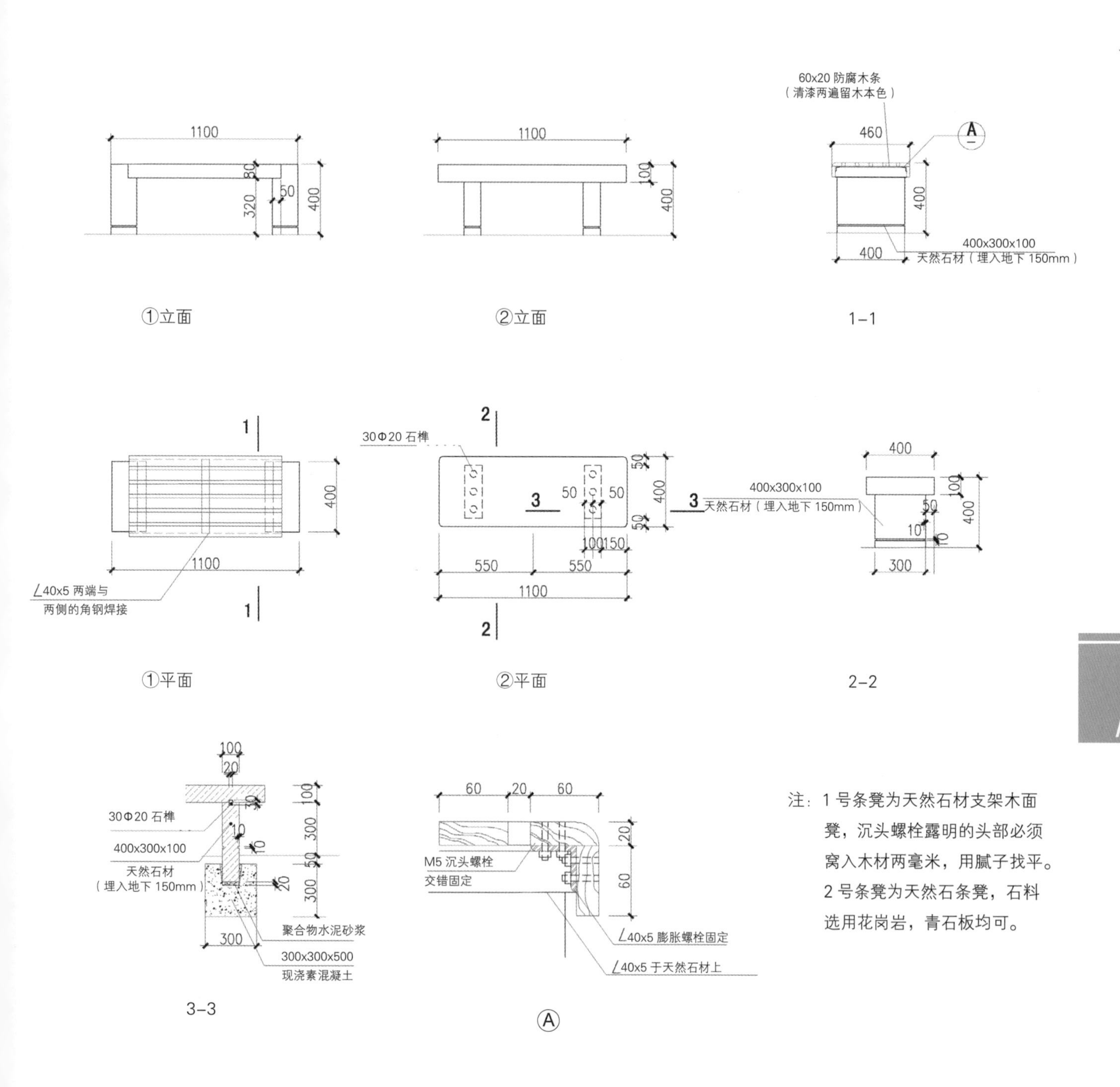

注：1 号条凳为天然石材支架木面凳，沉头螺栓露明的头部必须窝入木材两毫米，用腻子找平。2 号条凳为天然石条凳，石料选用花岗岩，青石板均可。

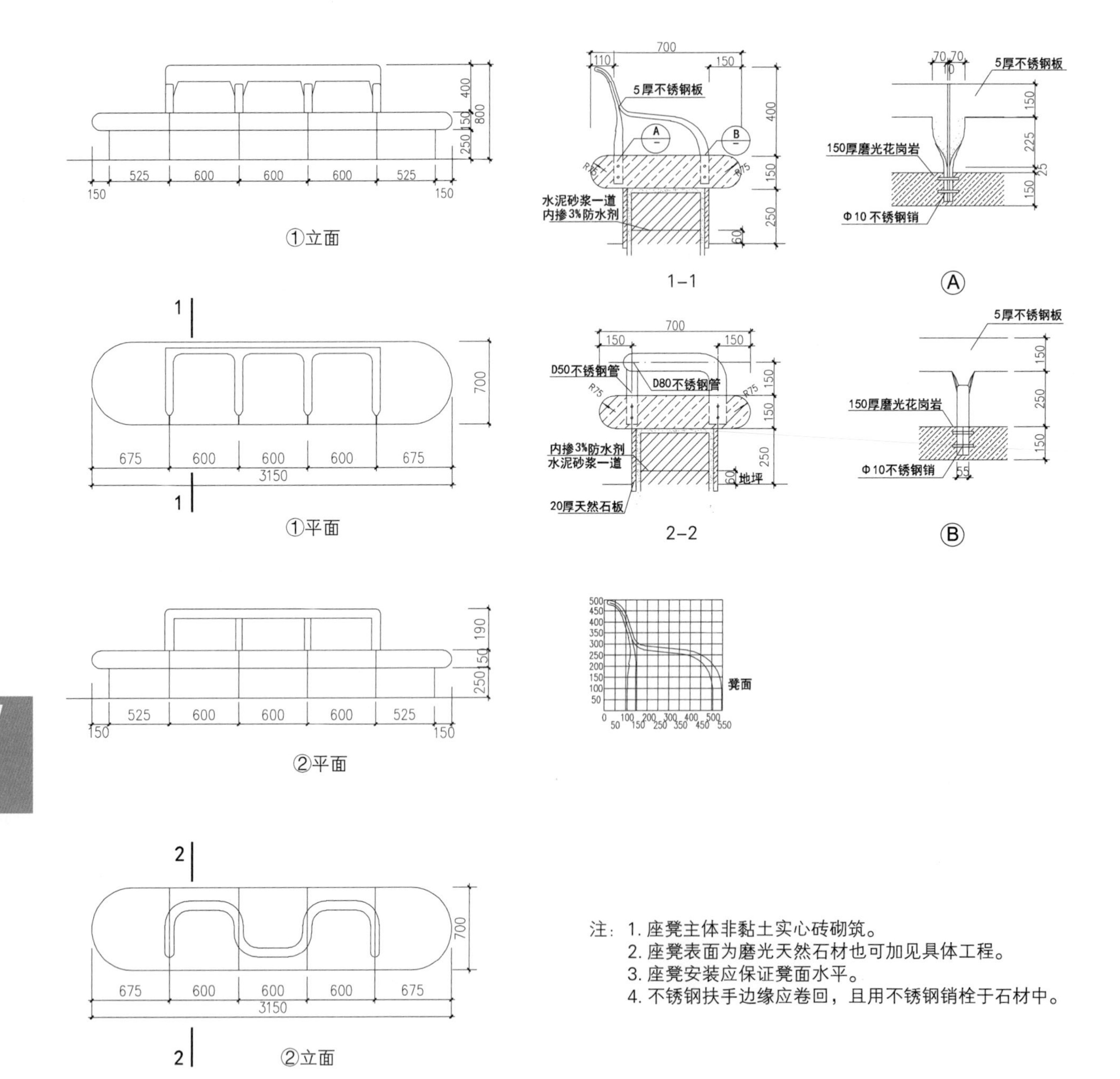

注：1. 座凳主体非黏土实心砖砌筑。
2. 座凳表面为磨光天然石材也可加见具体工程。
3. 座凳安装应保证凳面水平。
4. 不锈钢扶手边缘应卷回，且用不锈钢销栓于石材中。

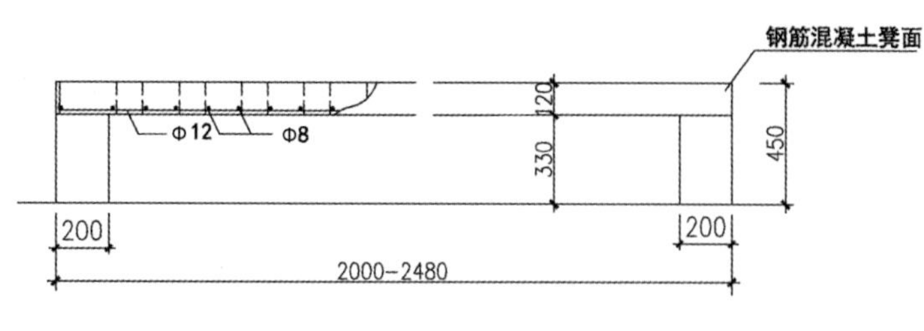

1–1 立面

Φ12
Φ8

Ⓐ 混凝土预制椅面板配筋

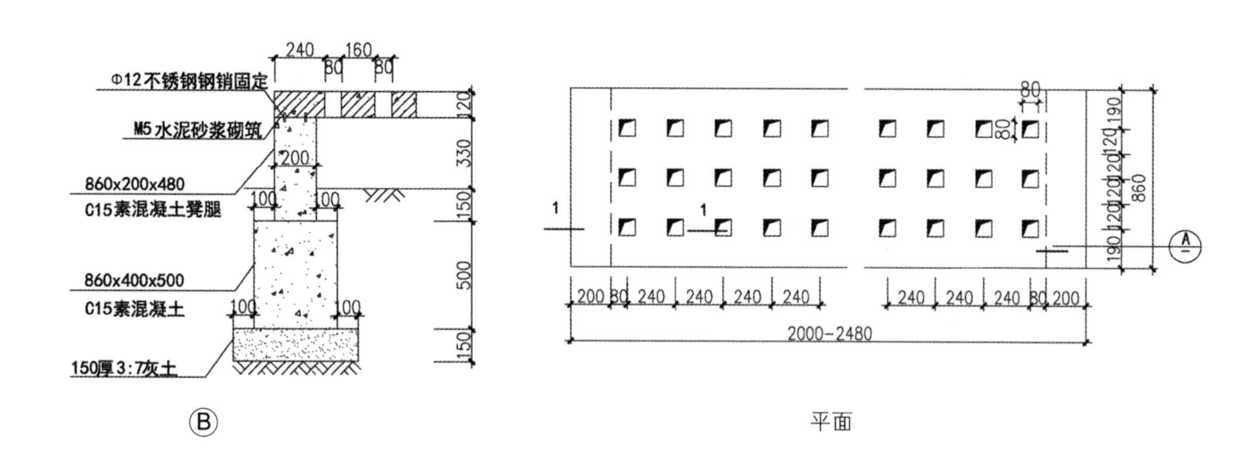

Ⓑ

平面

注：1. 凳面也可选用涂料或水磨石面层。
2. 基础垫层做法可根据地区差异调整。

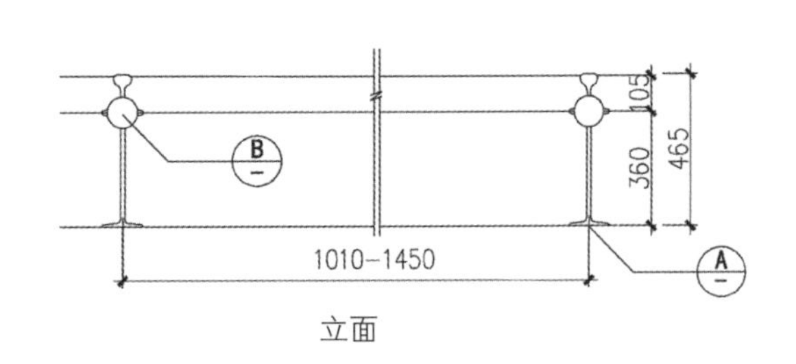

立面

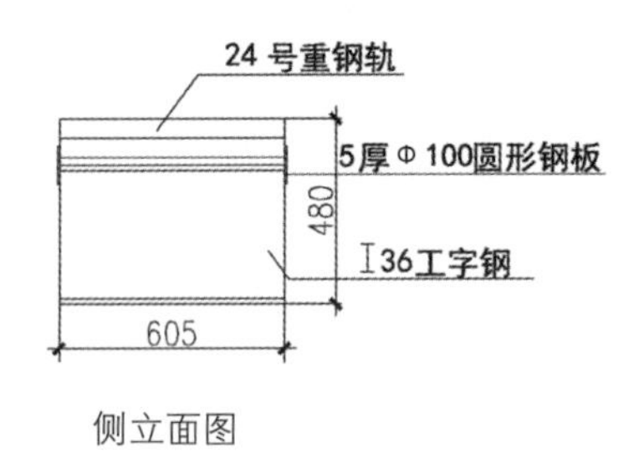

侧立面图

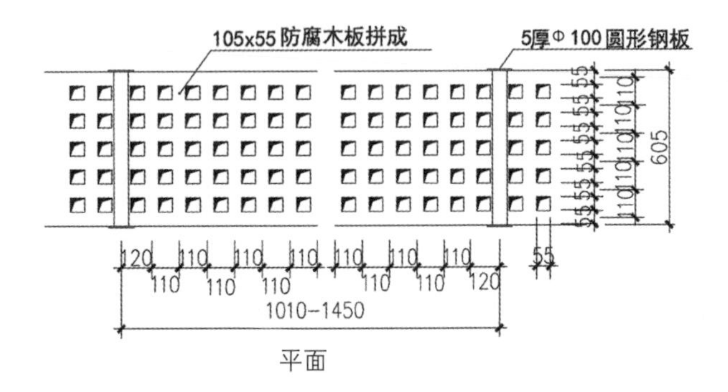

平面

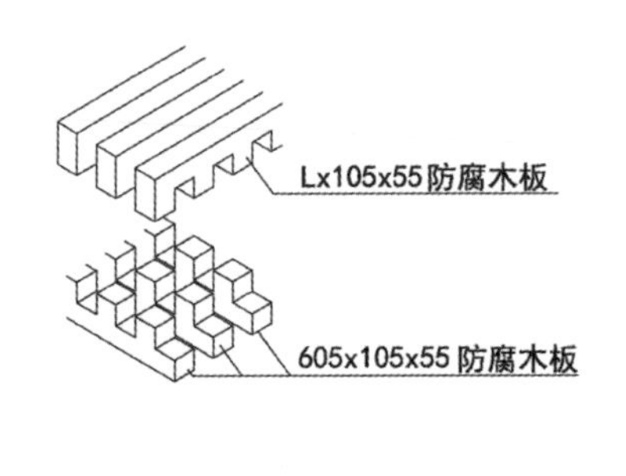

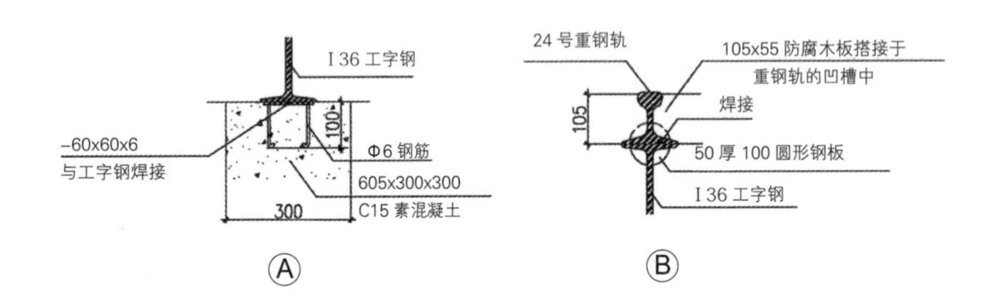

Ⓐ　Ⓑ

注：1. 椅面用 105x55 断面的防腐木板纵横交叉拼合粘接而成。
2. 两钢构件间焊接表面涂黑色锻造抗氧化漆。
3. 椅面安装在两钢轨之间，并用焊接在构件上 5 厚直径 100 的圆形钢板固定。

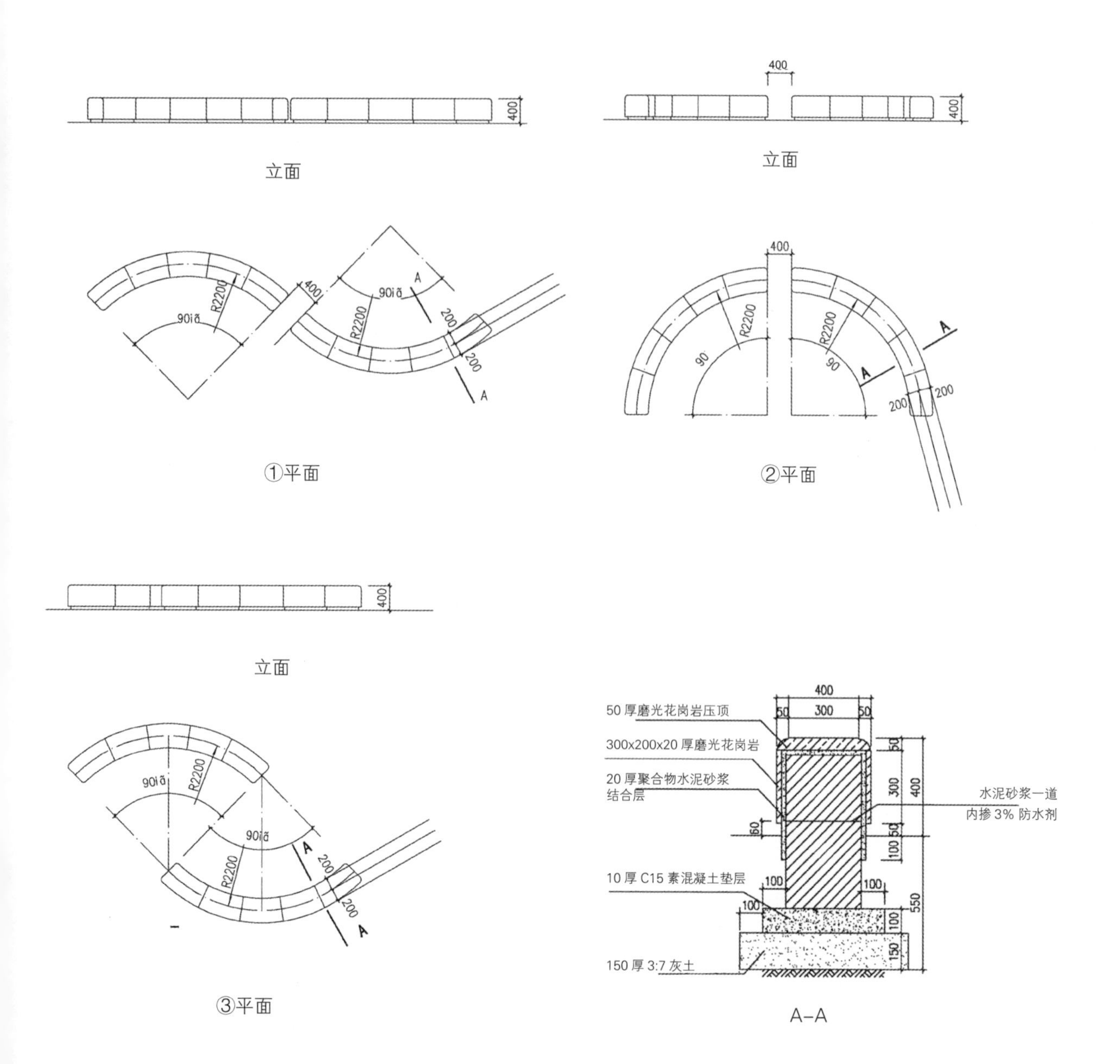

注：1. 座凳主体为非粘土实心砖砌筑。
2. 座凳表面可贴 300x200x50 磨光花岗板，也可贴人造石桥 面层。
3. 座凳安装应保证凳面水平。
4. 3:7 灰土，可根据地区差异调整

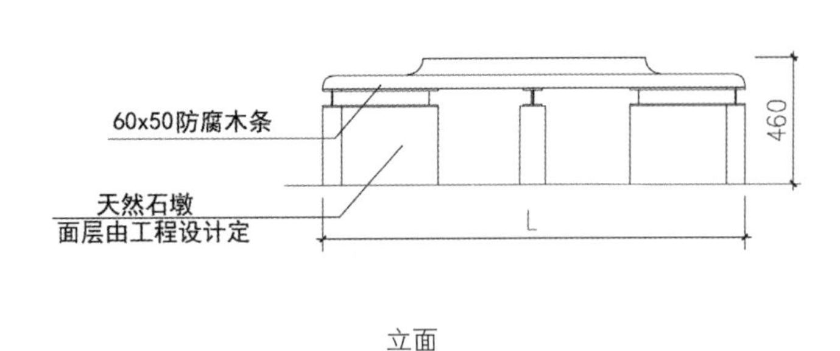

立面

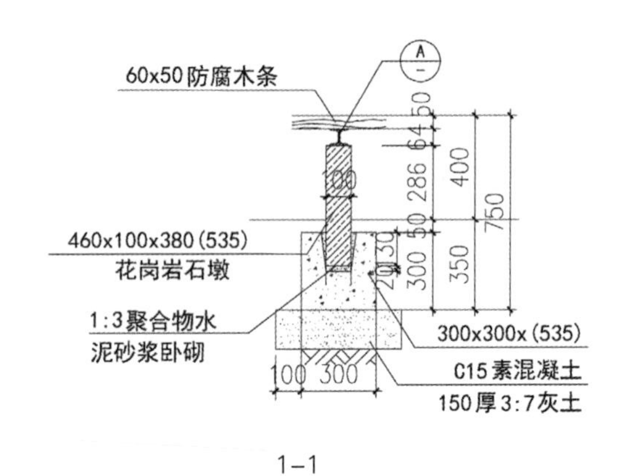

1-1

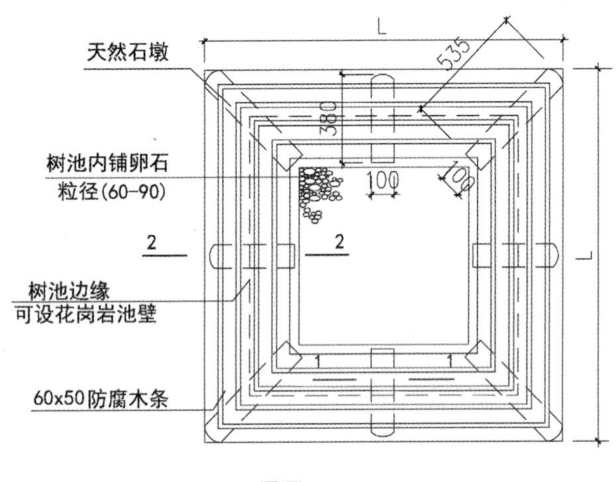
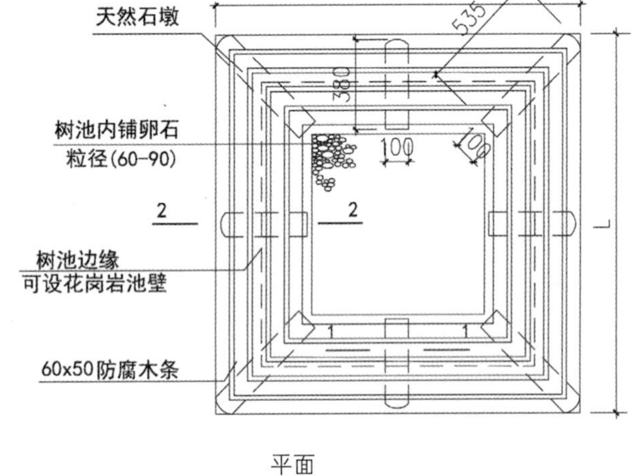

平面

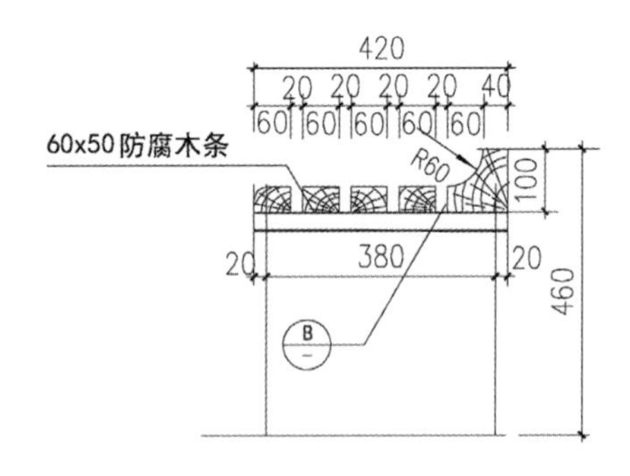

2-2

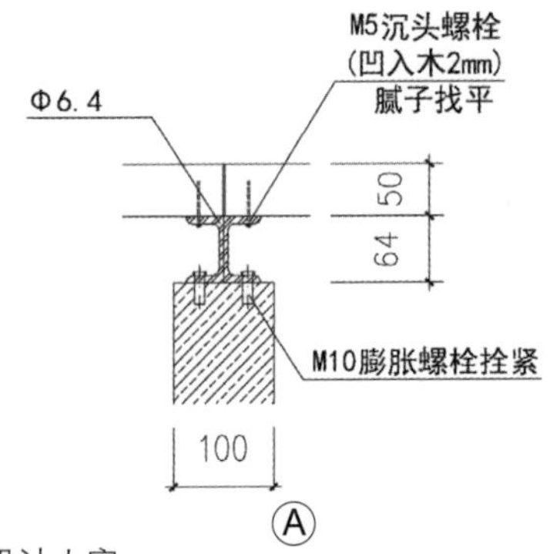

Ⓐ

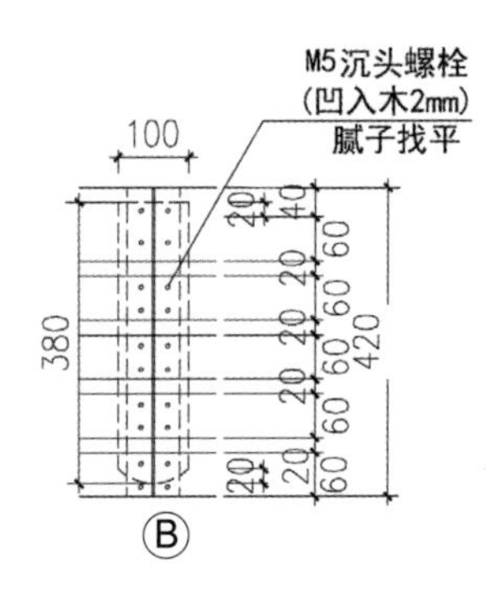

Ⓑ

注：1. L由设计人定。
2. 3:7灰土，可根据地区差异调整。

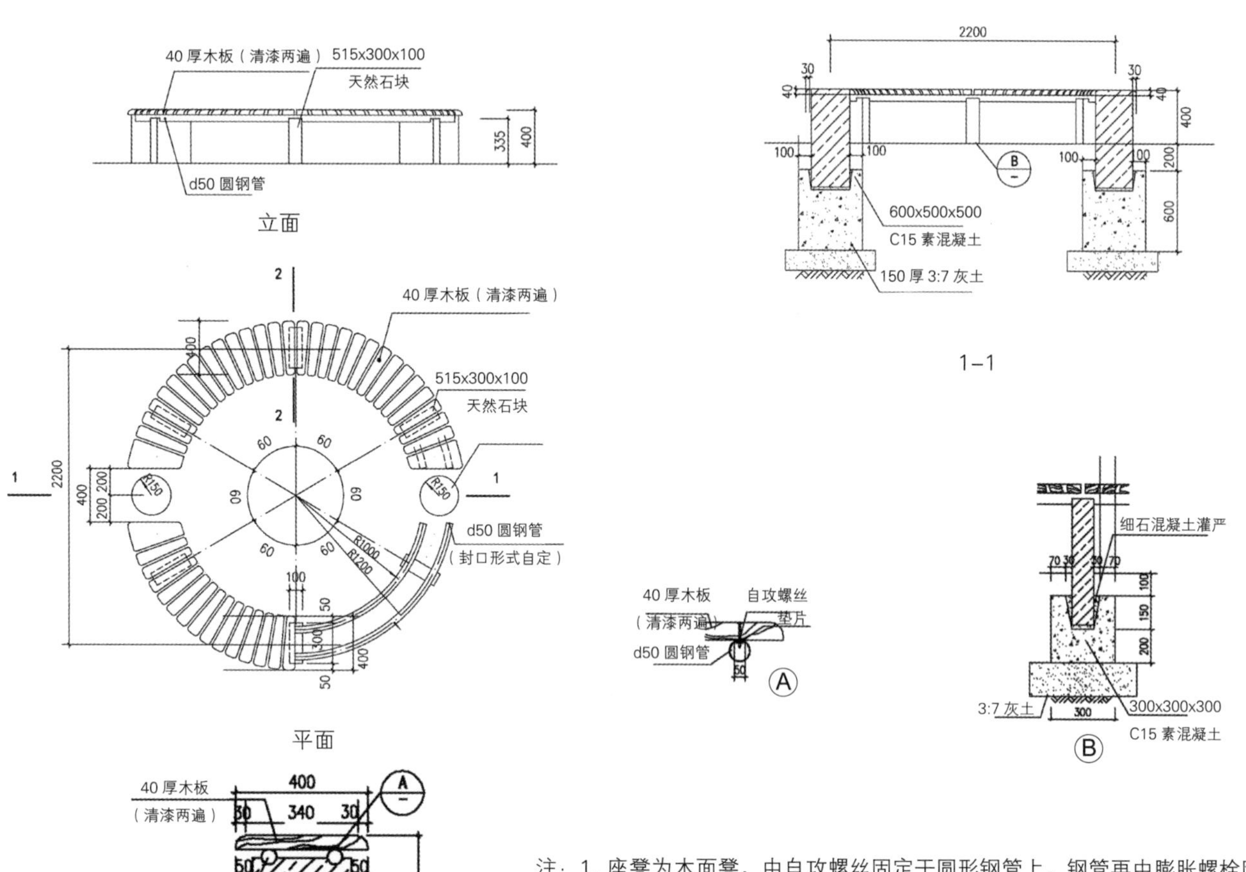

注：1. 座凳为木面凳，由自攻螺丝固定于圆形钢管上，钢管再由膨胀螺栓固定于花岗岩基座上，或用金属结构胶粘牢。
2. 沉头螺栓露明的头部必须窝入木材 2mm，用腻子找平。
3. 基础埋深可参考各地冻土深度。
4. 3:7 灰土，可根据地区差异调整。

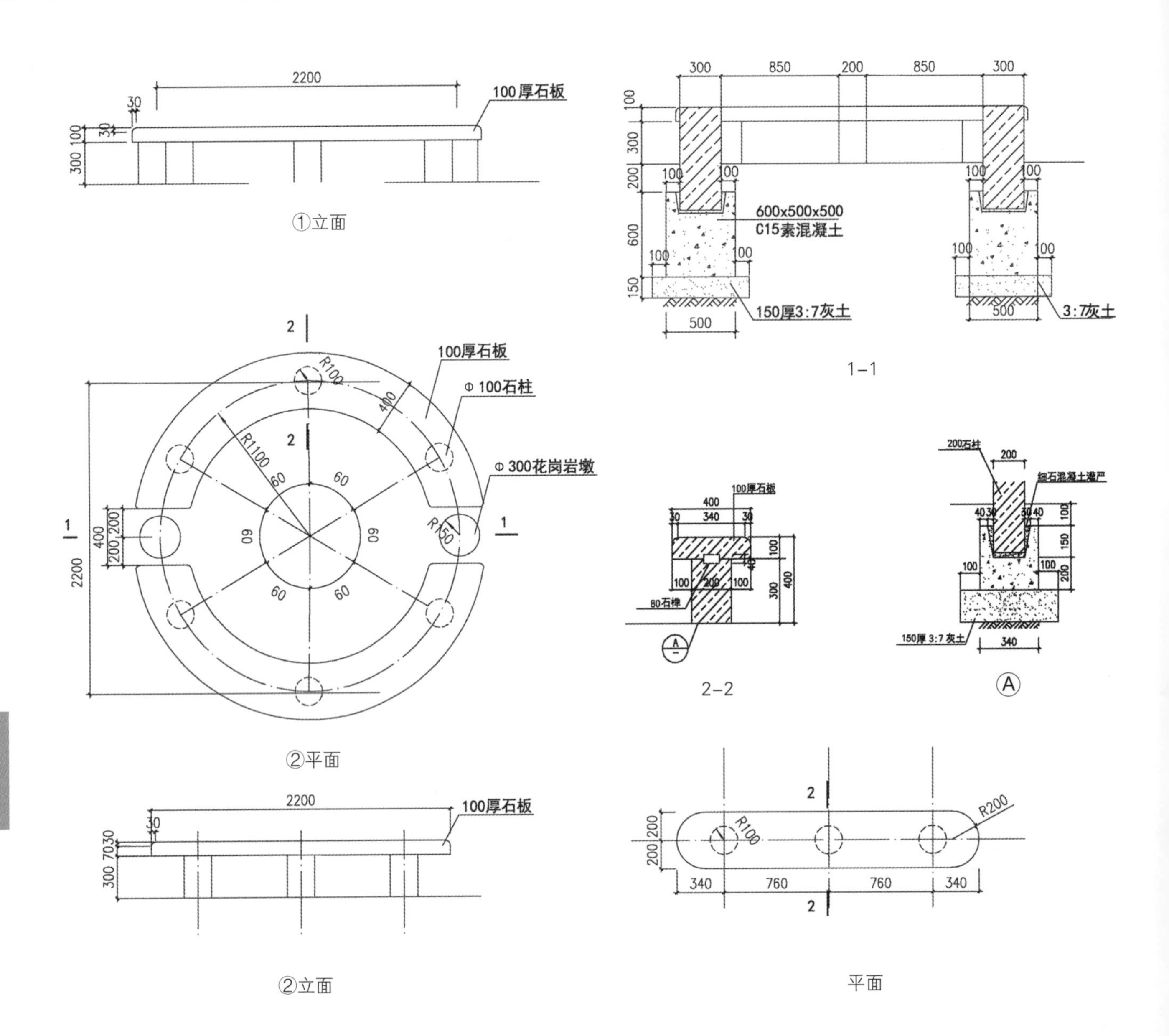

注：1. 座凳为石桥凳面，凳腿为同色天然石材柱。

2. 凳面与凳腿之间用 Φ80 石榫连接。且用专用胶粘接。

3. 基础埋深可参考各地冻土深度。

4. 4:3:7 灰土可根据地区差异调整。

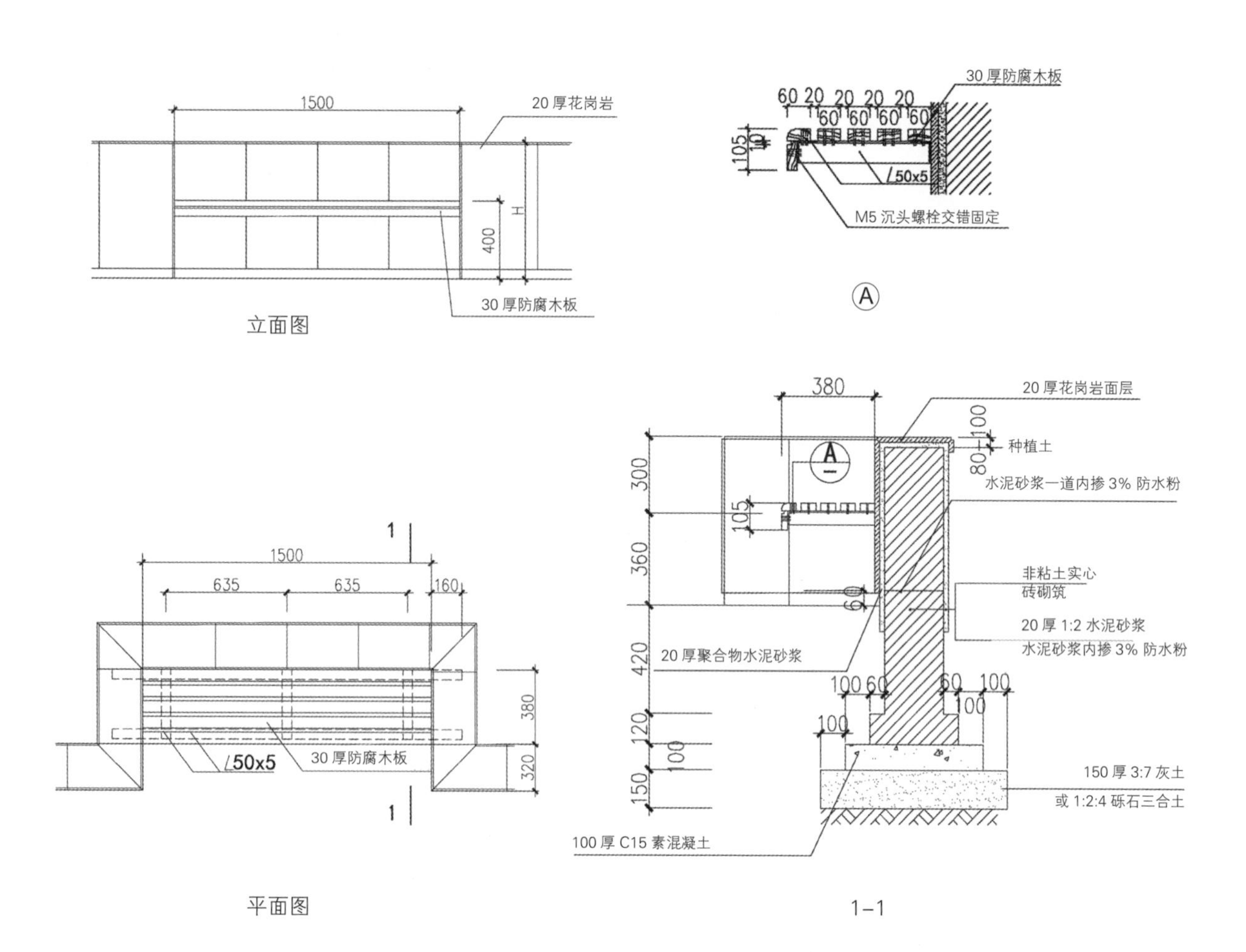
1500
20 厚花岗岩
H
400
30 厚防腐木板
立面图
30 厚防腐木板
60 20 20 20 20
60 60 60 60
105
50x5
M5 沉头螺栓交错固定
A
380
20 厚花岗岩面层
100
80
种植土
水泥砂浆一道内掺 3% 防水粉
300
105
360
非粘土实心
砖砌筑
20 厚 1:2 水泥砂浆
水泥砂浆内掺 3% 防水粉
420
20 厚聚合物水泥砂浆
100 60
60 100
100
120
100
150
150 厚 3:7 灰土
或 1:2:4 砾石三合土
100 厚 C15 素混凝土
1
1500
635
635
160
380
320
50x5
30 厚防腐木板
平面图
1–1

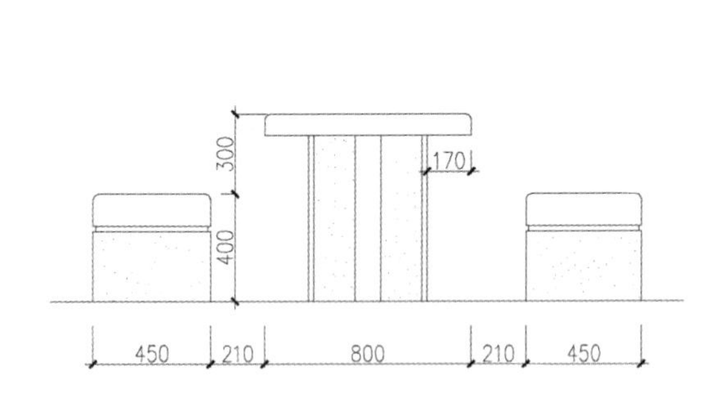

立面

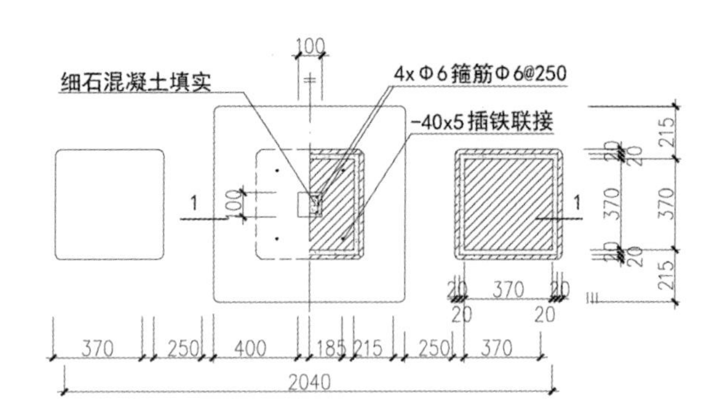

平面

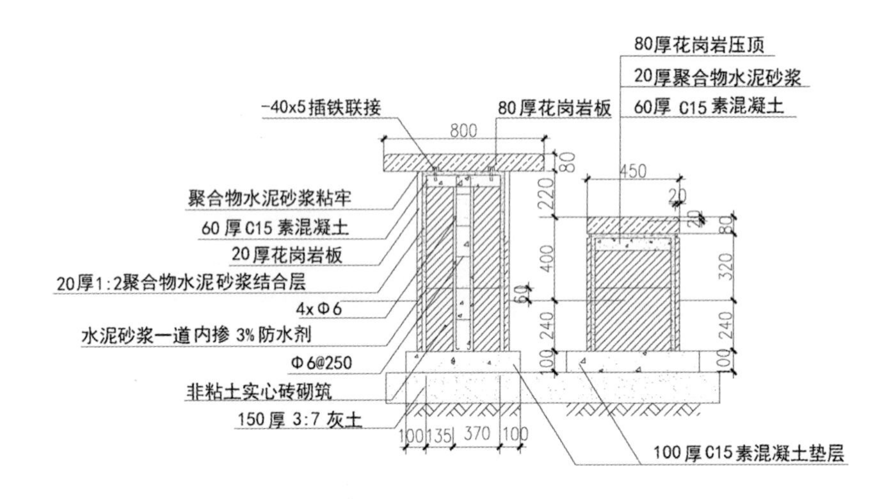

1-1

注：1. 本组合桌凳，也可一桌四凳。
2. 本组合桌凳，也可做棋盘桌，可分别按中国象棋、围棋雕刻处理。
3. 基础埋深见具体工程。
4. 3:7 灰土，可根据地区差异调整。

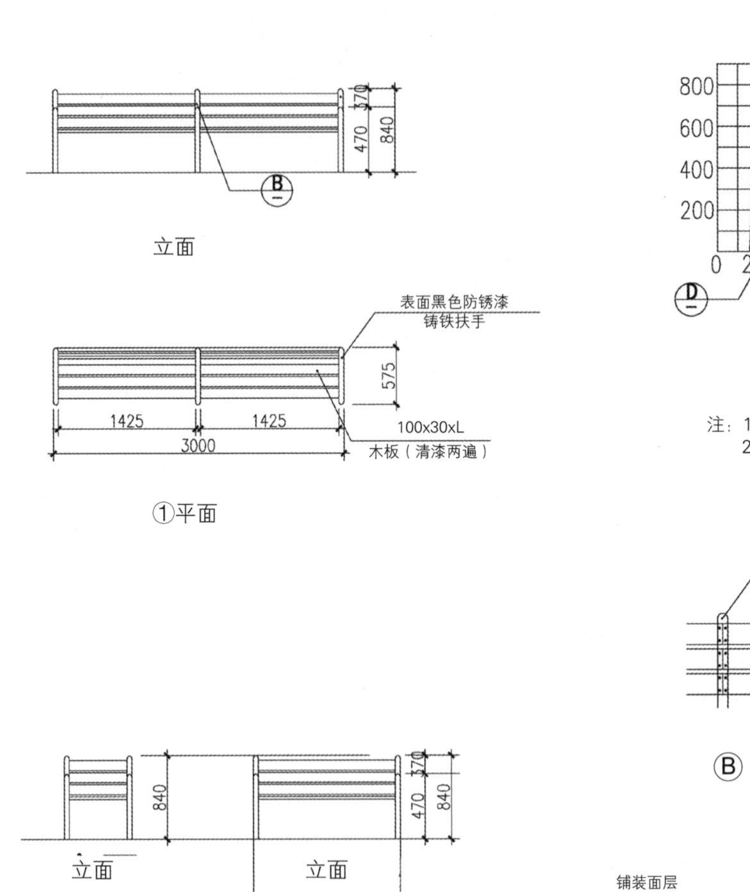

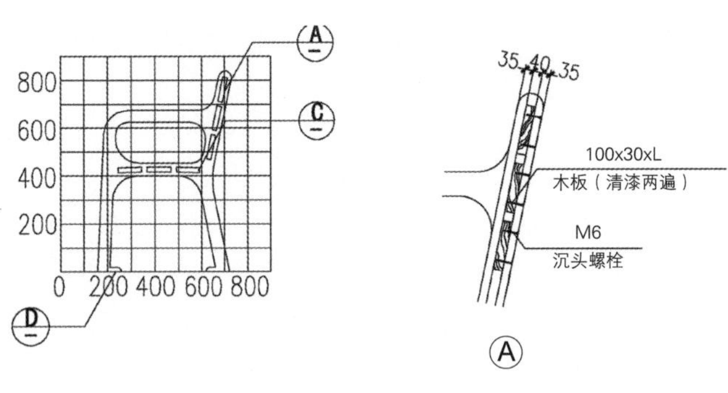

注：1. 铸铁椅腿刷黑色防锈漆两道，调和漆二道
2. 3:7 灰土，可根据地区差异调整。

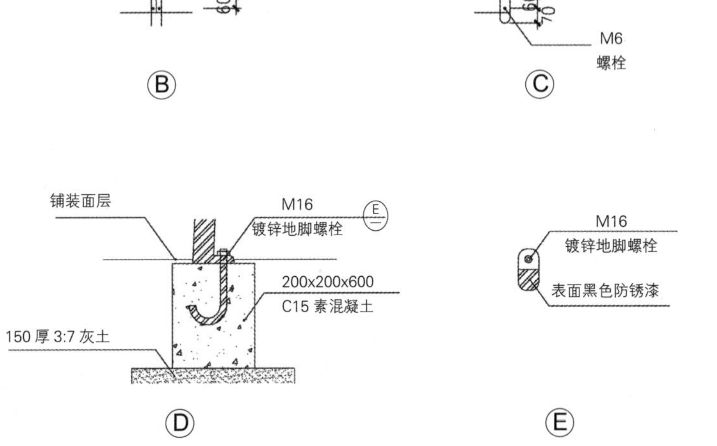

台阶与坡道

1. 概念

台阶作为一个设计元素，在我们的日常生活中并不陌生。台阶是场地中的垂直交通联系构件，在设计中起着十分重要的作用。但是台阶的作用和功能不仅仅是这些，巧妙合理地运用台阶可以创造更加丰富的空间和流线，发挥引导人们行为和心理的作用。

2. 作用

（1）构成空间

在一片开阔的场地上，只要看到几级台阶就可以感受到空间的转折变化，如果再加上一面墙，或者几棵树，就可以很明显地感觉到空间的存在。台阶所构成的空间特点是有明显的向心性，台阶的数量越多，高度越高，其向心性就越强，围合感和空间感也越强，最典型的例子就是下沉式广场中的台阶所形成的空间。

（2）作为空间的过渡

在园林空间中，台阶是一种最简单、最常见的空间过渡形式。台阶可以在心理上给人以暗示和提醒，让人预感变化的到来。

（3）解决高差问题

在园林设计中，面对高差通常有两种解决方式：一种是台阶，一种是坡道。在实际应用中，台阶比坡道节约空间，要完成一系列高度的变化，台阶所需要的水平距离远远小于坡道所需要的，而且台阶在完成一系列的垂直高度变化后，只需要相对较短的一段水平距离，这是台阶的优势特别是在相对狭窄和拥挤的场地中，台阶更加容易发挥其优势。

（4）作为非正式休息设施

人们在台阶上选择休息的位置比正式的座椅要自由许多，与他人的距离可以由自己自由控制和调整，也更有利于三四个人以上的小群体使用，如果台阶足够大，甚至可以成为合唱团的排练场所。较高的台阶上具有良好的观景视线，也是观察的好地方，同时借助明显的高度，台阶上的空间有利于喜欢表现的人使用。

（5）作为表演看台

在现代园林环境中，观演场所的设计通常是利用台阶形成下沉式广场，也可以利用自然地形加上条石的点缀形成露天剧场。在硬质的广场中，经常可以看到滑旱冰的小孩、跳舞的中年人、锻炼的老人等等，对他们而言，广场就是一个展现自己的舞台，台阶上则聚集着休息和观看的人群。当台阶主要作为表演看台和休息设施使用时，应该注意其材质的选择，不应该单调地使用冰冷的石材，还可以配合木材和草坪来使用，让设计更加人性化。

（6）引导视线

台阶在开阔的户外环境中，往往会成为视线焦点，所以台阶设计在满足基本使用功能的前提下，还应该有一定的美学功能，应该配合其他园林设计要素来丰富台阶的景观，起到引导视线的作用。

图 8-1 构成空间的台阶

图 8-2 空间过渡的台阶

图 8-3 解决高差的台阶

设计原则

台阶的踏步高度（h）和宽度（b）是决定台阶舒适性的主要参数，两者的关系如下：2h+b=60cm+6cm 为宜，一般室外踏步高度设计为 12cm~16cm，踏步宽度 30cm~35cm，低于 10cm 的高差，不宜设置台阶，可以考虑做成坡道。

台阶长度超过 3m 或需改变攀登方向的地方，应在中间设置休息平台，平台宽度应大于 1.2m，台阶坡度一般控制在 1/4~1/7 范围内，踏面应做防滑处理，并保持 1%的排水坡度。

为了方便晚间人们行走，台阶附近应设照明装置，人员集中的场所可在台阶踏步上安装地灯。

过水台阶和跌流台阶的阶高可依据水流效果确定，同时也要考虑儿童进入时的防滑处理。

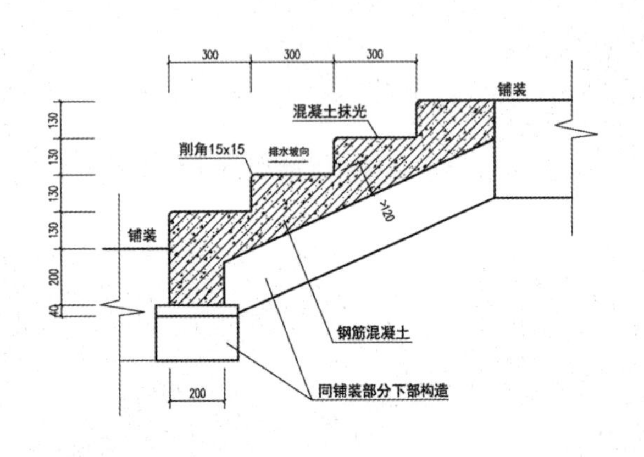

①混凝土台阶

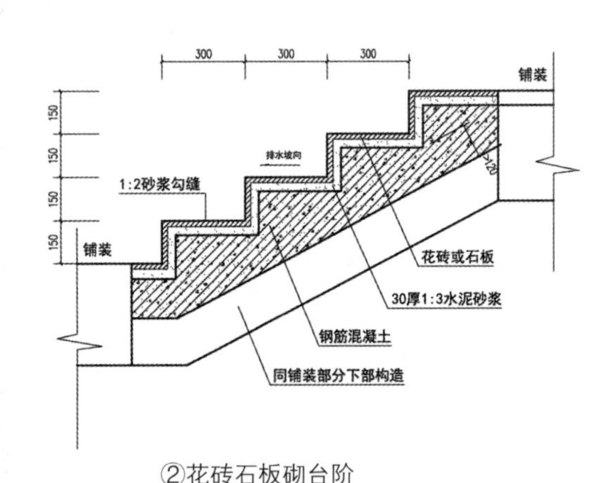

②花砖石板砌台阶

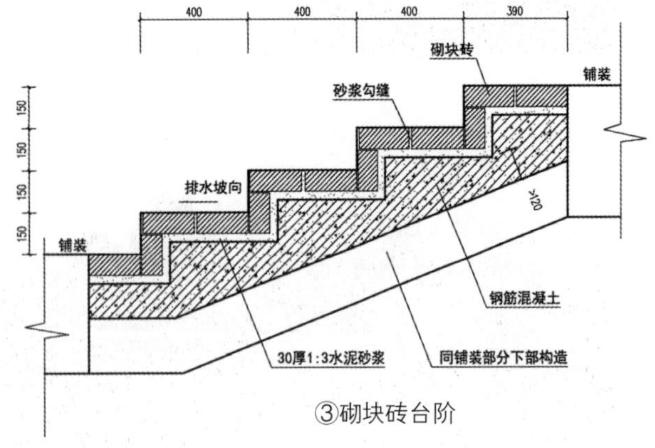

③砌块砖台阶

说明：
1. 台阶宽度 b 和高度 h 由设计人员定。
2. 混凝土标号不低于 C20。
3. 钢筋混凝土配筋为 Φ8-12 @150-200 双向。
4. 台阶底层做法同其所在的铺装构造。
5. 冻胀地区须用钢筋混凝土，非冻胀地区根据台阶长度和宽度大小确定用素混凝土、钢筋混凝土 或与道路构造相同。

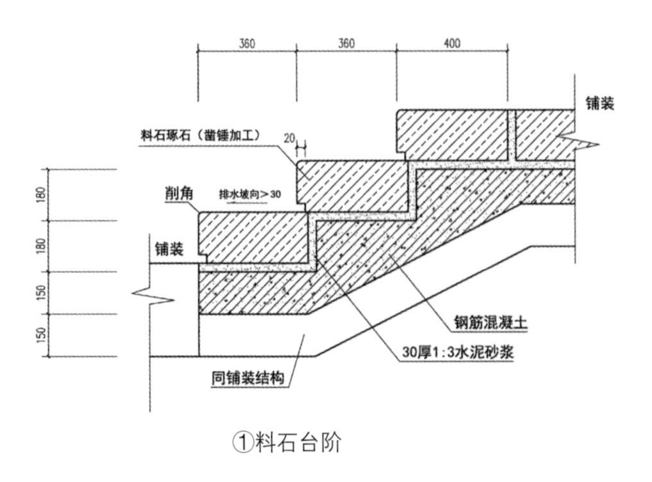

①料石台阶

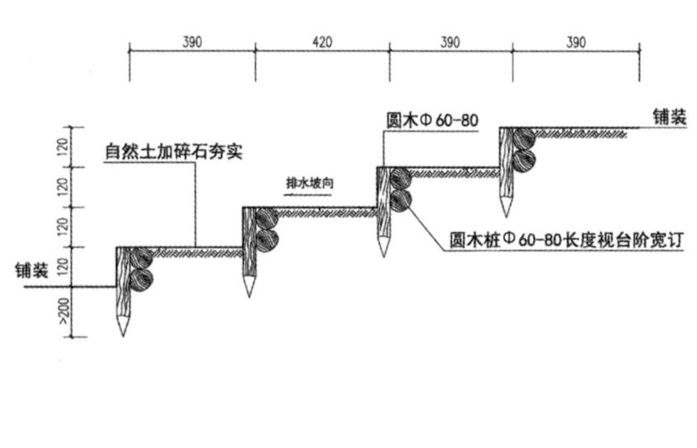

②圆木桩台阶

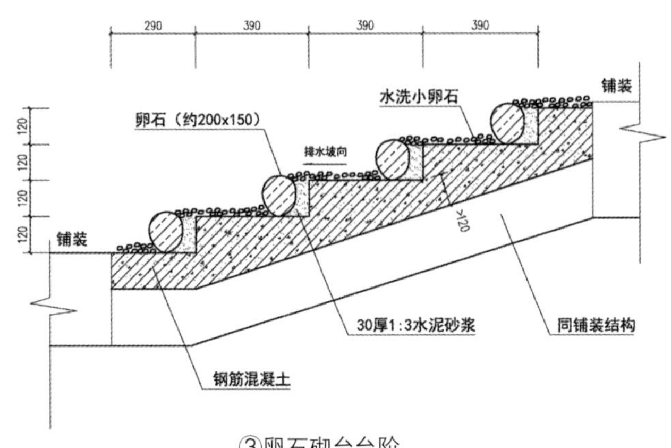

③卵石砌台台阶

说明：1. 台阶宽度 b 和高度 h 由设计人员定。
2. 混凝土标号不低于 C20。
3. 钢筋混凝土配筋为 Φ8-12 @150-200 双向
4. 台阶底层做法同其所在的铺装构造。
5. 冻胀地区须用钢筋混凝土，非冻胀地区根据台阶长度和宽度大小确定用素混凝土、钢筋混凝土或与道路构造相同。

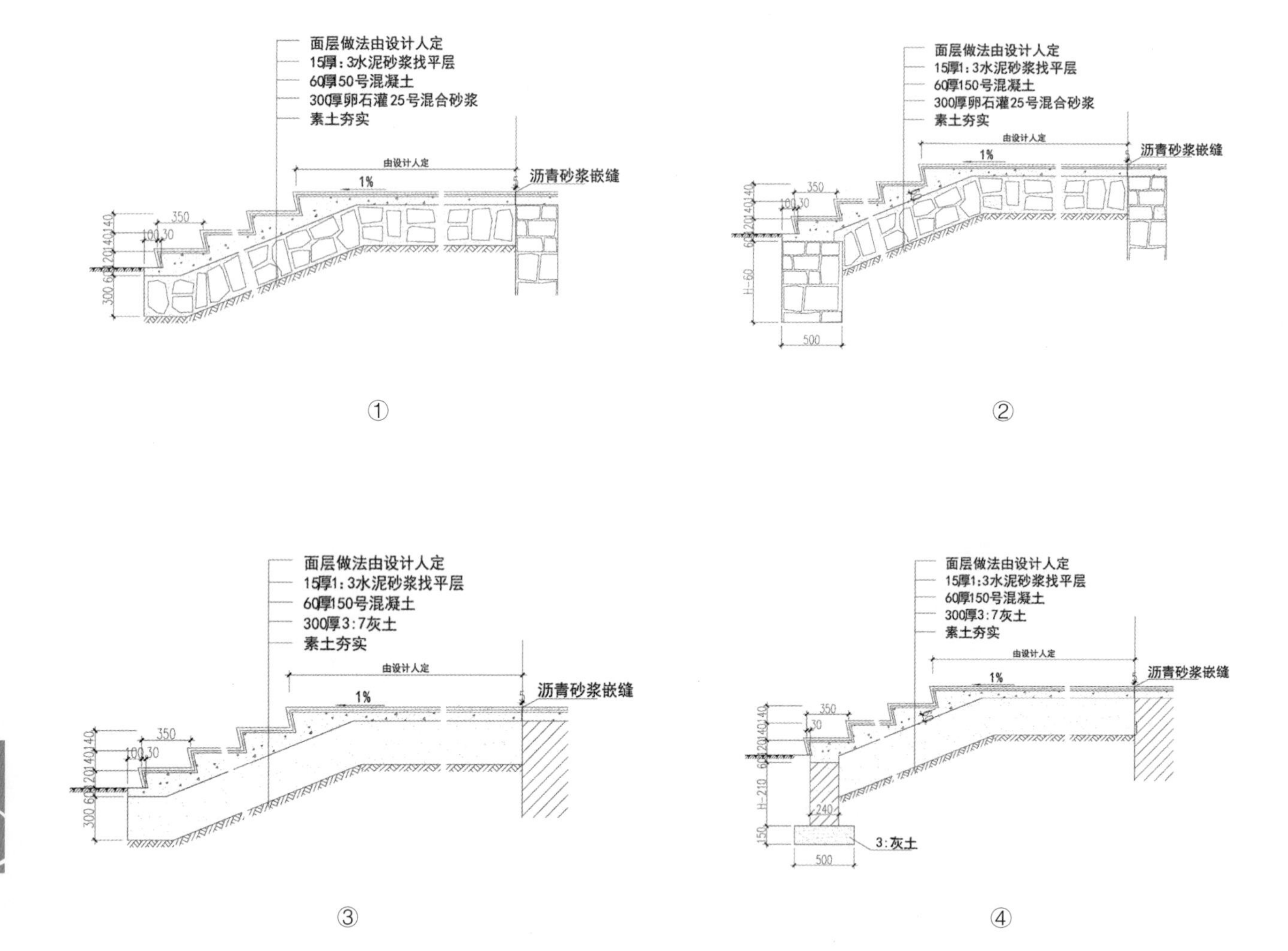

注：台阶下如设防冻胀层，做法为加铺300厚中砂，须在工程设计中说明。

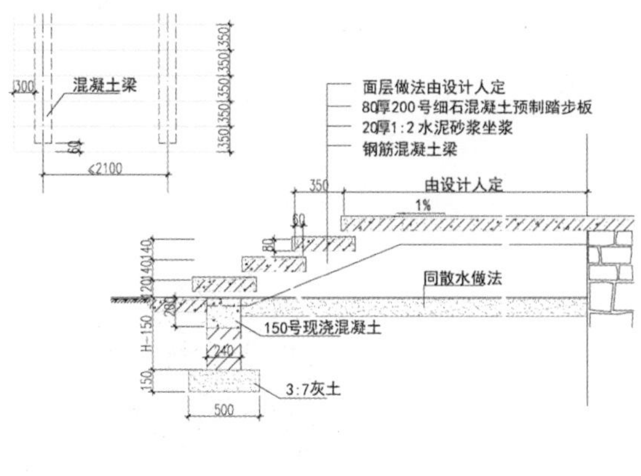

① 大台阶

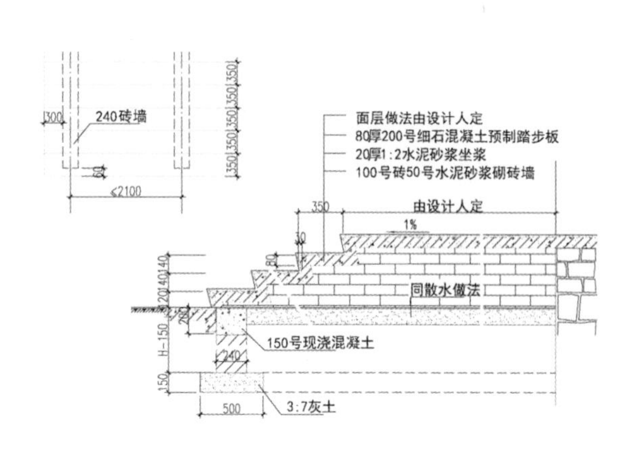

③

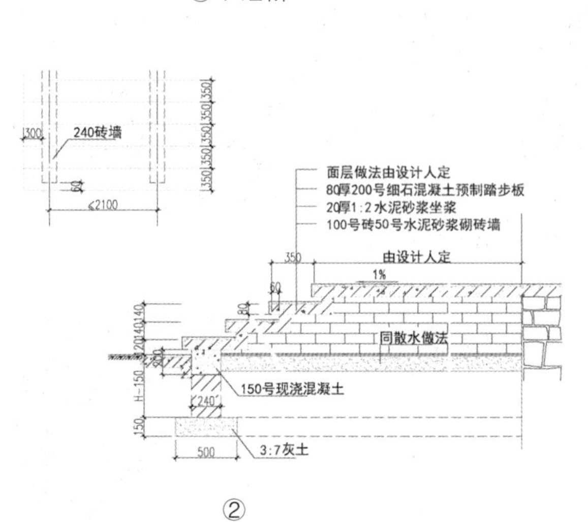

②

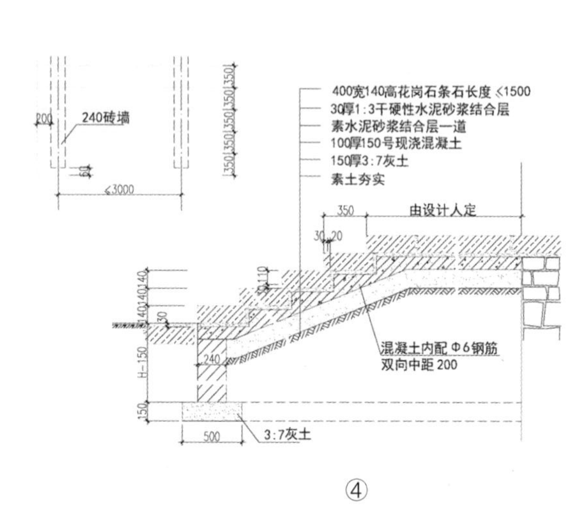

④

注：1. 80 厚预制踏步板内配 Φ6 双向钢筋中距 200。
2. 台阶侧端外饰面做法由设计人定。
3. 花岗石台阶下如设防冻胀层，做法为加辅 300 厚中砂，须在工程设计中说明。

1. 概念

连接有高差的地面或楼面的斜向交通道，坡道是交通和绿化系统中重要的设计元素之一，直接影响到使用和感观效果。坡道以连续的平面来实现高差过渡，人行其上与地面行走具有相似性。较小坡度的坡道行走省力，坡度大时则不如台阶或楼梯。

2. 作用

坡道和台阶是最常用的垂直交通设施。随着坡度的增加其名称也有差别，分为坡道、台阶、楼梯和爬梯。名称的改变，包含了适用场合、使用对象、行走舒适度的不同。

3. 分类

常用的坡道形式有人行坡道、自行车坡道和供机动车行驶的汽车坡道。

供轮椅使用的无障碍坡道可视为人行坡道的演变，对护栏及平面尺寸、连续坡长有特殊限制要求。

图 8-5 人行坡道

图 8-6 自行车坡道

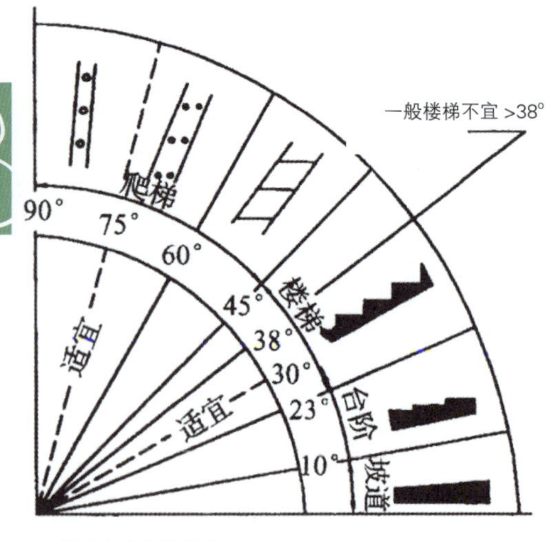

8-4 坡度与名称的关系

图 8-7 汽车坡道

4. 车行坡道

（1）汽车库内通车道的最大纵向坡度规范有相应的规定（表 8–1）：

（2）汽车库内当通车道纵向坡度＞ 10% 时，坡道的上、下端均应设置缓坡。直线缓坡段的水平长度≮ 3.6m，对曲线缓坡道段的水平长度国家与各省市有不同的具体规定。

（3）凡入地下车库的自行车坡道，汽车坡道的端部宜设挡水反坡和横向通长排水沟和雨水箅子。这一措施主要目的是减少坡道上的积水。通常将坡道两侧留出一小段平滑的斜面来改善流水路径，也是同样的道理。

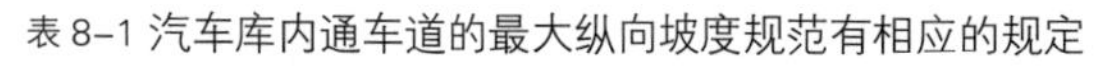

表 8–1 汽车库内通车道的最大纵向坡度规范有相应的规定

坡度	直线坡道		曲线坡道	
	百分比 (%)	比值（高：长）	百分比 (%)	比值(高：长)
微型车、小型车	15	1:6.67	12	1:8.3
轻型车	13.3	1:7.50	10	1:10
中型车	12	1:8.3		
大型客车、大型货车	10	1:10	8	1:12.5
绞接客车、绞接货车	8	1:12.5	6	1:16.7

《全国民用建筑工程设计技术措施》明确“曲线坡道坡度以车道中心线计算”，遇双车道时则对应以内侧车道的中心线计算。

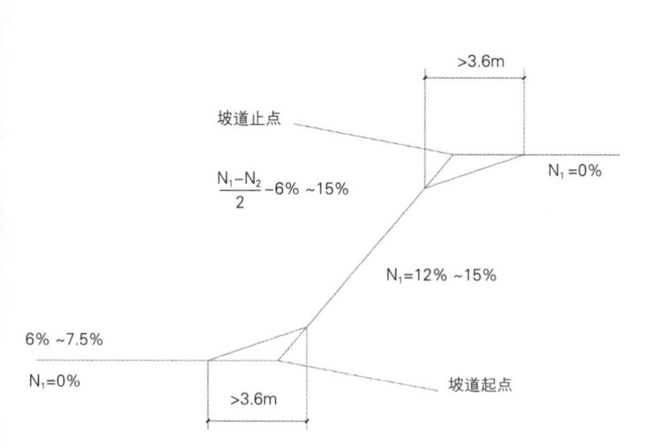

（a）直线缓坡

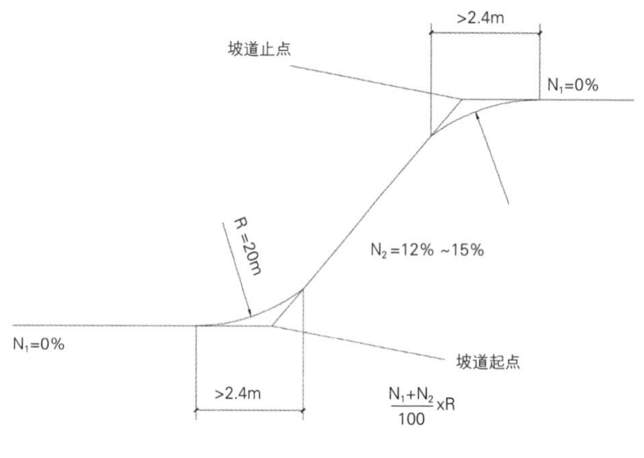

（b）曲线缓坡

图 8–7 缓坡示意图 (a，b)

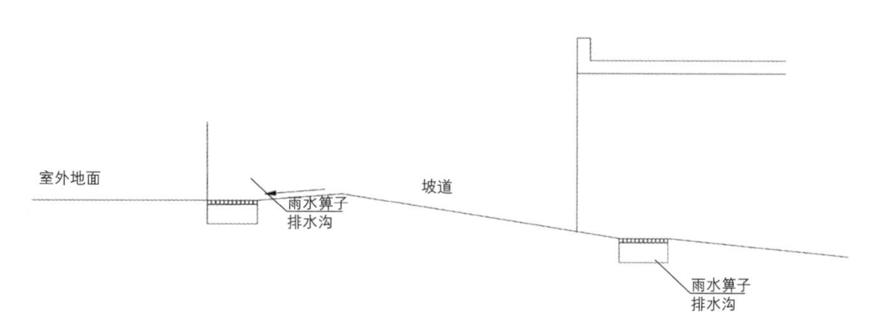

图 8–8 排水沟位置示意图

自行车坡道坡度不宜大于 1:5，坡道净宽不应小于 1.8m，并应辅以梯步。

通常情况下自行车通过坡道都是按推行来考虑的，需至少同时满足上下两股人流的通行。车轮通过的坡面宽约 0.4m，坡面设防滑措施。

5. 人行坡道

室外坡道坡度不宜大于 1:10；供少年儿童安全疏散或供轮椅使用的坡道坡度不应大于 1:12。

1:12 坡道坡度对应角度为 4.8°，行走比较舒适，同时也是无障碍坡道坡度的上限值。1:10 坡度因便于记忆常作为设计的估算值用，而 1:8 坡度则用于货运坡道上。

居住区道路最大纵坡不应大于 8%；园路不应大于 4%；自行车专用道路最大纵坡控制在 5% 以内；轮椅坡道一般为 6%；最大不超过 8.5%，并采用防滑路面；人行道纵坡不宜大于 2.5%。

园路、人行道坡道宽一般为 1.2m，但考虑到轮椅的通行，可设定为 1.5m 以上，有轮椅交错的地方其宽度应达到 1.8m。

表 8-2 每段坡道的坡度、允许最大高度和水平长度表

坡道坡度（高 / 长）	1/8	1/10	1/12
每段坡道允许高度（m）	0.35	0.60	0.75
每段坡道允许水平长度（m）	2.80	6.00	9.00

6. 无障碍坡道

直线式坡道，坡面宽不小于 1.2m，坡度不大于 1:12；折返双坡道，坡面宽 1.2m，坡度为 1:12，坡道起点与终点及休息平台深度为 1.5m；L 坡道，弧形坡道，U 形坡道，折返三坡道，坡面宽 1200，坡度小于 1:12，坡度起点与终点及休息平台深度为 1.5m；

台阶及坡道组合体，适用于建筑路口，城市广场等地面高差较大地段。节省用地，方便通行，观赏效果较好。坡面要平整而不光滑，宽度要大于 1200，坡度要小于 1:12，其他由设计人定；

每段坡道的坡度、允许最大高度和水平长度，应符合（表 8-2）的规定。每段坡道的高度和水平长度超过上表规定时，应在坡道中间设休息平台，休息平台的深度不应小于 1.20m。坡道转弯时应设休息平台，休息平台的深度不应小于 1.50m。在坡道的起点及终点，应留有深度不小于 1.50m 的轮椅缓冲地带。坡道两侧应在 0.90m 高度处设扶手，两段坡道之间的扶手应保持连贯。坡道起点及终点处的扶手，应水平延伸 0.30m 以上。坡道侧面凌空时，在栏杆下端宜设高度不小于 50mm。

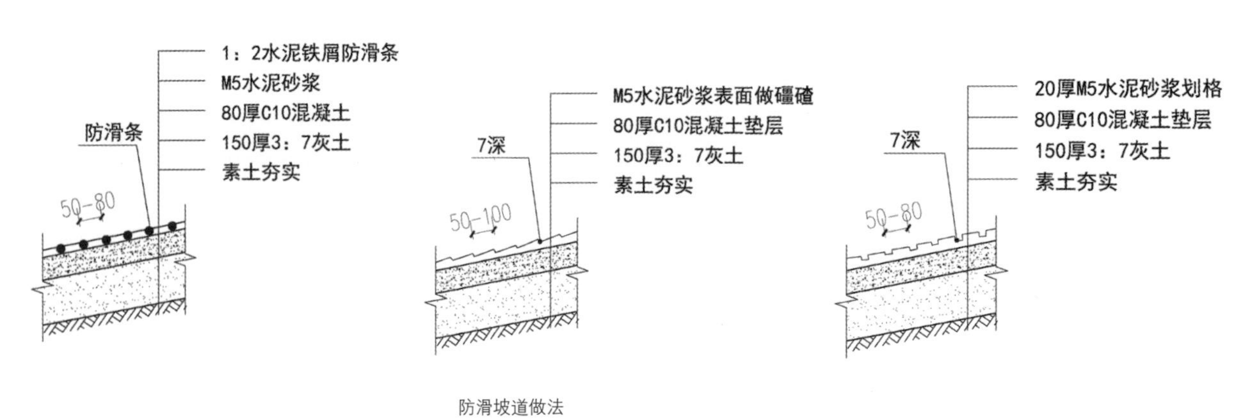

防滑坡道做法

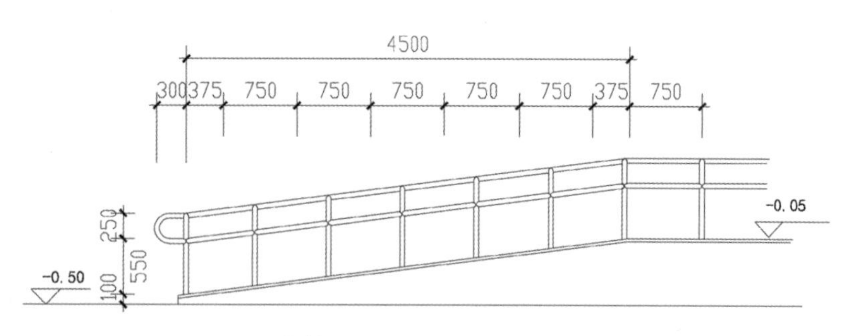

纵剖面图

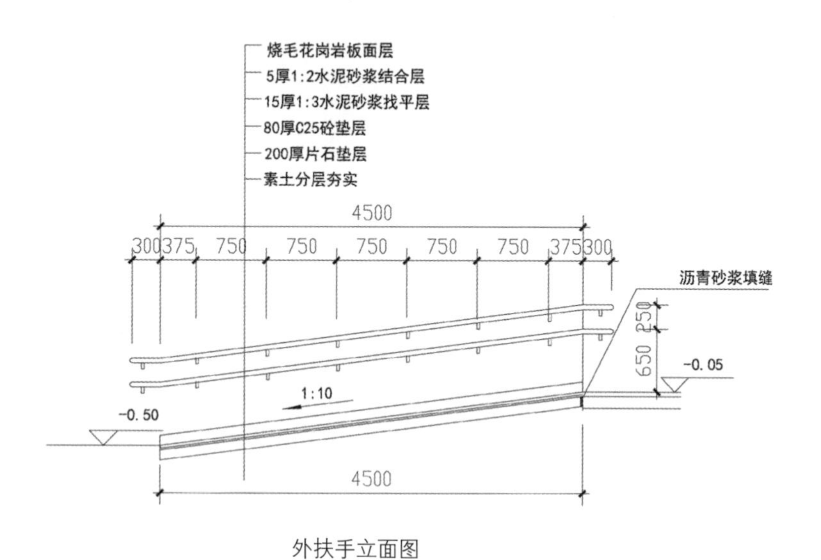

外扶手立面图

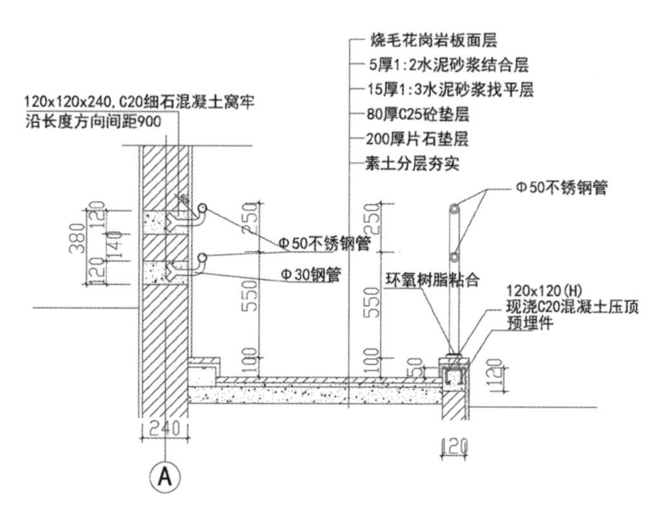

横剖面图

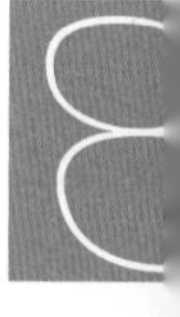

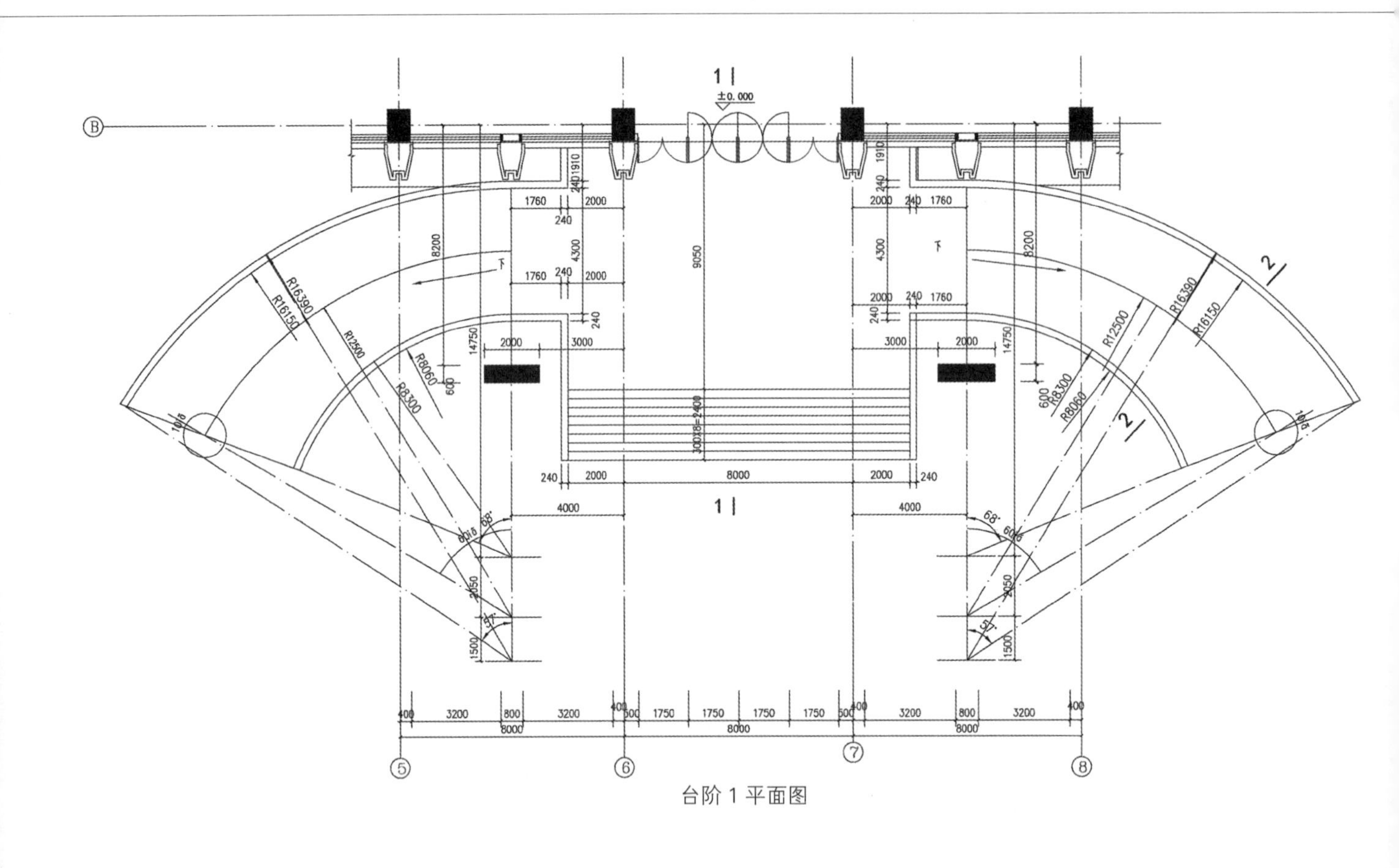

台阶 1 平面图

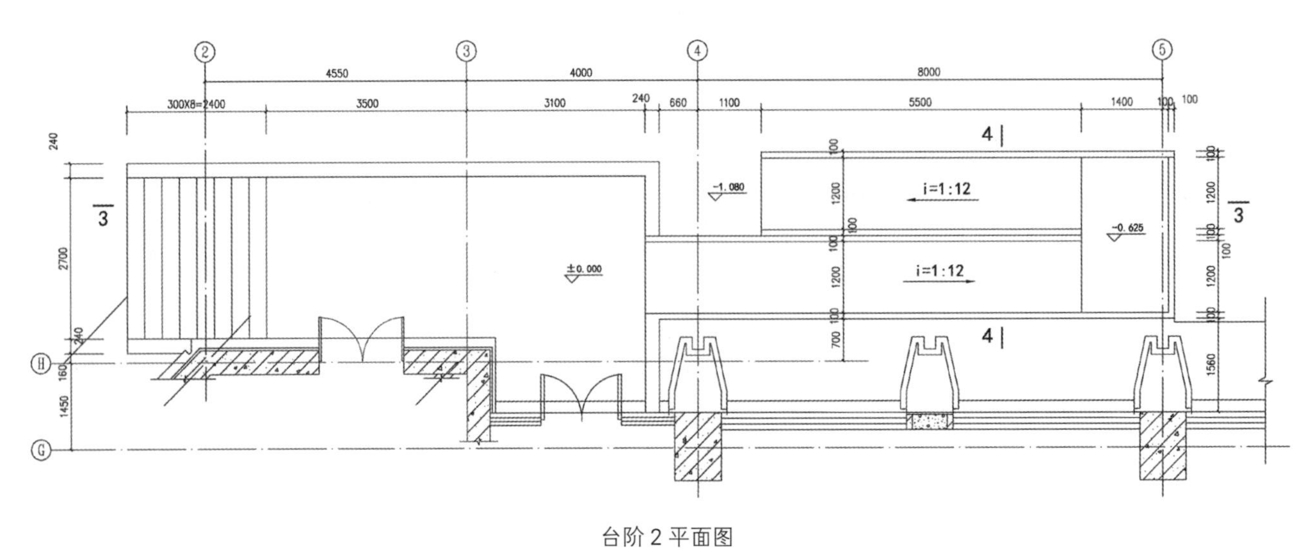

台阶 2 平面图

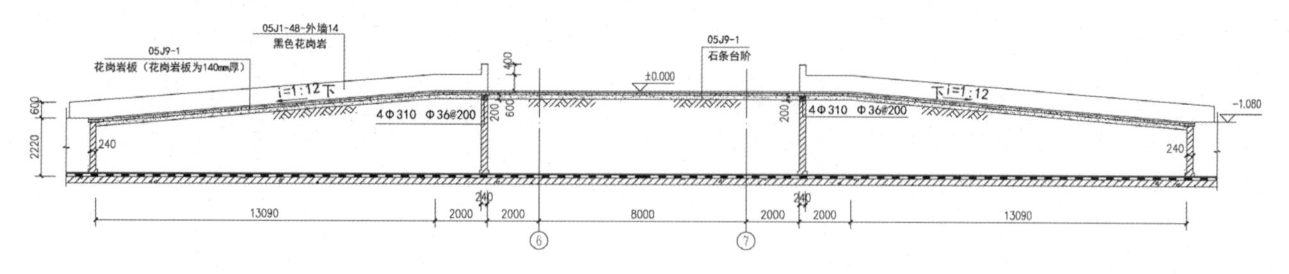

汽车坡道中心线展开图

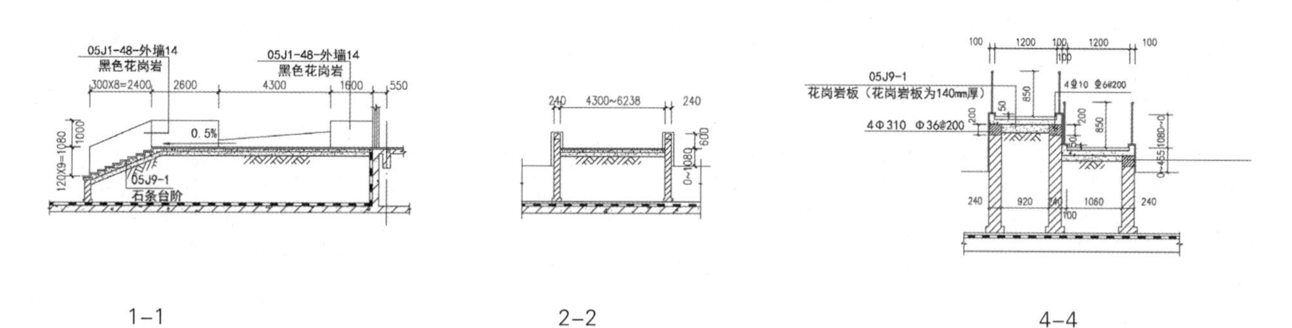

1-1

2-2

4-4

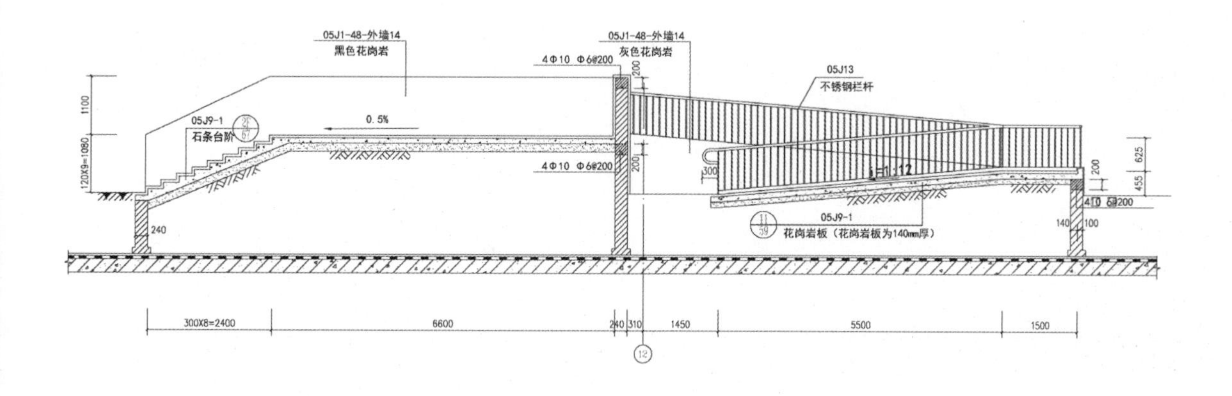

3-3

其它小品

1. 路缘石的概述

①路缘石设置功能：确保行人安全，进行交通引导。保持水土，保护种植，区分路面铺装。

②路缘石可采用预制混凝土、砖、石料和合成树脂材料，高度为100–150mm 为宜。

③区分路面的路缘，要求铺设高度整齐统一，局部可采用与路面材料相搭配的花砖或石料；绿地与混凝土路面、花砖路面、石路面交界处可不设路缘；与沥青路面交界处应设路缘。

2. 常用立缘石

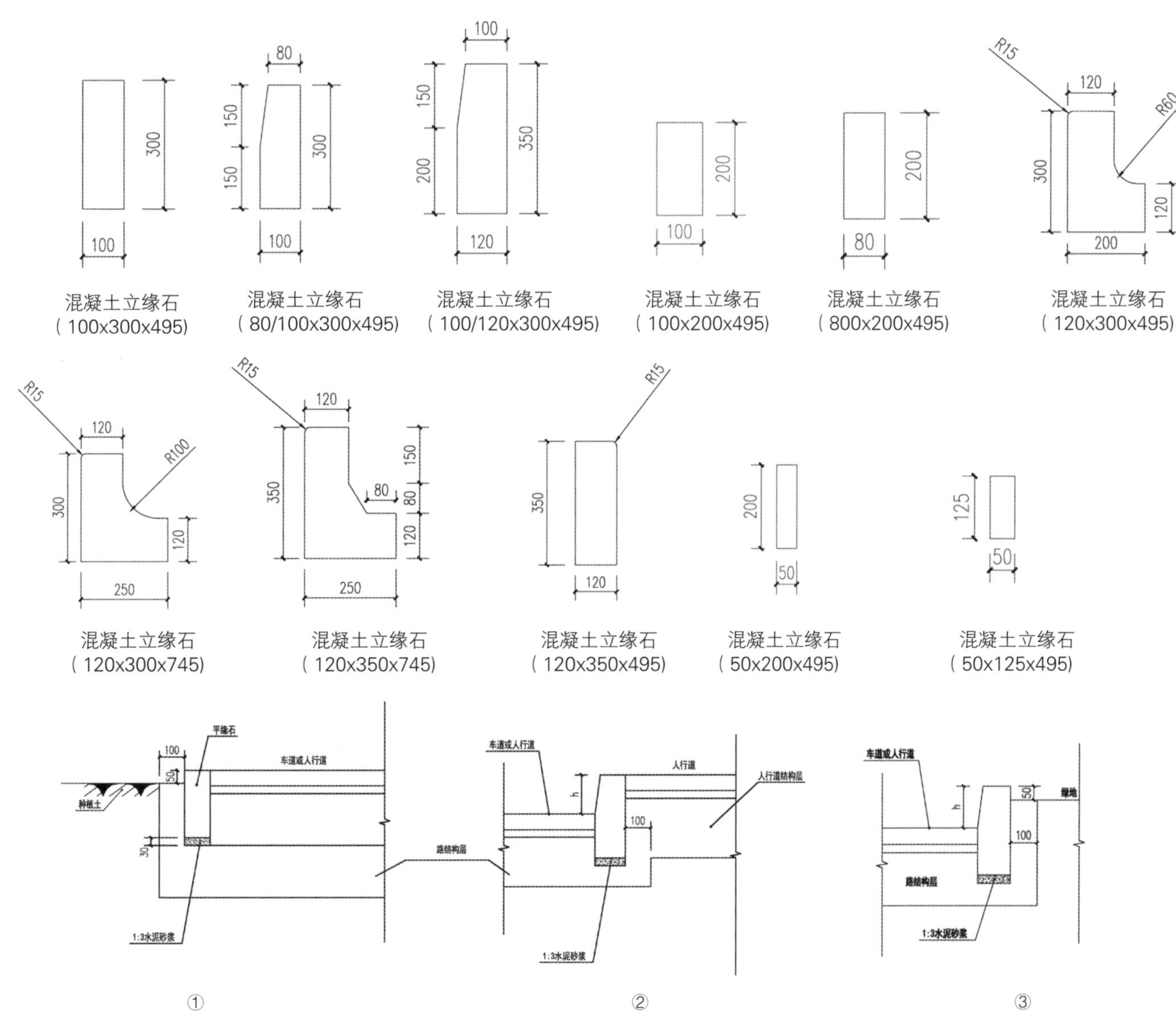

说明：
1. 混凝土路缘石标号为 C30。长度可根据实际需要确定。
2. 缘石之间采用 1:3 水泥砂浆勾缝，缝宽 5mm。
3. 石材、仿木及木桩缘石需要根据实际设计尺寸加工。

1. 边沟概述

边沟是用于道路或地面排水的，车行道排水多用带铁篦子的 L 形边沟和 U 形边沟；广场地面多用蝶形状和缝形边沟；铺地砖的地面多用加装饰的边沟，要注重色彩的搭配；平面型边沟水篦格栅宽度要参考排水量和排水坡度确定，一般采用 250–300mm；缝型边沟一般缝隙不小于 20mm。

2. 常用边沟形式

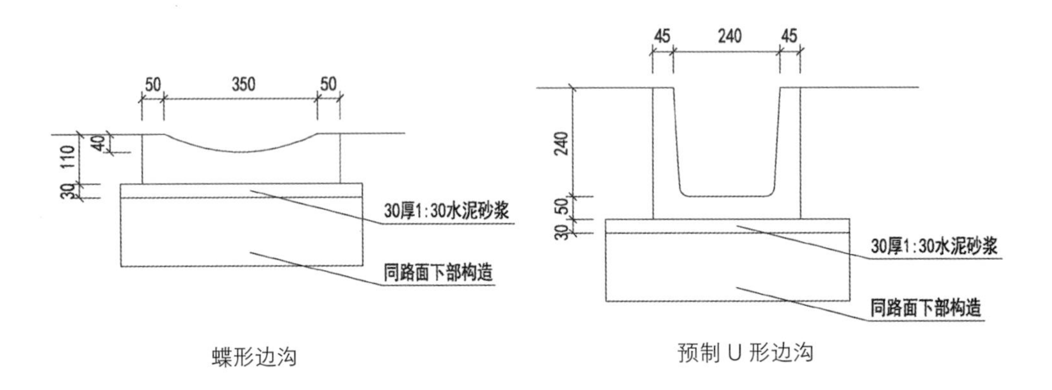

蝶形边沟　　预制 U 形边沟

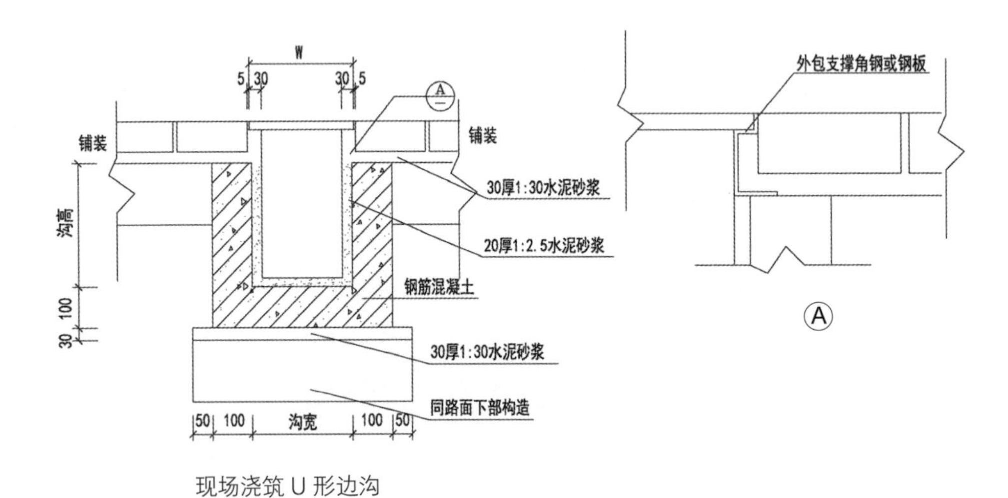

现场浇筑 U 形边沟

设计说明：
1. 边沟材质由设计定，一般为混凝土或石材。
2. 混凝土标号不低于 C20。
3. 钢筋混凝土配筋 Φ8~12@150~200 双向。
4. 现场浇筑 U 字沟沟宽根据流水量确定，W 为箅子宽度。

1. 旗杆概述

（1）旗杆高度

① 中国企业旗杆一般为 3 支或 5 支，旗杆中间为中国国旗，两边为企业旗，企业旗一般比国旗旗杆矮半面国旗，中间国旗最高不得超过 30m。

② 中外合资企业，中国旗应与外国旗同高。

③ 政府及军队一般用一支国旗旗杆，高度也不能超过 30m，一般高度为 12m~28.8m。

④ 广场旗杆一般高度为 18m~29.8m。

⑤ 体育馆旗杆一般高度为 9m~15m。

⑥ 酒店旗杆既要豪华又要显得庄重一般高度为 12m~19.8m 之间，一般用 5 支，中间为中国国旗，两边为其它国家国旗或酒店旗帜。

⑦ 学校旗杆一般采用一支国旗，高度为 12m~15.8m。

⑧ 工厂旗杆一般采用 3 支旗杆，中外合资或外资工厂也可用 5 支或更多，高度一般为 8m~15.8m，如厂房或办公楼为多层的可选用更高一些。

（2）旗杆间距

旗杆与旗杆之间的距离一般大于或等于旗帜宽度，如旗杆较多时可适当减小间距。

（3）球冠选择

政府及企业事业单位可选用圆球或平顶球，球可镀钛金，星级酒店可选用皇冠型，也可有金色和银色两种，且可根据不同的高度选择不同大小的球冠。

（4）旗台

旗台颜色一般采用白色、黑色、红色、灰色等，形状可由设计师定，旗台高度以 300~600 为宜。

表 9–1 旗杆标准高度、规格表

序号	标准		口径
	高度（m）	上口（mm）	下口（mm）
一	8~8.5	80	165
二	12~12.8	80	208
三	15~15.8	80	238
四	16~16.8	80	248
五	18~18.8	80	268
六	20~20.8	80	288

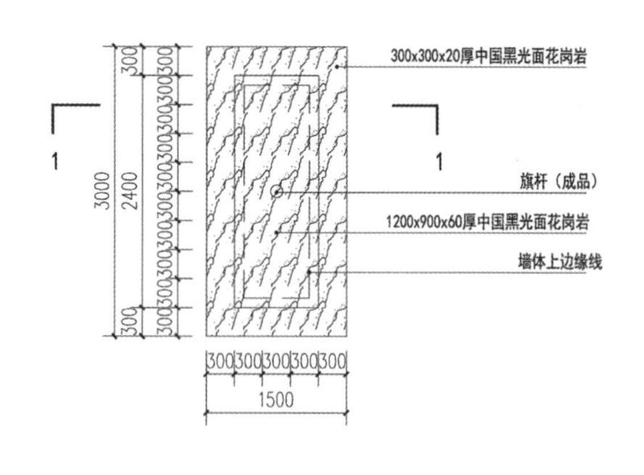

旗台平面图

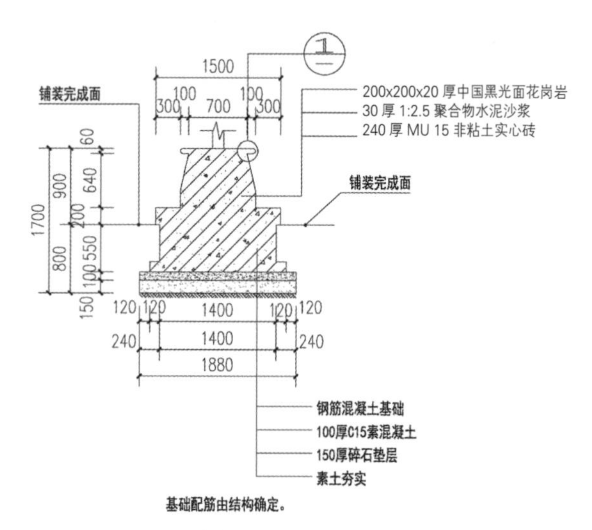

1–1 剖面图

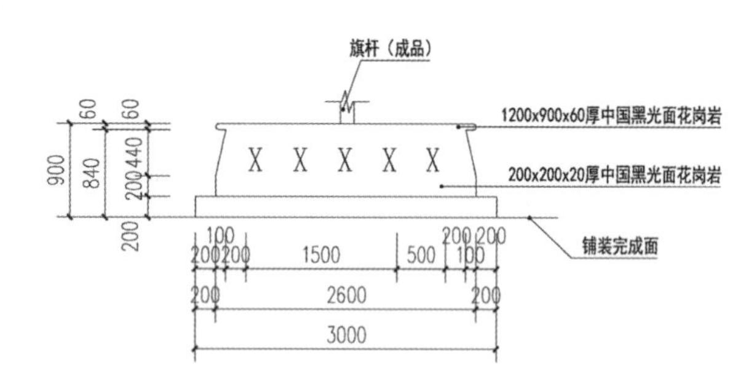

旗台正立面图

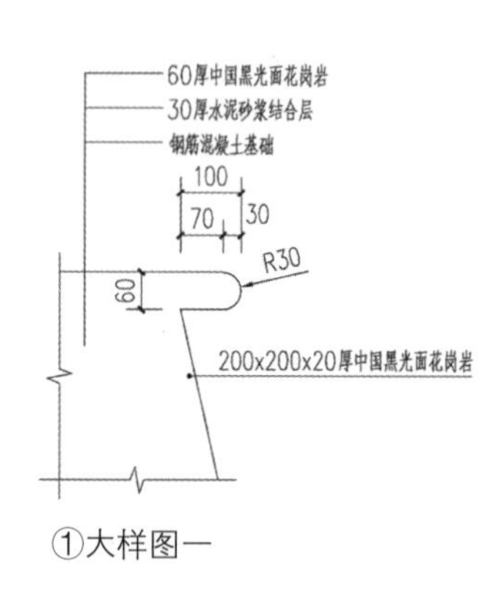

①大样图一

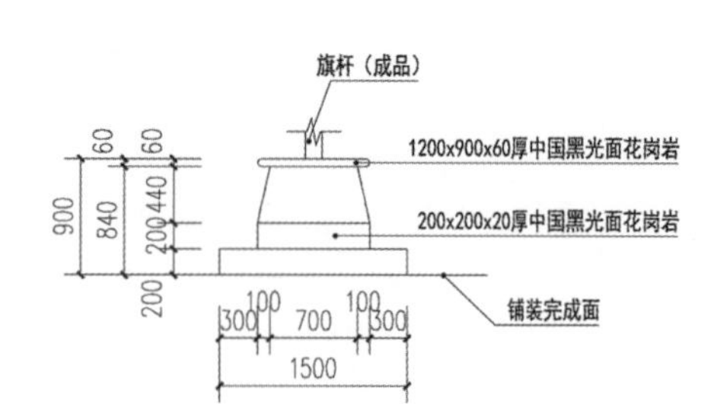

旗台侧立面图

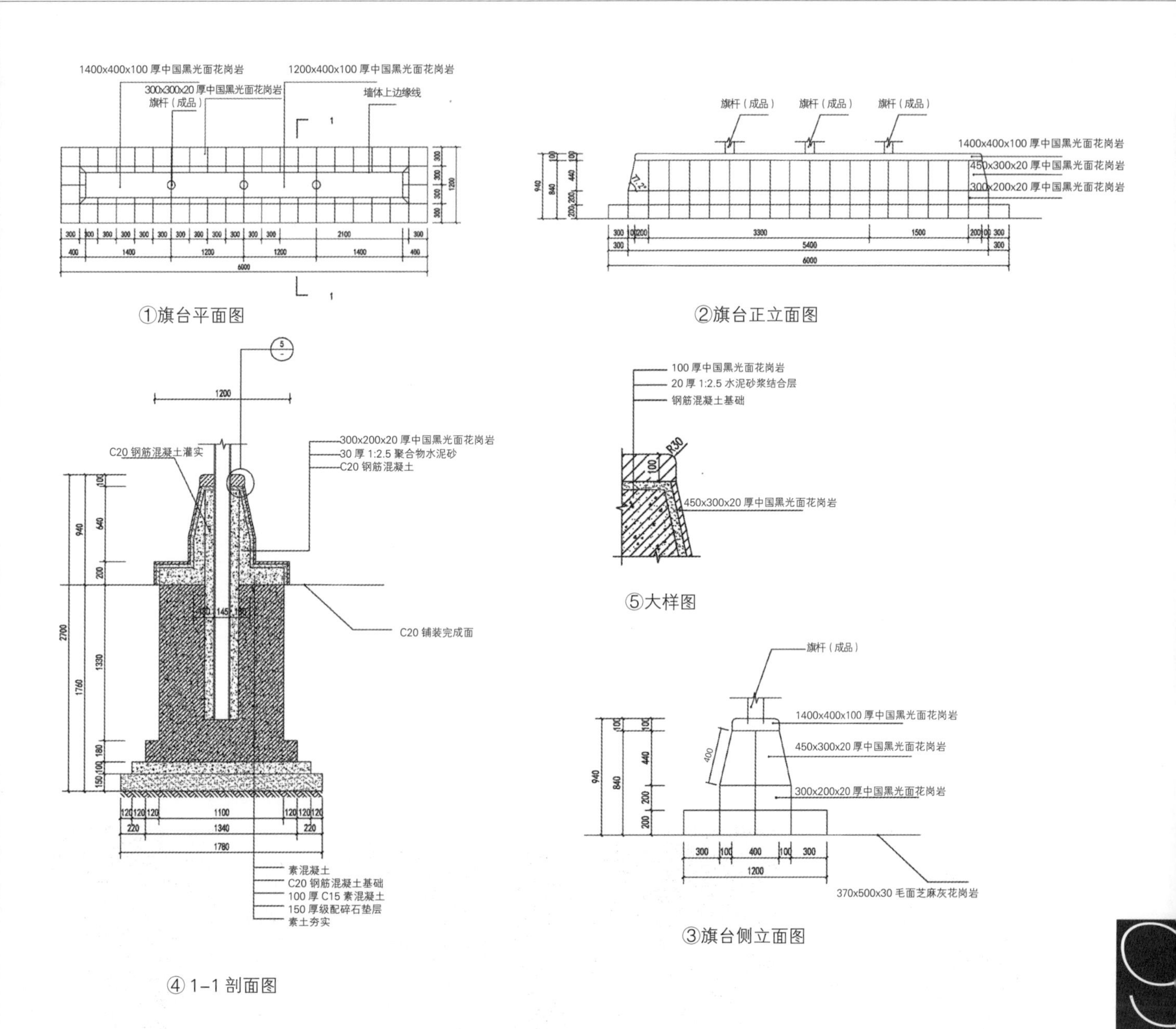

附注：旗杆的基础配筋及安装需要在 本图基础上由专业厂家进行深化设计

便民设施包括有音响设施、自行车架、饮水器、垃圾容器等。便民设施应容易辨认，其选址应注意减少混乱且方便易达。在居住区内，宜将多种便民设施组合为一个较大单体，以节省户外空间和增强场所的视景特征。

1. 音响设施

在居住区户外空间中，宜在距住宅单元较远地带设置小型音响设施，并适时地播放轻柔的背景音乐，以增强居住空间的轻松气氛。

音响设计外形可结合景物元素设计。音箱高度以在 0.4~0.8m 之间为宜，保证声源能均匀扩放，无明显强弱变化。音响放置位置一般应相对隐蔽。

2. 自行车架

自行车在露天场所停放，应划分出专用场地并安装车架。自行车架分为槽式单元支架、管状支架和装饰性单元支架，占地紧张的时候可采用双层自行车架，自行车架尺寸按（表 9-2）尺寸制作。

3. 饮水器

①饮水器是居住区街道及公共场所为满足人的生理卫生要求经常设置的供水设施，同时也是街道上的重要装点之一。

②饮水器分为悬挂式饮水设备、独立式饮水设备和雕塑式水龙头等。

③饮水器的高度宜在 800mm 左右，供儿童使用的饮水器高度宜在 650mm 左右，并应安装在高度 100~200mm 左右的踏台上。

④饮水器的结构和高度还应考虑轮椅使用者的方便。

4. 垃圾容器

① 垃圾容器一般设在道路两侧和居住单元出入口附近的位置，其外观色彩及标志应符合垃圾分类收集的要求。

② 垃圾容器分为固定式和移动式两种。普通垃圾箱的规格为高 60~80cm，宽 50~60cm。放置在公共广场的要求较大，高宜在 90cm 左右，直径不宜超过 75cm。

③ 垃圾容器应选择美观与功能兼备、并且与周围景观相协调产品，要求坚固耐用，不易倾倒。一般可采用不锈钢、木材、石材、混凝土、GRC、陶瓷材料制作。

表 9-2 非机动车停车位标准表

车辆类别	停车方式	停车通道宽（m）	停车带宽（m）	停车车架位宽
自行车	垂直停放	2	2	0.6
	错位停放	2	2	0.45
摩托车	垂直停放	2.5	2.5	0.9
	倾斜停放	2	2	0.9

图 9-1 音响

图 9-2 自行车架

图 9-3 饮水器

图 9-4 垃圾桶

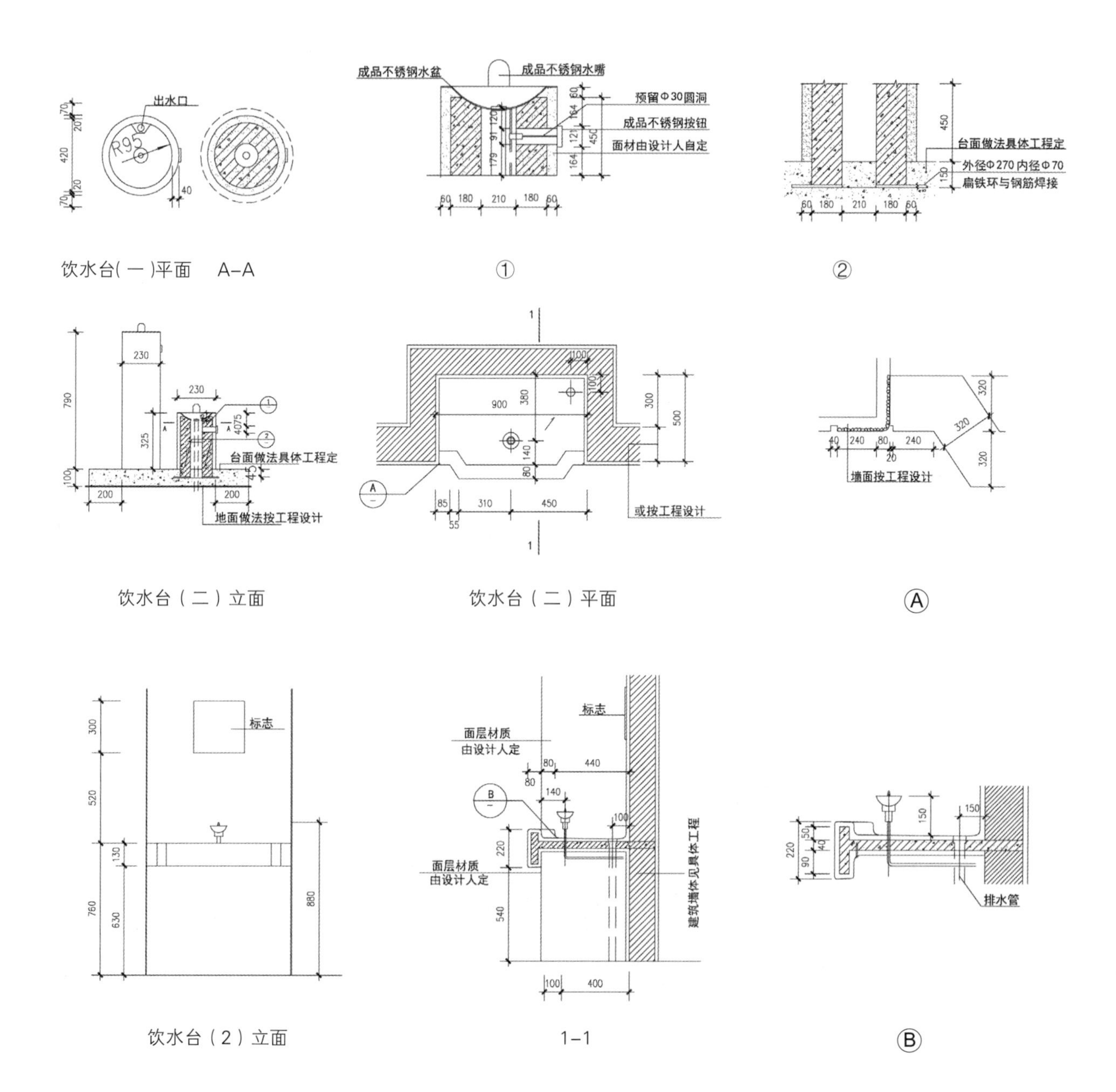

注：1. 本图适用于残疾人也可兼顾正常人使用。
2. 饮水台面可用美术水磨石也可采用釉面马赛克砖。
3. 钢筋混凝土板用 C20 细石混凝土。

车挡和缆柱是限制车辆通行和停放的路障设施，其造型设置地点应与道路的景观相协调。车挡和缆柱分为固定和可移动式的，固定车挡可加锁管理。

（1）车挡材料一般采用钢管和不锈钢制作，高度为70cm左右；通常设计间距为60cm；但有轮椅和其他残疾人用车地区，一般按90~120cm的间距设置，并在车挡前后设置约150cm左右的平路，以便轮椅的通行。

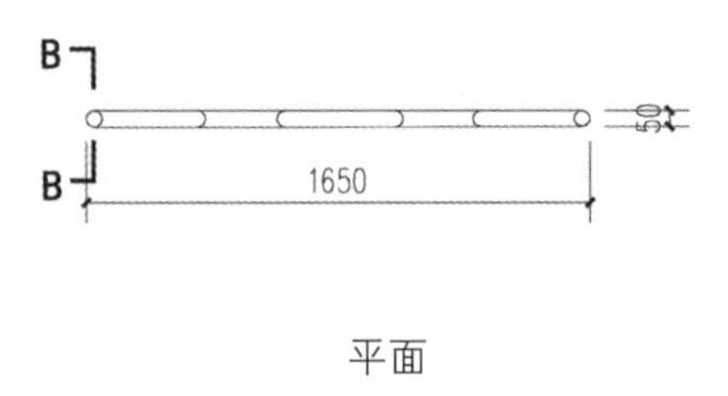

平面

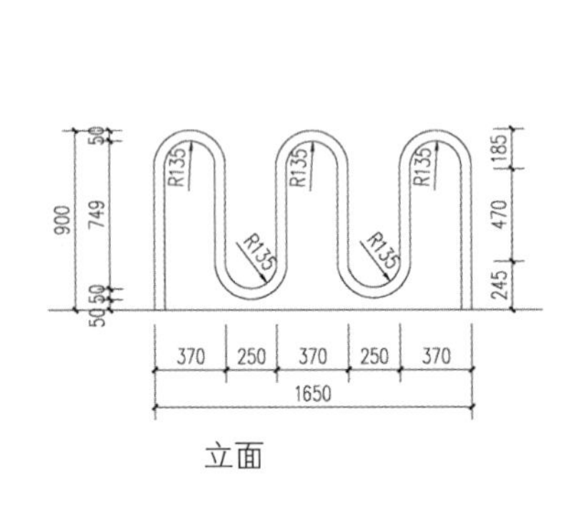

立面

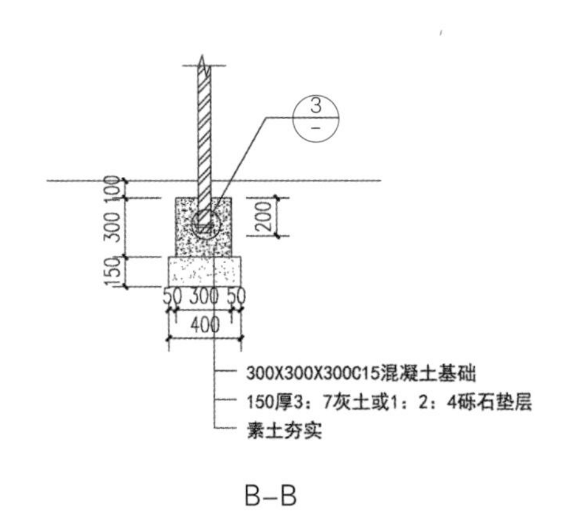

B–B

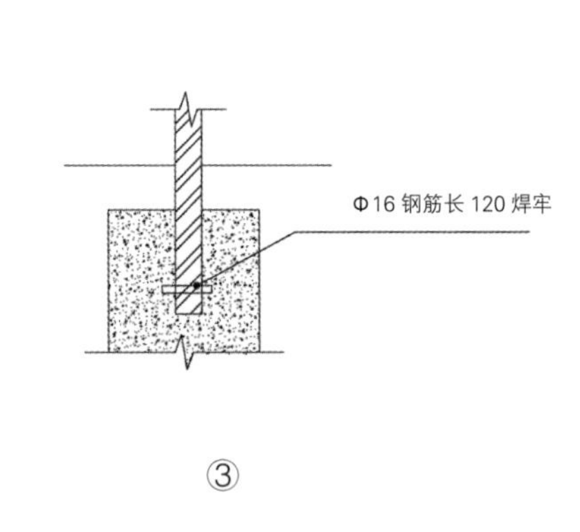

③

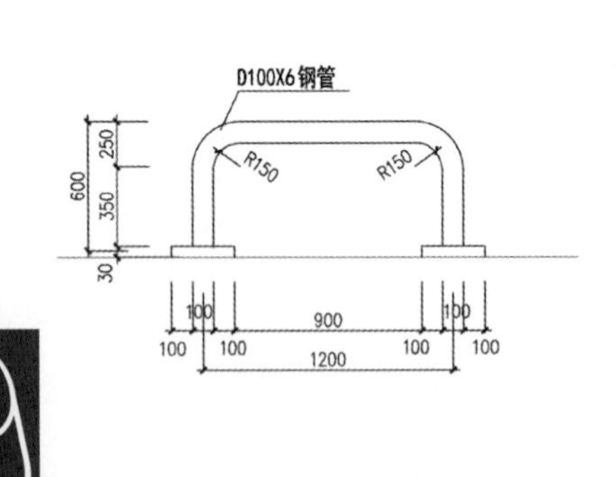

立面

D100X6钢管
R150
R150
1:2.5水泥砂浆
C15混凝土基础
300x300x300
150厚3:7灰土或1:2:4砾石垫层
素土夯实

1–1

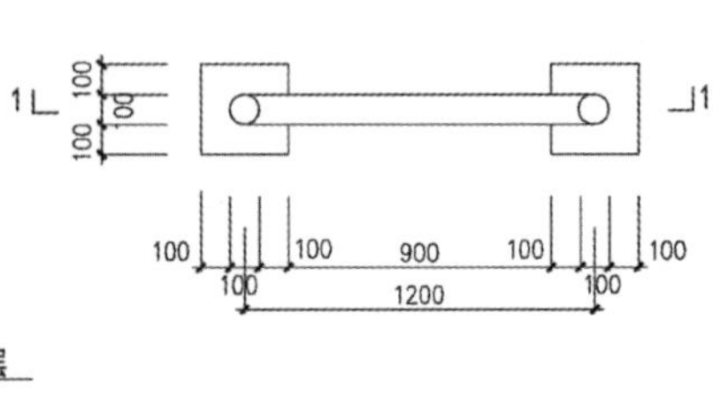

平面

注：1. 混凝土表面抹20厚1:2.5水泥砂浆，饰面涂料颜色按工程设计。
2. 露明铁件刷防锈漆二道，醇酸调和漆二道，颜色按工程设计。钢材连接为焊接。

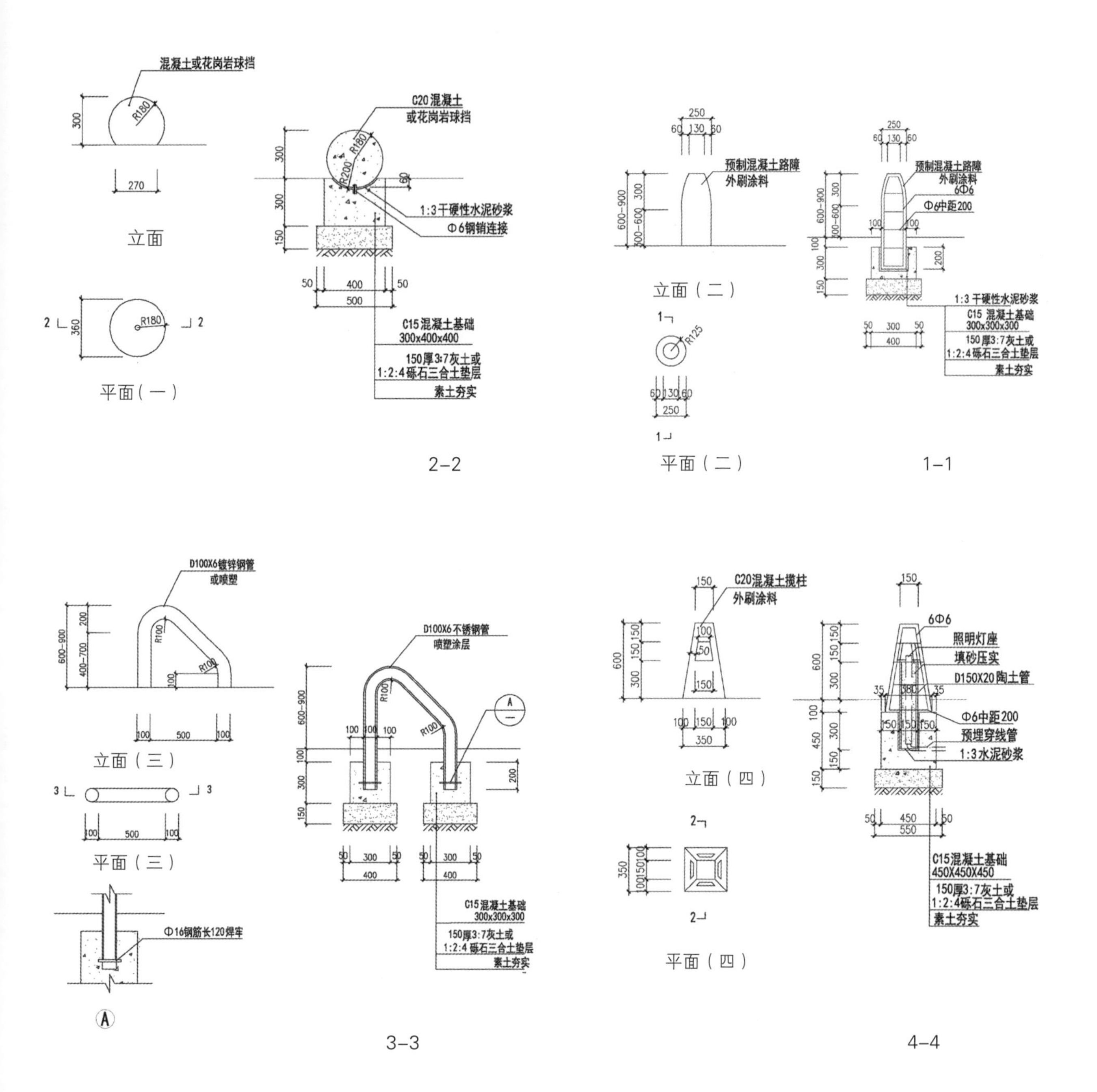

注：1. 混凝土表面抹 20 厚 1:2.5 水泥砂浆，饰面涂料颜色按工程设计。
2. 露明铁件刷防锈漆二道，醇酸调和漆二道，颜色按工程设计。钢材连接为焊接。

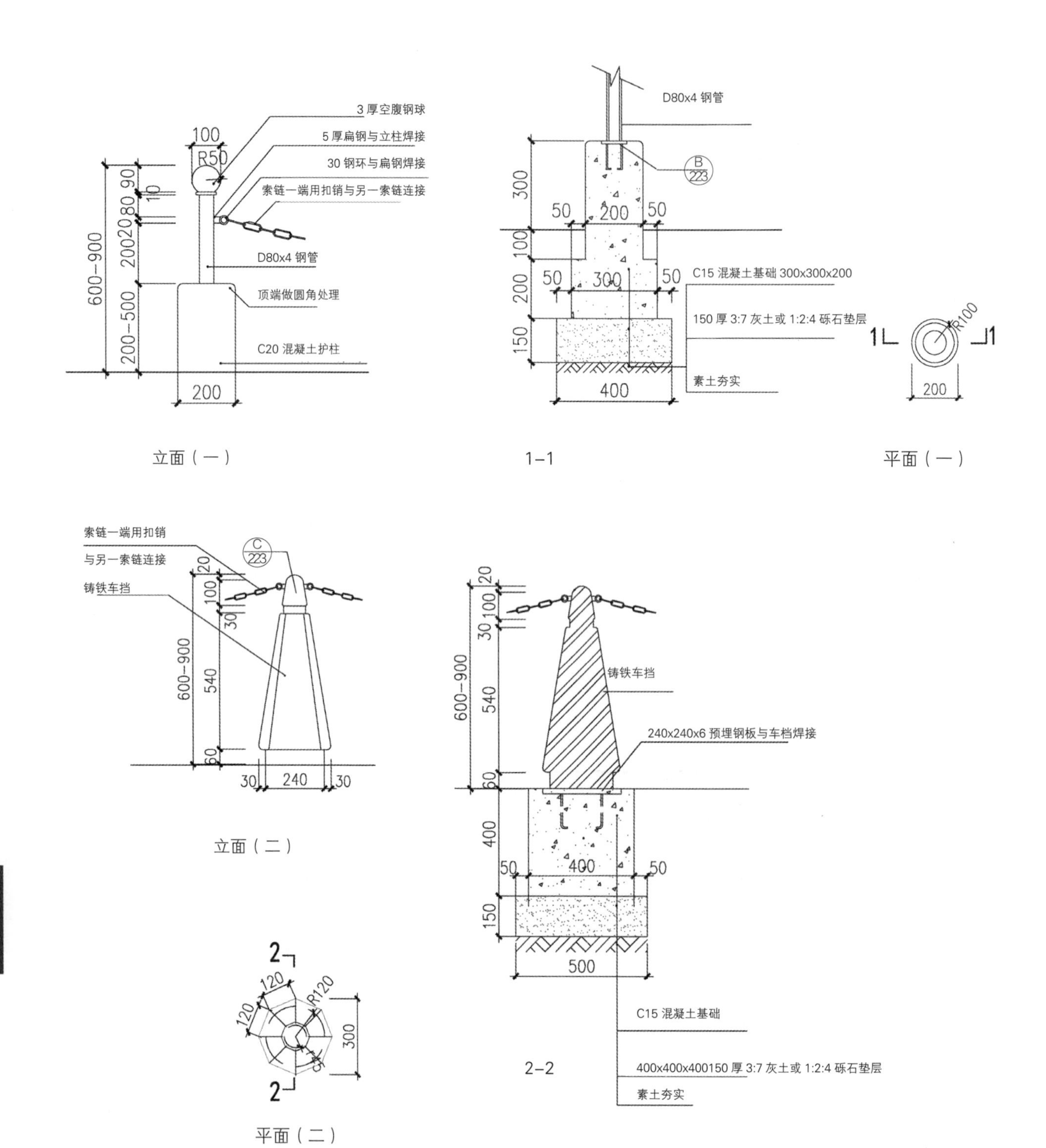
3 厚空腹钢球
5 厚扁钢与立柱焊接
30 钢环与扁钢焊接
索链一端用扣销与另一索链连接
D80x4 钢管
顶端做圆角处理
C20 混凝土护柱
立面（一）
D80x4 钢管
C15 混凝土基础 300x300x200
150 厚 3:7 灰土或 1:2:4 砾石垫层
素土夯实
1–1
平面（一）
索链一端用扣销
与另一索链连接
铸铁车挡
立面（二）
铸铁车挡
240x240x6 预埋钢板与车档焊接
C15 混凝土基础
400x400x400150 厚 3:7 灰土或 1:2:4 砾石垫层
素土夯实
2–2
平面（二）

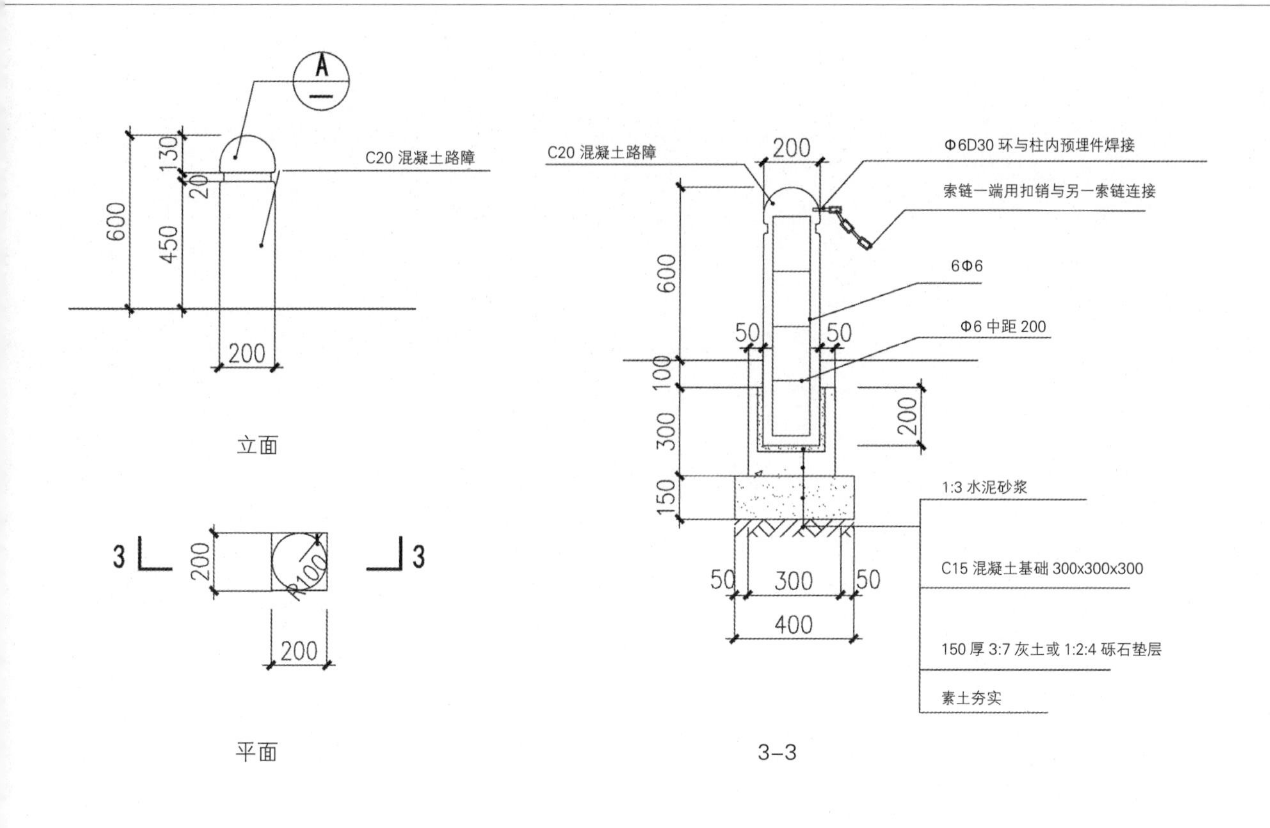

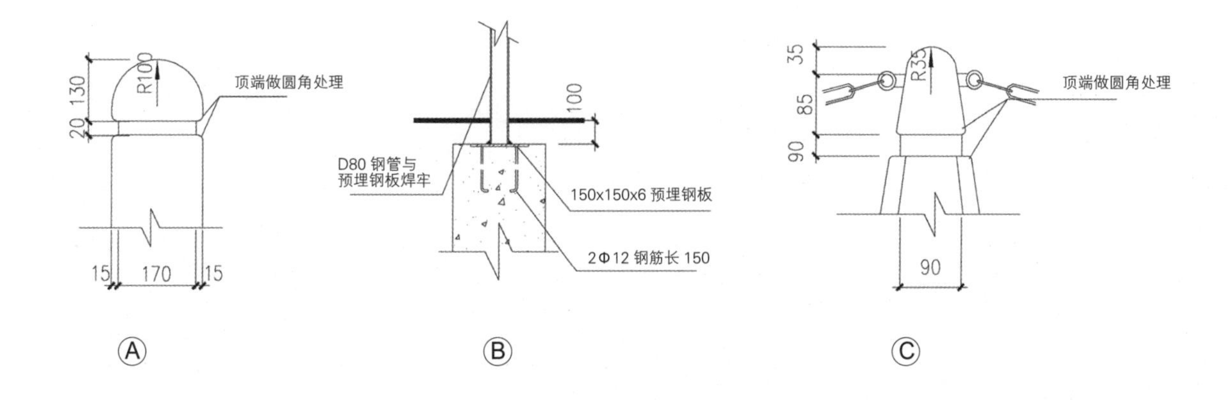

注：1. 混凝土表面抹 20 厚 1:2.5 水泥砂浆，饰面涂料颜色按工程设计。
2. 露明铁件刷防锈漆二道，调和漆二道，颜色按工程设计。钢材连接为焊接。

标识系统

10

1. 概念

标识系统，英文为 SIGNAGE SYSTEM，指在空间中能明确表示内容、位置、方向、原则等功能的，以文字、图形、符号的形式构成的视觉图像系统的设置。之所以称之为系统，是因为其间的各部分有着合理而密不可分的联系，少了任何一个环节，标识系统都会不完整，会产生断档。而促成标识系统有机联系的是被称之为空间导引的一个系统，即通常所说的导向系统，英文为 WAY FINDING SYSTEM，指在空间中通过层层相扣的视觉文字、图形、符号，将人与目的地通过合理的路径规划进行有机连接的系统。

在许多没有深入了解标识系统的人们看来，标识系统就是一些风格统一的标识牌，更多的重心可能会放在标识牌的样式上，而往往忽略了背后将这些可见的标识牌进行系统化、合理化的分布与排列，形成一个层层相扣、相互关联的有机体的是空间导引系统，这是标识系统的核心所在。空间导引系统的设计与规划是否合理，直接决定着人们利用标识系统寻找目的地的难易程度。

合理的空间导引系统规划不是凭空创造的，而是需要通过对所在空间(即环境景观、建筑、室内、道路动线等等)进行全面分析，通过对人及人的行为的分析，获得一系列的数据，作为空间导引系统规划与设计的依据。

2. 布局

① 空间导引标识的位置布局原则

主路－主路，提供一级导引标识，指明主要方位及主要区域。主路－支路，提供一级导引标识。支路－支路，提供二级导引标识，满足支路行人需求。支路－小路，提供二级导引标识。小路－小路，提供三级导引标识及区域功能标识(名称标识)，设置点位应考虑对行人的阻挡。

单向长距离道路，每 400m(普通行人 5 分钟行走的距离)重复标识，加强行人对信息的记忆。

② 标识位置与道路的关系

行道设施较少的情况下，标识应设置在人行道靠近主道的交接处，但与主道交接处的边缘应大于 2.5m。

行道设施较多的情况下，标识应设置在人行道靠近墙体的交接处。

无人行道的情况下，标识应设置在行人通过区和墙体的交接处。

③ 标识承载关系

设置板式导向牌时须退让路口 30m，单杆式导向牌须退让路口 20m，应设置在设施带内，行道树坑间。

盲道与盲道两侧各 0.25m 的人行道空间内不应设置导向标牌。

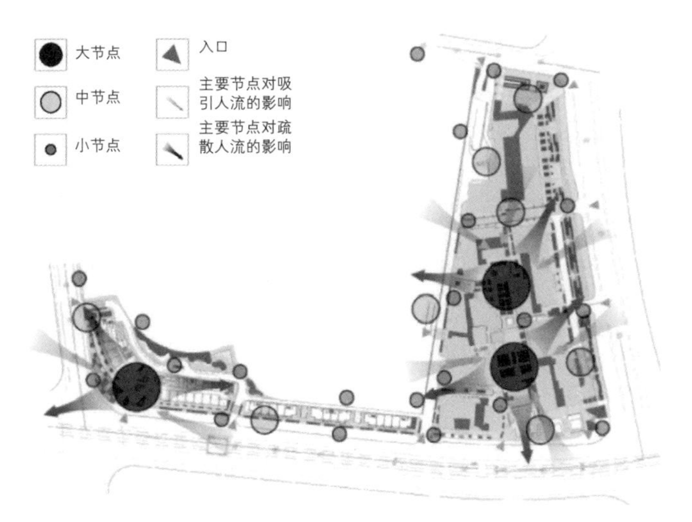

图 10-1 人的行为分析图

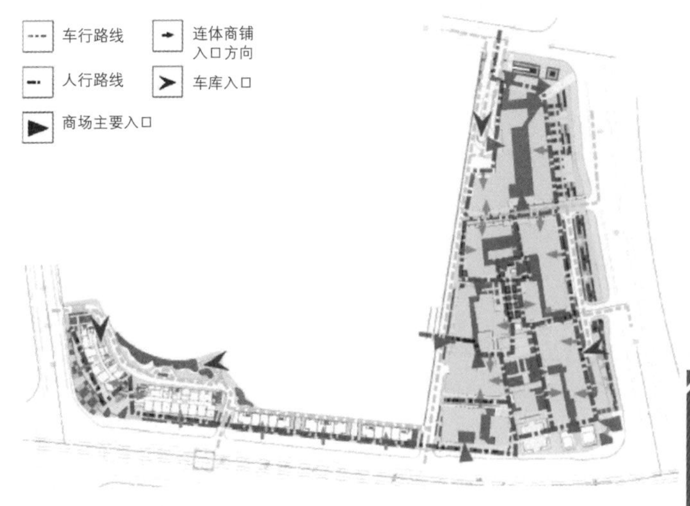

图 10-2 空间分析图

板式导向牌的外轮廓距路缘石外沿的最小距离为 0.25m，标识的支撑杆距路缘石外沿的最小距离为 0.95m。

设施周边应留出合理的使用空间，以满足视距要求和通透性要求，不应遮挡通行视线。

不应破坏绿化景观，不应压占设施带内绿化树池，不应压占市政管线检查井，并留出管线检查的空间等。在既定的规划原则基础上，最终导向标识位置的确定还需根据周密的现场调查，退避已有的道路和公共设施，避免对行人、车辆的干扰。

3. 空间导引标识内容设计原则

① 易读性

空间导引标识内容设计应基于人的认知心理和习惯，采用易于路人视觉辨识和理解的文字和图案。标识应易于发现，且颜色醒目，版面清晰简洁，内容与底色反差大。

② 易懂性

在易读的前提下，标识要易于路人在很短时间内理解其所要表达的内容，及时找到所需信息。因此在文字、图案选择和指示方式上，都要易于理解。

③ 全面性

信息选取应站在整体大空间的高度，根据道路重要性、节点重要性以及重要区域等进行信息选取。信息范围不能只作用于一点，应提供前方一个或多个区域信息。

④ 层次性

由于路人往往通过空间导引标识的时间较短，能够视认的信息量有限，因此标识的信息不可能表示得很全面，必须重点突出，层次分明，兼顾近点与远点信息，主要与辅助信息。

⑤ 统一性

空间导引标识内容要协调一致，不能互相矛盾或重复。主要表现在：版面形式统一、排版方式统一、信息选取原则统一等。路人在熟悉这种统一性之后，能缩短认读和理解时间。

1. 空间导引标识字体的设定

空间导引标识图形符号、字体大小及各部分的比例是判断标识可识别性的重要因素。1995 年美国联邦公路管理局制定了标识“有效设计”的标准，标识字体大小的设定必须优先考虑阅读的距离、使用者的移动速度及移动方式等因素，文字高度由两个因素决定：使用者与标识间的距离，以及该行文字在整个标识内容中的比例。根据使用者移动方式的不同，将标识信息种类分为步行者用、车辆用、步车共用三类（表 10–1)。

根据相关研究资料，步行者用标识必须保证行人在 4~5m 内清晰阅读，可将眼高约 1.5m 作为视觉高度标准，中文字高 20mm 以上，可包含较丰富的信息内容；车辆用标识需要在快速移动的远距离环境下（至少 40m 的距离范围外）也具备良好的识别性，一般高度设置在 5m 以上，中文字高 400mm 以上，高大明确，且信息量少；步车共用标识，满足可以在移动中观看、无需下车细看的要求，在 20m 距离左右可识别，一般高度设置在 3m 左右，中文字高 80mm 以上。

标识字体大小对于吸引使用者的注意力，提供给使用者优先信息，并建立信息层次的概念有着重要的作用。在空间导引系统设计中考虑到有视力障碍的人群，可将标识字体设计为普通标识的 1.5 倍，使其表示信息内容更加醒目、易读。

2. 空间导引标识信息的编排

每一个空间中标识传达的信息都是独立的，标识的文字编排都要和标识的信息功能保持一致。标识中的文字编排，要基于不同空间信息内容的重要程度及行为路线的顺序，考虑信息传达的顺序。空间导向标识信息多以箭头符号、图形标识和文字标识组合的形式呈现在标识载体上。箭头符号和文字标识分别与图形标识相邻，标识中的文字编排，多采用从左到右排列，以保证快速、舒适的阅读。如上海世博会标识系统的文字，采用多语言并置的标识形式，以适应国际化和通用性的需求。原则上使用中文、英文两种语言，排列顺序依次为：中文、英文。必要时使用四种语言，排列顺序依次为：中文、英文、日文、韩文，示例如下：

在《公共信息导向系统要素的设计原则与要求》中，将图形标识的尺寸大小定义为“a”“a”是用作其他文字的比例、符号边界与标识面板的间距的基础测量单位。图形标识、箭头符号、文字标识可以按比例缩放以适应标准规定的比例。例如文字标识位于图形标识的左侧或右侧，文字单行或双行横向排列的高度（含行间距）不应大于图形标识尺寸 (a) 的 0.6 倍，文字为三行或三行以上时，文字的总高度不应大于图形标识尺寸 (a)。空间导引标识比例的标准规范不仅可以提升标识对于使用者的可读性、清晰性以及有效性，而且可以让设计师以此确定标识最终的版面及信息传递效果。

表 10–1 标识信息种类表

阅读距离（m）	字体高度 (mm)	标识信息种类		
0–6	2			
6–8	2.54			
8–12	3.8			
13–17	5			
18–25	7.6			
25–34	10			
34–50	15			
51–76	23			
77–102	30			
103–153	46			
154–204	61			

标识牌环境平面图

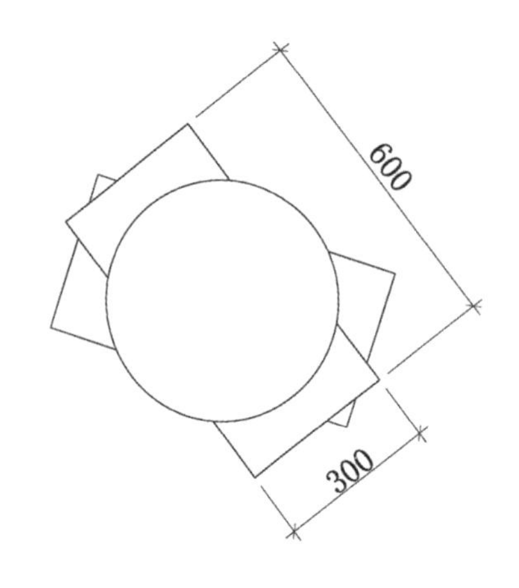

标识牌平面图

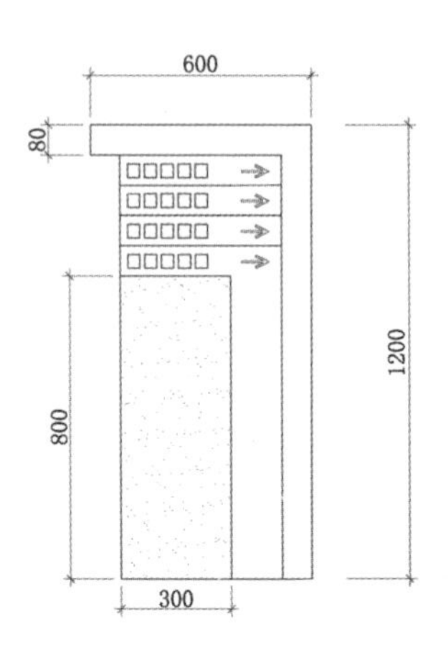

标识牌立面图 1

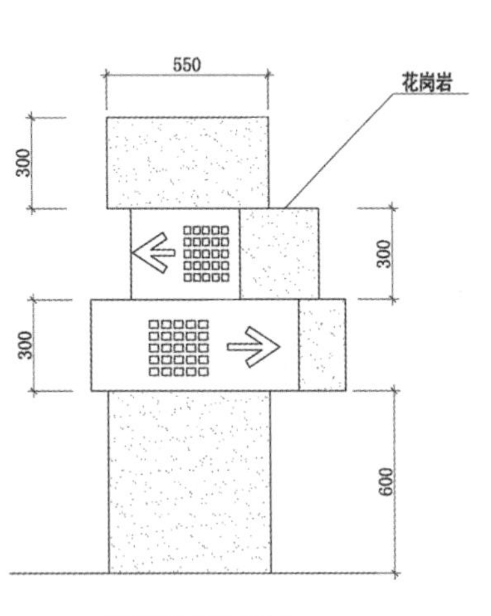

标识牌立面图 2

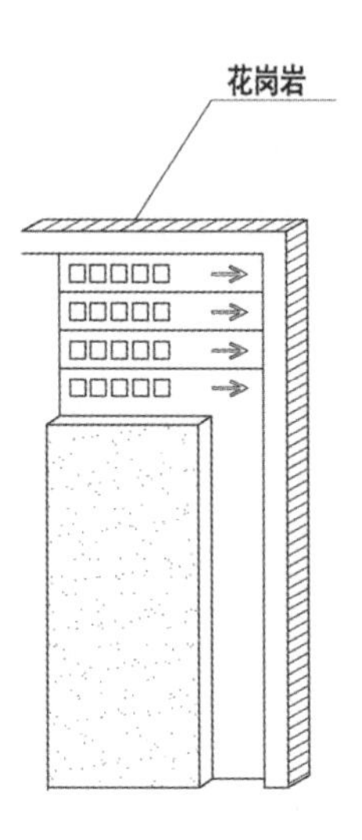

标识牌轴测图

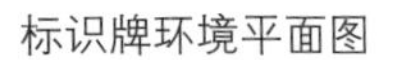

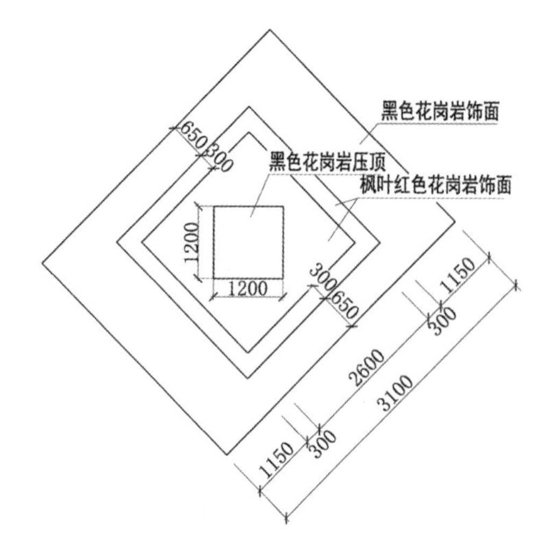

标识牌平面图

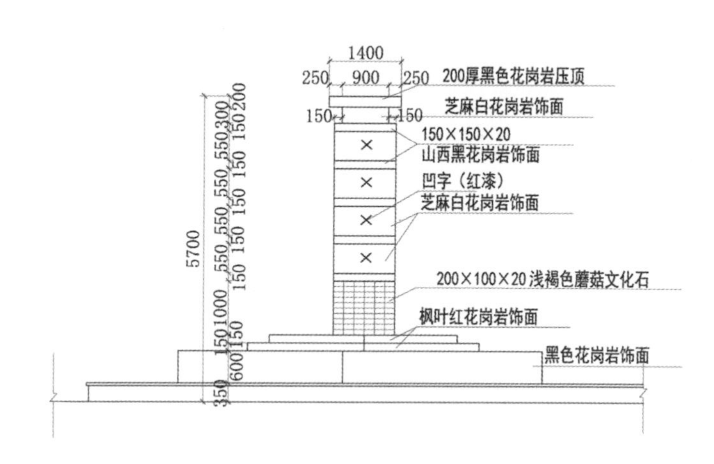

标识牌正面立面图

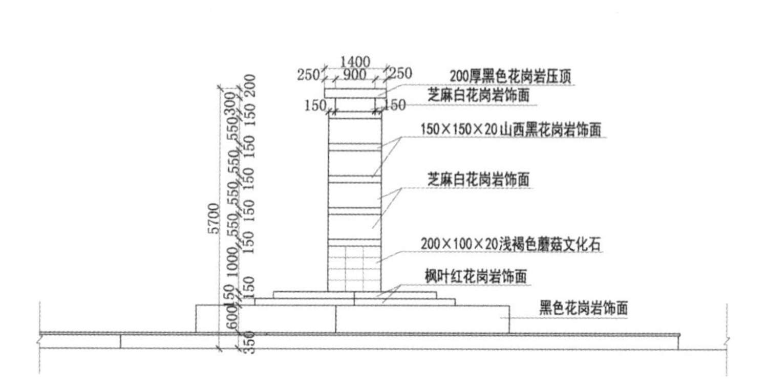

标识牌背面立面图

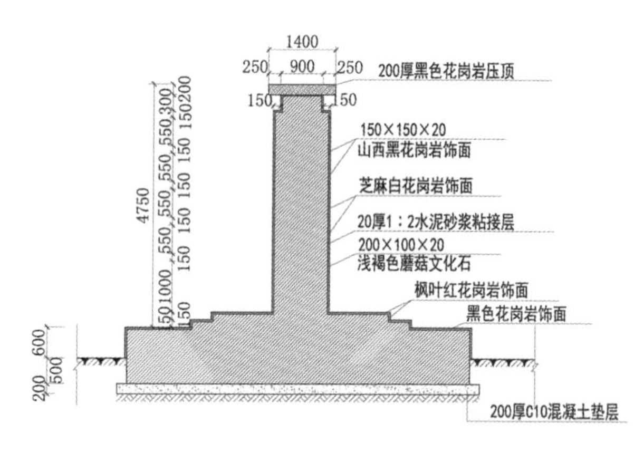

标识牌剖面图

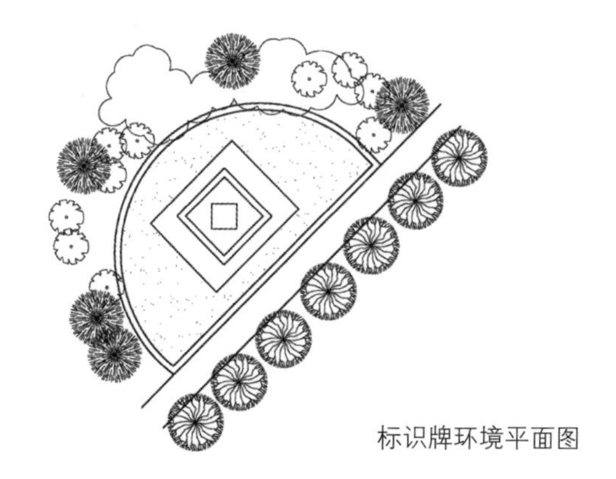

标识牌环境平面图

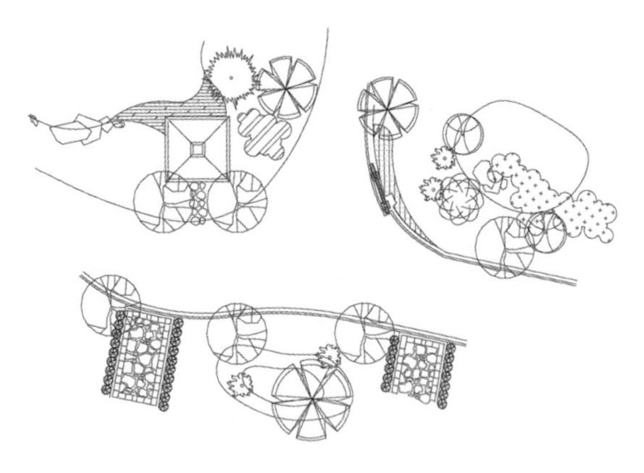

报栏环境平面图

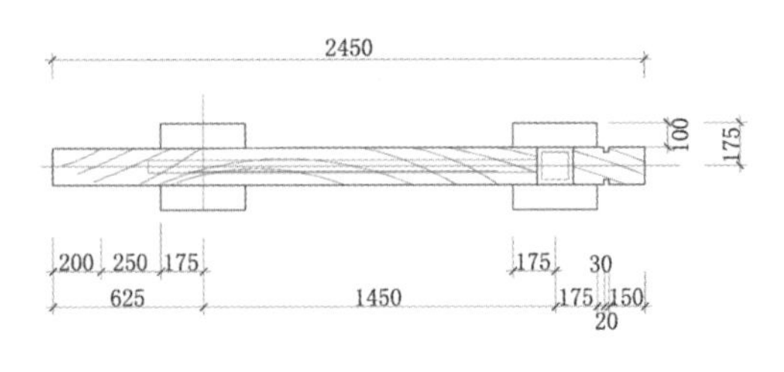

报栏平面图

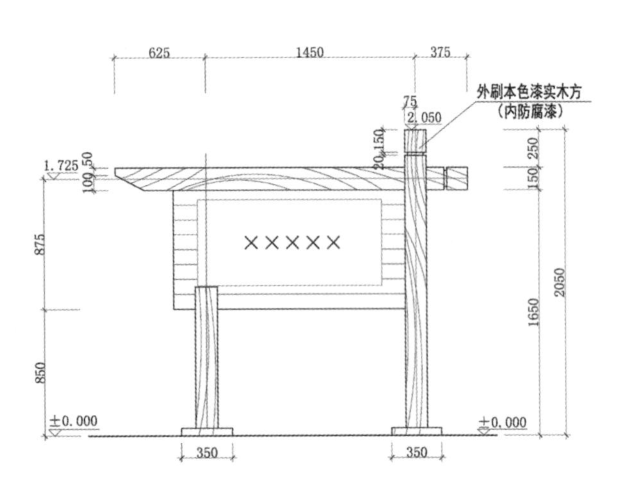

报栏立面图

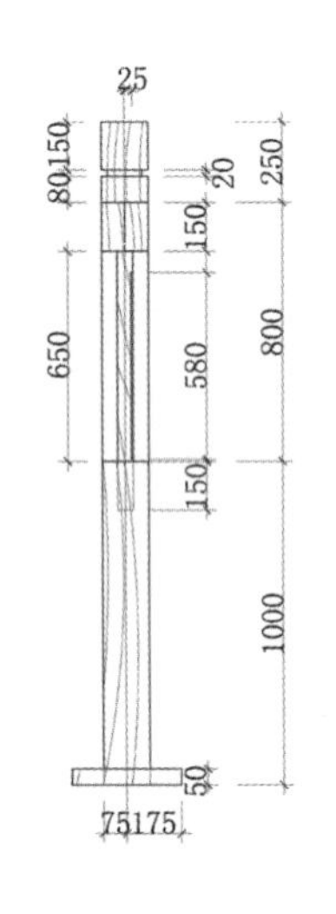

报栏侧面图

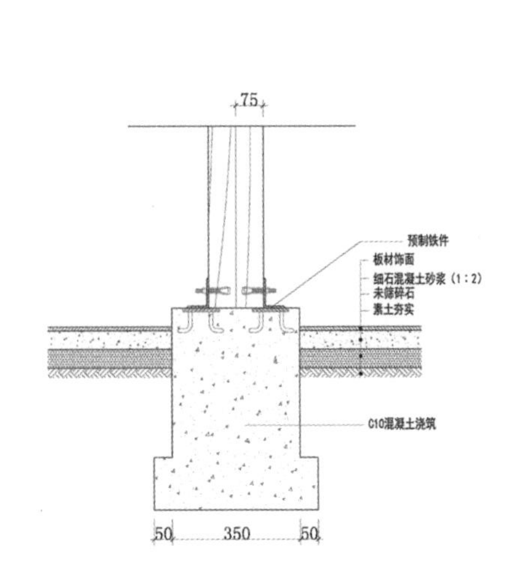

①剖面图

说明：1. 标志牌尺寸一般为 450-1000 的正方形，如因使用要求须将标志和其它文字图案内容组合构成标志牌时，牌面尺寸形式可由设计人定。
2. 标志牌通常用于以下场合：
①指示建筑物出入口及安全出口；
②指示建筑物内、外通路；
③指示专用空间位置；
④指示城市道路、桥梁等设施。
3. 标志牌版面可根据设计要求采用如下材料：
硬木板、胶合板、硬塑料板、铝合金板、有机玻璃、乳白玻璃、磨砂玻璃、镀铬玻璃、不锈钢板、铜板等。
4. 标志牌安装节点均应优先采用钢制膨胀螺栓、塑料胀管、射灯、抽芯铆钉、自攻螺栓、粘接剂等安装材料以代替在混凝土、砖墙中预埋木砖、铁件等做饭。
5. 安装高度：侧挂、顶挂标志牌底边距地≥ 2000 平挂、柱挂标志牌面中心距地＞ 1300。

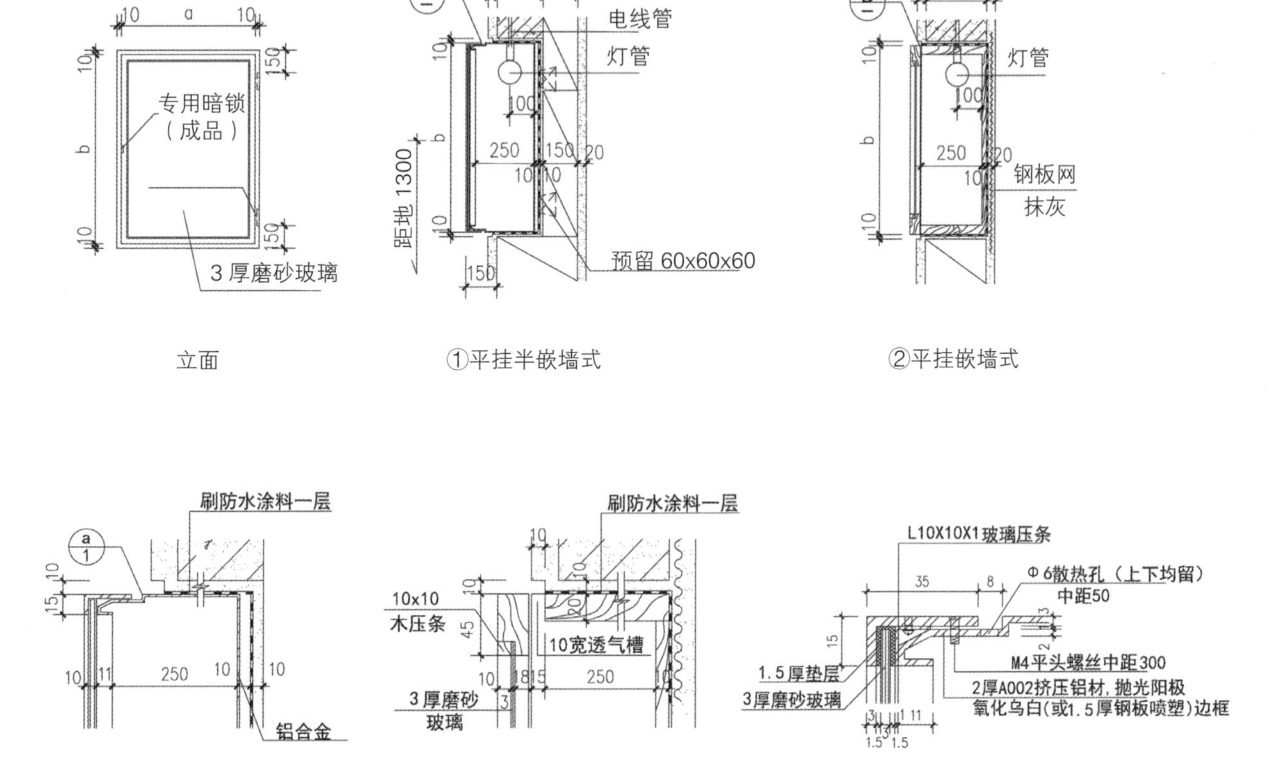

注：1. 本灯箱用于室内，灯箱背面嵌墙部分刷防水涂料，箱体外 露部分做无光油漆颜色与墙一致，箱内为白色油漆。
2. ①号为铝合金灯箱 ②号为木制灯箱。

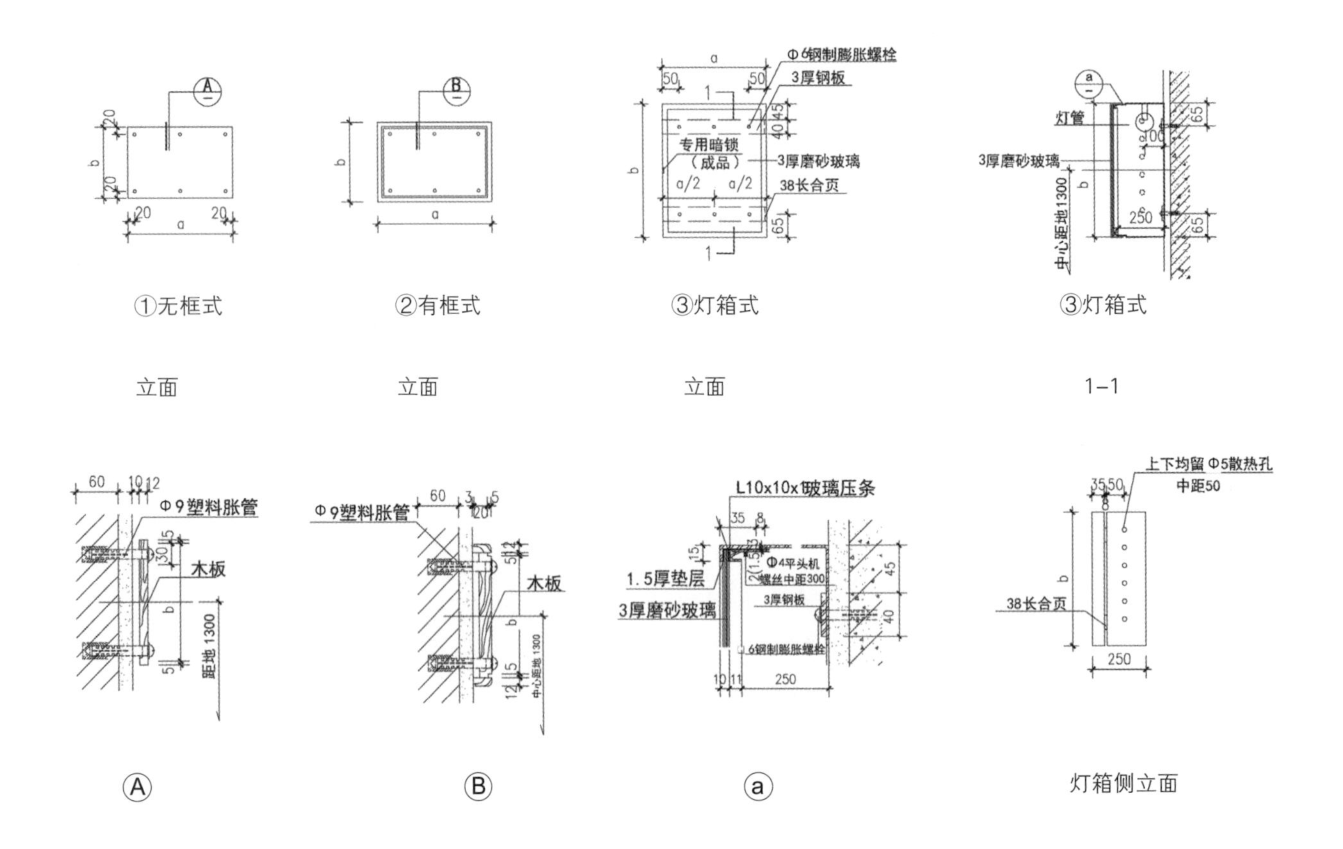

注：1. 本灯箱用于室内，灯箱背面嵌墙部分刷防水涂料，箱体外露 部分做无光油漆颜色与墙一致，箱内为白色油漆。
　　2. ①②号为木制标志牌 ③铝合金灯箱。

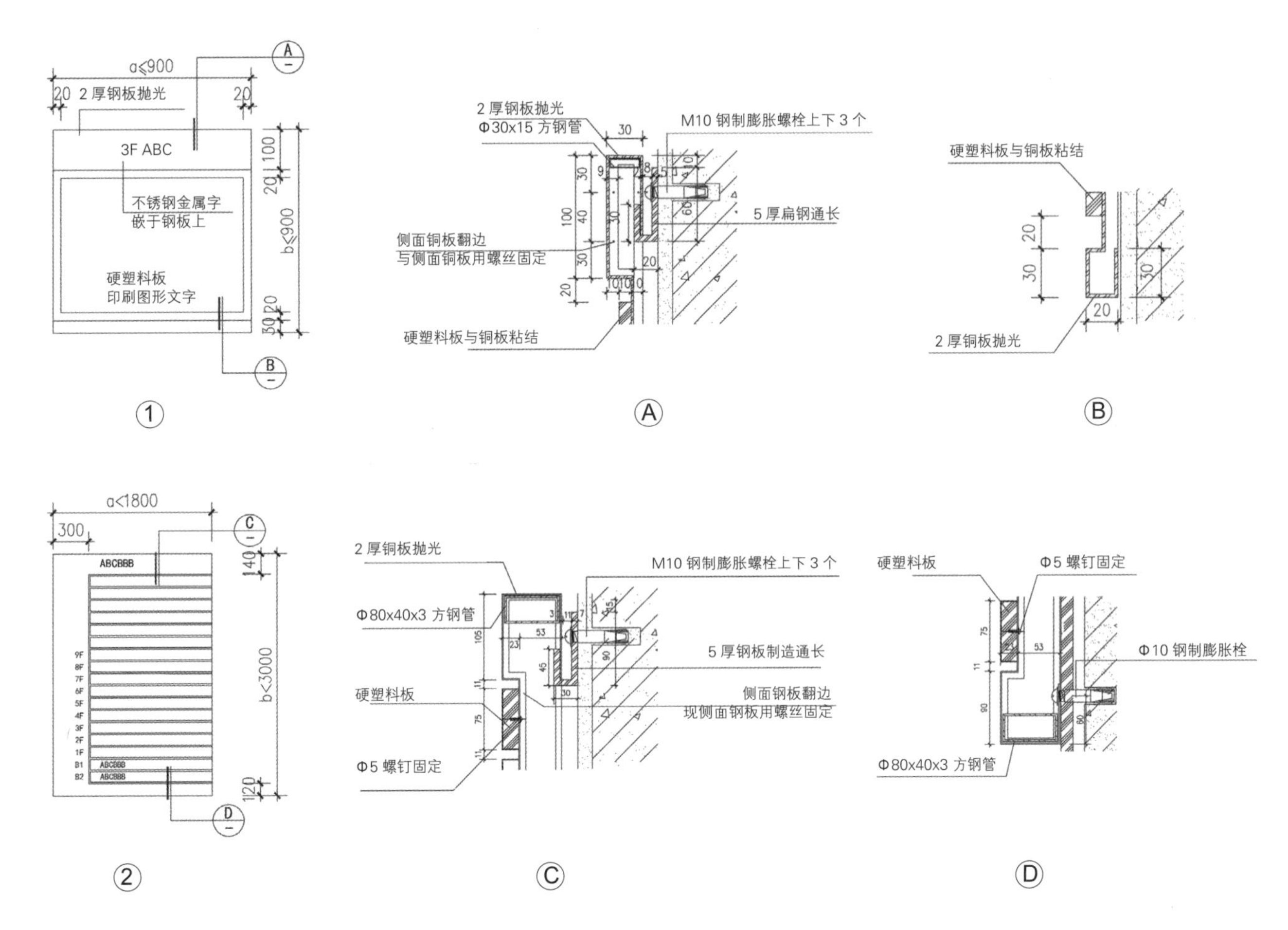

注：1. 标志牌背面墙面应涂防水涂料一层。
2. 钢板与钢材接触部位的钢件刷两遍防锈漆。

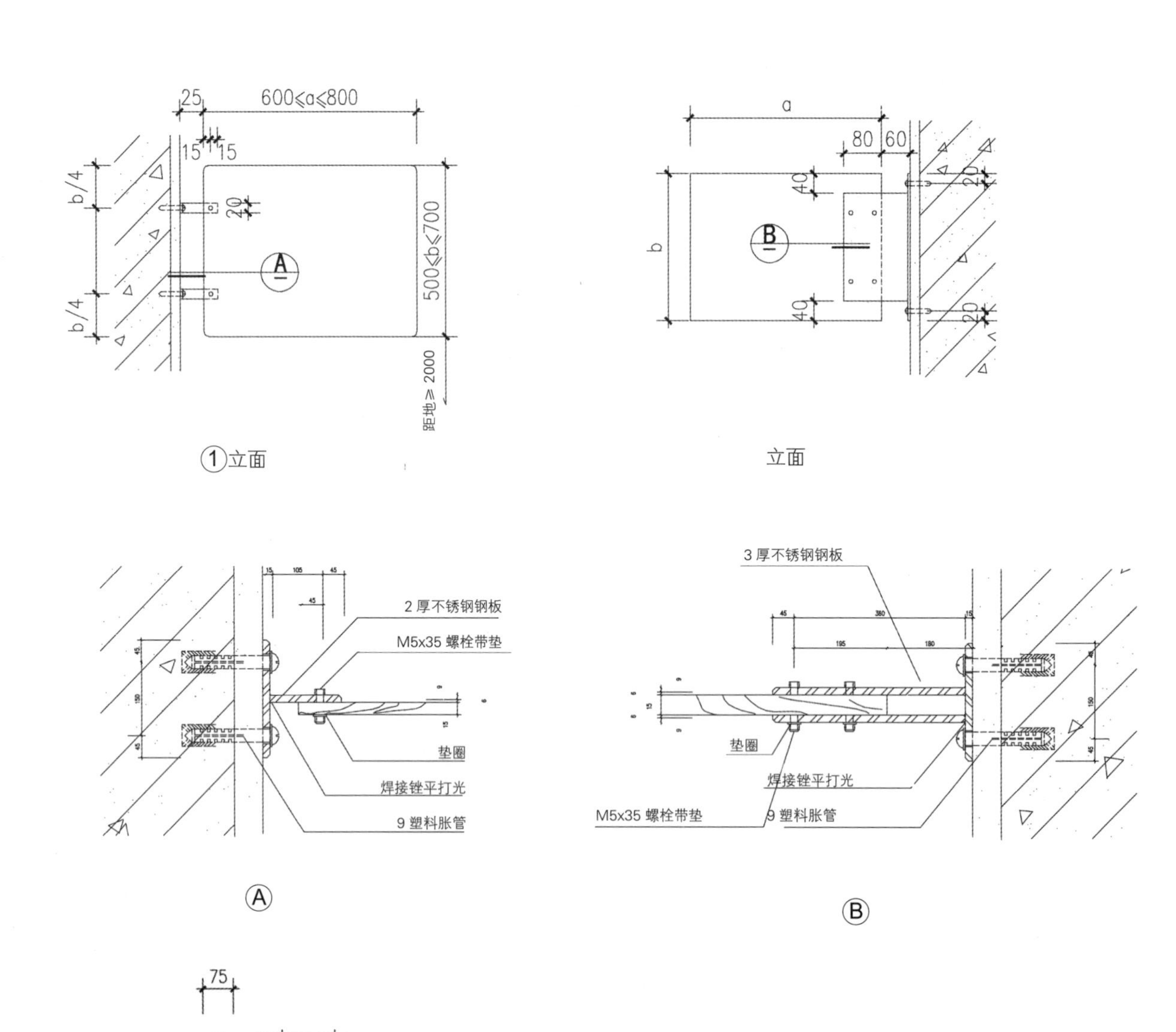
25
600≤a≤800
15
15
b/4
20
500≤b≤700
b/4
距地≥2000
①立面
a
80
60
40
b
40
20
20
立面
2 厚不锈钢钢板
M5x35 螺栓带垫
垫圈
焊接锉平打光
9 塑料胀管
Ⓐ
3 厚不锈钢钢板
垫圈
焊接锉平打光
M5x35 螺栓带垫
9 塑料胀管
Ⓑ
75
53
30
b
30
53
23

②侧立面

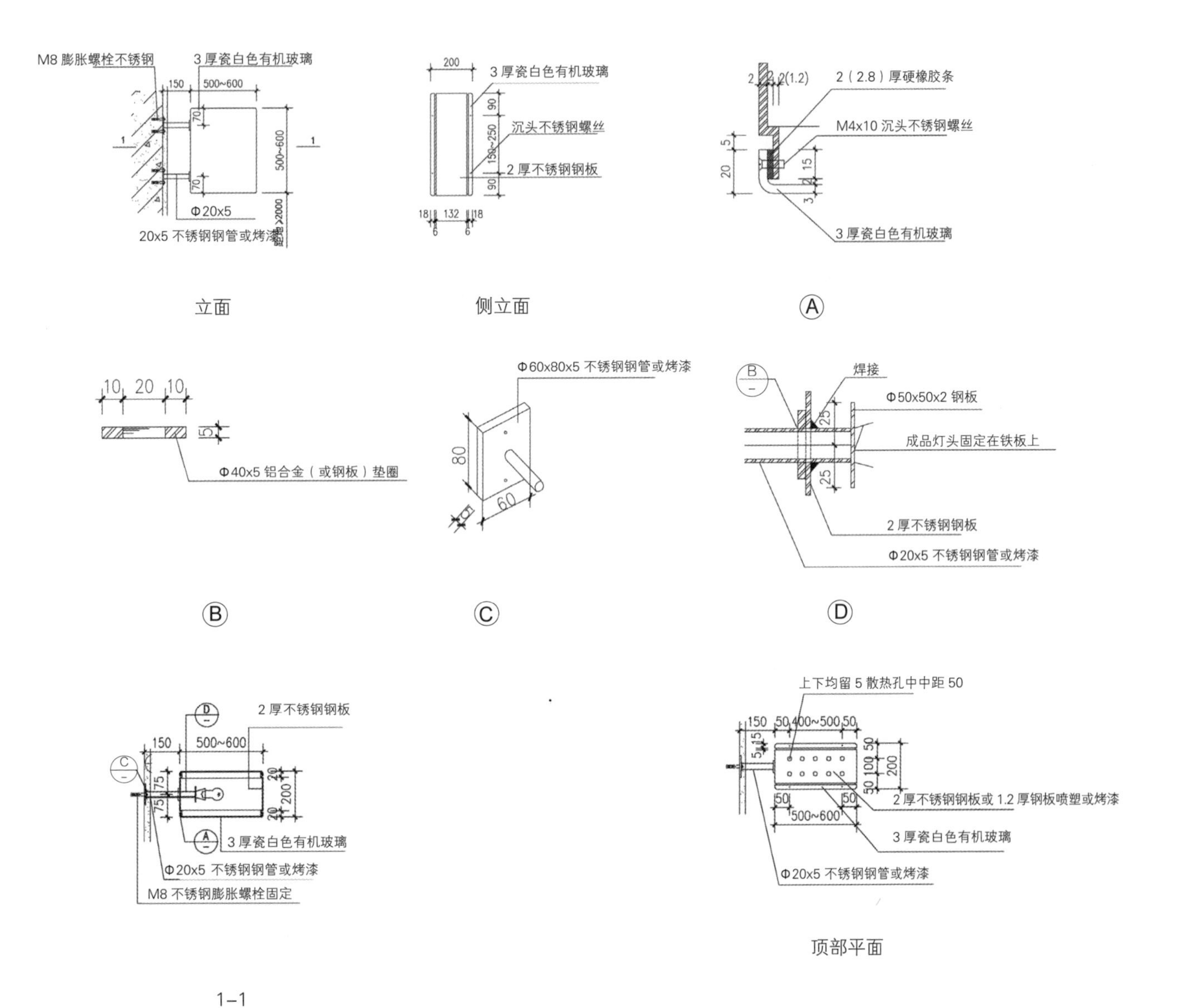
M8 膨胀螺栓不锈钢
3 厚瓷白色有机玻璃
150
500~600
500~600
Φ20x5
20x5 不锈钢钢管或烤漆
立面
200
3 厚瓷白色有机玻璃
沉头不锈钢螺丝
2 厚不锈钢钢板
150~250
18 132 18
侧立面
2(2.8)厚硬橡胶条
M4x10 沉头不锈钢螺丝
3 厚瓷白色有机玻璃
Ⓐ
10 20 10
Φ40x5 铝合金（或钢板）垫圈
Ⓑ
Φ60x80x5 不锈钢钢管或烤漆
80
60
Ⓒ
焊接
Φ50x50x2 钢板
成品灯头固定在铁板上
2 厚不锈钢钢板
Φ20x5 不锈钢钢管或烤漆
Ⓓ
2 厚不锈钢钢板
150
500~600
200
3 厚瓷白色有机玻璃
Φ20x5 不锈钢钢管或烤漆
M8 不锈钢膨胀螺栓固定
1–1
上下均留 5 散热孔中中距 50
150 50 400~500 50
200
2 厚不锈钢钢板或 1.2 厚钢板喷塑或烤漆
500~600
3 厚瓷白色有机玻璃
Φ20x5 不锈钢钢管或烤漆
顶部平面

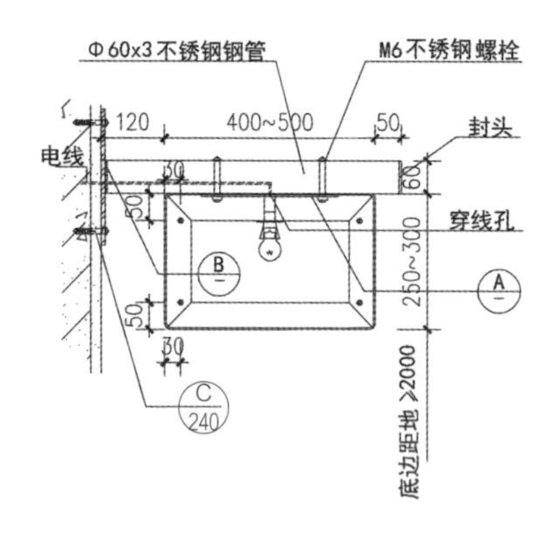

①悬挂式剖面

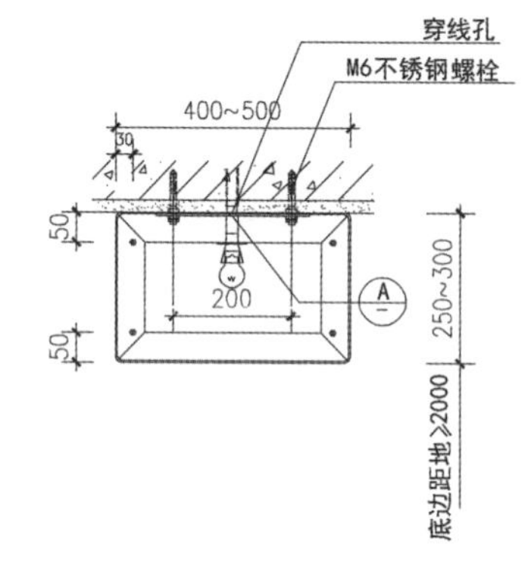

②顶挂式 1 剖面

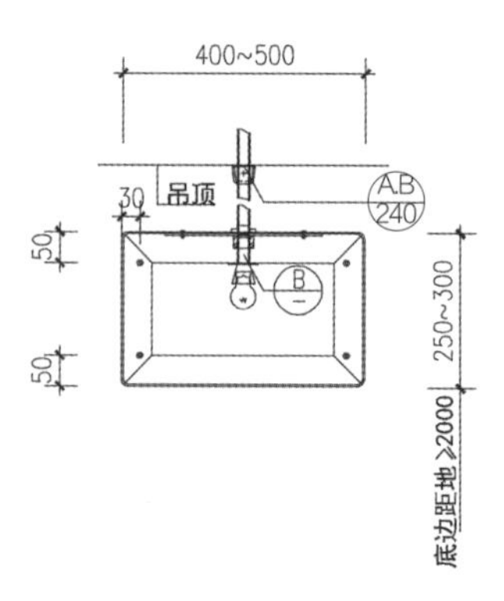

③顶挂式 2 剖面

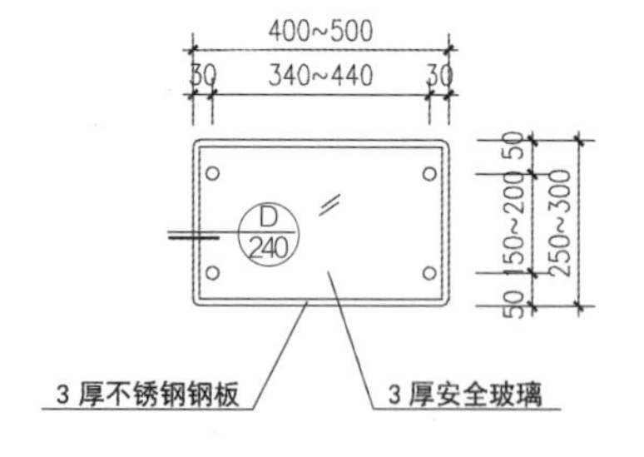

灯箱立面

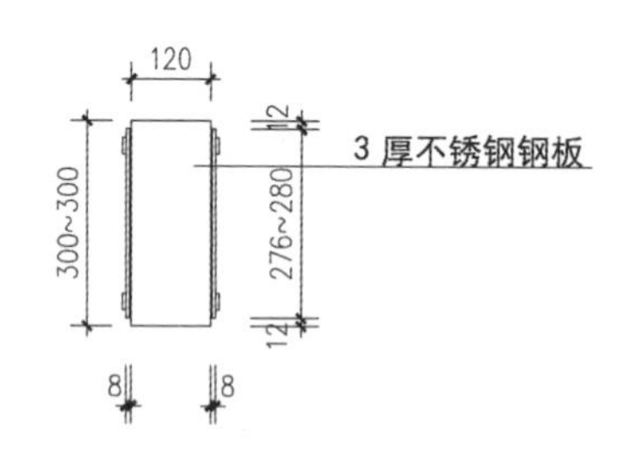

灯箱侧立面

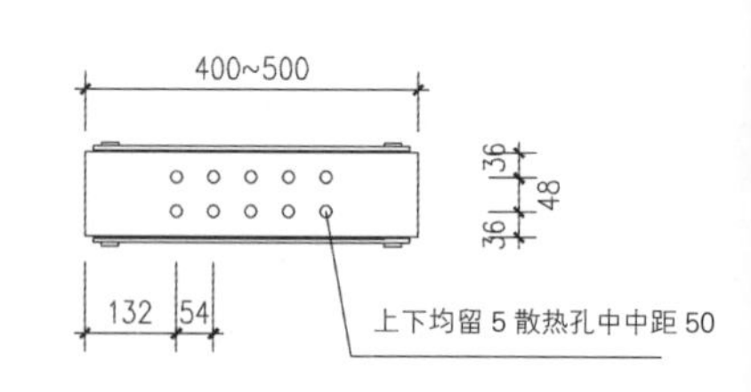

灯箱顶面

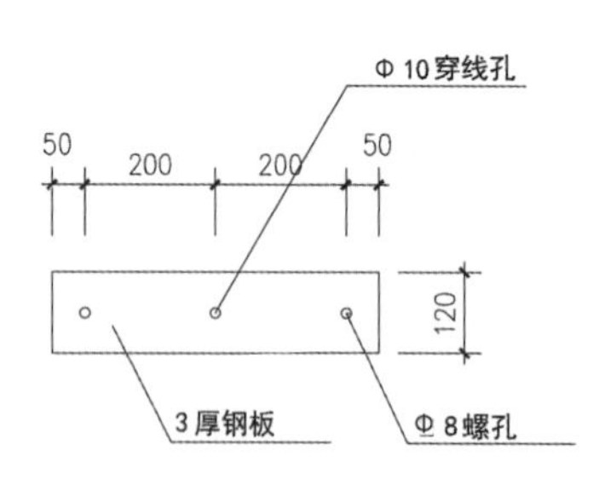

Ⓐ

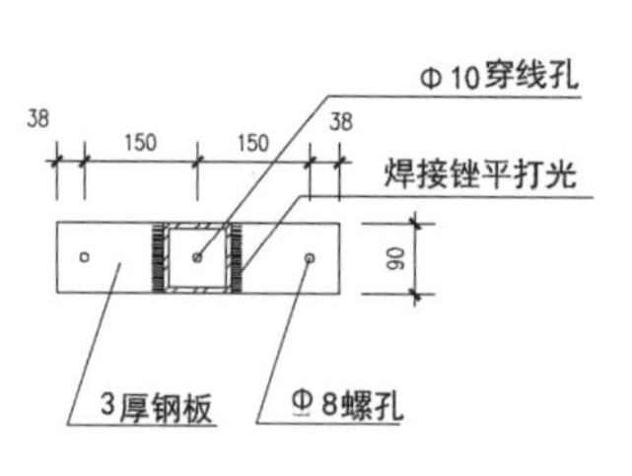

Ⓑ

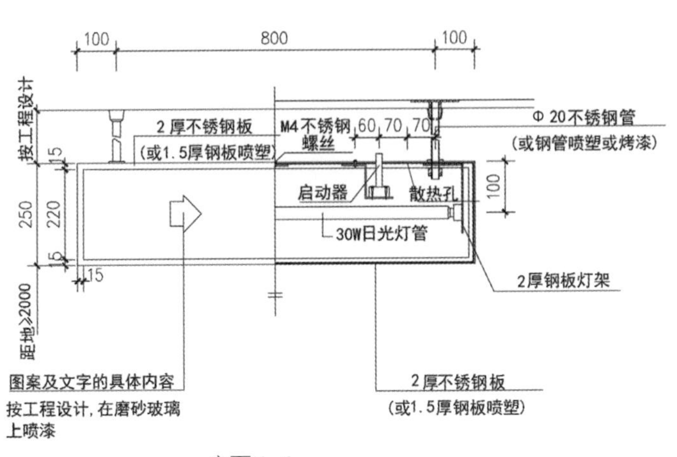

立面 1–1

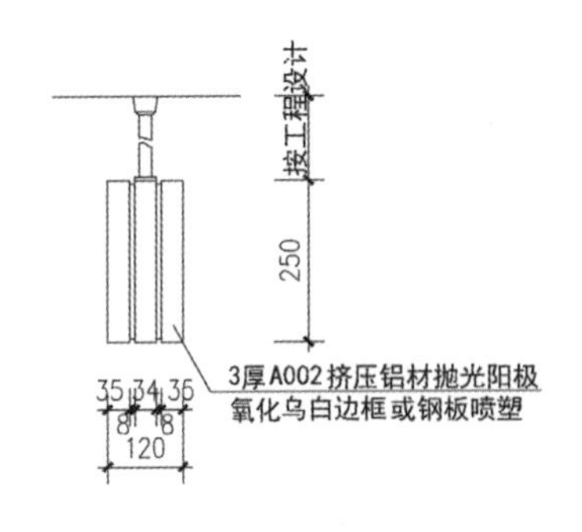

侧立面

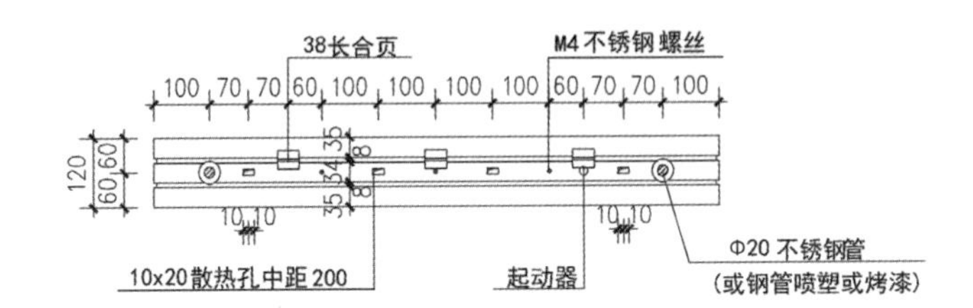

顶部平面

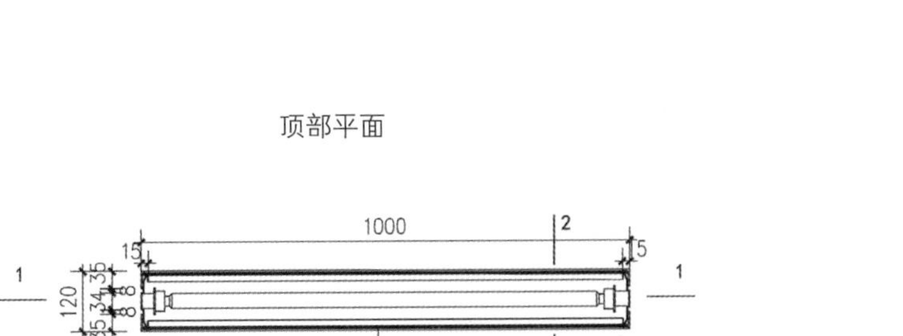

平面

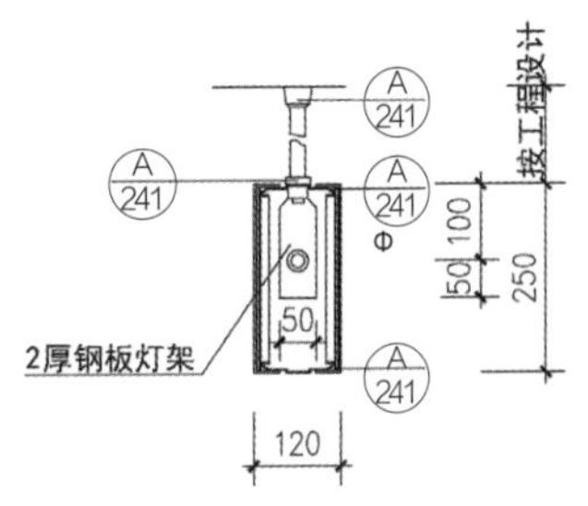

2–2

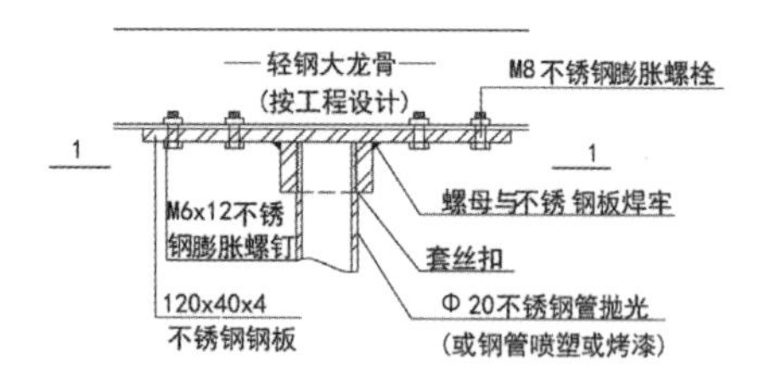

Ⓐ 与吊顶连接方式 1

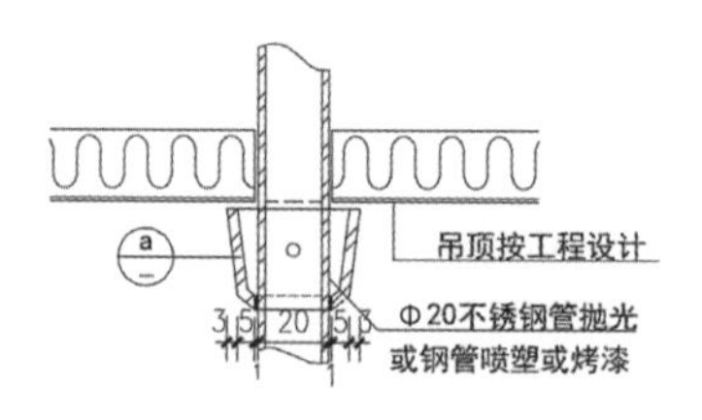

Ⓑ与吊顶连接方式 2

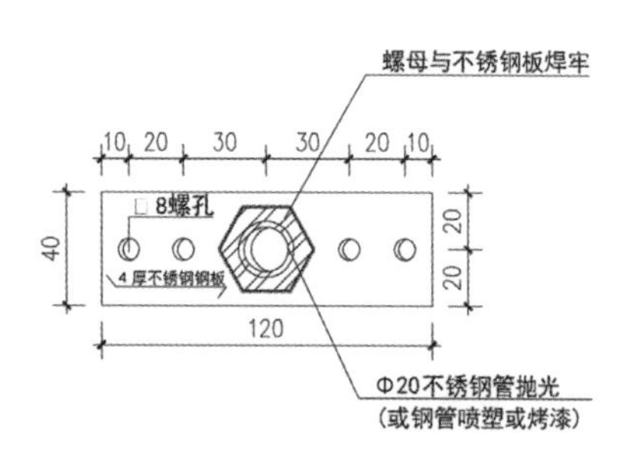

1–1

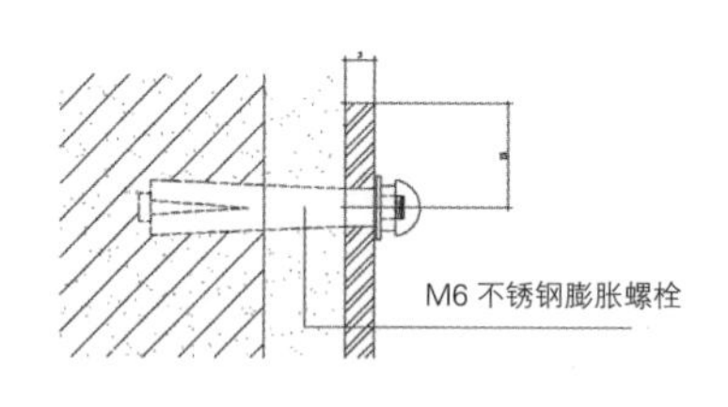

Ⓒ

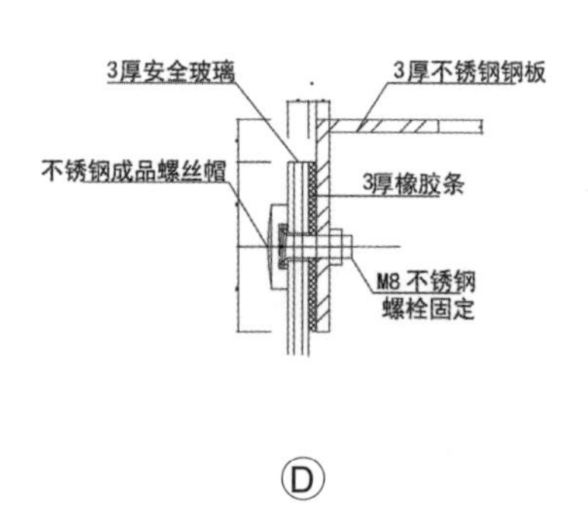

Ⓓ

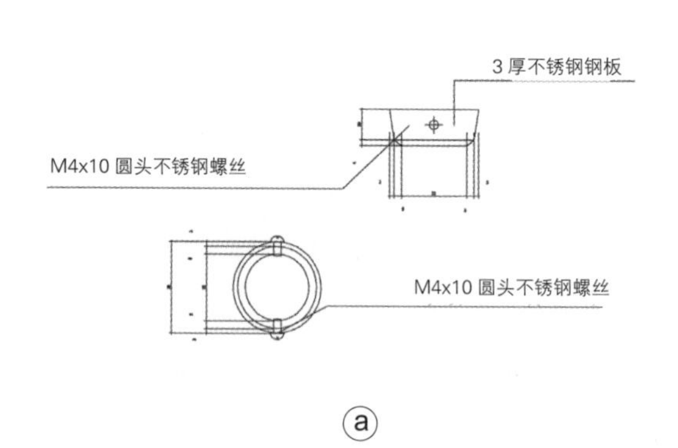

ⓐ

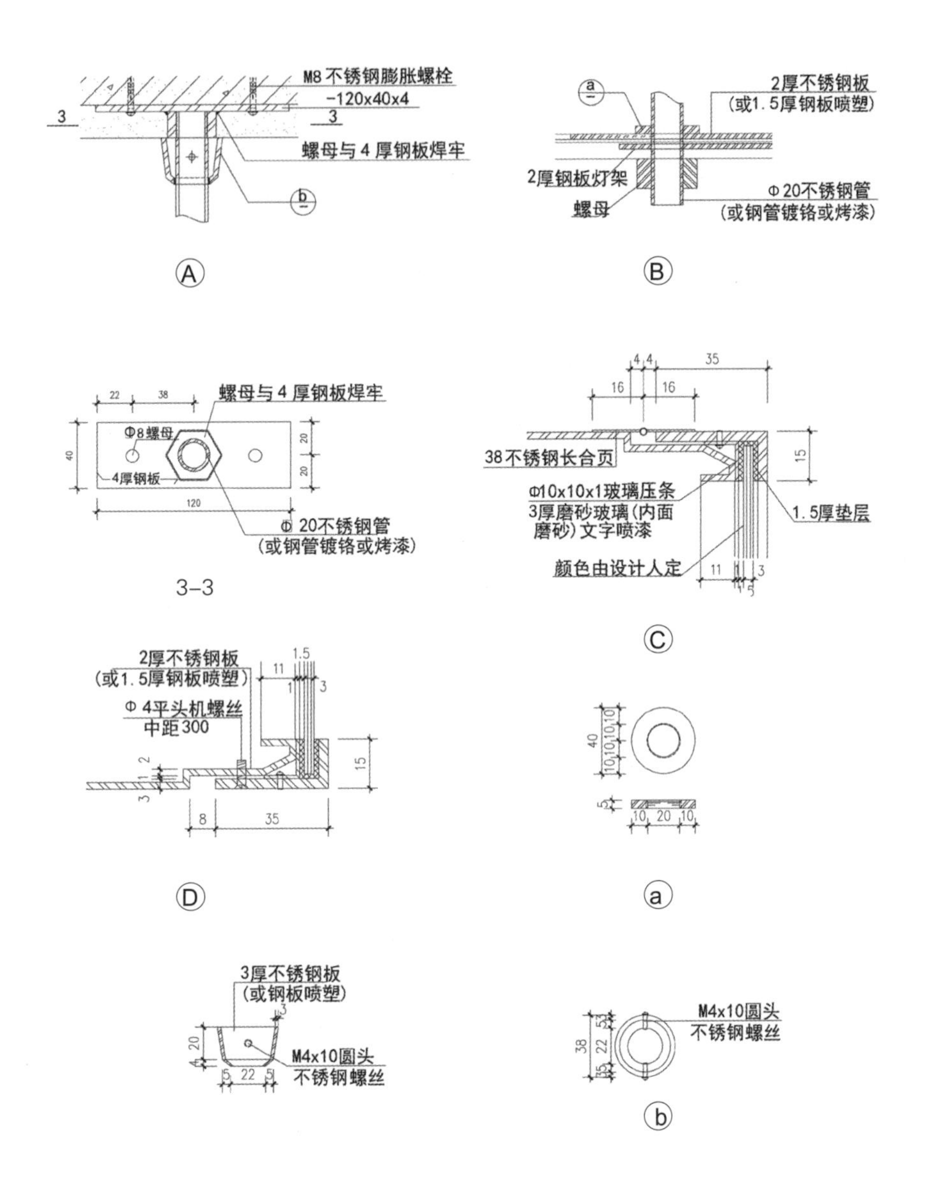
M8 不锈钢膨胀螺栓
-120x40x4
3
3
螺母与 4 厚钢板焊牢
b
A
a
2厚不锈钢板
(或1.5厚钢板喷塑)
2厚钢板灯架
螺母
Φ20不锈钢管
(或钢管镀铬或烤漆)
B
螺母与 4 厚钢板焊牢
Φ8螺母
4厚钢板
Φ 20不锈钢管
(或钢管镀铬或烤漆)
3-3
38不锈钢长合页
Φ10x10x1玻璃压条
3厚磨砂玻璃(内面
磨砂)文字喷漆
颜色由设计人定
1.5厚垫层
C
2厚不锈钢板
(或1.5厚钢板喷塑)
Φ 4平头机螺丝
中距300
D
a
3厚不锈钢板
(或钢板喷塑)
M4x10圆头
不锈钢螺丝
M4x10圆头
不锈钢螺丝
b

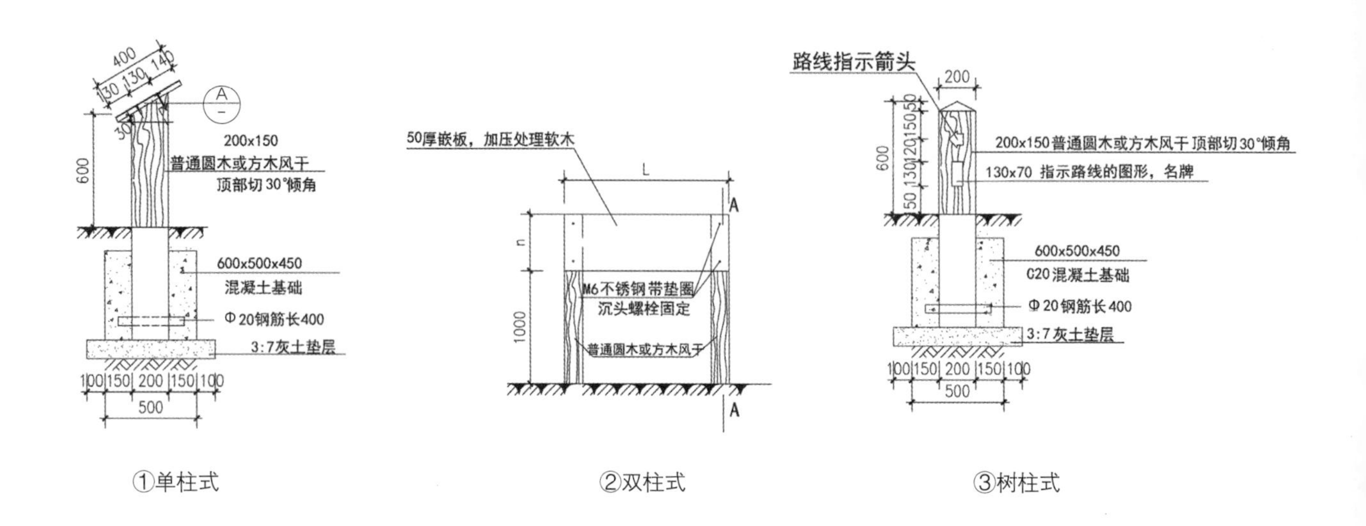

①单柱式　②双柱式　③树柱式

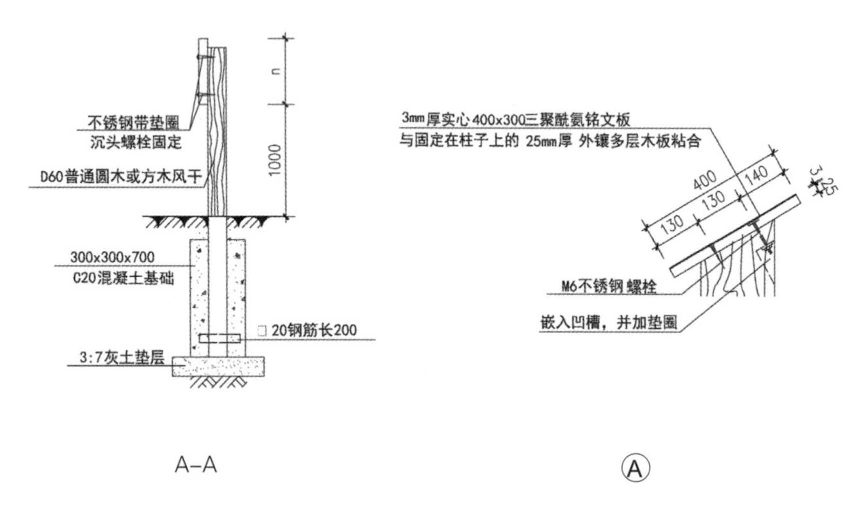

A–A　Ⓐ

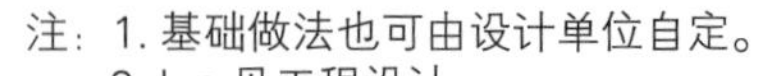

注：1. 基础做法也可由设计单位自定。
2. L.n 见工程设计。
3. 3:7 灰土垫层可根据地区情况改用 1:2:4 砾石三合土。

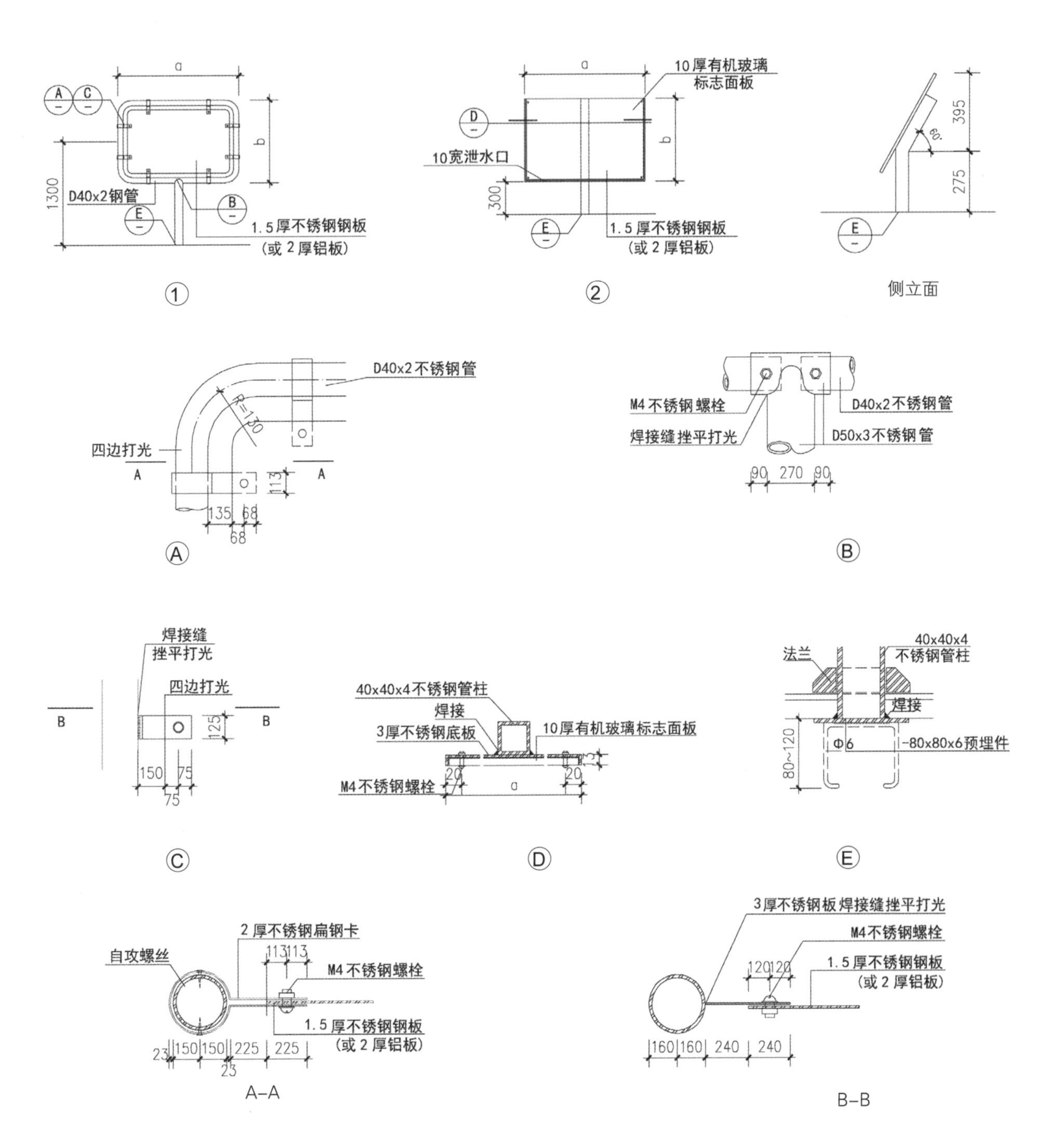

a
b
1300
D40x2钢管
1.5厚不锈钢钢板
(或2厚铝板)
①
10厚有机玻璃
标志面板
10宽泄水口
300
②
395
275
侧立面
D40x2不锈钢管
R=130
四边打光
135
68
113
Ⓐ
M4不锈钢螺栓
焊接缝挫平打光
D40x2不锈钢管
D50x3不锈钢管
90
270
Ⓑ
焊接缝
挫平打光
四边打光
125
150
75
Ⓒ
40x40x4不锈钢管柱
焊接
3厚不锈钢底板
10厚有机玻璃标志面板
M4不锈钢螺栓
20
Ⓓ
法兰
40x40x4
不锈钢管柱
焊接
Φ6
-80x80x6预埋件
80~120
Ⓔ
自攻螺丝
2厚不锈钢扁钢卡
M4不锈钢螺栓
1.5厚不锈钢钢板
(或2厚铝板)
23
150
225
A–A
3厚不锈钢板焊接缝挫平打光
M4不锈钢螺栓
1.5厚不锈钢钢板
(或2厚铝板)
120
160
240
B–B

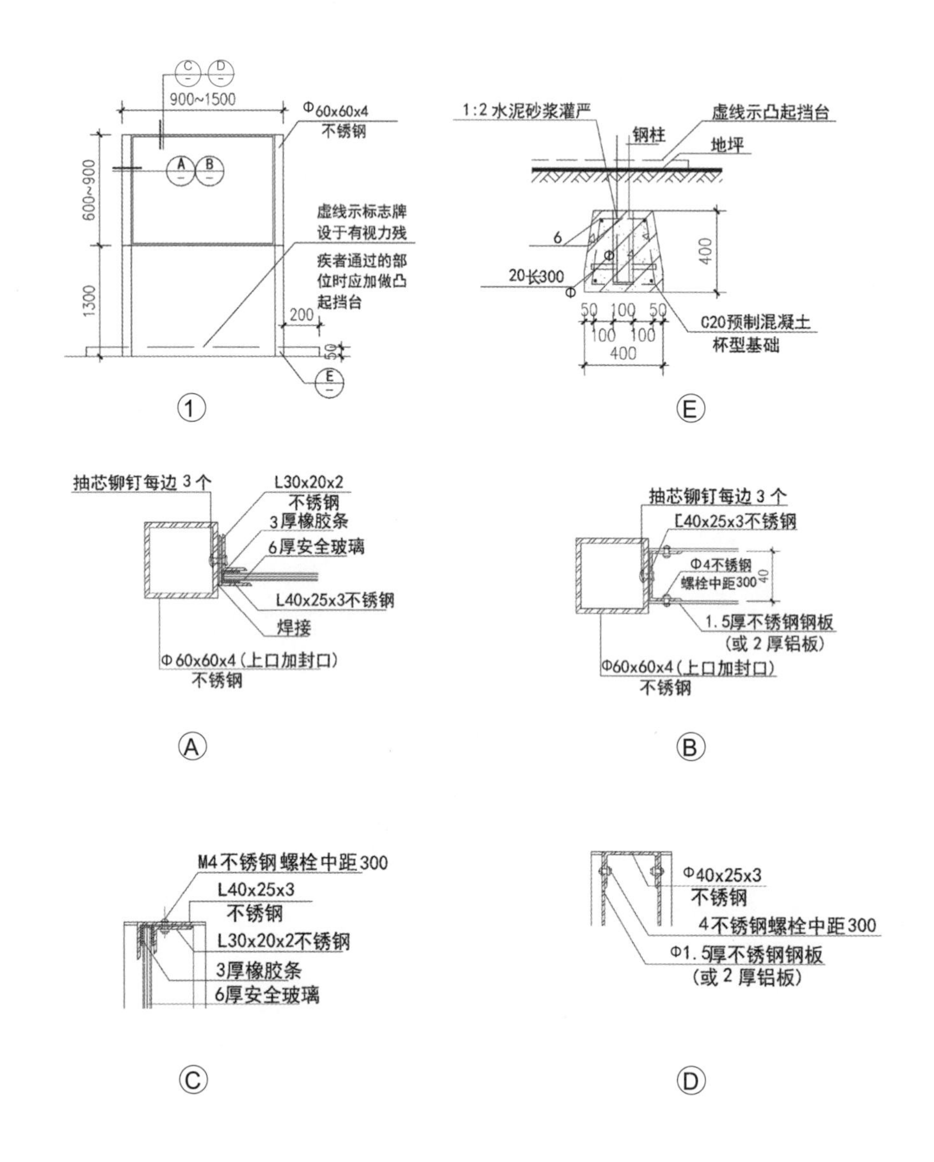

900~1500
Φ60x60x4
不锈钢
600~900
1300
虚线示标志牌
设于有视力残
疾者通过的部
位时应加做凸
起挡台
200
50
1:2 水泥砂浆灌严
钢柱
虚线示凸起挡台
地坪
6
20长300
400
50 100 50
100 100
400
C20预制混凝土
杯型基础
抽芯铆钉每边 3 个
L30x20x2
不锈钢
3厚橡胶条
6厚安全玻璃
L40x25x3不锈钢
焊接
Φ60x60x4(上口加封口)
不锈钢
抽芯铆钉每边 3 个
L40x25x3不锈钢
Φ4不锈钢
螺栓中距300
40
1.5厚不锈钢钢板
(或 2 厚铝板)
Φ60x60x4(上口加封口)
不锈钢
M4不锈钢螺栓中距300
L40x25x3
不锈钢
L30x20x2不锈钢
3厚橡胶条
6厚安全玻璃
Φ40x25x3
不锈钢
4不锈钢螺栓中距300
Φ1.5厚不锈钢钢板
(或 2 厚铝板)

① Ⓔ Ⓐ Ⓑ Ⓒ Ⓓ

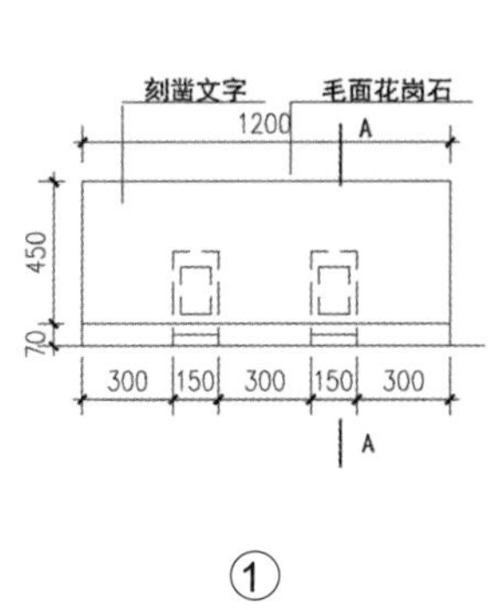
刻凿文字
毛面花岗石
1200
A
450
70
300 150 300 150 300
A

①

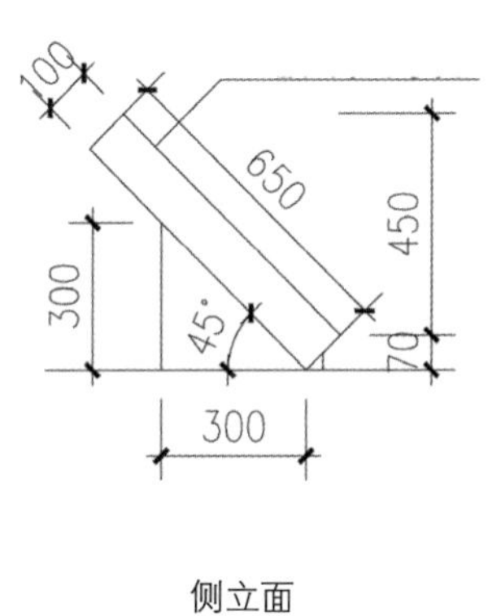
100
650
450
300
45°
70
300

侧立面

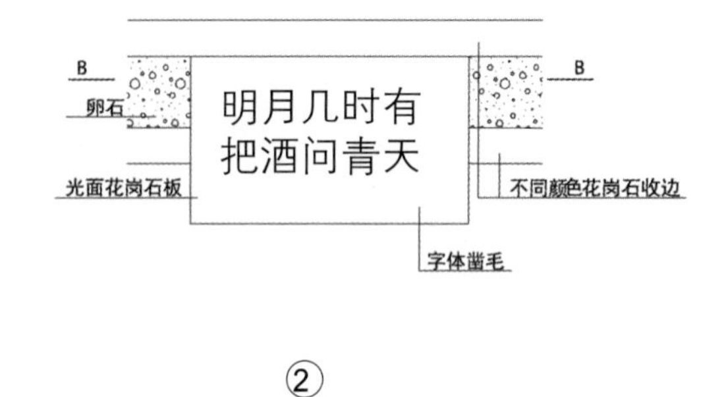
B
卵石
明月几时有
把酒问青天
B
光面花岗石板
不同颜色花岗石收边
字体凿毛

②

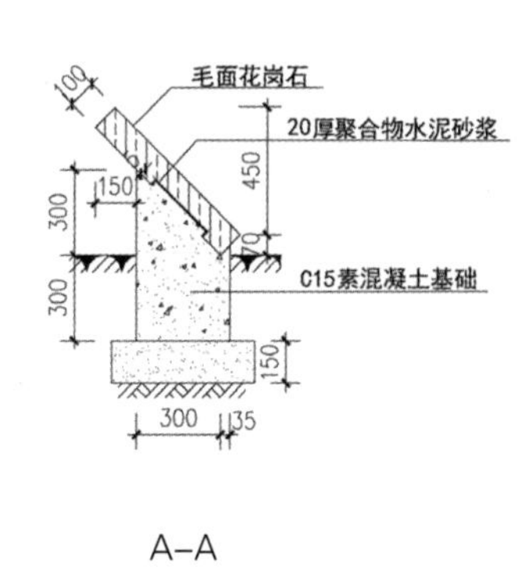
100
毛面花岗石
20厚聚合物水泥砂浆
150
300
450
70
300
C15素混凝土基础
150
300 35

A–A

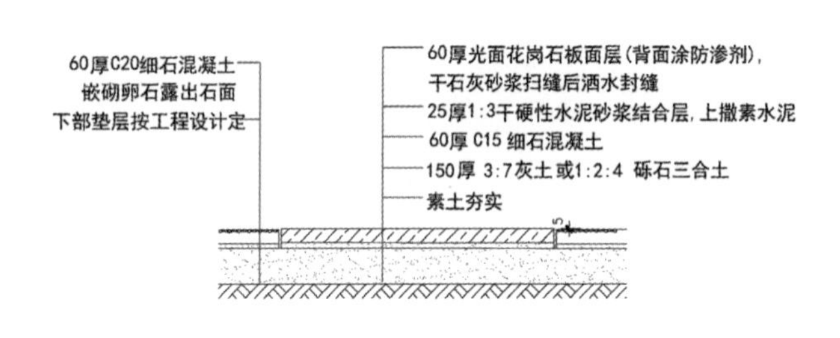
60厚C20细石混凝土
嵌砌卵石露出石面
下部垫层按工程设计定
60厚光面花岗石板面层(背面涂防渗剂),
干石灰砂浆扫缝后洒水封缝
25厚1:3干硬性水泥砂浆结合层,上撒素水泥
60厚 C15 细石混凝土
150厚 3:7灰土或1:2:4 砾石三合土
素土夯实

B–B

公共厕所

11

1. 其本分类

公共厕所分为独立式、附属式和活动式三种类型。公共厕所的设计和建设应根据公共厕所的位置和服务对象按相应类别的设计要求进行。

①独立式公共厕所按建筑类别分为三类，其设置应符合下列规定：

商业区、重要公共设施、重要交通客运设施，公共绿地及其他环境要求高的区域应设置一类公共厕所；

城市主、次干路及行人交通量较大的道路沿线应设置二类公共厕所；

其他街道和区域应设置三类公共厕所。

②附属式公共厕所按建筑类别分为二类，其设置应符合下列规定：

大型商场、饭店、展览馆、机场、火车站、影剧院、大型体育场馆、综合性商业大楼和省市级医院应设置一类公共厕所；一般商场（含超市）、专业性服务机关单位、体育场馆、餐饮店、招待所和区县级医院应设置二类公共厕所。

③活动式公共厕所按其结构特点和服务对象分为组装厕所、单体厕所、汽车厕所、拖动厕所和无障碍厕所五种类别。

各类城市用地公共厕所的设置标准应符合现行国家标准《城市环境卫生设施规划规范》GB 50337 的规定，公共厕所设置数量应采用（表 11–1）的指标。

2. 一般规定

①公共厕所的设计应以人为本，符合文明、卫生、适用、方便、节水、防臭的原则。

②公共厕所外观和色彩的设计应与环境协调，并应注意美观。

③公共厕所的平面设计应合理布置卫生洁具和洁具的使用空间，并应充分考虑无障碍通道和无障碍设施的配置。

④公共厕所应适当增加女厕的建筑面积和厕位数量。厕所男蹲（坐、站）位与女蹲（坐）位的比例宜为 1:1 ～ 2:3。独立式公共厕所宜为 1:1，商业区域内公共厕所宜为 2:3。

表 11–1 公共厕所设置标准

城市用地类别	设置密度（座 /km^2）	设置间距（m）	建筑面积（m^2/ 座）	独立式公共厕所用地面积（m^2/ 座）
居住用地	3~5	500~800	30~60	60~100
公共设施用地	4~11	300~500	50~120	80~170
工业用地 仓储用地	1~2	800~1000	30	60

注：（1）居住用地中，旧城区宜取密度的高限，新区宜取密度的中、低限。

（2）公共设施用地中，人流密集区域取高限密度、下限间距，人流稀疏区域取低限密度、上限间距。商业金融业用地宜取高限密度、下限间距。其他公共设施用地宜取中、低限密度、中上限间距。

（3）其他各类城市用地的公共厕所设置可按：

① 结合周边用地类别和道路类型综合考虑，若沿路设置，可按以下间距：主干路、次干路、有辅道的快速路：500~800m；支路、有人行道的快速路：800~1000m。

② 公共厕所建筑面积根据服务人数确定。

③ 独立式公共厕所用地面积根据公共厕所建筑面积按相应比例 确定。

（4）用地面积中不包含与相邻建筑物间的绿化隔离带用地。

（1）公共厕所宜发展附建式，附建式的公共厕所宜设在建筑物底层，应有单独出入口及管理室。附建式的公共厕所应结合主体建筑一并设计和建设。

（2）独立式的公共厕所应按照现行行业标准《城市公共厕所规划和设计标准》CJJ 14 设计和建设，并与附近建筑群相协调。大型商场、餐饮场所、娱乐场所及其他公共建筑内的厕所，繁华道路及人流量较大地区单位内的厕所，应向社会开放。

（3）独立式的公共厕所外墙与相邻建筑物距离一般不应小于 5.0m，周围应设置不小于 3.0m 的绿化带。

（4） 公共厕所临近的道路旁，应设置明显、统一的公共厕所标志。

（5. 公共厕所内部应空气流通、光线充足、沟通路平；应有防臭、防蛆、防蝇、防鼠等技术措施。

（6）公共厕所应设置冲洗设备、洗手盆和挂衣钩以及老人、残疾人专用蹲位和无障碍通道。供残疾人使用的专用单间设计应符合现行行业标准《城市道路和建筑物无障碍设计规范》JGJ 50 中的有关规定。

（7）公共厕所大便器按其等级可分别采用单独蹲（坐）式或大便槽。单独蹲（坐）式应设置成单间。大便蹲位或大便槽、小便槽的表面应光滑、耐腐蚀。

（8）公共厕所应按不同的等级标准和使用性质进行装饰和配备设备。

（9）公共厕所应注意防冻和排水。附建式公共厕所的采暖和通风宜与主体建筑同时设计和施工。

（10）公共厕所建筑标准应符合现行国家标准《城市环境卫生设施规划规范》GB 50337 的规定。

（11）公共厕所的粪便严禁直接排入雨水管、河道或水沟内。有污水管道且下游建有污水处理厂的地区，应排入污水管道；没有污水管道的地区，应建化粪池等排放系统。

在采用合流制下水道而没有污水处理厂的地区，水冲式公共厕所的粪便污水，应经化粪池处理后排入下水道。

化粪池抽粪口不宜设在公共厕所的出入口处

（12）景观常用卫生设施的设置

公共场所公共厕所卫生设施数量的确定应符合（表 11–2）的规定。

表 11–2 公共场所公共厕所每一卫生器具服务人数设置标准

卫生器具设置位置	大便器		小便器
	男	女	
广场、街道	1000	700	1000
车站、码头	300	200	300
公园	400	300	400
体育场外	300	200	300
海滨活动场所	70	50	60

（1）公共厕所的平面设计应将大便间、小便间和盥洗室分室设置，各室应具有独立功能。小便间不得露天设置。厕所的进门处应设置男、女通道，屏蔽墙或物。每个大便器应有一个独立的单元空间，划分单元空间的隔断板及门与地面距离应大于 100mm，小于 150mm。隔断板及门距离地坪的高度：一类二类公厕大于 1.8m、三类公厕大于 1.5m。独立小便器站位应有高度 0.8m 的隔断板。

（2）公共厕所的大便器应以蹲便器为主，并应为老年人和残疾人设置一定比例的坐便器。大、小便的冲洗宜采用自动感应或脚踏开关冲便装置。厕所的洗手龙头、洗手液宜采用非接触式的器具，并应配置烘干机或用一次性纸巾。大门应能双向开启。

（3）公共厕所服务范围内应有明显的指示牌。所需要的各项基本设施必须齐备。厕所平面布置宜将管道、通风等附属设施集中在单独的夹道中。厕所设计应采用性能可靠、故障率低、维修方便的器具。

（4）公共厕所内部空间布置应合理，应加大采光系数或增加人工照明。大便器应根据人体活动时所占的空间尺寸合理布置。通过调整冲水和下水管道的安装位置和方式，确保前后空间的设置符合相关的规定。一类公共厕所冬季应配置暖气、夏季应配置空调。

（5）公共厕所应采用先进、可靠、使用方便的节水卫生设备。公共厕所卫生器具的节水功能应符合现行行业标准《节水型生活用水器具》CJ 164 的规定。大便器宜采用每次用水量为 6L 的冲水系统。采用生物处理或化学处理污水，循环用水冲便的公共厕所，处理后的水质必须达到国家现行标准《城市污水再生利用城市杂用水水质》GB/T 18920 的要求。

（6）公共厕所应合理布置通风方式，每个厕位不应小于 $40m^3/h$ 换气率，每个小便位不应小于 $20m^3/h$ 的换气率，并应优先考虑自然通风。当换气量不足时，应增设机械通风。机械通风的换气频率应达到 3 次 /h 以上。设置机械通风时，通风口应设在蹲（坐、站）位上方 1.75m 以上。大便器应采用具有水封功能的前冲式蹲便器，小便器宜采用半挂式便斗。有条件时可采用单厕排风的空气交换方式。公共厕所在使用过程中的臭味应符合现行国家标准《城市公共厕所卫生标准》GB/T 17217 和《恶臭污染物排放标准》GB 14554 的要求。

（7）厕所间平面优先尺寸（内表面尺寸）宜按（表 11–3）选用。

（8）公共厕所墙面必须光滑，便于清洗。地面必须采用防渗、防滑材料铺设。

（9）公共厕所的建筑通风、采光面积与地面面积比不应小于 1:8，外墙侧窗不能满足要求时可增设天窗，南方可增设地窗。

表 11–3 厕所间平面优先尺寸（内表面尺寸）（mm）

洁具数量	宽 度	深 度	备用尺寸
三件洁具	1200,1500,1800,2100	1500,1800,2100,2400,2700	$n \times 100$ ($n \leqslant 9$)
二件洁具	1200,1500,1800	1500,1800,2100,2400	
一件洁具	900,1200	1200,1500,1800	

（10）公共厕所室内净高宜为 3.5~4.0m（设天窗时可适当降低）。室内地坪标高应高于室外地坪 0.15m。化粪池建在室内地下的，地坪标高应以化粪池排水口而定。采用铸铁排水管时，其管道坡度应符合（表 11–4）的规定。

表 11–4 管道坡度应符合的规定

管径（mm）	标准坡度	最小坡度	管径(mm)	标准坡度	最少坡度
50	0.035	0.025	125	0.015	0.010
75	0.025	0.015	150	0.010	0.007
100	0.020	0.012	200	0.008	0.005

（11）每个大便厕位长应为 1.00~1.50m、宽应为 0.85~1.20m，每个小便站位（含小便池）深应为 0.75m、宽应为 0.70m。独立小便器间距应为 0.70~0.80m。

（12）厕内单排厕位外开门走道宽度宜为 1.30m，不得小于 1.00m；双排厕位外开门走道宽度宜为 1.50~2.10m。

（13）各类公共厕所厕位不应暴露于厕所外视线内，厕位之间应有隔板。

（14）通槽式水冲厕所槽深不得小于 0.40m，槽底宽不得小于 0.15m，上宽宜为 0.20~0.25m。

（15）公共厕所必须设置洗手盆。公共厕所每个厕位应设置坚固、耐腐蚀挂物钩。

（16）单层公共厕所窗台距室内地坪最小高度应为 1.80m；双层公共厕所上层窗台距楼地面最小高度应为 1.50m。

（17）男、女厕所厕位分别超过 20 时，宜设双出入口。

（18）厕所管理间面积宜为 4~12m^2，工具间面积宜为 1~2m^2。

（19）通槽式公共厕所宜男、女厕分槽冲洗。合用冲水槽时，必须由男厕向女厕方向冲洗。

（20）建多层公共厕所时，无障碍厕所间应设在底层。

（21）公共厕所的男女进出口，必须设有明显的性别标志，标志应设置在固定的墙体上。

（22）公共厕所应有防蝇、防蚊设施。

（23）在要求比较高的场所，公共厕所可设置第三卫生间。第三卫生间应独立设置，并应有特殊标志和说明。

此卫生洁具的平面布置

（1）公共厕所应合理布置卫生洁具在中的各种空间尺寸，空间尺寸可用其在平面上的投影尺寸表示。公共厕所设计使用的图例应按（图 11–1）采用。

（2）公共厕所卫生洁具的使用空间应符合（表 11–5）的规定。

（3）公共厕所单体卫生洁具设计需要的使用空间应（图 11–2）的规定。

表 11–5 公共厕所卫生洁具的使用空间应符合的规定

洁　具	平面尺寸（mm）	使用空间（宽 × 进深 mm）
坐便器（低位、整体水箱）	700×500	800×600
洗手盆	500×400	800×600
蹲便器	800×500	800×600
卫生间便盆（靠墙式悬挂式）	600×400	800×600
碗型小便器	400×400	700×500
水槽（桶/清洁工用）	500×400	800×800
擦手器（电动或毛巾）	400×300	650×600

注：使用空间是指除了洁具占用的空间，使用者在使用时所需空间及日常清洁和维护所需空间。使用空间与洁具尺寸是相互联系的。洁具的尺寸将决定使用的空间的位置。

图例

使用空间　行李空间　带水箱坐便器

通道空间　洗手盆　蹲便器

废物箱空间

无障碍圆形空间　烘手器　小便器

图 11–1 公共厕所设计使用的图例

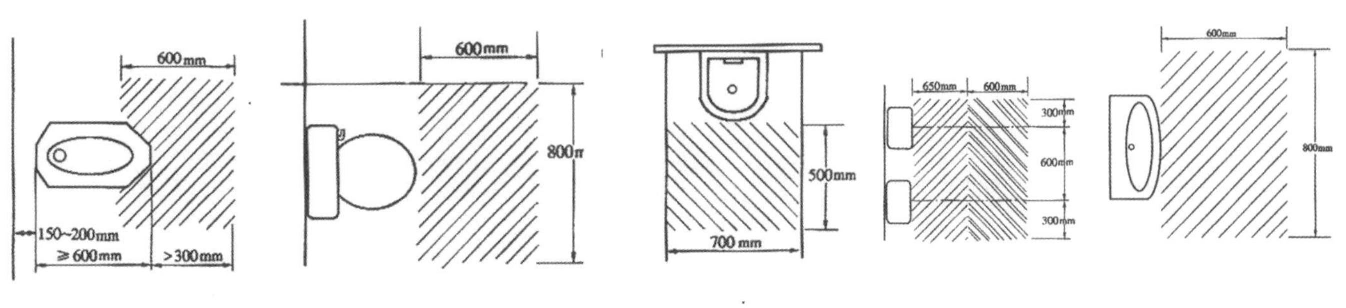

蹲便器人体使用空间　坐便器人体使用空间　小便器人体使用空间　烘手器人体使用空间　洗手盆人体使用空间

图 11–2 常用卫生洁具平面尺寸和使用空间

（4）通道空间应是进入某一洁具而不影响其他洁具使用者所需要的空间。通道空间的宽度不应小于 600mm。

（5）在厕所厕位隔间和厕所间内，应为人体的出入、转身提供必需的无障碍圆形空间，其空间直径应为 450mm。无障碍圆形空间可用在坐便器、临近设施及门的开启范围内画出的最大的圆表示。

（6）相邻洁具间应提供不小于 65mm 的间隙，以利于清洗。

（7）在洁具可能出现的每种组合形式中，一个洁具占用另一相邻洁具的使用空间的最大部分可以增加到 100mm。平面组合可根据这一规定的数据设置。

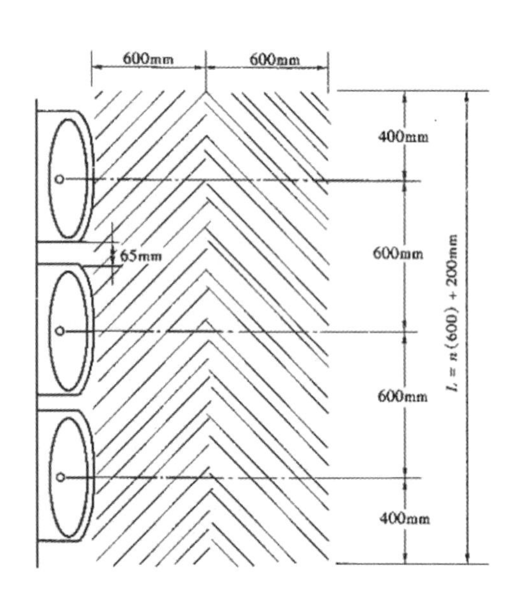

图 11-3 组合式洗手盆人体使用空间

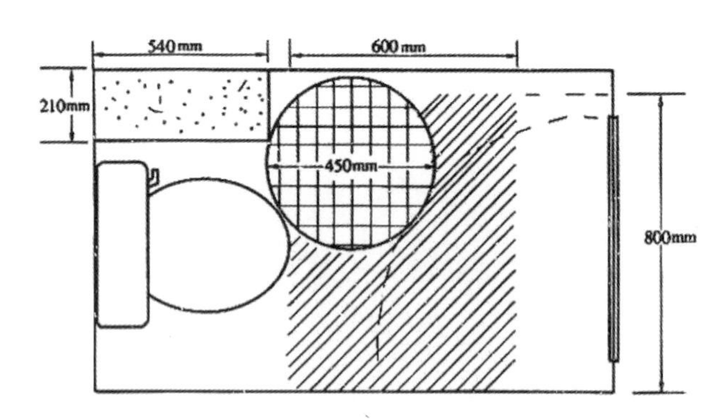

图 11-4 内开门坐便器厕所人体活动空间图

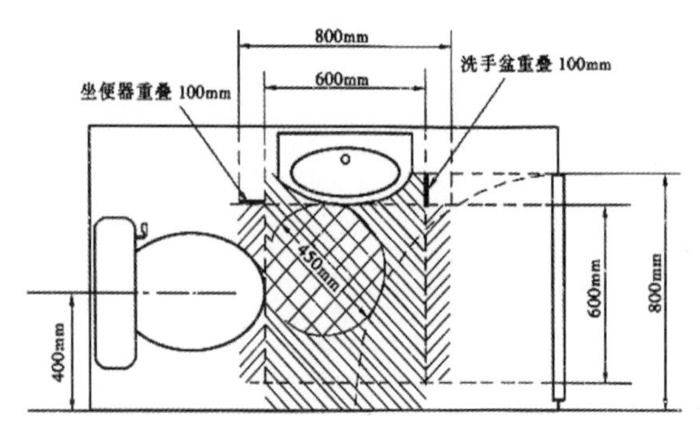

图 11-5 使用空间重叠

（1）独立式公共厕所应采取综合措施完善内部功能，做到外观与环境协调。

（2）繁华地区、重点地区、重要街道、主要干道、公共活动地区和居民住宅区等场所独立式公共厕所的建设应符合现行国家标准《城市环境卫生设施规划规范》GB 50337 的规定。并应根据所在地区的重要程度和客流量建设不同类别和不同规模的独立式公共厕所。

（3）独立式公共厕所的分类及要求应符合（表 11–6）的规定。

表 11–6 独立式公共厕所的分类及要求应符合的规定

项目类别	一 类	二 类	三 类
建筑形式	新颖美观，适合城市特点	美观，适合城市特点	与相邻建筑协调
室外装修	美观并与环境协调	与环境协调	与环境协调
室外绿化	配合环境进行绿化	根据环境需要进行绿化	无
平面布置	男厕所大便间，小便间和盥洗室应分室独立设置。女厕设置盥洗室，分室设置	男厕大便间、小便间应分室独立设置。盥洗室男女可共用	大、小便可不共用一个通道
管理间	$6m^2$ 以上（便于收费管理）	$4m^2$ 以上（便于收费管理）	视条件需要而定
工具间	2 m^2	$2m^2$	视条件需要而定
利用面积	平均 5–7 m^2 设 1 个大便厕位	平均 3–5 m^2 设 1 个大便厕位	平均 3 m^2 设 1 个大便厕位
室内高度	3.7–4m	3.7–4m	3.7–4m
无障碍通道	按轮椅宽 800mm，长 1200mm 设计进出通道、宽度坡度和转弯半径	按轮椅宽 800mm，长 1200mm 设计进出通道、宽度坡度和转弯半径	视条件定
附属设施	按实际条件和需要可设小件寄存间等	按实际条件和需要可设小件寄存间等	视条件定
厕所大门	优质高档门，有防蝇帘	中档（铝合金或木）门，有防蝇帘	木门或铁板门
室内顶棚	防潮耐腐蚀材料吊顶	涂料或吊顶	抹灰
室内墙面	贴高档面砖到顶	贴面砖到顶	抹灰
地面、蹲台	铺高级防滑地面砖	铺标准防滑地面砖	铺防腐地面砖
供水	管径 50–75mm 室内不暴露	管径 50–75mm 室内不暴露	管径 25–50mm
地面排水	设水封地漏男女各一个	设水封地漏男女各一个	设排水孔便槽
排水	排水管 200mm 以上，带水封	排水管 200mm 以上，带水封	通槽与粪井之间设水封
拖布池	有，不暴露	有，不暴露	有
三格化粪池	有	有	有
采暖	有	视条件而定	无
空调	有	视条件而定	无

续表

项目类别	一 类	二 类	三 类
大便厕位面积（m^2）	（0.9~1.2）×（1.3~1.5）	(0.9~1.2)×(1.2~1.5)	0.85×（1.0~1.2）
大便厕位隔断板	防划、防画的材料，高 1.8m	防划、防画的材料，高 1.8m	水磨石灯 1.5m
大便厕 位门	防酸、碱、刻、划、烫的新材料，高 1.8m，门的安装宜采用升降式合页。门锁应能显示有、无人上厕所，并能由管理员从外开启	防酸、碱、刻、划、烫的新材料，高 1.8m，门的安装宜采用升降式合页。门锁应能显示有、无人上厕所，并能由管理员从外开启	木门 1.5m
大便器	高级坐、蹲（前冲式）式独立大便器（2:8）。蹲式大便器长度不小于600mm 其前沿门不小于 400mm	标准坐、蹲(前冲式)式独立大便器(1:9)。蹲式大便器长度不小于 600mm，其前沿门不小于 400mm	隔臭便器或带尿挡无底座便器，其前沿离门不小于 300mm
大便冲水设备	蹲式大便器采用红外感应自动冲水或脚踏式冲水	蹲式大便器采用红外感应自动冲水或脚踏式冲水	节水手动阀，集中水箱自控冲水
残疾人大便器	带扶手架高级坐便器，男女各一个	带扶手架高级坐便器，男女各一个	带扶手架高级坐便器，男女各一个
老年人大便器	带扶手架高级坐便器，男女各一个（视情况与残疾人分设）	带扶手架高级坐便器，男女各一个	带扶手架高级坐便器，男女各一个
小便站位间距	0.8m	0.7m	通槽
小便站位隔板	宽 0.4m, 高 0.8m	宽 0.4m, 高 0.8m	视需要而定
小便冲水设备	红外感应自动冲水	红外感应自动冲水或脚踏式冲水	脚踏或自动节水阀
小便器	高级大半挂，设有儿童用小便器	标准大半挂，设有儿童用小便器	无站台瓷砖小便槽
残疾人小便器	带不锈钢扶手架的小便站位，男厕设一个	带手架的小便站位，男厕设一个	带手架的小便站位，男厕设一个

续表

项目类别	一 类	二 类	三 类
应叫器	残疾和老年人厕位设置	残疾和老年人厕位设置	不设置，厕位不设锁
挂衣钩	每个厕位设一个美观，坚固挂衣钩	每个厕位设一个标准挂衣钩	每个厕位设一个坚固挂衣钩
手纸架	有	有	无
废纸容器	男、女厕每厕位设一个	男、女厕每厕位设一个	无
洗手盆	落地式带红外感应豪华洗手盆	带感应或延时水龙头标准洗手盆	洗手盆或洗手池
洗手液机	有（手动式），男女厕各设一个	洗手液或香皂	无
烘手机	有、根据厕位数量男女厕各设 1~2 个或各设 1 个	视需要而定	无
面镜	通片式	通片式或镜箱	收费厕所设置
除臭装置	有	有	无
指路牌	有	有	有
灯光厕所标牌	有	有	有
厕所男女标牌	有	有	有
坐便器形状牌	有	有	无

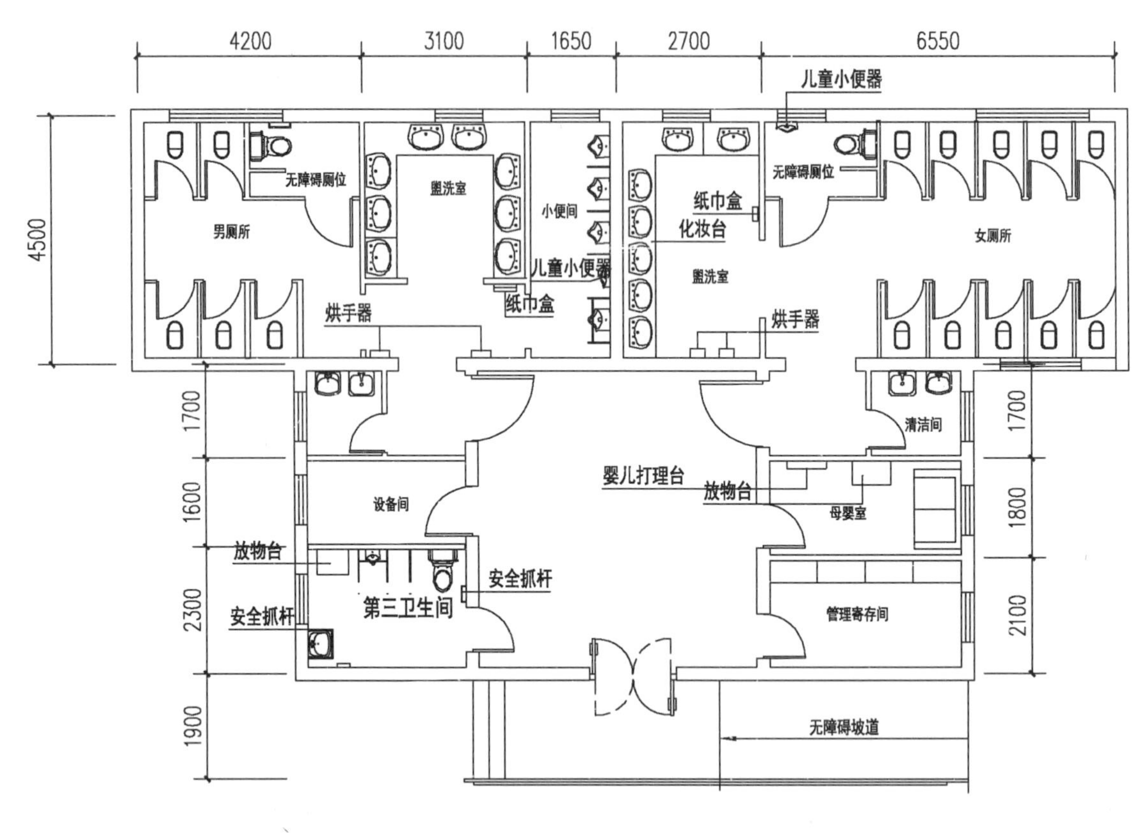

一类公共厕所平面图

注：1. 本示例为城市独立式一类公共厕所，建筑面积 148.6m^2。
2. 本公厕大便间、小便间、盥洗室、清洁间分室设置。
3. 本公厕设独立的第三卫生间、母婴间、设备间。
4. 图中承重墙厚 200，非承重墙厚 100，厚度和位置仅为示意，具体工程时应与结构工程师商定。

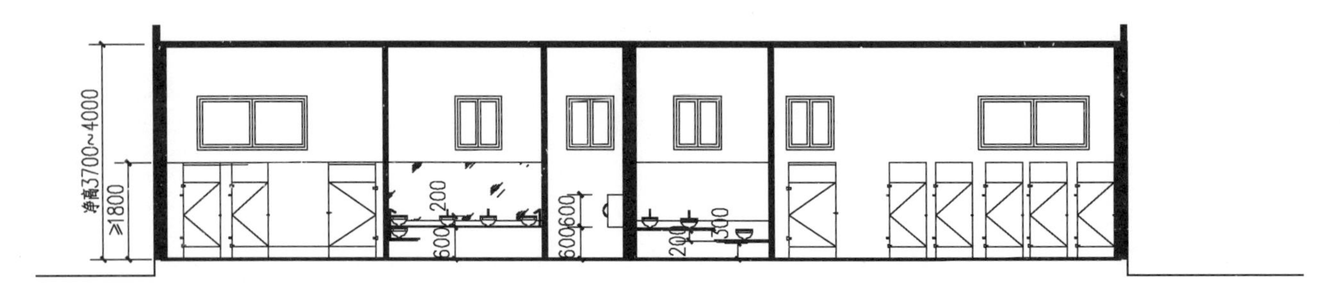

一类公共厕所剖面

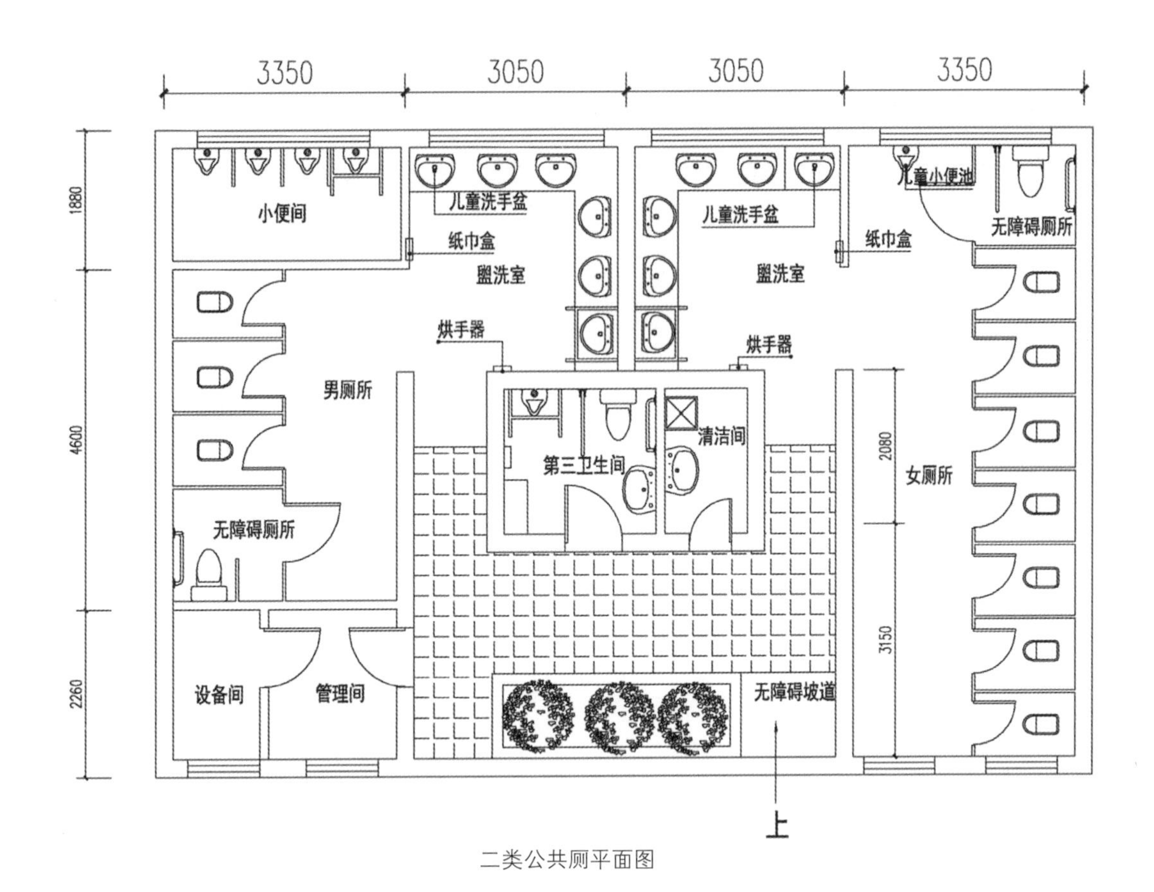

二类公共厕平面图

注：1. 本示例为城市独立式二类公共厕所，建筑面积 86.8m^2。
2. 本公厕大便间、小便间、盥洗室分室设置。
3. 本公厕设独立的第三卫生间、清洁间。
4. 本公厕不设公共门厅，较适合南方。
5. 图中承重墙厚 200，非承重墙厚 100，厚度和位置仅为示意，具体工程时应与结构工程师商定。

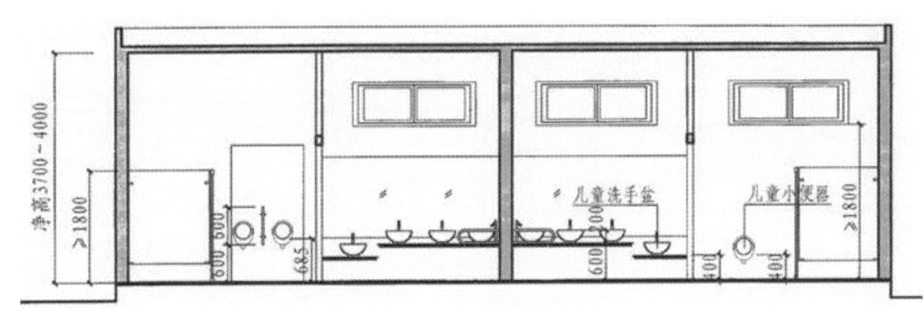

二类公共厕所剖面

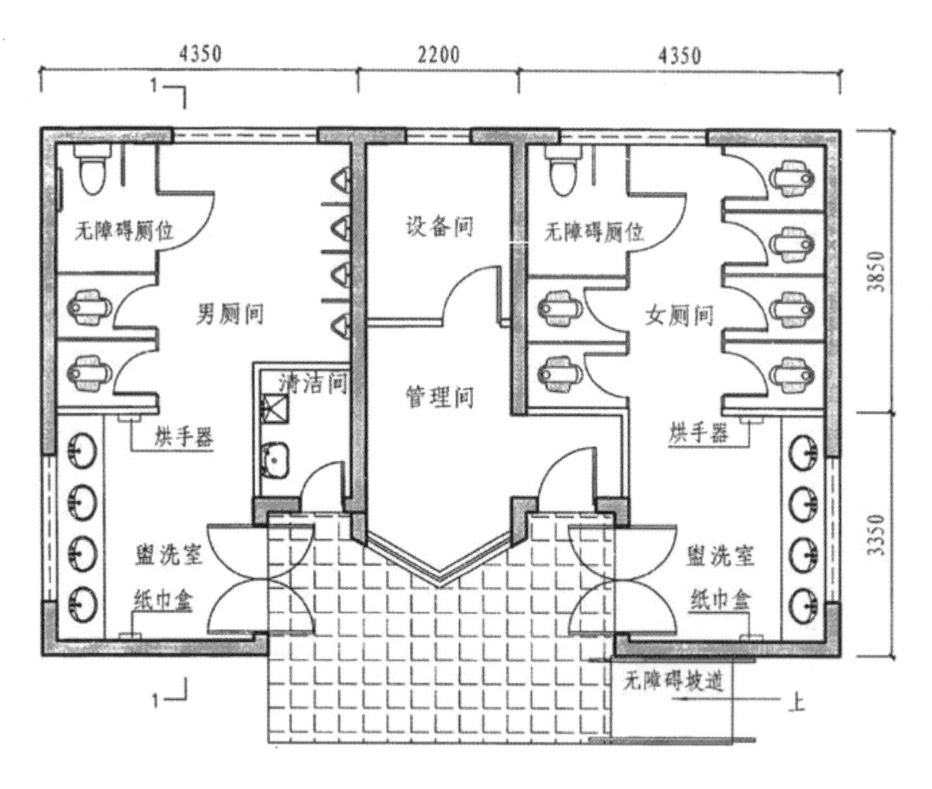

三类公共厕例 A 平面图

注：1. 本示例为城市独立式三类公共厕所，建筑面积 70.9m²。
2. 本公厕设独立的清洁间。
3. 图中承重墙厚 200，非承重墙厚 100，厚度和位置仅为示意，具体工程时应与结构工程师商定。

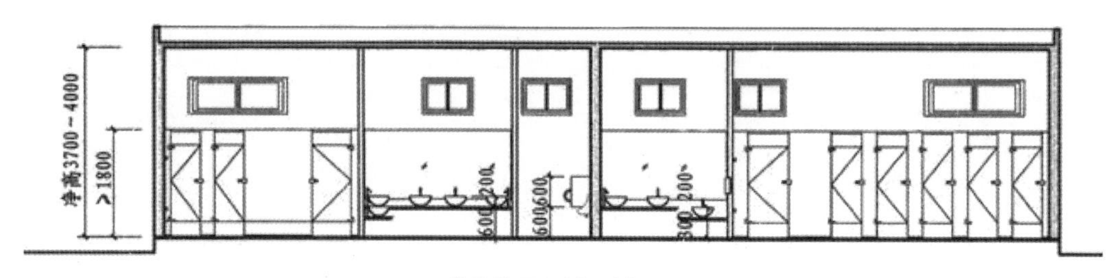

三类公共厕所例 A 剖面图

参考文献：

一、设计标准、规范

《城市道路和建筑物无障碍设计规范》JGJ50—2001

《公园设计规范》CJJ48—92

《城市居住区规划设计规范》GB 50180-93（2002年版）

《城市公共厕所设计标准》CJJ 14-2005

二、设计图集

《围墙大门》03J001（国家建筑标准设计图集）

《室外工程》12J003（国家建筑标准设计图集）

《环境景观——亭廊架之一》04J012-3（国家建筑标准设计图集）

《环境景观——室外工程细部构造》03J012-1（国家建筑标准设计图集）

《环境景观——滨水工程》04J012-3（国家建筑标准设计图集）

《城市独立式公共厕所》07J920（国家建筑标准设计图集）

《工程做法》08BJ1-1（华北标BJ系列图集）

三、文献

【1】吴为廉.景观与景园建筑工程规划设计（上册）[M]. 北京：中国建筑工业出版社,2005.

【2】（美）丹尼斯等著,俞孔坚等译.景观设计师便携手册[M]. 北京：中国建筑工业出版社,2002.

【3】陈祺,杨斌.景观铺地与园桥工程图解与施工[M]. 北京：化学工业出版社,2007.

【4】《园林工程》编写组编.园林工程[M]. 北京：中国林业出版社,1999.

【5】孟兆祯等.园林工程[M]. 北京：中国林业出版社,1998.

【6】程正渭，杜娟，张群 [M]. 景观建设工程材料与施工[M].北京：化学工业出版社,2009.

【7】建设部标准定额研究所编.公共厕所设计导则[M]. 北京：中国建筑工业出版社,2008.

【8】王守平,张瑞峰,高巍.绿色设计[M].沈阳：辽宁美术出版社,2006

【9】刘震宇.公共环境艺术设计[M]. 北京：建筑工业出版社,1999

【10】季祥.材料与工艺[M].沈阳：辽宁美术出版社，2001

【11】凯文 林奇.城市意向[M]. 北京：华夏出版社,2007：1.

【12】扬 盖尔. 交往与空间[M]. 北京：中国建筑工业出版社,2002：152-166.

【13】张冉,熊建新.城市公共座椅设计研究[J]. 包装工程,2010：12.

【14】何灵敏.探索如何塑造一个可以坐的城市[D]. 长沙：湖南大学,2005：30-38.

【15】周晓娟.户外坐憩设施设计研究[J] 规划师,2001,（1）：87.

【16】三村翰弘,川西利昌. 建筑外环境设计[M]. 北京：中国建筑工业出版社,1996：46.

【17】李道增.环境行为学概论[M]. 北京：清华大学出版社,1999：31.

【18】章莉莉.城市导向设计 [M], 上海大学出版社,2005.

【19】周锐,黄英杰,邹一了.城市标识设计[M]. 上海: 同济大学出版社. 2004.

【20】向燕琼.园林的系统化设计研究[J]. 艺术与设计,2009 (5) :99-101.

【21】卢济威.大门建筑设计[M]. 北京: 中国建筑工业出版社,1983.

【22】王峰. 环境视觉设计[M]. 北京: 中国建筑工业出版社,2005.

【23】王艺湘,王芝湘. 环境视觉导识设计[M]. 天津: 天津大学出版社,2008.

【24】于正伦. 城市环境创造[M]. 天津: 天津大学出版社, 2003.

【25】陈发棣,郭维明. 观赏园艺学[M]. 北京：中国农业出版社,2011：132-134.

【26】冀曼,李佳.园林花坛的发展与应用思考[J]. 安徽农业科学,2009,37（20）：9757-9758.

【27】周家湛. 浅谈花坛的景观设计体会[J]. 广东科技,2010（12）：36-37.

【28】陈云霞. 花坛在植物造景中的应用[J]. 黑龙江农业科学,2010（6）：95-96.

【29】王志刚,门冰，李家虎. 花坛造景在园林中的作用[J]. 现代农业科学,2009,16（6）：98-99.

【30】孙俊庶,王俊国,夏颖.花坛在城市绿化中的作用[J]. 河北林业科技,2011（1）：86.

【31】张晓玲. 立体花坛在太原市园林绿化中的应用研究[J]. 中国农村小康科技,2010（12）：36.

【32】唐彝伦,温静.景观花坛在景观设计中的应用[J]. 现代园艺,2011（7）：105.

【33】王校.浅析园林设计中花坛的类型与设计[J]. 林区教学,2009（5）：116-118.

【34】韩旭,武强.花坛在城市绿地中的运用[J]. 国土绿化,2009（11）：46-47.

【35】王海龙. 浅析屋顶花园建园的限制因素及有利因素[J] . 西南园艺,2003, 31(4): 42- 43.

【36】肖际亨. 屋顶农业与城市生态[J]. 资源开发与市场, 1986, 2(2): 32-34.

【37】周炼， 张美. 屋顶花园自动节水灌溉系统应用研究[J]. 安徽农业科学,2009, 37(29).

【38】贺崇明，邓兴栋. 城市道路“语言”— 指路标志系统的研究与实践[M]. 北京: 中国建筑工业出版社,2008:90～91.

【39】向帆.导向标识的信息界面设计之二——导向标识的文字设计[M]. 北京中国标识,2011.

【40】赵云川，陈望，孙恺等.公共环境标识设计[M]. 北京：中国纺织工业出版社,2004.

【41】王克强. 城市规划原理[M]. 上海：上海财经大学出版社,2008,12

【42】乔夫.环境艺术小品设计[M]. 上海：上海同济大学出版社,1987,06

【43】谢秉漫.公共设施与环境艺术小品[M]. 北京：北京中国水利水电出版社,2002,3

【44】凯文　林奇著，方益萍等译.城市意向[M].北京：华夏出版社,2001.

【45】张海林，董雅.城市空间元素公共环境设施设计[M].北京：中国建筑工业出版,2007.

【46】任立生. 设计心理学[M].北京：化学工业出版社,2005.7.

【47】李砚祖. 环境艺术设计的新视觉[M]. 北京：中国人民大学出版社,2002.

【48】陈道庆，贾建强.户外拓展小品在城市园林中的应用探讨.华中建筑,2010 年第4 期.

【49】杨玉想,刘金涛,张娟.浅析园林小品的景观设计.现代园艺,2010 年第12 期.

【50】诺曼K. 布思. 曹礼昆,曹德鲲译. 风景园林设计要素[M].北京:中国林业出版社, 1989.

【51】芦原义信. 外部空间设计[M].北京: 中国建筑工业出版社,1985.

【52】王向荣,林箐. 西方现代景观设计的理论与实践[M]. 北京: 中国建筑工业出版社, 2002.

【53】徐耀. 浅谈城市公园人文景观设计[J].山西建筑, 2008,34(15) : 347- 348.

【54】胡长龙. 园林规划设计(上册) [M].北京: 中国农业出版社, 2002: 156.

【55】金涛. 园林景观小品应用艺术大观[[M]. 北京: 中国城市出版社, 2003:328- 330.

【56】王洪成,吕晨.城市园林街景设计[M].天津: 天津大学出版社, 2003.

【57】张永刚，陆卫东译. 街道与广场[M].北京: 中国建筑工业出版社,2000.

【58】建设部住宅产业化促进中心编写.居住区环境景观设计导则（2006版）[M].北京: 中国建筑工业出版社,2006.